# 需求可视化

## ——22个需求模型及其应用场景

[美] 乔伊·比蒂（Joy Beatty）
安东尼·陈（Anthony Chen） / 著

方达 / 译

清华大学出版社

北京

# 内 容 简 介

本书介绍了 4 大类 22 个可视化需求模型及其应用场景，阐述了如何通过可视化的方式来建立需求模型、模型的使用技巧和适用场景等。讲解了整个软件需求阶段所涉及的收集、萃取、分析和优化，并通过可视化的方式来建立需求模型，从源头上精准定位需求及其价值，从而帮助读者学会通过有价值的需求来实现商业成果。本书由需求领域两位具有实战经验的资深专家所写，适合业务分析师、商业分析师以及产品负责人和敏捷团队成员阅读和参考。

北京市版权局著作权合同登记号　图字：01-2023-3958

Authorized translation from the English language edition, entitled Visual Models for Software Requirements 1e by Anthony Chen / Joy Beatty, published by Pearson Education, Inc, publishing as Microsoft Press, Copyright © 2012 Seilevel.

Chinese Simplified language edition published by TSINGHUA UNIVERSITY PRESS LIMITED Copyright © 2024.

图书在版编目（CIP）数据

需求可视化：22个需求模型及其应用场景 /（美）乔伊·比蒂（Joy Beatty），（美）安东尼·陈（Anthony Chen）著；方达译.—北京：清华大学出版社，2024.1（2025.3重印）
ISBN 978-7-302-64371-5

Ⅰ.①需… Ⅱ.①乔… ②安… ③方… Ⅲ.①软件需求—可视化软件 Ⅳ.①TP311.52

中国国家版本馆CIP数据核字（2023）第149810号

责任编辑：文开琪
封面设计：李　坤
责任校对：方　婷
责任印制：杨　艳
出版发行：清华大学出版社
　　　　　网　　址：https://www.tup.com.cn，https://www.wqxuetang.com
　　　　　地　　址：北京清华大学学研大厦A座　　　　邮　　编：100084
　　　　　社 总 机：010-83470000　　　　邮　　购：010-62786544
　　　　　投稿与读者服务：010-62776969，c-service@tup.tsinghua.edu.cn
　　　　　质量反馈：010-62772015，zhiliang@tup.tsinghua.edu.cn
印 装 者：涿州汇美亿浓印刷有限公司
经　　销：全国新华书店
开　　本：185mm×210mm　　　印　　张：20　　　字　　数：632千字
版　　次：2024年1月第1版　　　印　　次：2025年3月第2次印刷
定　　价：138.00元

产品编号：102021-01

# 推荐序

针对软件需求活动，有一个最显著的事实：学术圈的人认为，理论与实践之间，往往有着巨大的差异。

学术圈的人认为自己遥遥领先，因为他们有大量的模型和技术，有完备的实验研究（与所谓的行业专家一起完成）、理论分析以及大量充满着优秀建议的教科书。他们不明白业内人士为什么就是迟迟不能快速采用他们的方法。

业内人士也认为自己遥遥领先，因为他们有多年的经验，有能工作的软件（经过苦苦挣扎之后），有成熟的需求管理方法，包括可跟踪性矩阵、审查、配置管理以及优先级和状态属性。他们不明白为学术圈的人为什么总是慢半拍，赶不上现实。

这样的情景就好比两名自行车赛手在同一个环形赛道上，两者始终遥遥相隔半圈，无休止地绕着圈。

这就是这本书相当棒的原因。两位作者用个人经验来说话，是真正的实干家。但最关键的是，他们熟悉研究人员所倡导的一系列模型。更妙的是，他们已经将越来越多的模型稳步纳入个人实践中。他们使用的模型使其能方便而有效地分析自己遇到的所有需求。他们看到并听说过学者们谈论的一些东西，例如使用 KAOS 或 i* 的目标建模。他们还看到过那些只需一个环境模型就能澄清项目需求的挑战，也看到过项目如果缺乏像数据字典这样简单和传统的东西就会遭遇灾难。另外，他们对于"必须结合使用所有这些东西"这一基本事实还有真切的把握。

他们清楚地认识到，在需求过程中，如同任何系统或产品一样，整体始终大于局部之和。一个机身、两台强大的发动机、一个航电系统以及一个机组，只有组装在一起，才能构成一架飞机。只有一起工作，才会出现一个新的、任何部件都无法单独实现的特性：飞行能力。

为了顺利进行需求过程，第一步是理解可用的需求模型不止一种。在项目合同中，需求清单是非常重要的，但凭借它本身很难检查其正确性和完整性，而且它并没有提供任何需求发现的建议。需要不同的需求模型来帮助发现、检查和分析需求。清单是一个输出，而不是唯一的输入。

乔伊和安东尼在本书中确定了四类主要的需求模型："目标""人员""系统"和"数据"。

他们所说的"目标"最接近于传统的需求，但开始于一个更早和更临时的阶段：调查企业的目标，然后从那里开始研究如何满足这些需求。

显然，"人员"意味着要调查所设计的系统涉及哪些利益相关方、他们将如何使用系统以及他们想从系统那里得到什么。

"系统"意味着探索新的系统之应用场景、接口和事件。这在很大程度上是一套传统的分析技术（那些盲目相信软件流行方法的人经常认为这些方法已经过时）。乔伊和安东尼敢于正视这一点，并明确指出老——即便不完备——并不一定意味着错。当然，问题的关键在于，20 世纪 70 年代的系统分析本身并不充分——例如，它经常因为缺乏对"目标"的恰当关注而最终落败。

最后，"数据"意味着定义业务用户需要的信息，并对它们在系统中的使用情况进行分析。同样，其中很多都非常传统，不仅包括数据分析，还包括状态模型和报告分析——对一个古老话题的现代理解。

这里有一个必要的复杂性。不同需求模型之间是紧密联系的。目标与特性相关联，特性与过程相关联，过程与用例相关联，用例与用户界面相关联。乔伊和安东尼展示了这种需求架构——我们可以称之为元模型（meta-model）——如何为单独的项目量身定制。他们动手试过，一次又一次，而且亲测有效。

设计本书要讨论的方法时，考虑的是支持业务过程的软件。其他类型的项目需要相关但截然不同的需求过程，例如在开发涉及软硬件的大众市场产品系列的时候。乔伊和安东尼专注于商业软件这个领域，他们的成果是一种创新而又引人瞩目的需求方法。

——伊恩·亚历山大（Ian Alexander）

# 前言

可视化需求模型（visual requirement model）是分析软件需求最有效的方法之一。它们可以帮助分析师确保所有利益相关方——包括主题专家、业务利益相关方、高管和技术团队——了解解决方案。可视化，可以使利益相关方始终有兴趣参与需求过程（这是对需求进行查漏补缺的关键）。最重要的是，可视化这种方式为解决方案创建了一个全景，可以帮助利益相关方了解解决方案要提供什么和不会提供什么。虽然可视化有这么多优点，但仍然有许多业务分析师和产品经理沿用其中列有成千上万条需求陈述的电子表格或者文档来创建非可视化的需求。这样的文件非常繁琐，云山雾罩，令人不知所措，不仅审查起来很枯燥，甚至更难分析是否有被遗漏的需求。这种实践反映出需求培训的"软肋"（通常将重点放在如何写好需求上），而不是侧重于如何对整个解决方案进行分析。

本书旨在帮助业务分析师、产品经理及其组织中的其他人使用可视化模型来征询（elicit，也称"引出"或"萃取出"）、建模（model）和理解（understand）软件需求。本书描述了一种简单而全面的软件需求可视化建模语言，称为RML（requirement modeling language，需求建模语言），业内中通常以一种"特别"或"即兴"的方式使用。

## 本书面向的读者

虽然本书主要面向业务分析师（business analyst，BA，也称"商业分析师"）[①]和产品经理（product manager，PO），但我们认为，项目经理、开发人员、架构师和测试人员也能从本书中收获不小的价值，因为本书可以帮助他们理解所接收的信息的

---

① 译注：本书的主要读者是业务分析师。Business Analyst（BA）在许多地方都译为"商业分析师"。

标准，使其工作变得更容易。在整本书中，我们一般将从事这项工作的人称为"分析师"，但该角色在不同组织中有许多不同的头衔。当书中提到"你"或者"我们"时，指的也是"分析师"。

事先声明，我们的经验主要来自于运行在现有基础设施上的软件项目，例如为内部开发的信息技术（IT）系统、面向消费者的大规模"软件即服务"（Software as a Service，SaaS）系统以及云系统。虽然我们在独立软件（通用软件或 packaged software）以及嵌入式系统上使用过 RML，但这些类型的项目并不是我们主要的关注点。不过，基于我们对这些系统的有限经验，我们仍然认为，使用这些系统的读者会从 RML 中发现令人难以置信的价值，而且我们期待着能从他们那里得到反馈，以便进行改进。

## 假设

本书不包含需求的基本信息，因此会假设你已经具备编写软件需求的基础知识。另外，本书假设你对软件开发过程（例如迭代方法、瀑布方法和敏捷方法）已经有一个基本的了解，并理解需求如何与这些方法相适应。

## 本书不面向的读者

如果是刚开始做业务分析师，那么可能应该在阅读本书之前阅读卡尔·魏格斯和乔伊·比蒂的《高质量软件需求》（清华大学出版社，2023 年全新译本），了解需求实践的概况。如果你是一名产品经理，专注于软件产品的战略或营销，而不是软件构建，那么本书可能也不太适合你，因为它非常强调如何设计特性以获得更高的最终用户接受度和满意度。

## 本书的组织

本书经过高效的组织，可以作为参考指南来使用。

第 I 部分从常规意义上介绍模型，然后继续讨论 RML 和模型的四个分类：目标模型、人员模型、系统模型和数据模型（OPSD）。

第 II 部分～第 V 部分中，每一章都包含一个 RML 模型并采用一致的布局，具体说明如下：

- 一个将模型和现实世界关联起来的开篇故事
- 模型的定义
- 模型模板
- 关于使用何种工具来创建模型的建议（工具提示）
- 一个虚构的示例
- 对如何创建和使用模型的解释
- 一个练习，供大家练习模型的使用

每一章的练习都基于同一个样板项目，该项目贯穿全书所有章节。

第Ⅵ部分解释如何选择模型以及如何综合使用多种模型来推导需求。

附录 A 包含两个模型速查表，供大家选择模型时参考。附录 B 列举创建模型的一般准则，其中包括所有模型的元数据和关于模板的提示。附录 C 包含书中所有练习的参考答案。书的最后还提供了一个词汇表，定义了本书使用的术语。

## 找到理想的起点

可以直接从头阅读本书，但对某些人来说，在深入了解每个模型的细节之前，可以先阅读第Ⅵ部分体会一下上下文。下表提供了进一步的指导。

| 读者画像 | 可遵循的步骤 |
| --- | --- |
| 初次接触需求建模或更广义的可视化建模 | 从头开始，一直读到本书最后，了解需求模型的常规知识，了解各种具体的模型，最后学会综合运用 |
| 熟悉可视化需求建模而且已在使用类似模型的业务分析师 | 建议所有章都读完，了解 RML 处理可视化模型的方式与其他建模语言有何不同。然而，也可能发现第Ⅵ部分更有用，可以先了解如何选择模型并在项目中综合运用。之后，在做具体的项目时，可以根据需要随时参考具体的章 |

## 模型快速入门

本书包含大量关于模型的信息。信息量有些大，可能会让大家不知所措。为此，我们开发了一种方法来方便大家快速上手，虽然尽量少用模型，但仍然可以为项目创造巨大的价值。这种快速入门的方法适合大多数基于 IT 的项目。以下过程流程图对这种方法进行了概述。

如图所示，首先创建一个过程流程。接着，根据过程流程中的步骤来创建一个需求映射矩阵（RMM）。然后，为每个屏幕都创建一个显示 - 操作 - 响应（DAR）模型，建立它们与业务过程的映射。最后创建数据字典，以确保所有字段都被覆盖，而且校验规则是已知的。

虽然其他许多模型的价值还没有被发挥出来，但采用这一系列步骤无伤大雅。其结果是，需求将按过程流程步骤组织起来，屏幕也映射到过程步骤，以确保 UI 可以反映关键的过程。

## 本书约定和特色

本书采用了一些使信息具有可读性并易于理解的约定。

- 每章开篇都有一个来自现实生活的故事，用楷体显示，旨在帮助读者建立应用场景。
- 所有 RML 模型名称简称都大写。采用其他建模语言做的模型则全部小写[②]。
- RML 模型的基本构建单元称为"元素"，这些模型元素没有采用首字母大写，因而不会与模型名称混淆。
- 本书末尾的术语表包含我们认为对 RML 很重要的术语。
- 每个模型模板小节的最后，有一个"工具提示"，建议了哪些工具可以用来创建当前模型。

## 配套资源

欢迎下载 RML 模型模板。如果想在自己的项目中创建本书描述的模型，可以直接使用这些模板。通过以下网址获得一套完整的 RML 模型：

http://go.microsoft.com/FWLink/?Linkid=253518

---

② 译注：这是英文版的约定，中文版在提到模型名称时未做特殊处理，而且除非为了避免歧义，甚至不会添加"模型"或者"图"作为后缀。例如，一般直接说"创建一个过程流程"，而不会说"创建一个过程流程图"。

在下载后的压缩包中，我们解释了如何使用这些模板。这里简要重复一下：将压缩包解压到一个方便的位置。每个模型都有一个模板。Microsoft Visio 文件模型包括一个 .vst 文件和一个 .vss 文件，这两个文件是使模板正确工作的必要前提。其余模板采用 Microsoft Excel 或 Microsoft Word 格式。模型速查表也包含在压缩包中。

## 致谢

从我们团队到全球各地做需求的同行，再到多年来启发和帮助我们完善 RML 的客户，没有大家的通力合作，这本书是不可能和大家见面的。

非常感谢 Seilevel 团队帮助研究、审查、写作、编辑、起草模型并提出许多非常好的、非常有挑战性的问题，他们是 Joyce Grapes、James Hulgan、Betsy Stockdale、Michael Liu、Candase Hokanson、Jeremy Gorr、Balaji Vijayan、Marc Talbot、Matt Offers、Ajay Badri、Jason Benfield、Geraldine Mongold、Kell Condon、Clint Graham、David Reinhardt、Weston Eidson、Abdel Mather、Kristin DiCenso、Rob Sparks 和 Lori Witzel。

我们对各位审阅人员表示最诚挚的感谢，感谢他们花宝贵的时间来阅读初稿并提出看法和见解来帮助我们不断改进本书，他们是 Joyce Statz、Kent McDonald、Sarah Gregory、Ljerka Beus-Dukic、Mary Gerush、Karl Wiegers、Ellen Gottesdiener、Scott Sehlhorst、Ivy Hooks 和 Anne Hartley。特别感谢 Karl Wiegers 和 Ian Alexander，他们为我们提供写作指导，并对我们的模型进行了大量的测试，给出了大量的反馈。

感谢本书的编辑团队，他们非常勤奋，而且还很有趣。他们使本书成为现实。感谢组稿和策划编辑 Devon Musgrave 以及项目编辑 Carol Dillingham，他们都来自微软出版社。还要感谢项目经理和文稿编辑 Kathy Krause、图文编辑 Jean Trenary、校对人员 Jaime Odell、美编 Jeanne Craver 以及索引制作人员 Jan Bednarczuk。

最后感谢我们的家人，他们和我们一起忍受了漫长的写作过程。乔伊感谢她的丈夫 Tony Hamilton 在整个过程中帮助她保持幽默感；感谢她的女儿 Skye，我写书期间出生的她并在我写完书时完全掌握了酣睡到天亮的精髓。事实证明，写书很像生孩子，都需要好几个月的时间来孕育、待产和养育。安东尼感谢他的妻子 Gloria 和他的女儿 Mason（因为她可以自己玩，不打扰老爸的工作，而且在他开电话会议的时候也不会在旁边嚷嚷）。最后，安东尼要感谢乔伊。如果不是她凭借着强大的意志力来推动本书的写作，大家恐怕永远看不到这本书的诞生。

## 勘误和售后支持

我们希望确保本书和其配套内容的准确性。本书出版后发现的勘误都将在微软出版社网站上列出 [3]，网址如下：

http://go.microsoft.com/FWLink/?Linkid=253517

如果这里没有列出你发现的错误，可以通过同一个网址向我们报告。

如果需要额外的支持，请发送电子邮件到以下邮箱，联系微软出版社的图书支持部门：

mspinput@microsoft.com

注意，上述地址不提供微软软件产品支持。

## 期待您的反馈

在微软出版社，让读者满意是我们的首要任务，而读者反馈是我们最宝贵的财富。请和我们聊一聊您对这本书的看法：

http://www.microsoft.com/learning/booksurvey

调查问卷很短，我们会阅读您的所有意见和想法。提前感谢您的意见！

## 保持联系

我们的官方推特（Twitter）：http://twitter.com/MicrosoftPress。

---

③ 译注：中文版已经集成了截至 2023 年的所有勘误。

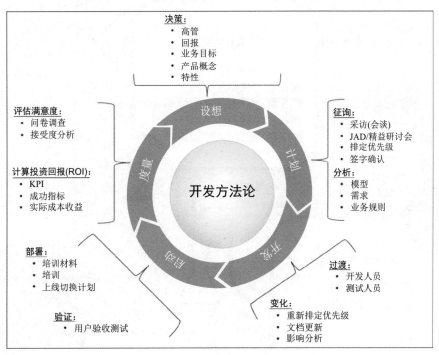

**决策：**
- 高管
- 回报
- 业务目标
- 产品概念
- 特性

**评估满意度：**
- 问卷调查
- 接受度分析

**计算投资回报(ROI)：**
- KPI
- 成功指标
- 实际成本收益

**征询：**
- 采访(会谈)
- JAD/精益研讨会
- 排定优先级
- 签字确认

**分析：**
- 模型
- 需求
- 业务规则

**部署：**
- 培训材料
- 培训
- 上线切换计划

**验证：**
- 用户验收测试

**过渡：**
- 开发人员
- 测试人员

**变化：**
- 重新排定优先级
- 文档更新
- 影响分析

设想

计划

度量

开发

**开发方法论**

**需求过程**

# 简明目录

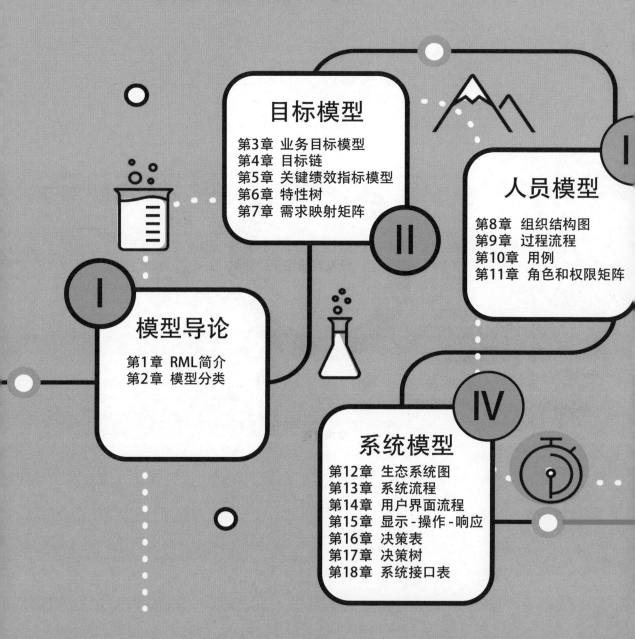

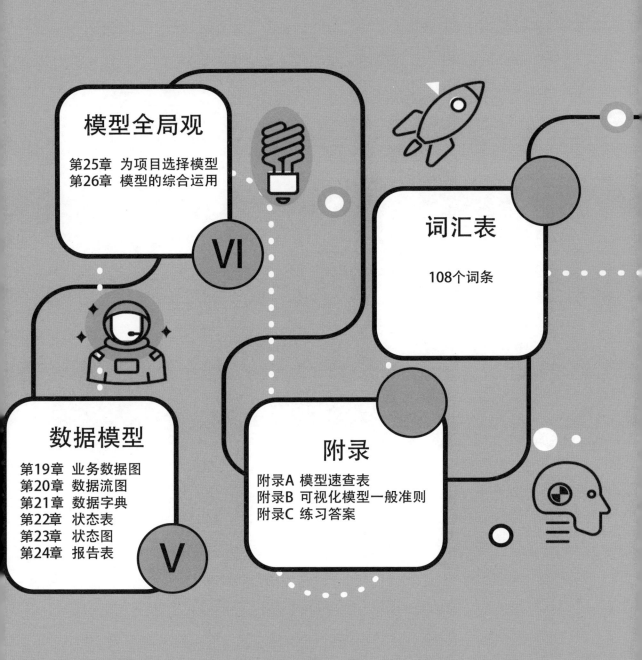

# 详细目录

## 第 I 部分 模型导论

# 第Ⅱ部分 目标模型

## 第Ⅲ部分 人员模型

## 第Ⅳ部分　系统模型

## 第 V 部分  数据模型

# 第 I 部分　模型导论

# 第 1 章 RML 简介

▶ 场景

距离假日旺季还有 9 个月，某知名网上零售商确定了一组新的重要特性并想要把它们添加到网站上。这些特性可以大幅优化客户体验，直接增加销售额，同时减少好几个国家的客诉。据估计，这些特性每年的价值为 1400 万美元，而成本却不到 200 万美元。产品经理确定了这些特性的需求和业务规则，开发团队和项目管理团队估算的结果表明，项目团队应该很容易在假期开始前完成。团队努力赶工期，经常 996，就连周末也加班，以保证到时候顺利发布。

8 个月后，团队做了最后的测试，感觉非常不错。他们完成了一个很长的改进事项列表，有望得到非常可观的回报。然而，有个测试人员注意到，税的计算不对。不幸的是，这些计算只是冰山之一角。团队忘了与税务团队进行沟通。事实上，他们甚至没有意识到还需要找税务团队聊一聊。如果真的这样做了，就会发现在某些国家运营的时候，需要遵循的计税规则相当复杂，需要与管理这些规则的第三方软件集成。项目被迫延期，1400 万美元回报自然也没有了着落。项目经理被解雇，产品经理重新分配到另一个不太重要的项目。■

软件项目经常受到需求缺漏、不完整或者不明确的困扰（The Standish Group 2009）。错误的需求实践导致大多数项目注定以失败结束（Ellis 2008）。糟糕的需求是许多项目失败的根源。令人失望的是，过去 20 年，软件需求的成功率并没有大幅提高。虽然学术界一直努力改进需求技术和工程方法，但业务实践基本上没有变。随着各种新技术和大量工具的产生，软件编程实践已经相当成熟，但开发软件需求时，往往还在沿用电子表格中一长串的"应该……"陈述。采用了敏捷方法的

项目也没有多大好转，往往还是用电子表格或工具的一个长长的清单来维护产品待
办事项和用户故事。

## 1.1 定义 RML

RML（需求建模语言，requirement modeling language）是一种专为需求可视化
建模而设计的语言，管理人员、业务和技术利益相关方都很容易上手。RML 不是一
种纯理论的建模语言。在开发 RML 的过程中，我们修改了现有模型以方便大家使用，
并创建了新的模型来查漏补缺。最后，我们得到一套完整的模型，专为软件需求建
模设计，适合经常遇到复杂模型挑战的业务利益相关方使用。我们已经在许多大规
模软件开发项目中成功运用了这些需求模型。

### 1.1.1 传统需求实践的挑战

遗憾的是，传统实践支持使用成千上万"系统应该……"这样的需求（类似于
图 1-1 所示的一份冗长的清单）。这些需求往往来自与业务利益相关方的访谈和工
作会议。普通人受限于米勒魔数（Miller's Magic Number）（参见下一节"脑力有限"），
几乎不可能读懂成千上万条需求并有把握称这些需求是完整的。另外，更严重的一
个问题是范围蔓延[①]。如果有成千上万的需求而没有某种方法将这些需求与可在整
个解决方案内比较的价值联系起来，很难确定哪些需求应该删除。团队通常会将需
求组织成合乎逻辑的分组，但这些分组通常还是太大，无法高效处理。

Scrum 这样的敏捷方法有产品待办事项清单、用户故事和验收标准等。许多
Scrum 传道者说，产品待办事项清单（product backlog）是一个没有嵌套的故事清单，
但这并不见得好过一个长长的需求清单。验收标准也应该列出来，有时就列在索引
卡（有两种大小）的其中一面上。但做大型系统工作的人都知道，在一个可能涉及
数百个利益相关方的项目中，这种缺乏信息组织的做法根本行不通。

---

① 译注：范围蔓延（scope creep）是指项目范围不受控制地变化或持续增长，通常由于范围欠
缺定义、记录或者控制而导致项目进行期间非预期的需求不断增加，最终失控。

**需求文档**

REQ001 系统应该具有名字、中间名和姓氏这几个字段。

REQ002 如果存储的资料中有，系统就应该显示姓名。

REQ003 系统应该要求填写姓名。

REQ004 系统应该有一个职位或头衔 / 职称字段。

REQ005 系统应该要求填写头衔。

REQ006 如果存储的资料中有，系统应该该显示职位或头衔 / 职称。

REQ007 系统应该具有一个电子邮件地址字段。

REQ008 系统应该具有一个备用电子邮件地址字段。

REQ009 如果存储的资料中有，系统应该显示电子邮件地址。

REQ010 如果存储的资料中有，系统应该显示备用电子邮件地址。

REQ011 系统应该要求填写电子邮件地址。

REQ012 系统应该要求填写备用电子邮件地址。

REQ013 系统应该具有一个白天电话号码字段。

REQ014 如果存储的资料中有，系统应该显示电话号码。

REQ015 系统应该要求填写电话号码。

REQ016 用户填写完毕后，系统应该验证电话号码字段中的所有字符都是数字。

REQ017 如果电话号码字段中并非所有字符都是数字，系统应该显示一条错误消息。

REQ018 系统应该具有一个传真号码字段。

REQ019 系统应该要求填写传真号码。

REQ020 如果存储的资料中有，系统应该显示一个传真号码。

REQ021 用户填写完毕后，系统应该验证传真号码字段中的所有字符都是数字。

REQ022 如果传真号码字段中并非所有字符都是数字，系统应该显示一条错误消息。

REQ023 系统应该具有两个街道地址字段。

REQ024 系统应该要求填写第一个街道地址字段。

REQ025 如果存储的资料中有，系统应该显示一个地址。

REQ026 系统应该具有一个城市字段。

REQ027 系统应该要求填写城市字段。

REQ028 如果存储的资料中有，系统应该显示一个城市。

REQ029 系统应该具有一个州字段。

REQ030 如果存储的资料中有，系统应该显示州名。

REQ031 系统应该要求填写州字段。

REQ032 系统应该具有一个邮政编码（zip code）字段。

REQ033 如果存储的资料中有，系统应该显示邮政编码。

REQ034 系统应该要求填写邮政编码字段。

**图 1-1 一个长长的需求清单**

### 1.1.2 脑力有限

在分析、组织和消费需求的过程中，使用传统实践来创建软件需求的分析师会遇到一些常见的问题。传统实践使用的是一个长长的文本需求清单，其形式包括各种"应该……"这样的陈述、用例、用户故事和产品待办事项清单。处理这种长长的项目清单时，挑战来自人类认知的一个基本限制。20 世纪 50 年代，认知心理学家乔治·阿米蒂奇·米勒[①]发现，人类只能同时记忆和处理 7±2 个数据项（Miller 1956）。这通常称为"米勒魔数"（Miller's Magic Number）。

最近有证据表明，这个数字甚至可能只有 3 或 4（Cowen 2001）。该数字代表的是大脑用于保存解决问题所需信息的一个"便签条"的容量。不管实际数字是多少，如果要求一个普通人同时思考 15 件事情，那么这 15 件事情中最多只有 9 件（可能更少）能真正得以保留并处理。如果需要处理更多的项目，那么只能一次处理几个，并迅速在记忆中切换。以去商店购买 15 样东西为例。如果没有一个购物清单，那么很可能在回到家时才发现少买了东西或者买的东西不对。同样，如果有一个需求清单或产品待办事项清单，其中包含数百乃至数千项，那么除非将其分解成较小的分组，否则我们人的大脑根本无法理解这种复杂性。

### 1.1.3 图容易理解，文字很难

既然我们这种原始哺乳动物的大脑存在这样的基本限制，那么有什么解决方案呢？"一图胜千言"这句格言似乎很合适。对于正在开发的解决方案，其内部和周围存在一些和过程、数据和交互有关的信息，对这种信息的可视化表示（图片）就是模型（model）。我们可能每天都在使用可视化模型而不自知。

在最近一次去赌场参加会议的过程中，登记入住并拿到房间钥匙后，前台的女士告诉我如何前往我的房间。她说："从这里右拐，然后左拐，经过酒吧，经过老虎机，看到喷泉后右拐，你会经过一家餐厅，还有一家，然后到达大厅，那里有几家商店，左拐，走到尽头，然后在泳池入口附近找到电梯。"

---

[①] 译注：George A. Miller（1920—2012），普林斯顿大学心理学教授，麻省理工学院心理学教授以及哈佛大学心理学系主任。他还担任过牛津大学傅尔布莱特计划研究伙伴以及美国心理学会会长。他的著作《神奇的数字：7±2——我们信息加工能力的局限》1956 年发表于《心理学评论》。——维基百科

我茫然地盯着她。那一刻，我所想到的是我下出租车后走到前台所经过的老虎机和牌桌的海洋。我猜，去房间的路上还会经过更多的老虎机和牌桌，因而她说的话更加令人困惑。但她马上给我带来了希望："这里有地图会告诉你该怎么走。"她画出我从前台到电梯的路线，很像如图 1-2 所示的地图。我大大地松了一口气，因为除了最初的几个方向外，我完全记不住她指出的所有方向。

但我现在至少有了一个模型，供我感到困惑时参考。一张地图！简单地说，当人类需要解释信息时，图很直观，文字却很难。

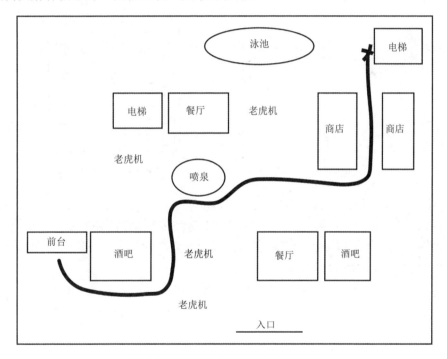

图 1-2 以地图方式演示怎么穿过赌场

## 1.2 需求模型

需求模型（requirement model）用于组织和呈现大量的信息、帮助识别缺失的信息并为细节提供上下文（Gottesdiener 2002）。最重要的是，模型提供了可视化的分组，使你能通过有限的短期记忆快速分析大量不相干的信息。对于由数千条"系

统应该……"陈述组成的需求文档，阅读、解释和识别其中缺失的需求是很困难的，
幸运的是，模型可以为我们提供帮助。

想象一下，我们面前有一系列如图 1-3 所示的杂乱无章的字母，要求我们按字
母顺序找出缺失的字母。

如果只是盯着这些字母，甚至把它们排成一排，但不按任何顺序，那么很难找
出缺失的那一个（事实上，你刚才可能已经试过把它们一个接一个得排列起来）。
但如果按字母顺序排列，如图 1-4 所示，缺哪个字母就一目了然了。

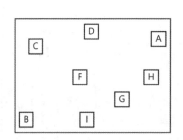 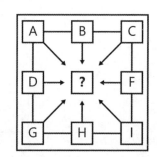

图 1-3 乱七八糟的字母，缺了哪一个呢　　图 1-4 整理字母以找出缺的那一个

要想找出缺失的需求，关键在于利用每个需求都以某种方式与其他需求相关这
一事实。面对一长串"系统应……"陈述，要确保这个清单的完整性是非常困难的。
但是，为需求添加结构，我们可以利用它们之间存在的关系，并通过每次都分析一
个较小的信息组，从而大大简化任务。

需求模型被用于整个项目的生命周期。它们有助于分析需求，在与利益相关方
的会谈中征询需求，向利益相关方验证需求，并与开发和测试人员沟通需求。

## 1.2.1　为什么不用 UML

有人肯定会问，为什么不用统一建模语言（unified modeling language，UML）？
UML 是对软件系统设计进行可视化建模的一种语言（Object Management Group
2007）。UML 是需求建模的合理基础，但它对需求建模来说是不完整的，因为它
缺少将需求与业务价值联系起来的一些模型，也缺少从最终用户的角度呈现系统的
一些模型。此外，它的技术根基使其对于业务利益相关方来说过于复杂，因其建模
的是软件架构。最后，UML 旨在描述系统的技术设计和架构，充其量是对模型需
求的一种改造。相反，需求的重点是业务收益（business benefit）、用户操作（user

action）和业务规则（business rule）。

当模型只关注解决方案的一个或两个方面时，它们是最有用的。如果一个模型中的信息类型太多，或者语法太复杂以至于难以理解，那么业务利益相关方根本不会使用它。事实上，我们的经验表明，模型的复杂性是大型组织没有采用一些现有建模语言的主要原因之一。

RML 模型是用最简单的语法设计的，但仍然允许模型传达需要的信息。RML 的意图是提供一致的语法和语义结构，供业务利益相关方分析和理解项目中的模型。该语言被设计成对整个团队来说易于学习和使用，其中包括但不限于业务利益相关方。

开发人员和测试人员。这些模型被简化为最基本的符号和格式，以实现需求空间内的预期结果。RML 不限定某种软件开发方法，可以很容易地调整以适应任何开发方法或工具集。

## 1.2.2 需求与设计

许多 RML 模型都进入了分析师传统上认为是设计的领域。例如，显示 - 操作 - 响应（Display-Action-Response）模型使用线框（wireframe）或屏幕模拟（screen mockup）来描述用户如何与屏幕元素交互，而用户界面流程（User Interface Flow）显示用户如何在各种用户界面之间导航。

关于需求，人们常说一句话："需求关注的是需要构建什么（what），而设计关注的是它将如何工作（how）。"需求和设计的这个区别非常为重要，因为很多人认为，任何属于设计的东西都不应该和需求放在一起，设计文档也不应该由业务分析师来写。遗憾的是，这种严格的定义存在一个问题："一个层级的需求就是另一个层级的设计。"

### 1.2.2.1 一个层级的需求是另一个层级的设计

在自上而下解决方案的任何一个层级（level），如果将一个层级视为"什么"，那么向下一个层级，就是"如何"。因此，使用上述"什么"和"如何"定义，一个层级是需求，下一层级就是设计。

例如，某利益相关方可能提出一项需求，想要降低公司网站的购物车放弃率。在下一个细节层级，产品经理可能提出几个不同的解决方案来降低购物车放弃率。例如，团队可以减少结账步骤，可以提供保存购物车以便以后购买的选项，或者可以提供免费送货。每一个建议的解决方案都是对"什么"/"需求"的"如何"/"设计"回答，目的是降低购物车放弃率。此外，"修改系统以降低购物车放弃率"虽然是一个"什么"，但它本身也可能是上一个层级——即提高整个网站的转换率——的"如何"。

用"什么"和"如何"来区分需求和设计，这是一种糟糕的方式。

### 1.2.2.2 确定实际的业务需求

另一种常见的说法是，任何定义实际解决方案的东西——例如所用的算法、外观和感觉或者用户界面元素——都是设计，不属于需求。但在某些情况下，一个特定的要求有时是需求，有时则是设计。例如，在某些行业中，一个产品必须使用专门的加密算法才能有竞争力；因此，它是一个需求。而在一个不同的应用中，并不要求某一种专门的加密算法，唯一重要的是对信用卡号进行加密，任何算法都可以。

作为需求的东西和不作为需求的东西之间的关键区别在于，业务利益相关方是否真的需要它。我们都知道，利益相关方并不是真的需要他们声称需要的一切，所以你的角色是针对一个特定的要求，确定它是否真的是一个需求，即他们是否真的需要它。

### 1.2.2.3 定义需求

需求（requirement）是业务（the business）利益相关方需要在解决方案中实现的任何东西。因此，需求可能包括功能性需求、非功能性需求、业务规则甚至许多人在传统意义上称为设计的东西。我们不是直接告诉业务利益相关方他们能指定什么类型的东西。相反，我们使用模型来帮助他们真正理解其需求，从而专注于为其提供服务。

本节定义了一些将在全书使用的需求术语。功能性需求（functional requirement）是解决方案在不考虑任何限定条件下可以提供的行为或能力。业务规则（business rule）是一种需求，代表对功能性需求进行修饰的条件陈述（conditional statement），其中包括但不限于特性何时可用以及谁被允许执行该特性。业务规则包含了诸如"如果"（if）、"当"（when）和"那么"（then）等词。非功能性需求（non-functional requirement）是除功能性需求（包括业务规则）之外的其他所有需求。特性（feature）[①]

---

① 译注：feature 一词在词典中的解释是：A feature of something is an interesting or important part or characteristic of it，意为"特性"，在软件工程中，是一个较为重要的概念，对应于执行任务来实现特定的特性或用途，因而往往指代的是"特性"。一个特性可以包含多个功能或用途。和 feature 一样，function（功能）也是软件开发中较为重要的概念，它在词典中的解释是：The function of something or someone is the useful thing that they do or are intended to do，更强调产品、服务或解决方案的目的和用途。在本书中，feature 一词翻译为"特性"，function 一词翻译为"功能"。

是对解决方案最终包括进来以满足业务目标的功能区域（area of functionality）的一个简短描述。特性是需求的集合，用于阐述和组织需求。表 1-1 展示了几个示意。

表 1-1 需求实例

| 需求 | 类型 |
| --- | --- |
| 系统应能自动批准或拒绝贷款 | 功能性需求 |
| 当信用分高于 750 时，系统应自动批准贷款 | 业务规则 |
| 当信用分低于 750 时，系统应使用以下算法来自动确定是否批准贷款：[ 在这里列出算法 ] | 业务规则 |
| 审批结果应在 30 秒内返回给用户 | 非功能性需求 |

　　假设（assumption）是一种被视为真理的陈述，决策需在此基础上做出。在假设中，包括对未来的任何预测（prediction）或预报（forecast）。假设是对需求来说至关重要的一个话题，因为它们经常被提出，但很少被理解或阐述。事实上，当分析师被要求写下他们的假设时，他们通常会写下一些没有实质影响的琐碎假设，而忽略重要的假设。下面列出了一些示例假设，如果它们被证明不正确，那么可能导致业务目标的失败：

- 许多人都愿意在网上搜索以解决他们遇到的技术问题
- 50% 遇到技术问题的人都愿意等待后续跟进
- 企业 90% 的客户都能上网
- 需解决的问题都能由客户自己解决

### 1.2.3 需求模型不是尾声

　　虽然使用了需求模型，但并不是说完全就用不着写需求陈述（requirement statement）。模型提供上下文并创建了需求的全貌，但并不代表最终供系统开发人员和测试人员使用的需求。所以，需要采取额外的步骤从模型中推导（derive）需求。就像一个按走道来组织的购物清单一样，需求构成了团队开发解决方案时的一个核对清单（checklist）。模型的价值在于以一种特别的方式对需求进行组织，使我们很容易看出缺失、不相干或不正确的需求。

　　应将自己创建的所有模型作为项目的完整需求工件（requirement artifact）的一部分。但只有结合文本和可视化需求，才能描绘出需要构建的解决方案的全貌（Wiegers 2013）。

# 1.3 在项目中使用 RML

可将本书描述的 RML 模型看成是软件项目所用模型和模板的一个工具箱。多个模型通常应该结合使用，而且有一些通用的方式来定义在整个开发生命周期中何时应该使用特定的模型。在项目中应用需求模型的方式适用于许多开发方法，例如敏捷、迭代和瀑布方法（参见第 25 章）。

## 其他资源

- "RML Quick Reference for Business Analysts"是只有两页篇幅的一个模型总结，网址为 http://www.seilevel.com/wp-content/uploads/RML-Language-for-Modeling-Software-Requirement.pdf。
- Wiegers（2013）的第 11 章对模型的价值进行了深入浅出的解释，最新中译本《高质量软件需求》（第 3 版）。

## 参考文献

- Chen, Anthony 2010, "What vs How – BRD vs User Requirement vs Functional Requirement"：https://tinyurl.com/4jmh2r7r
- Cowan, Nelson 2001, "The Magical Number 4 in Short-Term Memory: A Reconsideration of Mental Storage Capacity", Behavioral and Brain Sciences 24, 87-114 Ellis, Keith 2008, "Business Analysis Benchmark Report", IAG Consulting：https://tinyurl.com/2anz6vuc
- Gottesdiener, Ellen 2002, *Requirement by Collaboration: Workshops for Defining Needs*, Boston, MA: Addison-Wesley Professional.
- Miller, George A 1956, "The Magical Number Seven, Plus or Minus Two: Some Limits on Our Capacity for Processing Information", *Psychological Review* 63, 81-97.
- Object Management Group. 2007, "OMG Unified Modeling Language Specification"：http://www.uml.org/#UML2.0
- The Standish Group 2009, "CHAOS Summary 2009"，West Yarmouth，MA: The Standish Group International, Inc.
- Wiegers, Karl E. 2013, *Software Requirement, Third Edition*. Redmond, WA: Microsoft Press. 最新中译本《高质量软件需求》（第 3 版）

# 第 2 章 模型分类

▶ 场景：工具的选择

　　想象一下，你需要在一块胶合板上切一个圆孔。你有一个工具架，上面挂满了可以用的工具。首先，你很快将搜索范围缩小到那些切割工具上。例如，你会立即放弃锤子、锉刀和螺丝刀等，而是将注意力集中在各种类型的切割工具上，例如剪刀、铁皮剪、电钻、铣刀、粗木锯、曲线锯和手锯等。然后，你会从中选择一种能以最简单的方式完成圆形切割的工具。有些工具可能需要更多的安装步骤，因为它们使用的是空气压缩机而不是电池或电源插座。这里的重点在于，你已经按类型和用途对自己的工具进行了"分类"。■

　　可以将同样的分类概念应用于需求模型，以帮助我们为特定类型的分析选择更合适的模型。RML 模型可以组织为目标模型（objective model）、人员模型（people model）、系统模型（system model）和数据模型（data model）四大类别，统称为 OPSD。如图 2-1 所示，RML 分类为解决方案的分析提供了一个完整的模型工具箱。综合运用这些 RML 模型，我们可以了解解决方案的目标、使用解决方案的人员、系统本身以及所处理的数据。这些模型对分析过程进行了约束，使我们尽可能不至于错过关键的需求，同时又能避免包括非必要的需求。

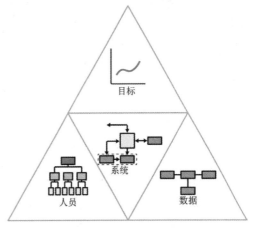

图 2-1 RML 模型的 OPSD 分类

## 2.1 目标、人员、系统和数据模型

所有软件都要处理数据。简单地说，数据进入系统，得到处理，然后退出系统。最早的软件开发模型（例如流程图和结构化设计）采用的就是这种以设计为中心的视角（DeMarco 1978）。这一视角还考虑了多系统环境中各个系统如何相互传输数据。过去 25 年，解决方案团队发现另一个视角也很重要，那就是最终用户的视角。基于这一发现，用例（use case）、业务过程建模和其他形式以用户为中心的建模应运而生。最后（也是最近以来），管理层利益相关方（executive stakeholder）一直在尝试确定如何使软件开发与最终用户和组织的业务目标保持一致。

RML 的组织结构以这些传统的模型领域为基础，按目标、人员、系统和数据（OPSD）对模型进行分组。这些领域代表为了全盘分析自己的解决方案而需考虑的 4 类信息。RML 模型通过确保信息的完整性来帮助界定解决方案的范围。

表 2-1 展示了按 OPSD 组织的 RML 模型。

表 2-1 RML 模型分类

| | 描述 | 模型 | 界定模型 |
|---|---|---|---|
| 目标 | 描述系统的业务价值，根据价值来确定特性和需求的优先级 | 业务目标模型<br>目标链<br>关键绩效指标模型<br>特性树<br>需求映射矩阵 | "业务目标模型"界定了目标空间 |
| 人员 | 描述谁使用这个系统，以及他们的业务过程和目标 | 组织结构图<br>过程流程<br>用例<br>角色和权限矩阵 | "组织结构图"界定了人员空间 |
| 系统 | 描述存在哪些系统，用户界面是什么样子，系统如何交互，以及系统的行为方式 | 生态系统图<br>系统流程<br>用户界面流程<br>显示 - 操作 - 响应<br>决策表<br>决策树<br>系统接口表 | "生态系统图"界定了系统空间 |
| 数据 | 从最终用户的角度描述业务数据对象之间的关系、数据的生命周期以及如何在报告中用这些数据来做决策 | 业务数据图<br>数据流图<br>数据字典<br>状态表<br>状态图<br>报告表 | "业务数据图"界定了数据空间 |

## 2.1.1 界定模型

每一类 RML 都有一个界定模型（bounding model），它有很高的概率能采集该模型所针对的全部信息。如果有很强的信心认为一个模型是完整的，就可以说完全界定了你的分析。例如，对于一些 IT 系统，可以从一个企业组织结构图（corporate organizational chart）中识别出所有可能的利益相关方。利用这些信息，我们可以创建一个名为"组织结构图"（org chart）的解决方案。因此，我们可以确定要与之会谈的所有相关利益相关方的一份完整名单。通过创建包含所有可能的利益相关方组别的一个"组织结构图"，我们界定了自己的分析，可以确信不会遗漏任何利益相关方。如表 2-1 所示，每一类的 RML 界定模型分别是业务目标模型（目标）、组织结构图（人员）、生态系统图（系统）和业务数据图（数据）。

使用每一类的界定模型，我们可以建立一个完整的信息基础来界定分析范围。当分析进行到 RML 内更详细的模型时，判断该模型是否完整会变得越来越困难。例如，在深入了解个别用户的"过程流程"（process flow）[①]时，很难确保已经识别了用户完成的所有任务。综合使用不同的模型有助于填补这方面的空白（参见第 26 章）。

## 2.1.2 全部四个类别都需要

大多数解决方案在进行分析的时候，通常需要来自全部四个类别的模型。从不同角度分析解决方案的核心价值在于，它有助于确保从所有角度对解决方案进行检验。如图 2-2 所示，以一个物体的四个视图为例。在只有其中一个、两个或三个视图的情况下，不可能正确画出这个三维物体。只有在拿到全部四个视图之后，才能正确可视化物体的全貌，如图 2-3 所示。

说到软件，一些组织试图完全使用"用例"来分析一个系统，但这往往会遗漏有关数据及其在系统中如何流动的关键信息。在软件开发的早期岁月，流程图（flow chart）、数据流图（data flow diagram）和上下文图（context diagram）[②]是软件分析

---

① 译注："过程流程"是指一个过程的具体流程。一个"过程"涉及多项活动，这些活动具有离散性、整体性、时间性和逻辑性等特点。将所有这些活动组织起来，就形成了"流程"。详情参见第 9 章。

② 译注：也称"系统关系图"。

的主要机制，它们生成的系统往往难以使用。在如今的软件开发中，一个常见的问题在于，由于没有对各种特性进行整体的价值分析，所以会浪费不少金钱来创建只有极少数用户才需要的特性——收益与成本不成正比。通过开发 RML 每一类别的模型，可以界定解决方案，并最大限度提高团队构建正确软件的概率。第 25 章将进一步讨论如何根据项目特征、项目阶段、受众和开发方法，从每个类别中选择合适的模型。

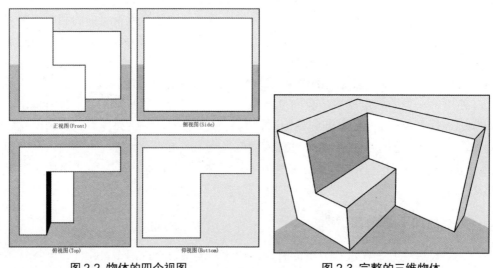

图 2-2 物体的四个视图　　　　　　　图 2-3 完整的三维物体

## 2.2 目标模型

目标模型（objective model）描述系统的业务价值，帮助你根据价值来确定特性和需求的优先级。项目浪费最严重的一个地方就是加入了对最终用户或组织没什么价值的特性。据统计，大约 65% 的特性很少或从不使用（The Standish Group 2009）。如果这些特性在实现之前就被砍掉，那么将直接缩小项目的范围、风险和预算。只要特性没有开发，就相当于是帮项目省钱了！

业务目标模型（business objective model）是 RML 目标模型类别的界定模型。它使你能将特性映射到业务目标，以帮助利益相关方根据价值来确定特性的优先级，并砍掉价值最低的特性。另外，业务目标模型确定了需要解决的问题，以确保在实现过程中，开发团队不仅实现了特性，还解决了关键问题。

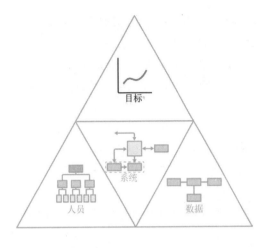

目标模型在项目的早期很有用，可以帮助项目利益相关方就项目的业务价值达成一致。项目进行期间中，它们能识别那些没有被需求满足的业务目标，从而引出事先没有考虑到的需求。另外，它们能识别那些不能创造显著价值的需求，从而帮助你缩小范围。使用业务目标模型，很容易将之前请求的许多特性或需求排除在范围之外，从而只关注那些有助于实现业务价值的需求。

通过开发业务目标模型，相当于围绕着系统范围创建了一个边界。其他目标模型将帮助你进一步细化范围，在需求和它们所创造的价值之间建立更细化的联系。

## 2.3 人员模型

人员模型描述了系统的利益相关方、他们的业务过程以及他们的目标。组织结构图（org chart）是 RML 人员模型类别的界定模型。它确保你考虑到了所有可能的利益相关方，从而对人员空间进行界定。一般来说，识别业务组织中的所有利益相关方是一项简单的任务，因为人们习惯于考虑与之共事的人。但是，有的业务团体（business group）并不是那么明显。组织结构图不仅包括使用系统的人，还包括运营、构建以及维护系统的人。可在每个团队中确定一个有代表性的领导，将他 / 她作为单一的决策者来代表用户群体，而且他 / 她能帮助确定那些在系统的某个方面有特殊知识的人。除此之外，还要确保识别了任何子群组（subgroup）。例如，如果有两种类型的销售代表以不同的方式使用系统，那么应将他们识别为不同的用户。最后，如果最终客户（他们显然不存在于组织结构图中）要使用系统，那么可以使用

组织结构图来识别组织内部的利益相关
方，他们直接与这些最终客户交互，因
此最可能了解那些客户的需求。

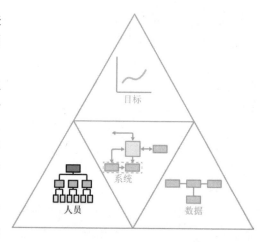

对用户群体进行界定的其他方法包
括查看有权访问系统的所有用户的一个
数据库（其中包含他们常用的系统特性），
确定将代码签入变更控制系统的所有开
发人员，以及负责系统维护的所有运营
团队成员。

通过确定利益相关方群体，我们有
了一个牢靠的边界来限制未知因素。你
可能会确定更多的用户类别，但随着时间的推移，人员模型会趋于稳定。下一步是
与各种用户见面，确定他们如何与系统交互。这些访谈将导致生成更多的人员模型，
以描述用户期望如何使用系统以及他们期望的结果。

## 2.4 系统模型

系统模型描述存在哪些系统，用户
界面是什么样子，系统和系统之间如何交
互，以及它们的行为方式。它们确定了
参与多系统环境（所谓的"生态系统"）
的所有主要应用程序，并描述了系统的
具体方面，例如用户界面、系统间的接
口以及系统执行的自动化过程等。生态
系统图（ecosystem map）是 RML "系统"
模型类别的界定模型。大多数 IT、软件
即服务（SaaS）、云甚至移动软件项目
都存在于一个应用程序生态系统的背景

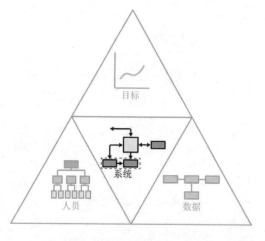

下。这个生态系统由其他无数系统和过程组成，它们要与被更改的系统交互。无论
是为了一个新的开发项目，为了升级一个现有的系统，或是为了一次完整的系统迁

移,当你首次审视一个现有的应用程序生态系统时,有时很难知道从哪里开始分析。更糟的是,现有的应用程序生态系统通常根本没有提供文档。

对于用户、运营人员和维护人员来说,列出涉及的系统通常并不难。然而,如果没有一些有组织的结构,那么要他们详细描述系统之间的所有交互会非常难。生态系统图提供了一个可视化的框架,它专注于任何两个系统之间的关系。因此,每次只需考虑这两个系统之间的关系即可。这使我们能够轻松捕捉关于这种关系的所有信息。生态系统图同时显示了所有系统,并在高层级上显示了交互的性质。这个包含所有系统的清单提供了另一个相当容易实现的边界。

确定一个相对完整的生态系统图,相当于界定了所有能影响你的开发工作的系统的范围。然后,可以使用额外的系统模型来描述这些系统应该是什么样子的,它们应该如何表现,以及它们之间应该如何交互的细节。

## 2.5 数据模型

数据模型从最终用户的角度来描述业务数据对象的关系、数据的生命周期以及如何在报告中利用这些数据来做决策。业务数据图是 RML 数据模型类别的界定模型。业务数据图记录了全套业务数据对象及其层次结构。可以使用现有的数据输入屏幕和报告来充分识别业务数据对象。即使没有现有的屏幕,现有的表格和纸质报告也能达到同样的目

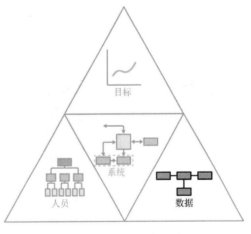

的,所以可以确信它们围绕所提议的解决方案的数据形成了一个完整的边界。

有了合理的业务数据图之后,就可以着手创建更多的数据模型,描述更多的数据处理细节、数据的确切形式以及用户如何使用数据来做决策。数据只能创建、更新、使用、移动、复制或销毁。所以,在确定了一个对象之后,可将这些操作应用于业务数据对象,从而以一种系统化的方式来确定需求,帮助确定用户具体如何与数据进行交互。

## 参考文献

- DeMarco, Tom，1978. *Structured Analysis and System Specification*. New York, NY: Yourdon Inc.
- The Standish Group，2009， "CHAOS Summary 2009"，West Yarmouth, MA: The Standish Group International, Inc.

# 第 Ⅱ 部分 目标模型

# 第 3 章 业务目标模型

某大型经销商每年向客户返点近 3 亿美元。返点金额完全依赖于手动计算，由一个海外团队具体执行。财务团队估计，每年返点都会出错，总金额大约为 1 500 万美元，但无法确定准确数额。几笔金额高达 150 万美元的错误返点终于说服管理层同意立项以减少差错。之所以有差错，主要是因为销售合同在规定返点的时候，允许客户就同一笔交易购买多次申请返点。这种重叠有时只是日期范围的错误，有时则是销售团队故意的。为了纠错，管理层启动了一个项目，将这个过程自动化并验证销售合同中的返点是否符合公司的政策。

在对公司一些客户进行为期 6 个月的试点期间，这个新的系统发现了大约 400 万美元的会计差错，这意味着新的系统全年回报有望超过 1500 万美元。项目开销约 100 万美元。遗憾的是，该项目没有完全实现合同从销售系统到财务系统的自动化，合同还是必须手动送达，需要三名全职人员，每个人每年的人力成本约为 2.5 万美元。在过程完全自动化之前，业务团队拒绝全面部署。如此一来，新研发的系统每年有望获得 1500 万美元的回报被限期延后了！■

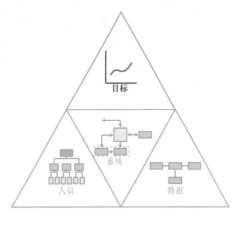

每个项目的核心都在于它为最终用户或公司带来的价值。但很多时候，团队忽视了项目本来应该创造的价值。不通过对业务目标的关注来驱动项目的范围，项目就可能因为一些无关紧要的特性而不堪重负，这些特性对项目的核心目标没有什么帮助。利用业务目标模型（business objective model），利益相关方可以确定项目的价值，而且平时还可以根据这个价值来做出需求决策。

业务目标模型是众多 RML 目标模型之一。它定义了业务问题（business problem）、业务目标（business objective）、产品概念（product concept）和成功指标（success metric），如表 3-1 所示。

表 3-1 业务目标模型包含的元素

| 元素 | 定义 |
| --- | --- |
| 业务问题 | 阻碍业务利益相关方达成其目标的问题 |
| 业务目标 | 指出业务问题何时得到解决的一种可度量的目标 |
| 产品概念 | 业务利益相关方为了达成其业务目标而选择实现的实际解决方案的愿景。它通常由包含高层级特性的一个清单来描述 |
| 成功指标 | 要实际进行度量以确定项目是否成功的一个业务目标，或者与解决方案相关的其他指标 |

图 3-1 展示了业务目标模型的各种元素，它们彼此相连。

业务利益相关方考虑的可能是他们想要达成的目标（goal）。虽然这些目标不是业务目标模型的组成部分，但理解它们并和业务利益相关方展开讨论是有帮助的。目标（goal）与业务目标（business objective）相似，但前者是一种定性的陈述，而不是一种可度量的陈述。[①]

图 3-1 业务目标模型的元素

# 3.1 业务目标模型模板

业务目标模型模板是一种框图，每个框包含一个业务问题、业务目标或者带有特性描述的产品概念，并用带箭头的线来表示它们之间如何链接。"成功指标"要么和业务目标在同一个框中，要么单独标注。每个项目只能有一个框"产品概念"，但业务目标模型的其他所有元素都可以有多个。针对后面这种情况，应该使用多个

---

① 译注：goal 更泛化，是定性陈述。objective 更具体，是定量陈述。例如，我决定减肥（goal），那就从第二天开始每天锻炼半小时（objective）。

元素框，每个框只包含元素的一个实例，同时
为同类型的元素添加唯一的编号。例如，图 3-2
展示了一个业务问题有多个业务目标的情况。

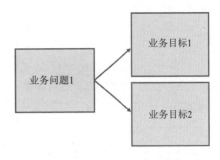

业务问题和业务目标形成了一个层次结构，
其中包含重复的"问题/目标"对。业务目标模
型总是从一个业务问题开始，然后至少有一个
业务目标。每个业务目标可能引出另一个业务
问题，也可能引出一个产品概念。

图 3-2　一个业务问题有多个业务目标

成功指标可以是任何一个能度量的业务目标，它代表项目成功与否。这种指标
在"业务目标"这个框中用 SM 来标注，即"success metric"的缩写。理想情况下，
所有业务目标同时也是成功指标。但遗憾的是，实情并非总是如此。因为对于业务
目标的达成，解决方案所产生的影响往往难以直接度量。所以，这些业务目标不能
被用作项目的成功指标。另外，可能有一些成功指标不属于业务目标，而是作为业
务目标的一种可度量的代理（measurable proxy）。那些不是业务目标的成功指标，
应作为标注记录在其代理的业务目标上。[②]

最终完成的业务目标模型可能有多个层级，如图 3-3 所示。在本例中，有两个
业务问题映射到三个不同的业务目标，这些业务目标被映射到四个业务问题，这些
业务问题被映射到四个业务目标。基于这些业务目标，我们就有了一个产品概念。
通常，为了方便阅读，模型应从左向右排列。

注意，一个产品概念可能跨越解决方案的多个组件，例如多个软件、硬件或业
务过程。如果认为需要描述多个产品概念，那么针对用于实现这些产品概念的不同
项目，很有可能需要多个业务目标模型来描述这些项目的业务价值。

**工具提示**　业务目标模型通常用微软的 Visio 或 Microsoft PowerPoint 来创建。创建
时，可考虑使用一些思维导图工具。对于大型项目，可考虑将模型放到一个需求管
理工具中，以便追踪各个元素之间的关系。

---

② 译注：标注是对一个框的补充说明，英文称为 callout，参见图 3-3 的两个成功指标。

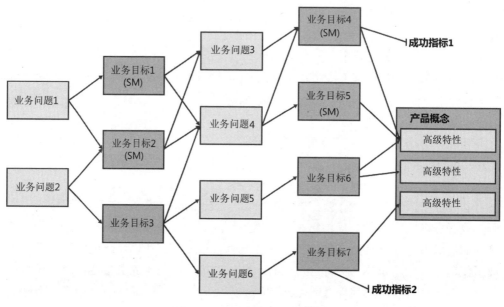

图 3-3 "业务目标模型"模板

## 3.2 示例

某家打印机公司的管理层正在评估他们的财务问题。他们意识到，有几条产品线的利润已经下降。经过进一步研究，业务分析师帮助他们认识到，这些生产线之所以出现利润问题，是因为公司增加了呼叫中心的员工来支持大量客户来电。分析师与业务领导合作，确定了如图 3-4 所示的业务问题。

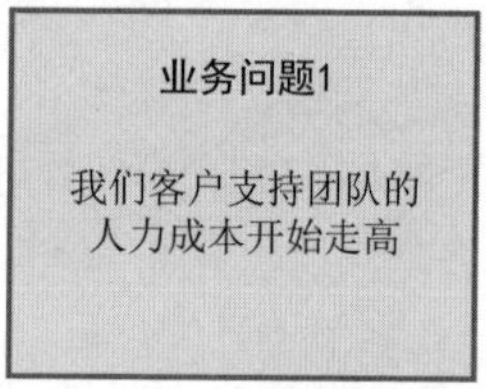

在做完进一步的讨论后，管理层决定，为了削减呼叫中心的开支，必须将 180 名员工调离呼叫中心，转移到能创造利润的岗位。但是，这些员工在转岗后，呼叫中心每天处理的来电数量需要减少 3 000 个。鉴于这个新目标，他们创造了一系列业务问题和业务目标，如图 3-5 所示。

**业务问题1**

我们客户支持团队的人力成本开始走高

图 3-4 业务问题

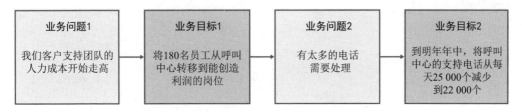

图 3-5 关联了业务问题和业务目标

分析师提出一个问题："当前是什么阻碍着我们达成目标？"在评估了来自呼叫中心的数据后，管理层确定了人们打来电话的两个关键原因，如下所示。

- 50% 来电者希望找到解决其新问题的方法。
- 30% 来电者之前打过电话说明了他们的问题，由于在通话过程中无法实时解决，他们又打电话来确认情况。

这两方面的信息构成了下一层级的业务问题。如图 3-6 所示，分析师帮助管理层确定了两个业务目标。如果它们得到满足，业务问题就解决了。

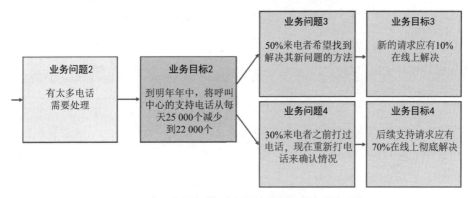

图 3-6 在业务目标模型中添加业务问题和业务目标

然后，分析师可以提出同样的问题："当前是什么阻碍着我们达成目标？"答案是没有在线支持系统。随后，团队就一组构成产品概念的特性达成了一致，他们认为这将减少呼叫中心接到的电话，如图 3-7 所示。他们确定了四个高级特性（high-level feature），这些特性是达成业务目标的关键。注意，所有这些特性都直接包含在"产品概念"框中。

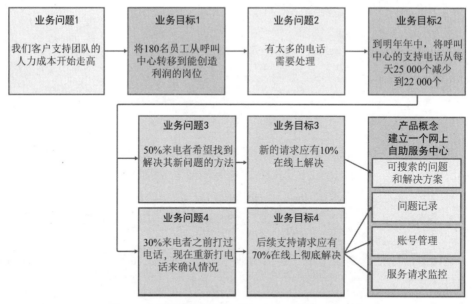

图 3-7 在业务目标模型中添加产品概念的一个示意

最后，团队确定哪些业务目标是可以实际度量的，并用这些目标来确定项目的成功指标（SM）。基于这种可度量的指标，他们可以确保项目的进展符合预期，最终实现业务目标。就当前这个示意来说，他们发现没有一个业务目标可以很容易地度量并与项目的成功联系起来。所以，他们创建了两个可以作为解决方案的一部分来度量的成功代理指标，如图3-8所示。

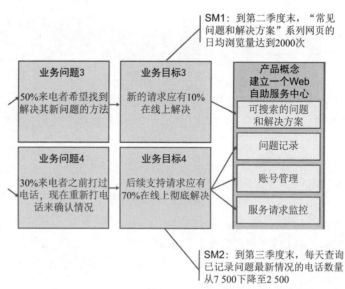

图 3-8 在业务目标模型中添加（代理）成功指标的示意

## 3.3 创建业务目标模型

业务目标模型中的元素以一个自然的顺序创建，如图 3-9 所示。业务问题和业务目标以迭代的方式创建，直到可以定义一个产品概念。在本章后面的"理解正在进行的项目"一节，我们将讨论在不遵循这个顺序的情况下创建和使用模型。

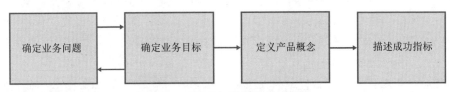

**图 3-9 业务目标模型的创建过程**

### 3.3.1 确定业务问题

一般来说，组织投资一个项目是为了解决特定的业务问题，即使这个问题还没有得到明确的阐述。但在许多情况下，项目的利益相关方对业务问题各自有不同的理解。好消息是，几乎所有业务问题都可以映射到收入的提高或者成本的降低。

#### 3.3.1.1 收入需要提高

与收入有关的业务问题很少直接表述为："我们需要赚更多的钱"。通常，企业会使用与赚更多钱有关的其他指标。例如，与客户保留（留客）、客户获取（获客）和客户消费习惯相关的问题最终都与试图提高收入的一个业务问题相关。

#### 3.3.1.2 成本需要降低

与成本有关的业务问题可能更直接，例如，"客户支持部门成本太高。"这些问题也可能基于成本指标。成本指标可能与执行任务所需的人数、第三方系统许可证费用、产品退货成本、监管不合规成本或执行某项任务所需要的时间有关。

许多人都认为，合规和监管问题是第三类业务目标。但是，不应将其与提高收入或降低成本分开，因为监管和合规问题与收入或成本直接相关。例如，某些类型的合规与收入相关——不合规的话，公司的产品根本不允许售卖。其他类型的合规可能与成本相关——不合规的话，公司可能会被罚款。虽然合规与收入或成本息息相关，但对成本的影响可能是无法度量的（甚至可能是灾难性的）。因此，利益相关方经常认为监管问题胜过其他所有问题，而事实可能并非如此。

### 3.3.1.3 征询业务问题

业务问题和业务目标构成了一个包含重复"问题/目标"对的层次结构。在最高层级，业务问题应直接与金钱有关。在较低层级，问题则与上一个层级有关。为了征询业务问题，需要与主要利益相关方交谈，通常还需要与管理层交谈，以了解是什么在阻碍收入的提高或成本的降低。为了确定业务问题，你的起点通常是一个目标，也可能是一个产品概念（如果有人已经确定了他们想要的产品概念，但还没有分析业务需求）。然后，需要沿着这个层次结构向上走，找到一个直接与金钱相关的业务问题。或者向下走，找到与业务目标直接相关、可以帮助定义产品概念的问题。

例如，如果要进行的软件项目是为客户实现一个网上自助服务中心，分析师和管理层可以进行如图 3-10 所示的一次对话，以确定用于发起项目的业务问题。

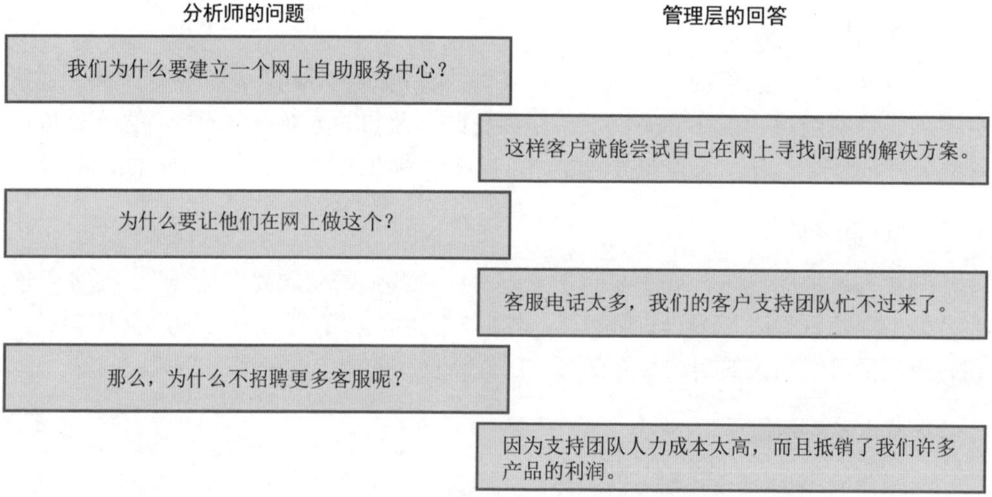

| 分析师的问题 | 管理层的回答 |
| --- | --- |
| 我们为什么要建立一个网上自助服务中心？ | |
| | 这样客户就能尝试自己在网上寻找问题的解决方案。 |
| 为什么要让他们在网上做这个？ | |
| | 客服电话太多，我们的客户支持团队忙不过来了。 |
| 那么，为什么不招聘更多客服呢？ | |
| | 因为支持团队人力成本太高，而且抵销了我们许多产品的利润。 |

图 3-10 通过与管理层对话来确定业务问题

在第三个回答中，分析师确定了一个新的、关于成本的业务问题。公司为客户建立自助服务中心的真正原因是为了降低客户支持团队的成本。这意味着，除了建立一个在线支持系统，利益相关方可以确保他们专注于开发减少来电数量的特性。自助服务中心的目标是降低成本。这似乎是显而易见的，但在执行项目时，利益相关方很容易会变得过于专注于特性，以至于忘了重点是减少来电数量以降低成本，而不是自助服务中心的特性本身。如果不保持对业务问题的关注，利益相关方往往在实现了议定的特性后，仍然没有解决业务问题。

在项目已经启动的情况下，可能有人对继续发现新的业务问题持反对意见。例如，有人会说这是在浪费时间。然而，整个团队只有在对解决的业务问题有了深刻的理解后，团队中的每个人才能在项目中做出更好的决策。这更有可能获得一个能真正解决业务问题的解决方案，而非仅仅是获得一个简单的、实现了需求的解决方案。理解业务问题还有可能促使一个组织完全重新定义一个项目，甚至在将资源浪费在错误的事情上之前及时叫停。

## 3.3.2 确定业务目标

为了确定与特定问题关联的业务目标，要问自己："我如何确定这在当前算是一个亟待解决的问题？如果解决了这个问题，业务会变成什么样？"业务目标必须是可度量的，而且通常有一个时间范围，在这个范围内度量才是合适的。

继续上一节的示意，在确定业务问题是支持团队人力成本过高之后，你可以拟定一个具体的目标成本或利润金额。如果无法拟定具体金额，那么考虑使用一个对成本的下降进行"代理"的指标，即从呼叫中心转岗至创收岗位的员工数量，因为员工数量直接与呼叫中心的运营成本相关。

业务目标规定了从当前数字到目标数字的变化。另外，应避免在业务目标中使用百分比来度量变化，因为人们往往会忘记百分比所适用于的原始基线数字。另外，它使人们更难真正理解目标数字。百分比变化要求读者知道、查询或假设实际数字，这导致利益相关方缺乏共同理解。相反，应使用具体的数字来表明当前水平和目标水平。在以下两个目标陈述中，第二个目标比第一个目标更容易记住，以免人们在不知不觉间试图改变项目的中期目标。

- 陈述 1：支持电话数量减少 12%
- 陈述 2：到明年年中，将每天的支持电话数量从 25 000 减少到 22 000

在确定业务目标时，分析师面临的一个挑战是，在需要对已确定的业务目标做出承诺时，人们往往会犹豫不决。很少有合理的理由需要将收入或成本目标保密。大多数时候，这种犹豫不决源于害怕对结果担责。如果真的无法就业务目标达成一致，你最起码也要尽最大努力使人们同意下一级的可度量结果——成功指标。不过，如果没有可度量的业务目标，项目很有可能无法为公司提供足够的价值，因为在需求的实现过程中，很可能偏离方向。

### 3.3.3 定义额外的问题和目标

在层次结构的顶层定义了最初的业务问题和业务目标后，可能还需要继续确定其他成对出现的"问题/目标"，最终形成一个明确的产品概念。顶层以下的每个"问题/目标"对都与解决上一层的问题有关。

为了确定额外的问题，分析师应该问："当前是什么阻碍了我们达成业务目标？"这听起来很简单，但可能非常具有挑战性，因为它需要当前可能没有的数据。例如，可能还没有数据说明为什么客户会频繁拨打支持电话。

在前面的示意中，之所以不能将 180 名员工立即调到其他岗位，原因是当前有太多的电话呼入，剩下的员工根本处理不过来。这个新确定的业务问题被添加到层次结构中。然后，一个新的目标被创建，以代表成功解决新问题（电话太多）的指标是什么：明年将每天的支持电话数量从 25 000 减少到 22 000。

在任何时候，几个潜在的问题都可能使你无法实现业务目标。例如，可能有许多可能的原因导致支持电话的数量无法减少。在本例中，公司的产品本身可能存在问题，网站可能让客户太容易打电话进来，或者手册可能太难使用。

为此，需要继续在定义问题和目标之间进行迭代，直到可以根据业务目标直接定义要实现的特性。这些特性形成了产品概念。一般来说，"问题/目标"的层级不能太多。如果太多，就会有太多的信息无法有效地理解和使用。

### 3.3.4 定义产品概念

业务目标不会讨论具体如何实现，那是产品概念的事情。产品概念是企业为满足业务目标而选择实现的解决方案的愿景。

产品概念包括设想的高级特性（high-level feature）。产品概念可以描述一个解决方案的多个方面，包括软件、硬件和业务过程。所谓"特性"（feature），是指对解决方案最终将包含以满足业务目标的一个功能区域（area of functionality）的简短描述。特性（feature）是需求的集合，用于阐述并组织需求。它们通常可以作为一个清单来交流，帮助不熟悉项目的人理解项目所提供的实际功能或用途（functionality）的本质。

第 6 章将进一步讨论如何征询对产品概念进行定义的特性。

**指导原则**

有的时候，企业对需要在解决方案中关心的事情做了一般性的陈述。虽然这些不算是单独的"需求"，但在创建解决方案时仍然很重要。这些指导原则为利益相关方提供了在开发业务问题的解决方案时应考虑的方向。

指导原则描述了对市场的期望或者利益相关方想要达到的目标，它们适用于整个解决方案。例如，以下都可以称为指导原则：

- 开发面向用户的所有特性时，将重点放在新用户的易用性上
- 在所有财务计算中应用"公认会计原则"（generally accepted accounting principles，GAAP）
- 维持现有业务工作流（business workflow）
- 更改业务过程（business process），而不是进行定制

如果确实有现成的指导原则，那么可以把它们作为产品概念的一部分。

## 3.3.5 描述成功指标

一些业务目标的改善可以直接度量并归因于项目的成功。在这种情况下，应将这些业务目标标记为"成功指标"（success metric，SM）。然而，许多业务目标（business objective）度量的是大型的、长期的业务目标（business goal），这些目标（goal）经常受到当前开发的解决方案之外的因素的影响。和业务目标一样，成功指标在一个特定的时间范围内可以度量，但它们应用于正在开发的"产品概念"。某些情况下，成功指标就是业务目标本身。但在大多数情况下，成功指标都是一种间接指标（代理指标）。如果业务目标难以直接度量，或者会受其他许多因素的影响，以至于无法直接度量解决方案的成功与否，那么可以将成功指标作为对核心业务价值进行度量的一种"代理"。如果使用成功指标作为代理，那么需要跟踪将其视为有效代理而做出的任何假设。

为了确定成功指标，请考虑在当前实现的解决方案中，有哪些可以度量的方面促成了业务目标的实现。例如，自助服务支持系统的产品概念与"支持电话数量从25 000 减少到 22 000"的业务目标关联——假设如果将信息放到网上，客户就会使用它。因此，对于这个项目，合理的成功指标是在指定时间范围内产生一定数量的浏览量，而且对于一定数量的产品，用户要有合理的"本文有帮助吗？"点击量。可能有其他因素会影响来电数量，例如新产品的推出。因此，在线帮助系统的使用人数这个指标比呼入电话数量更准确。

如果只是创建用于提供在线支持的特性，那么不一定能取得成功。所以，让利益相关方关注解决方案的成功指标是至关重要的，不能让他们仅仅关注产品概念的实现。就在线帮助系统而言，成功指标可能会推动其他变化，例如营销、网站文本

和电子邮件宣传上的变化，以向客户推荐新的在线系统。

在阐述需求之前，首先应制定成功指标，因为某些需求能直接从这些成功指标推导得出。在确定了更详细的特性，并将其映射到目标链之后（目标链的主题请参见第 4 章），可以添加更多的成功指标。目标链中的"目标因素"（objective factor）提供了对于特定项目来说一种很好的指标，它们可能比业务目标更容易度量。

### 3.3.6 为完成业务目标模型需要提出的问题

为了完成业务目标模型的每一部分，表 3-2 推荐了应该问的一系列问题。通常，应该向管理层的发起人或者作为其代表的利益相关方提出这些问题，因为他们才是与底层业务问题联系最紧密的利益相关方。

表 3-2 帮助确定业务目标模型各个元素的一系列问题

| 模型中的元素 | 要问的问题 |
| --- | --- |
| 业务问题 | 阻碍组织提高收入或降低成本的关键问题是什么？<br>不断问："为什么这会成为问题？"，直到最终答案涉及"钱"。<br>当前是什么阻碍我们达成目标？ |
| 业务目标 | 你用什么指标来判断问题已被解决？<br>你期望在什么时间范围内看到结果？<br>根据什么基线水平对变化进行度量？<br>在这个项目外部，还有什么会影响业务目标？<br>哪些指标可以用作判断业务问题是否解决的"代理"？ |
| 产品概念 | 必须构建或改变哪些产品或过程来达成业务目标？<br>当前是什么阻碍公司达成目标？解决方案是什么？<br>可以采取哪些方法来达成业务目标，从而解决业务问题？<br>要解决哪些问题或者问题的哪些方面？以何种方式解决？<br>为了达成业务目标，关键需求（特性）是什么？<br>有哪些指导原则会对可能的解决方案或特性集产生限制？ |
| 成功指标 | 能否直接度量解决方案对业务目标的影响？<br>如果不能，可以用什么"代理"指标来判断产品是否成功？<br>利益相关方怎么知道解决方案完全实现了它预期对业务目标的贡献？ |

## 3.4 使用业务目标模型

业务目标模型应在项目的早期创建，通常应该是你创建的第一个模型。它应该在项目的整个生命周期中使用，使利益相关方一直专注于解决方案的价值。

### 3.4.1 提供对项目价值的共同理解

业务目标模型为利益相关方提供了一个框架，使他们对项目的目的和价值有一个共同的理解。该模型的结构允许在一个页面上查看项目价值，以方便他们使用。一旦利益相关方首先关注到的是业务目标模型，其他模型所描述的需求就必然是为特定业务目标提供支持的正确需求。管理层可以使用这个模型来验证他们做出的投资。

### 3.4.2 界定解决方案空间

阐述业务问题（articulation of the business problem）是在任何项目中首先要做的事情之一。一个清晰的业务目标模型可以帮助所有利益相关方理解并界定解决方案空间，确保其中的解决方案是专门用来解决问题和实现目标的。通过完成业务目标模型，可以确保整个利益相关方群体对项目要解决的业务问题达成一致。与其他模型相结合，业务目标模型可以确保只有最具价值的特性才会得到开发。这将在第 4 章进一步讨论。

### 3.4.3 理解正在进行的项目

业务目标模型是每个项目的基础。大多数项目在前期并没有主动使用业务目标来定义项目，更不用说做出日常决策了。因此，我们在设计模型时，就考虑到了要让它很好地支持已在进行的项目。

#### 3.4.3.1 一种不会奏效的典型方法

大多数项目在开始时，相当于已经定义了一个产品概念。项目组可能会定义一些成功指标；但是，他们通常会立即跳到定义需求和设计的步骤。如图 3-11 所示，这种方法的问题在于，如果没有事先指导项目范围的业务目标达成一致，那么团队很可能会偏离业务的预期目标。

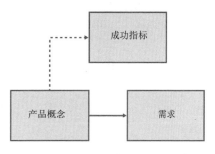

图 3-11 确定需求的典型方法

这很容易出问题。如果分析师继续在此基础上为每一个特性收集需求，那么可能出现几个问题。

- 开发出不必要的需求。如果一个需求不能映射回一个特定的可度量的业务目标，那么为什么要实现它呢？为什么要花时间来开发这种需求？

- 定义了需求后，开发团队回头可能发现，以其当前的人员和预算，根本无法实现所有需求。他们想知道哪些需求可以删除。而如果这些需求没有被映射到价值，那么很难冷静讨论可以删除哪些需求，以使项目在预算内完成。人们会争取自己喜欢的特性，而忽略对业务的量化价值。

- 即便确定了与业务目标一致的需求，构建的解决方案也可能无法达成业务目标。例如，在一家保险公司，团队认为业务目标是将 7 个 IT 系统合并成 1 个。但是，实际的业务目标是将 7 个业务团队合并成一个。不是 7 个具有完全不同技能的小团队，而是合并成一个具有重叠技能的大团队。只有这样，才能最大限度地减少周期性进行额外处理所需的人员。可以想象，虽然将 7 个系统合并成一个很容易，但无法实现真正的业务目标。

### 3.4.3.2 始于问题和目标的理想方法

如图 3-12 所示，一个理想的方法是从业务问题开始，以迭代的方式定义业务目标和其他问题，直至软件的特性可以达成业务目标。然后，使用高级特性和成功指标（high-level feature and success metric）来定义产品概念。你将使用这些特性和指标来驱动这一过程，直到最后确定需求。这种方法之所以理想，是因为它确保最终得以开发的需求总是由业务问题的解决方案来驱动的。

这种方法的缺点在于，它不能反映组织现实的运作方式。大多数组织在考虑项目时都不会采用自上而下的方法。另外，这种方法通常不会奏效，因为分析师往往在定义业务价值（业务目标）的工作发生后很久才会参与到项目。

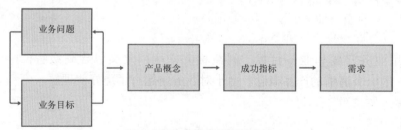

图 3-12 确定需求的理想方法

### 3.4.3.3 一种现实的方法

许多项目都发端于一个产品概念，而这仅仅是因为分析师只有在那时才参与进来。因此，前面描述的从业务问题开始的理想方法是不切实际的。不过，仍然可以创建一些元素来取得成功，如图 3-13 所示。

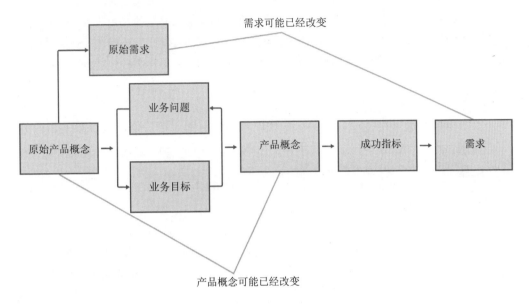

**图 3-13 确定需求的现实方法**

如果项目从一个产品概念开始，那么一组初步的需求往往已经定义好了。但是，我们完全可以从产品概念开始反方向推导，从而理解需要解决的业务问题。事实上，业务问题和目标可能是已知的，只是没有被正式记录。一旦分析师问："为什么这会成为问题？"最终就会遇到一个与创造收入或削减成本有关的业务问题。有了清晰定义的业务问题和业务目标，就可以确定，产品概念将满足业务目标并解决问题！

利用业务问题和业务目标，利益相关方可以定义包含高级特性（high-level feature）的一个清晰的产品概念。由于对业务问题有了更好的理解，所以这个产品概念可能与原来的产品概念相同，也可能不同。然后，应该制定解决方案的成功指标。最后，可以使用业务目标模型的各种元素来确定需求的初稿。注意，相较于最初的建议稿，需求可能已经发生了变化。

分析师在拿到一个项目后，可以立即开始确定或定义业务问题 / 业务目标，即使当前已经定义了产品概念。对业务目标的仔细核实往往会引起产品概念的一些变化。如果可能发生这种情况，那么最好是在项目的早期发现需求并做出改变，而不是在后期。

### 3.4.4 推导需求

由于业务目标模型阐述的是高级业务目标，所以很难直接从它推导出需求。然而，业务目标模型确实记录了特性，后者相当于高级需求。我们需要基于业务问题和业务目标来确定高级特性。然后，利用这些特性，在一个需求映射矩阵（参见第7章）中组织详细需求。

### 3.4.5 何时适用

任何项目只要有新特性，而且这些特性可以映射到业务价值，就应该使用业务目标模型。其中包括增强特性、新的定制开发项目以及要进行大幅定制的商业现货（commercial off the shelf，COTS）部署。

### 3.4.6 何时不适用

利益相关方可能想对遗留系统进行转换，实现一个新系统来取代旧系统，而不是将新的特性映射到业务价值。他们想通过现有的业务过程来保持现有的关键绩效指标（KPI）。在这种情况下，关键绩效指标模型（key performance indicator model，KPIM）（参见第5章）会更有用。KPIM有助于为现有过程流程（process flow）分配价值，方便利益相关方为现有特性制定优先级。

## 3.5 常见错误

业务目标模型最常见的错误如下。

### 3.5.1 没有理解业务问题

如果分析师不了解一个项目背后真正的业务问题，那么业务目标和最终衍生的解决方案就很有可能无法解决问题。一个更常见的问题是，如果没有对业务问题和业务目标的清晰理解，利益相关方就没有客观的标准来确定什么时候应该从范围中删除特性。范围蔓延（scope creep）是项目超出预算或出现延误最常见的原因之一。

### 3.5.2 定义了不可度量的业务目标

业务目标可能已经确定，但却无法度量。这往往是管理层的一个错误。正如本章前面所讨论的，他们对可供度量的指标有一种恐惧感。当然，即使业务目标没有定好，但有总比没有强。不过，分析师还是应该努力定义可度量的业务目标。

### 3.5.3 在业务目标中阐述了错误的信息类型

业务目标应与金钱紧密联系。产品概念经常被错误地列为业务目标。例如，在前面介绍的保险示意中，业务目标被定为"将 7 个系统合并成一个"。但这是产品概念。真正的业务问题是，有 7 个业务团队无法完成彼此的工作。导致该问题的一个原因是，每个团队都在不同的系统上接受培训。产品概念是开发一个新系统，它将 7 个系统合并为一个。

## 3.6 相关模型

业务目标模型捕捉业务问题和业务目标，这和其他建模语言是相似的。不过，RML 模型非常简单易懂。另外还存在一个理性模型（rationale model），它增加了业务目标模型以外的信息，可以跟踪做出范围决策（scope decision）的理由（rationale）。它跟踪为什么要做出一个决策，这有助于确保决策不会被不必要地重新审视（Alexander and Beus-Dukic 2009）。

另外还存在一个与目标链非常相似的概念，称为最小可销售特性（minimum marketable feature，MMF），它帮助分析师通过比较特性的价值来决定项目范围。

下面简要描述了影响业务目标模型或者被业务目标模型增强的一些最重要的模型。第 26 章将对所有这些相关模型进行更深入的讨论。

- 目标链：直接使用业务目标，允许比较单独特性的价值。
- 特性树：进一步发展出在业务目标模型中最初作为产品概念的一部分来定义的高级特性。
- 关键绩效指标模型：用于代替业务目标模型。如果项目只是替换现有特性，并维持之前的 KPI，就用该模型来确定优先级。
- 需求映射矩阵：用于按业务目标模型中的业务目标和特性来组织需求。

以下练习可以帮助你更好地理解如何使用这种模型。练习是开放式的，因此你的答案可能与我们提供的答案大不相同。可能存在许多正确的解决方案。在答案中，我们对如何得出解决方案进行了解释。在看答案之前，可以先尝试自己做一下，这样练习的收获最大。练习答案可以在附录 C 中找到。

**说明**

为以下场景准备一个业务目标模型。记录为创建模型而要提出的任何问题，以及期望从管理层那里得到的虚构答案。还要列出所做的任何假设。

**场景**

你的公司销售塑料火烈鸟和其他草坪摆件，大约有 10 万名客户，年收入为 1000 万美元。公司已经启动了一个建网店（eStore）的项目，但你希望了解业务主管想用这个新的系统解决什么问题，以帮助他们确定不同需求的优先级。

## 其他资源

- Alexander and Beus-Dukic（2009）一书讨论了如何确定业务要求（business need），后者类似于业务目标。本书还归纳了理性模型和它为项目增加的价值。
- Wiegers（2006）一书的第 21 章将业务目标作为业务需求的一部分讨论。
- "The Single Most Important Failure with Requirement" 一文指出，项目失败的常见原因是没有业务目标或者业务目标不佳：https://tinyurl.com/3t9u8p4w。
- BABOK 的 Enterprise Analysis Knowledge Area 有一项任务是定义业务要求（IIBA 2009）。
- Malik（2009）中，Enterprise Business Motivation Model（EBMM）有一个和业务目标模型很像的目标，两者甚至使用了同样的术语。

## 参考资料

- Alexander, Ian, and Ljerka Beus-Dukic，2009，*Discovering Requirement: How* to Specify Products and Services. West Sussex, England: John Wiley & Sons Ltd.
- Malik, A. Nicklas，2009，"Enterprise Business Motivation Model"：http://motivationmodel.com/
- Wiegers, Karl E.，2006：*More About Software Requirement: Thorny Issues and Practical Advice*. Redmond, WA: Microsoft Press.
- International Institute of Business Analysis（IIBA），2009，*A Guide to the Business Analysis Body of Knowledge*（BABOK Guide），Toronto, Ontario, Canada.

# 第4章 目标链

▶ 场景：混动？维保？SUV？

假设我要去市场买辆新车，我的主要目标是花最少的钱买一辆车来满足我的基本需求。我关心油耗、长期维护保养费用、维修频率、后备箱空间和车辆的安全性。为了决定哪些因素对我来说最重要，我要考虑它们对车辆整体价值的贡献。

- 混动车能提供不错的里程，但这个特性要花我 1 万美元，根据我驾驶的里程数来算，每年只能为我节省 700 美元。考虑到车辆可能的寿命，这个特性的价值不足以证明购买混动车是合理的。然而，如果我每年开更多的里程，或者如果汽油价格上涨两倍，那么它可能是值得的。

- 研究表明，某些品牌的汽车比其他品牌的汽车需要更少的维护，因此长期维护保养成本更低，但这些品牌的汽车要比同类车贵 5 000 美元。

- 我知道，如果买 SUV，那么会有很大的后备箱和更好的越野能力。我喜欢户外活动，所以需要这些。另外，还会有足够的乘客空间，可以载着我的小孩和他们的朋友四处游玩。但这些特性都很贵，一辆 SUV 比同品牌的非SUV 高出大约 8 000 美元。

基于这些考虑，我降低了油耗的优先级，决定购买一辆评级良好但并非最好的同一品牌的 SUV。为此，我通过一个一个的陈述句将愿望（油耗、后备箱等）与目标（满足基本需求的一辆车）联系起来说明每个愿望如何满足目标，而且我为每个愿望都设定了价值。最后，我知道了一辆车哪些方面对我而言最重要，哪些方面可以忽略。■

分析师经常遇到一些范围太大的项目，以目前可用的资源（包括时间、金钱和人员）根本无法完成。为了控制任何项目的范围，最有效的方法是将项目限制在只为用户或业务提供最大价值的那些特性上。一项研究发现，在典型的软件中，65%已开发的特性很少或从未使用（Standish Group 2009）。如果一开始就剔除那些只提供很少价值的特性，那么可以实现项目的大部分价值，同时大幅削减成本，加快

推出速度。这一理念对于面向消费者的
软件也是适用的。

目标链（objective chain）是一种
RML 目标模型，它以可度量的方式将特
性与业务目标联系起来（参见第 3 章）。
由于每个业务目标通常都会链接多个特
性，而且每个特性可能会解决多个业务
目标，所以有必要用一个模型来帮助确
定每个特性的相对价值。

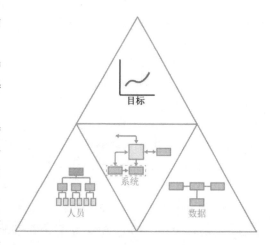

目标链是一个层次结构，其顶部包
含业务目标，底部则包含特性。两者之
间的每个层级都是一个定性的陈述句，说明了该层对链中的上一层有什么贡献。例
如，在本章开头的故事中，我的目标是花最少的钱买一辆能满足基本需求的汽车，
而我考虑的特性之一是混动发动机。定性地说，混动发动机增加了每加仑汽油的行
驶里程数。而增加每加仑里程数能降低每英里的成本。

链中的每个层级也可以包含一个大致的计算，从而定量地解释一个特性对业务
目标做出的贡献。还是那个买车的示意，厂商表示混动车每加仑可以行驶 50 英里，
而油车每加仑只能行驶 25 英里。假设油价是每加仑 4 美元，我每月行驶约 1000 英里，
混动车每英里的油钱是 8 美分，油车每英里的油钱则是 16 美分。因此，混动车每
月的油钱是 80 美元，油车每月的油钱是 160 美元。

目标链提供了一种方法来包含对任意特性的价值的一个近似计算，即使该特性与
目标的关系不大。如果为所有特性都创建目标链，就可以比较它们的相对价值，以确
定应该从范围中删除哪些特性。该模型使团队能理性地辩论应如何计算特性的价值，
而不是带着与特性相关的情绪去辩论（例如，因为特别喜欢某个特性，所以罔顾其成本）。

## 4.1 目标链模板

如图 4-1 所示，目标链是一种树状结构，由多个方框构成。左上角的方框包含
了一个业务目标，而右下角的一系列方框（树的"叶子"）包含了特性。两者之间
的分支由一系列包含目标因素和目标方程的方框构成。

其中，目标因素（objective factor）是层次结构中的一个层级对上一层级有什么贡献的定性陈述。目标方程（objective equation）则对目标因素之间的关系进行了量化。目标方程是在关联的目标因素框中采集的。至于特性，则用不同的颜色或阴影显示，以便和目标因素区分。

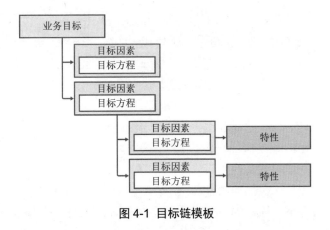

图 4-1 目标链模板

**工具提示** 刚开始可以使用便条和白板来创建层次结构，但创建目标链的最佳工具是某种软件，例如 Microsoft PowerPoint 或 Microsoft Visio。理想情况下，目标链应该存储在一个需求管理工具中，这样一来，任何可追踪特性（traceability functionality）都可以用来辅助维护层次结构中的链接。

## 4.2 示例

某销售组织了解到，相较于没有接受过培训的同行，定期接受产品培训并通过了培训考试的销售代表能销售出更多的产品。该组织的业务目标是通过增加每名销售代表的销售额来增加收入。合理的推论是，培训很重要，因为它有助于销售代表了解新产品。而对这些新产品有了更多的了解后，销售团队就能更好地销售这些产品。

销售代表的考试成绩量化的是了他们通过培训课程学到的东西。销售代表通过的考试越多，他们了解的产品就越多，他们卖出的产品就越多。

例如，对于未通过某一产品考试的销售代表，其每天平均贡献的收入是 1 000 美元。然而，如果该销售代表参加了培训并通过了相关考试，其贡献的平均收入就会增加到 1 200 美元。这个指标可以清楚地告诉企业，拥有一支通过考试的销售队伍是有价值的。企业应该寻找机会，帮助更多的销售代表通过培训考试。

这个示意图中的目标因素可以如此陈述："增加通过考试的销售代表的人数可以增加销售额"，如图 4-2 所示。

我们可以想出几种特性（feature）来增加通过培训考试的销售代表的人数。对这些潜在的特性进行分析，可以发现其中哪些能提供最大的价值。

一个可能的特性是提供"在线培训"。这使销售代表能在他们方便的时候参加培训，而不是每季度

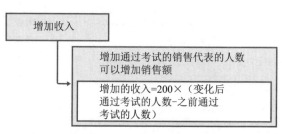

图 4-2 这个目标因素是增加通过考试的人数

固定参加几次，后者是当前的培训计划。进一步的研究表明，由于销售团队的日程安排，大约 40% 的员工会错过这些面对面的培训活动。在有 1 000 名销售代表的情况下，通常约有 600 人能参加培训。而有了额外的在线培训后，预测表明这个数字可以增加到 900 人之多，即增加 30% 的销售代表，培训的参与率达到 90%。历史数据还显示，先培训再考试能将通过率从 25% 提升至 90%。这使通过考试的销售代表人数从 640 人增加到 835 人。(900 名参加培训的销售代表中的 90%，加上未参加培训的 100 名中的 25%，共有 835 名销售代表通过了考试)。此外，由于通过考试的人对收入的贡献平均会多出 20%，所以每天的收入将增加 39000 美元（在新增的 195 名通过考试的销售代表中，每人每天会创造出 200 美元的额外收入）。图 4-3 展示了这个示意。

注意，在图 4-3 中，前两个目标因素都有一个应用于现有数据的目标方程。这些方程有助于评估"在线培训"特性对业务目标的贡献程度。这些方程可能存在一些会对分析产生重大影响的假设。例如，分析假设如果提供了在线培训，那么参加培训的销售代表的人数将从 60% 增加到 90%。如果出现了关于特性优先级的争论，那么争论的焦点应该是"在线培训会使参加培训的销售代表人数增加那么多"这一假设的有效性，而不应该就"是否应该实现在线培训"进行主观的争论。此外，在考虑在线培训的子特性（sub feature）时，重心还是增加参加培训的销售代表的人数。这些子特性的示意包括通过电子邮件和自动提醒告诉销售代表参加培训。最后，分析师可以进行盈亏平衡分析（break even analysis），以确定需要增加多少参与率，才能使项目的收入刚好与实现在线培训的成本相当。即使团队不确定能达到多大的参与率，也可能会同意参与率极有可能小幅度增长。如果这个小幅度的增长仍然有利可图，那么实现在线培训项目潜在的风险就会小很多。

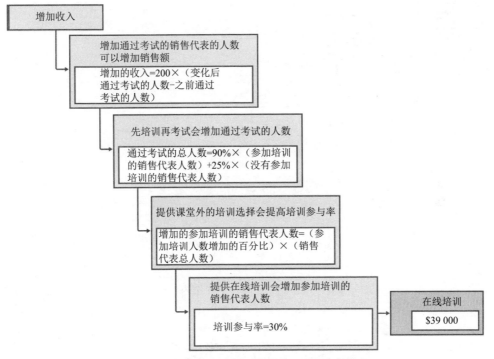

图 4-3 先培训再考试的目标因素和目标方程数据

下一个要分析的特性是提供"可下载的培训",它方便参与者在离线时完成培训。这个特性听起来很合理,有助于提高销售团队的整体通过率,因为培训变得更方便了。在与销售团队的交谈中,分析师可能发现,销售团队的大多数人几乎一直在线。有的销售会开车去见客户,但这段时间无论如何都不能拿来培训。还有一些人经常坐飞机去见客户,他们能使用离线培训选项。但是,总的来说,只有大约 2% 的销售代表能从离线培训中受益。向这一目标因素应用目标方程,我们可以确定,通过提供可下载的培训,只有 20 名额外的销售代表能接受这样的培训,而且其中只有 18 名销售代表能通过考试(20 名可能的销售代表中的 90%)。开发这个特性,每天能增加 3 600 美元的收入(18 名销售代表每天贡献 200 美元的额外收入)。图 4-4 展示了最终完整的目标链。

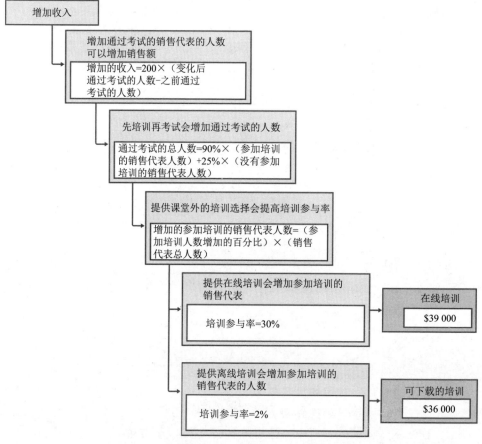

**图 4-4 为"可下载的培训"特性新增了目标因素和数据**

我们不必与顽固的利益相关方争论特性的有用性（"销售代表在飞机上参加培训的特性是必须的！"），相反，可以将争论的重点放在对回报的分析上。取决于开发离线培训特性的成本，团队可以做出不带感情色彩的、严格意义上的业务决定来保留或删除该特性。在本例中，分析师将目标方程应用于目标因素，发现虽然可下载的培训确实增加了价值，但这个价值和实现成本并不相当。使用带有估计的数据值的目标因素和目标方程，有助于将项目的范围限制在那些对项目最有利的特性上，并确保其符合业务目标。

## 4.3 创建目标链

如图 4-5 所示,创建目标链的过程是建立在项目早期创建的其他模型的结果之上的。目标链通常主要由分析师创建。但是,团队的其他成员也必须提供输入,以解释特性对业务目标的贡献。

图 4-5 创建目标链的过程

### 4.3.1 确定业务目标和特性

下面先澄清两个定义。

- 业务目标(business objective)是标志业务问题何时得以解决的可度量的目标。
- 特性 (feature) 是对解决方案最终将要包括以满足业务目标的一个功能区域的简短描述。特性是需求的集合,用于阐述和组织需求。

前面第 3 章讨论了如何确定作为业务目标模型一部分的业务目标。第 6 章将讨论如何使用特性树来确定特性。这两个模型结合起来使用,应该就可以提供要在目标模型中使用的一套足够完整的业务目标和特性。如果还没有创建一个特性树,那么在业务目标模型中确定的特性就是一个很好的起点。

### 4.3.2 选择要在目标链中分析的特性

不需要为每一个特性都创建目标链。相反,应该为最高级别的特性创建目标链,同时还要有做出范围决策所需的粒度。第 6 章将详细描述不同的特性级别(L1、L2 和 L3)。在选择适当的特性级别以进行分析时,可以遵循以下准则:

应选择每个特性都相对独立的一个特性级别。通常,可以在目标链中使用 L1 特性,只有在必要时才引入 L2 特性。例如,考虑一个 "索赔管理" 的 L1 特性,它包含 "提交"、"调整" 和 "批准" 等 L2 子特性。如果没有 "调整",那么 "提交" 的价值就很有限。而如果没有 "提交",那么 "批准" 和 "调整" 就没有任何意义。因此,一个合理的做法是将 "索赔管理" 这个 L1 特性作为整体,基于它来开发目标链,而不是基于上述单独的 L2 特性来开发目标链。如果对这些 L2 特性的优先级出现疑虑，那么届时可以将目标链扩展到这些子特性。

选择一个特性级别时，要求开发每个特性的成本至少占价值的 1%。由于我们只关心数量级的特性价值，所以如果过于深入地分析那些对整体价值或成本贡献太小的特性，回报就会衰减得越来越厉害。

如果不能在 L1 或 L2 级别删除任何特性，那么可以在所有 L1 的特性中寻找删除 L3 特性的机会。从 10 个不同的 L1 特性中删除 20% 的 L3 特性，类似于彻底删除 10 个 L1 特性中的 2 个——假设实现每个 L3 特性所需的努力是相似的。如果需要以这种方式进行特性删除，那么必须做大量目标链建模来分析 L3 特性。

将目标链建模的重点放在业务目标模型中构成产品概念主要价值的特性上，而不是放在为其他特性提供支持的内务特性（housekeeping feature）上。例如，许多解决方案都包括用户管理（user administration）特性。大多数情况下，用户管理并不是软件的目标，但它支持软件的真正目标，例如控制对信息的访问。因此，大多数项目都不需要在目标链中评估用户管理特性。

### 4.3.3 确定目标因素

为了确定目标因素，要逐一考虑从业务目标到特性的映射。从第一对业务目标和特性开始，回答"该特性对业务目标有什么贡献？"，如图 4-6 所示。答案应该是"增加或减少 X，会增加或减少 Y"（或者其他差不多的表述，例如"提供该特性会增加 Y"）。

图 4-6 将"在线培训"特性与"增加收入"业务目标联系起来的思考过程

### 4.3.3.1 使用业务目标模型

业务目标模型将问题映射到业务目标，再映射到特性，但它并没有指出特性对实现业务目标的贡献。目标链旨在显示一个更细化的视图，传达每个特性与每个业务目标的关系。然而，完全可以使用业务目标模型中的问题和目标层次结构，帮助自己确定一个特性对业务目标的贡献。

例如，对于"增加收入"目标和"在线培训"特性，可以有如图 4-7 所示的层次结构。

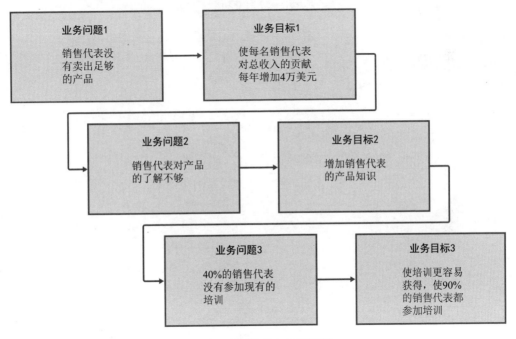

**图 4-7 本例的业务目标模型**

这些目标可以帮助理解在线培训特性对增加收入的贡献。为了写出这个特性的实际目标因素，需要从底层开始，沿着链条往上写，如图 4-8 所示。

现实中并非总是存在"目标"到"目标因素"的一对一映射。在业务目标模型中，你可能会在自己的目标层次结构中进行了跳跃（因为它们显而易见），但在目标链层次结构中定义关系时，不能这样做。

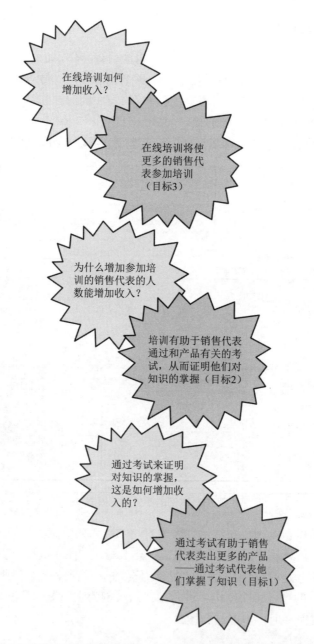

图 4-8 在业务目标模型的帮助下定义目标链层次结构的思考过程

#### 4.3.3.2 简化目标因素陈述

回答一个特性对业务目标的贡献时，如果答案是一个复合句或者一段话，其中有像"而且""所以"和"因此"这样的词，那么可能存在多个级别的目标因素，应该把它们分离成独立的目标因素。在本例中，应该记录四个目标因素，如图 4-9 所示。

| 增加收入 | 增加通过考试的销售代表的人数可以增加销售额 | 先培训再考试会增加通过考试的人数 | 提供课程外的培训选择会提高培训参与率 | 提供在线培训会增加参加培训的销售代表的人数 | 在线培训 |

图 4-9 将"在线培训"特性与"增加收入"业务目标联系起来的目标因素

一个目标因素可能影响链条中的多个父级目标因素。为了简单起见，请组织每个目标因素，使它映射到受影响最大的一个父因素。

### 4.3.4 创建目标链层次结构

现在，每个特性都有了将其与一个业务目标联系起来的目标因素。如图 4-10 所示，利用这些信息来创建一个有组织的树状结构，可以消除可能出现的冗余，并使信息更容易阅读和理解。

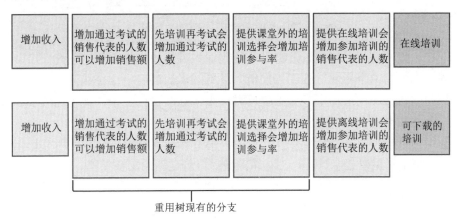

图 4-10 "在线培训"和"可下载的培训"特性的目标因素

为了开始创建目标链层次结构，请将第一个业务目标放在树的顶端。接着，从业务目标上链接出所有目标因素，最终将该业务目标链接到它的第一个特性。将特性添加到链条末端后，就形成了一个树状层次结构，如图 4-11 所示。

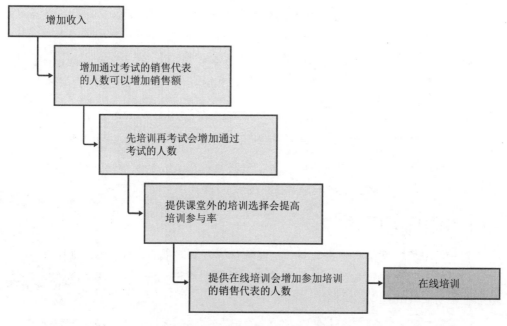

**图 4-11** "在线培训"特性的目标链

现在，检查第二个特性以及将其链接到业务目标的目标因素。创建一个从业务目标到将其与第二个特性链接起来的所有目标因素的链，将这个链添加到与第一个特性相同的树状层次结构中。如果任何目标因素已经在树上了，就重用它们；不要重复。图 4-12 展示了生成的目标链。

继续为第一个业务目标在层次结构中添加目标因素和特性，直到所有选定的特性都在模型中。重复整个过程，为其余业务目标创建新的层次结构。

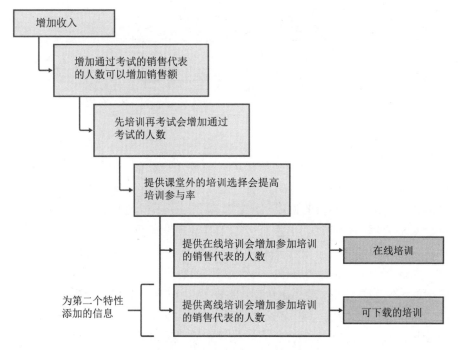

图 4-12 添加了"可下载的培训"特性的目标链

## 4.3.5 定义目标方程

在确定了目标因素后，要检查每个目标因素，以确定该特性对于业务目标的贡献。目标方程提供了为目标因素中的陈述提供定量支持的一个机制。这样一来，分析师便能够计算出任何特定特性在价值上的贡献。目标方程的目的不是进行精确的计算；相反，它们的目的是提供可进行比较的相对价值。

### 4.3.5.1 方程的格式化

在写目标方程时，应该使用相对价值，并以方程形式出现。以"增加的收入 = 200×（变化后通过考试的人数 - 之前通过考试的人数）"这个方程为例，它使用的是培训前通过考试的人数相对于培训后通过考试的人数。图 4-13 展示了这个示意的目标方程及其对应的目标因素。

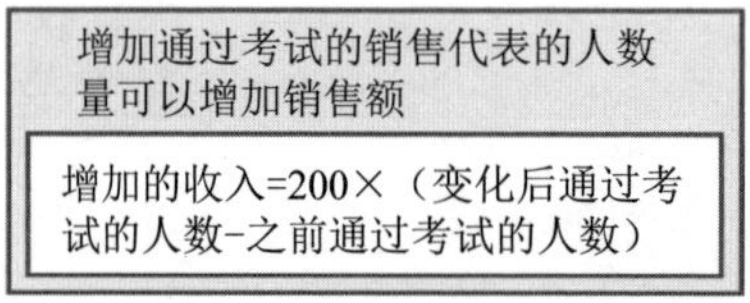

图 4-13 证明增加通过考试的人数会增加收入的目标方程

### 4.3.5.2 确定数据值

目标方程基于的是可获得的数据、可合理替代的数据或者近似值。可以从任何合理的来源获得数据，例如现有的系统、类似的项目、行业标准以及有根据的估计。业务利益相关方对这些指标的直观印象通常就是一个不错的开始。

创建目标方程的任务表面上很艰巨，尤其是在缺乏数据的情况下。然而，我们的目标是对特性的价值做出数量级的估算，从而按相同的标准进行比较。

在本章之前的示例目标方程中，每个值都代表目标方程中的数据。这些值包括：经过培训的销售人员每天能增加 200 美元的收入；当前有 600 名销售代表能参加培训；提供在线培训选择后，则有 900 名销售代表能参加培训；一个人先培训再考试的话，通过率会从 25% 上升到 90%。数据值有时是已知的，其他时候未知，但可以近似地计算。例如，提供在线培训选择后，有 900 名销售代表能参加培训，这是分析师对未来的一个预测。这是非常关键的一个假设，可以用来计算项目部署后的实际回报。

### 4.3.5.3 就数据值进行争论

注意，如果将目标方程记录下来，其他人就可以审查这个模型。如果他们有更好的数据值或者其他想法，那么他们可以提供反馈意见。另外，围绕特性优先级的争论会自然地转移到每个特性的合理价值上，而不会带着情绪就每个利益相关方最喜欢的特性展开争论。团队不是在争论一个特性是否应该在范围内，而是争论一些假设是否靠谱。例如，在提供了在线培训的选择后，最终是否真的会有 900 名销售代表参加培训？争论的结果往往是特性的发起人意识到他必须为自己的预测负责。结果，不需要的特性会从范围中删除，因为没有人愿意为不靠谱的假设负责。

### 4.3.5.4 对假设进行度量

最后，如果使用的是假设而不是实际数据，那么应该增加允许对假设进行度量的需求，以便团队确定假设是否有效。随着时间的推移，团队所做的假设会越来越准确。在本章前面的示意中,分析师假设在提供了在线培训的选择后,培训的参与率能达到 90%。所以,分析师应该增加一项需求,度量销售团队的实际培训参与率。另外,项目计划应该包括一项活动,在解决方案部署后验证之前的所有假设。

# 4.4 使用目标链

完成了目标链后,就可以采取一种可度量的方式,用它们来评估每个特性对业务目标的贡献。我们的目标是从范围中删除特性。

- 只要特性没有开发,就相当于帮项目省了钱。
- 应该在项目的早期使用目标链,避免在最终会被删除的需求上过多地投入。
- 比较特性的相对价值以缩小范围。

可以比较每个特性相对于其他特性对于目标的贡献。从提供了最少价值的特性开始删除,从而实现范围的缩小。采用这种方法时,关于删除哪些特性的争论将围绕着为每个特性计算出来的价值而展开,而不是围绕着与每个特性相关的情感而展开。在本章之前的示意中,模型表明"可下载的培训"特性并没有为整个业务目标增加太大的价值。事实上,"可下载的培训"特性完全可以删除。

这种方法是自上而下的,并提供了一种系统化的方式来找出哪些特性组能增加业务价值。许多 L1 特性确实没有贡献那么大的价值,所以完全能自上而下地删除整个分支。在完成了最初的一轮删除之后,可以在检查剩余特性的下一层级的细节时再次使用这一技术。在前面的示意中,如果"在线培训"与其他不相关的特性进行比较,并最终从范围中删除,那么就没有必要分析在线培训的子特性了。

目标链的树状结构对这种分析很有帮助,因为它将特性的价值都清楚显示出来,可以方便地进行比较。

## 4.4.1 确定映射到多个业务目标的一个特性的价值

当一个特性映射到多个业务目标,并因此映射到多个目标因素和目标方程时,该特性的价值是适用的每个目标方程的价值之和。

例如,用于提供在线培训的特性除了"增加收入"业务目标,还可能链接到"减少培训师的成本"业务目标。培训师的数量减少了,成本自然会降低,而提供在线培训能减少对培训师的需求,这就形成了如图 4-14 所示的目标链。继续这个示意,我们可以确定,一名培训师培训 600 名学生的成本为 6000 美元。所有这些学生今后都可以改为在线培训，不再需要培训师。如此看来，这个特性在降低成本方面的总价值是 6 000 美元。因此，"在线培训"特性的总价值是 45 000 美元 = 6 000 美元 + 39 000 美元（后者是本例已经计算好的，参见之前的图 4-3）。

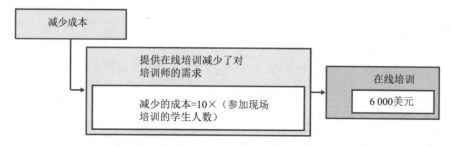

图 4-14 在目标链中将"在线培训"链接到"减少成本"

## 4.4.2 确定映射到同一目标链的多个特性的价值

如果多个特性被映射到同一目标链，就将目标方程的结果分散到各个特性上。不过，当特性之间相互吞噬的时候，分散结果就有点麻烦了。

例如，假定某公司有一个提供电话支持的系统，他们想减少支持成本。根据行业标准，利益相关方了解到，如果将 10% 的支持交互转换为在线支持，就能减少 4% 的支持成本。因此，他们考虑添加聊天和电子邮件形式的支持特性。类似地，根据行业平均水平，他们估计仅增加电子邮件支持，能将 35% 的支持转化为在线支持，从而成本减少 14%。类似，仅增加聊天支持，能将 40% 的支持转化为在线支持，成本减少 16%。但是，如果同时添加聊天支持和电子邮件支持，那么仅有 50% 的支持会转化为在线支持（而非 75%），因为使用电子邮件或聊天支持的客户存在一定的重叠。同时实现电子邮件和聊天支持，会使总成本降低 20%。表 4-1 总结了这些数据。

表 4-1 分析"在线支持"选项

| 特性 | 在线支持转化率 | 成本减少百分比 | 每天 10 000 美元的支持成本能节省（单位：美元） |
|---|---|---|---|
| 仅实现电子邮件支持 | 35% | 14% | 1 400 美元 |
| 仅实现聊天支持 | 40% | 16% | 1 600 美元 |
| 同时实现聊天和电子邮件支持 | 50% | 20% | 2 000 美元 |

如果假设"电子邮件支持"特性的价值为 1 400 美元 / 天，"聊天支持"特性的价值为 1 600 美元 / 天，并将这些特性加在一起得到 3 000 美元 / 天，那么就夸大了这些特性的价值，因为从转化率可知，这两个特性加在一起，只降低了 20% 的成本，即 2 000 美元 / 天的综合价值（combined value）。另一方面，如果两个特性分别只值 1 000 美元 / 天，那么两项特性或许都应该从范围中删除，因为它们的价值不够。

在这种情况下，应考虑开发和维护成本，挑选一个你认为最有价值的特性，将它的全部价值都分配给它。然后，将综合价值剩下的部分分配给另一个特性。在本例中，公司认为电子邮件支持最有价值，因为虽然实现聊天支持所获得的转化率会比电子邮件支持略高，但开发和维护聊天支持的成本约为电子邮件支持的三倍。有鉴于此，他们为电子邮件支持分配了它的全部价值，即 1 400 美元 / 天，再将综合价值的剩余部分分配给聊天，即 600 美元 / 天（2 000 美元 –1 400 美元）。如果有两个以上的特性映射到同一个目标链，就依次应用这个逻辑。

### 4.4.3 确定附属于情感目标的特性价值

有的时候，有一些映射到情感目标的特性可能具有无形的好处。它们自然无法映射到某个具体的价值。例如，这些特性可能有助于改善环境，能帮助一个非常小的用户群体，或者能避免管理层违法。在这些情况下，仍然可为它们分配一个你选择"捐赠"（donate）的价值。基于组织愿意将多少资源花在这些无形的好处上，这些特性仍有可能会被删除。另外，还可以从环保意识和管理层不想违法的意愿出发，为这些特性赋予公关（PR）或营销（marketing）价值。

### 4.4.4 确定项目是否成功

在解决方案部署完成后，可以使用目标链来确定项目所取得的价值。由于项目之外可能还有其他许多因素会影响收入，所以可能很难直接通过收入或成本数字看出解决方案的影响。还是之前的示意，如果在实现"在线培训"特性后，产品收入下降了，但培训参与率超过了假设的 90%，那么这个项目仍应被认为是成功的。即使可能无法度量项目对收入的直接影响，但只要参与率达到了 90%，那么根据目标链，就很有可能已经实现了项目的收入目标，现在是其他因素导致了收入下降。如果销售代表的参与率最终只有 80%，而其他所有假设都是正确的，那么可以用这个实际值来修改之前的假设，重新计算理论上的收入改善。

### 4.4.5 推导需求

我们不能从目标链直接推导出需求。相反，我们用它确定特性的优先级。另外，还可以用它缩小最终必须推导的需求集。使用目标链将某些特性从范围中删除后，就可以避免浪费时间去推导与这些特性相关的需求。

### 4.4.6 何时适用

在使用了业务目标模型的任何项目中都应该使用目标链，从而以一种系统化的方式为业务目标确定特性的优先级。

### 4.4.7 何时不适用

如果主要是为一个系统替换现有的特性，那么目标链的帮助不大，因为它们是用来对特性进行优先排序的。在这种情况下，应改为使用关键绩效指标模型（参见第 5 章）来帮助自己了解哪些"过程流程"（process flow）是最重要的，并对它们进行优先排序。

## 4.5 常见错误

关于目标链，最常见的错误如下所示。

### 4.5.1 因为数据不存在就不创建目标链

如果没有目标方程的具体数据，团队选择不使用目标链。如前所述，如果使用合理的假设和有根据的猜测，那么目标链在这种情况下仍然是有价值的。

### 4.5.2 在层次结构中跳级

在业务目标模型中，经常可以在层次结构中跳跃，因为目标之间的关系很明显。但在目标链中，在层次结构中进行这样的跳跃通常是行不通的，因为必须说明一个层级如何影响下一级。如果过度简化这个层次结构，这些关系就没有了意义，也很难为各个特性评估具体的价值。

## 4.6 相关模型

有一个与目标链非常相似的概念，称为最小可销售特性（minimum marketable feature，MMF），它帮助分析师决定哪些特性要纳入范围，以及何时开发。*Software by Numbers* 一书详细描述了如何计算投资回报率来进行这种评估（Denne and Cleland-Huang 2004）。

下面简要描述了影响目标链模型或者被目标链模型增强的一些最重要的模型。第 26 章会对所有这些相关模型进行更深入的讨论。

● 业务目标模型：为目标链提供业务目标和 L1 特性。
● 特性树：为目标链提供特性以及关于这些特性的附加信息。

---

**练习**

以下练习帮助你更好地理解如何使用这种模型。练习是开放式的，因此你的答案可能与我们提供的答案大不相同。可能存在许多正确的解决方案。在答案中，我们对如何得出解决方案进行了解释。在看答案之前，你可以先尝试自己做一下，这样练习的收获最大。练习答案可以在附录 C 中找到。

**说明**

为以下场景准备一个目标链，并列出为完成目标链所做的任何假设。

**场景**

你的公司销售各种颜色和姿势的塑料火烈鸟和其他草坪摆件。团队已经确定了一个业务目标："到明年年底，将年收入从 1 000 万美元增加至 1 250 万美元。"目前每年有 10 万名客户，回头客不多。团队已经同意建一个网店（eStore），通过提供完整的在线产品目录和在线下单特性来实现这一业务目标。目前，平均订单金额为 100 美元，没有业务是在网上完成的。

根据之前的经验，仅仅通过提供网购途径，就有望吸引 2 万名新的网站访客，这是因为公司有能力在各种新渠道进行营销，而且行业数据显示，这些访问者中有 90% 能在第一年内转化为客户。通过将产品放到在线目录，公司预计每个客户在每个网购订单中会多购买一件产品，你估计该产品的售价通常为 10 美元。

团队中还在争论是否该开发其他特性，包括交叉销售[①]推荐以及打分和评价。行业数据显示，交叉销售会使平均订单金额增加 3%，打分和评价特性则会使这个金额增加 10%。

---

① 译注：交叉销售（cross-sell）是指向已经购买一种产品或服务的客户销售其他类型产品或服务的过程，从而满足客户的多样性需求。例如，在客户做美甲的时候，通常可以向其销售修脚服务。

## 其他资源

- "What Do You Do When the Client Isn't Focused on the Business Outcome?" 描述了一个示意，企业虽然应用了目标链，但并不想用结果来做出关于范围的决定，网址为 https://tinyurl.com/3dwudx46。
- Denne and Cleland-Huang（2004）一书详细描述了如何计算"最小可售特性"（MMF）的价值，从而限定项目的范围。

## 参考资料

- Denne, Mark, and Jane Cleland-Huang，2004，*Software by Numbers: Low-Risk, High-Return Development*. Santa Clara, CA: Sun Microsystems Press, Inc.
- The Standish Group, 2009，"CHAOS Summary 2009"，West Yarmouth, MA: The Standish Group International, Inc.

# 第 5 章 关键绩效指标模型

**场景：烤牛腩**

得克萨斯州的烤肉最有名，尤其是低温慢烤的牛腩。通常，每磅牛腩的烧烤时间为 1.5 小时。由于一块普通牛腩差不多 12 磅（5.44 公斤），所以一般从头天晚上就要开始，让它烤上一晚上。我第一次收到新的烧烤炉时，便决定为第二天的橄榄球派对烤上一块牛腩。这是我第一次烤牛腩，而且我知道需要多长时间。但我最终还是搞砸了。由于烤制时间过长，直到最后一个人都回家了，我的牛腩才真正烤好。不过，如此这般烤好的牛腩，真的是我有生以来吃过的所有牛腩中最好吃的！

在这个过程中，我测量了烧烤炉的温度和肉的温度。烧烤炉的目标温度是 250 华氏度（121 摄氏度），而肉的目标内部温度是 190 华氏度（88 摄氏度）。我监测了牛腩的内部温度，并计算了每小时的温度变化。根据每小时的温度变化，我可以预测牛腩是否能在派对结束前烤好。由于我进行了这种程度的监测，所以如果它没有按时完成，我就能调高火力，增大供热，加快烹饪速度。但问题是，火在晚上灭了。第二天早上起来时，由前一夜的数据可知，我没有足够的时间完成整个烤制过程。■

关键绩效指标模型（key performance indicator model，KPIM）是一种 RML 目标模型。注意，关键绩效指标（KPI）是用来度量一个活动是否成功的指标。若应用于需求，KPIM 使用 KPI 作为与业务过程关联的度量标准，帮助团队对映射到这些业务过程的需求进行优先级排序。监测温度以预测烤肉的完成时间，这就是使用KPIM 的一个示意。

如果一个新系统的重要部分复制了旧系统的现有特性，那么 KPIM 对于确保业务成果（business outcome）的一致性特别有用。由于主要用于排定需求的优先级，所以 KPIM 是一种 RML 目标模型。

KPI 用于确保软件项目实现其价值。到目前为止，我们已经讨论了如何运用业务目标（第3章）和目标链（第4章）来确保项目实现目标价值。但是，这两个模型度量的是特性发生改变的系统和过程是否取得成功，它们并不适合度量表现[①]是否至少和改变前一样好。

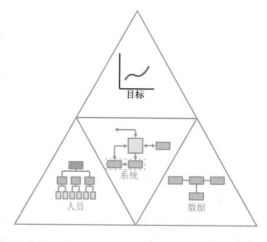

对一个现有的系统进行替换时，总会出现新系统与现有业务过程不匹配的情况。大多数时候，都可以采用新系统所定义的新业务过程来降低因此而产生的风险。某些情况下，你可能决定对软件进行定制。但从旧系统转换到新系统时，如何排定现有业务规则、需求和业务过程的优先级以确定哪些过程需要改变以及哪些特性需要开发？许多利益相关方会说"现在这些都要保留"，并以为别人都明白那是什么意思。但这个指示是不清晰的，是说每个业务过程都要完全一样？每个屏幕看起来都一样？新系统的外观和工作方式与旧系统完全一样？事实上，在这种情况下，利益相关方的重点应该是确保业务成果（business outcome）一样，而KPIM可以帮助他们做到这一点。

## 5.1 KPIM 模板

KPIM 是通过在"过程流程"（process flow）上叠加 KPI 来描述的（第9章会更多地讨论过程流程）。一个单独的 KPI 是以文本加支架符号（理解成方括号也没关系）的方式显示的，如图 5-1 所示。

这个符号框包含的是 KPI 所适用的"过程流程"步骤。图 5-2 展示了完整 KPIM 模板的一个示意。

---

① 译注：KPI 中的 P 是指 performance，最初人们把它翻译为"绩效"，并沿用至今。但是，performance 应取其原义，即"表现"。无论人、系统，还是过程，它的"表现"都是可以度量的。

图 5-1 KPI 符号          图 5-2 KPIM 模板

**工具提示** KPIM 使用 Microsoft Visio 这样的过程建模工具来创建。

## 5.2 示例

某抵押贷款公司想实现一个新的贷款发放系统。软件供应商的销售人员估计，在转到新系统后，公司每年将节省约 1 亿美元。这使得新系统 5000 万美元的许可证费用看起来似乎并不贵。系统提供了许多新特性，对旧系统进行了大量改进。另外，销售团队已经做了全面的差距分析 [②]，表明新的贷款系统具有现有系统的全部特性，甚至提供了更多特性。这应该是一个容易的项目。但是，像这样的故事很少有一个美好的结局。

一名分析师开始调查具体应该如何配置软件来满足要求。他研究了贷款处理人员如何管理为贷款申请所收集的全部文件。这些文件包括房屋检查、个人财务报表和评估报告等。所有这些资料都要以特定的方式排序，发到核保部门进行审批（打印或转换成 PDF 格式），并以对方要求的格式发送给某家放贷银行。在收集资料的过程中，处理人员会来回发送大量文件，而且常常会遗漏资料而需要重新收集。

在当前的系统中，每名贷款处理人员每天能处理 60 笔贷款申请。为了达到组织规定的质量水平，贷款文件必须完整，确保核保团队和银行不再需要任何额外的

---

② 译注：差距分析（gap analysis）——又称缺口分析、差异分析——是战略分析方法之一。对公司制定的目标与公司预期可取得的结果进行比较，或者对公司制定的目标与公司实际取得的结果进行比较，分析两者之间是否存在差距。若存在差距，进一步分析造成差距的原因并制定措施（如改变目标、改变战略等）减少或消除差距。

资料来做出是否批准的决定。从收集抵押贷款申请资料，到将其发送给银行，时间跨度平均为 5 个工作日。这个过程涉及几个关键绩效指标，包括：一名处理人员每天能整理的申请数量、审计后发现的错误数量以及完成一份申请的总时间。图 5-3 的 KPIM 反映了这一过程。

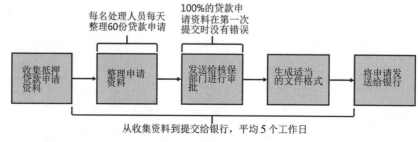

图 5-3 贷款发放 KPIM

旧系统有一个特性允许导入多个 PDF 文件，以电子方式分割，重新组织，合并成一个 PDF，然后以特定的顺序打印。遗憾的是，新系统不允许贷款处理人员重新排列 PDF 文件的顺序。所以，每个文件都要按照正确顺序扫描成单独的文件。不过，新系统支持打印带目录的大型分隔页，以便迅速找到信息，而旧系统需要手动插入分隔页。新系统还能跟踪记录哪些类型的信息尚需收集，以确保文件的完整性。旧系统支持键盘快捷键和宏，操作起来相当快；新系统则要求使用鼠标。这两个系统具有同样的一系列"特性"，只是这些特性以全然不同的方式实现。贷款处理人员非常喜欢他们当前的工作方式，因为可以方便地扫描一整叠文件，然后为扫描的页面手动分配正确的文件类型。

针对这种情况，我们需要解决两个问题："是否需要为新系统添加将一叠文件扫描成 PDF 并以电子方式重新排序的特性？"以及"是否需要添加键盘快捷键？"贷款处理人员坚称，这一特性对他们的工作至关重要。他们表示，一次扫描一份文件将是一场噩梦，会大大降低他们的工作效率。

KPIM 可以通过几种不同的方式来辅助管理这方面的问题。一个新的系统往往会在一个领域造成更多的成本的同时降低另一个领域的成本，因而，整体净效应③可能为零，甚至为负。在这种情况下，分析师可以根据每天 60 份申请，100% 文件完整率的总体目标来确定新系统是否需要定制。为此，可以简单地讨论一下新系统

---

③ 译注：一个经济行为可能会产生正的效应和负的效应，净效应（net effect）是两者相抵以后的效应，即正效应与负效应的代数和。

如何使一些操作变得更快，例如自动插入分隔页和目录。但是，这也可能需要开展一个试点项目，在其中进行时间运动研究[④]，以确定完成任务的实际速度，并通过对新系统的模拟来计算错误率。结果可能是，在新系统中执行任务的速度确实比较慢，贷款处理人员如果使用新的系统，每天就真的只能处理45笔贷款。在这种情况下，要么必须对系统进行定制，要么必须增加贷款处理人员的数量以达成 KPI 目标。或者，如果贷款处理团队实际上还有潜力可挖，那么可以容许处理效率有一定的下降，因为这不会减少公司能够处理的贷款总笔数，可能也不会引起成本的增加。

如果有任何 KPI 目标不能实现，那么应该分析其他 KPI，以了解总体的净效应。如果新系统的其他方面为其他部门（例如营销团队或融资团队）带来的好处足够大，那么即使一个部门受到影响，另一个部门可能也会不成比例地受益，最终为公司带来总体的净收益。继续举例，如果对销售过程的改进大大增加了收入，那么贷款处理成本的增加也许是可以接受的。例如，营销团队目前可能没能力预测以前哪些客户可能会进行改善型购房。但新系统提供了一组特性，可以通过数据挖掘来预测以前的客户何时可能进行改善型购房。这些特性使营销团队能针对性地面向这些客户。软件供应商说，这一特性将增加平均贷款规模，进而使平均手续费[⑤]KPI 增加25%。因此，即便贷款处理团队的效率下降了10%，总收入的增加也将超过这个损失。

每个部门或团队都倾向于优化自己的一亩三分地。KPI 则能按相同的标准对跨越整个系统的需求进行比较，以确保在获得总体正收益的同时，最大程度地缓解范围蔓延。

## 5.3 创建 KPIM

图 5-4 展示了创建 KPIM 的过程。这个过程是建立在项目早期创建的其他模型的结果之上的。

**图 5-4 创建 KPIM 的过程**

---

④ 译注：时间动作研究（time-motion studies），也称为"工作研究"，是指运用一些系统分析方法将工作中不合理、不经济、混乱的因素排除掉，寻求更好、更经济、更容易的工作方法，以提高生产率。

⑤ 译注：贷款公司和放贷银行进行合作时，其主要的收入来源是手续费。

## 5.3.1 确定业务过程

第 9 章将讨论如何确定和创建"过程流程"，从而对业务过程（business process）进行描述。要为 KPIM 确定业务过程，需选择要建模的特定业务过程，还需选择将在 KPIM 中使用的"过程流程"级别（L1、L2 或 L3）。

### 5.3.1.1 选择正确的级别

KPIM 通常使用 L2 过程流程来创建。L1 过程流程通常等级太高（过于笼统），以至于无法描述存在具体度量标准的步骤，而 L3 过程流程又过于详细。

为了确定使用哪个过程级别，请考虑以下几个指导原则。

- 选择能将业务过程映射到一个综合业务成果（consolidated business outcome）的级别。例如，一个用于"处理贷款"（process loan）的 L2 过程流程有许多 L3 过程步骤，例如"确保评估报告的完整性"（ensure appraisal is complete）和"检查征信"（check credit）。因此，更好的做法是在 L2 步骤而不是在这些单独的 L3 过程步骤上开发 KPIM。如果映射到 L3 过程的需求的优先级出了问题，再将 KPIM 扩展至 L3 过程流程也不迟。

- 选择已确定一个需求占软件价值至少 1% 的过程级别。我们的目标尽量减少 KPI 的数量，以免尾大不掉。在对需求进行优先级排序时，我们就已经使用了各个需求估计的影响。而将需求分组（使用"过程流程"），可以避免为每个需求都建立 KPI。大多数部门都只有几个真正重要的 KPI，我们应专注于这些 KPI。

### 5.3.1.2 选择正确的过程

创建 KPIM 最具挑战性的步骤之一就是决定哪些过程需要有 KPIM。以下指导原则可以帮助你选择正确的过程。

- 从产生大部分成本的过程开始 KPIM 建模。换言之，这些过程花费时间最长，需要最多的资源，或者对于最终想要的结果最重要。

- 询问不同的部门，他们如何度量，或者他们的绩效目标是什么，并以此为基础来确定哪些与这些度量标准相关。

- 考虑每一个"过程流程"。可以和利益相关方共同列出一个过程清单，以确定哪些过程是维持或度量绩效的关键。

在现实中，关于过程级别的决定可能是与具体 KPI 的决定一起做出的。

## 5.3.2　确定 KPI

为了确定 KPI，需要检查已确定的每个"过程流程"的每一个步骤。对于每个步骤，都要问以下问题：

- 该步骤的成果（outcome）是什么？是一个关键的业务交付成果（business deliverable）吗？
- 评定部门绩效时，是否需要度量该步骤的结果？

一般来说，没必要为每个过程步骤都创建 KPI。然而，如果上述问题的答案表明，某个特定的步骤需要严谨地度量，就需要做进一步的研究，为这个步骤确定一个或多个 KPI。每个步骤都可以有一个以上的 KPI，例如完成时间（time to complete）、典型量（typical volume）、最大量（maximum volume）和质量水平（quality level）这几个 KPI。其他 KPI 还可能包括完成一项任务所需的资源数量，或者一些财务指标。以下问题有助于确定一个步骤的实际 KPI：

- 通过该步骤的体量有多大？
- 如何确定该步骤的质量？
  - » 可以接受多少错误？
  - » 需要多大的人工干预频率？
  - » 能接受多严重的错误？
- 完成该步骤需要多长时间？
- 完成该步骤需要多少人？
- 公司里有多少人执行该步骤？

## 5.3.3　创建 KPIM

创建 KPIM 的方法是采用标注的形式，将 KPI 叠加到过程中的一个或多个步骤上，以方便识别。如果一个特定的步骤有多个 KPI，就将这些 KPI 记录到一个列表，并从"过程流程"中引用它们。

### 5.3.4 使用 KPIM

KPIM 应该在项目的早期使用，以帮助排定开发工作的优先级，使最重要的特性先完成开发。此外，KPIM 使团队能按相同的标准比较各个特性，以决定哪些特性需要删除。完成 KPIM 后，可以采取一种可度量的方式，用它们来评估每个需求对系统的业务价值的贡献。我们的目标是从范围中削减需求。只要特性没有开发，就相当于帮项目省钱了。

### 5.3.5 当业务目标不好用时排定 KPIM 的优先级

下面是将 KPIM 与业务目标进行对比的一个示意。最近，一个项目的目标是通过切换到一个具有较低许可证费用的系统以降低成本。通过切换到新系统，公司每年将节省大约 500 万美元的许可费。这个项目的业务目标很简单："每年节省 500 万美元。"但是，并不能开发一个特性来映射到"每年节省 500 万美元"。这是因为在许多项目中，特别是那些取代现有系统的项目中，有一个不成文的目标，即现有所有业务成果（business outcome）都应保持在当前水平。许多时候，并没有人记录现有的业务成果，或者即使有，这些成果也分散在各个部门。KPIM 对跨越整个业务过程的业务成果进行识别、组织和记录，以确保对系统的任何改变都能将现有的业务成果保持在或者高于当前水平。

### 5.3.6 替换现有特性时排定优先级

在排定优先级时，你不能既为所有过程步骤使用 KPIM，又为所有特性使用目标链。相反，要根据项目类型选择最适宜的模型。一般来说，为现有系统的升级和业务过程的自动化使用 KPIM，为新特性或新系统使用目标链。更具体地说，需要维持或改进现有度量目标时使用 KPIM，需要估计所提议的特性的价值时使用目标链。

之所以要做这样的区分，原因是如果在系统中增加代表新业务过程的新特性，那么必然还没有这些特性的 KPI。但是，可能已经有了想要达成的业务目标。反之，如果在系统中用一个自动化过程取代一个手动过程，那么可能要确保该过程的总体绩效不会下降。即使真的有所下降，也要理解这背后的取舍。

在某些项目中，公司会尝试对一个过程进行改进。例如，假定已将一个过程从 90 分钟缩短至 15 分钟，这已经低于目标的 20 分钟。还可以做更多的改变，使这个过程自动化,并将时间进一步缩短至 10 分钟。但是,由于已经达成了目标,所以从项目的大范围内来讲,是否值得投入资源再从 15 分钟缩短至 10 分钟?或许可以更好地利用这些开发时间来改进另一个过程,使其达到目标水平。因开发团队的构成使然,团队很容易做太多的局部优化,而不考虑是否能更好地利用这些时间来优化另一些东西,为公司创造更大价值。有的时候,一些事物保持原样就已经很好了。所有部门或小组都会"情不自禁"地优化自己的工作,所以使用 KPIM 有助于跨越部门的界限进行优化。

## 5.3.7 比较需求的相对价值以缩小范围

对于大型项目来说,在系统转换过程中,可能有几百个 KPI 需要保留。使用之前为目标链解释过的相同的技术,我们可以计算出每个 KPI 的相对货币价值。由于 KPI 是连接到过程步骤上的,而过程步骤映射到需求(参见第 7 章),所以每个需求单独的价值贡献可与其他需求进行比较。可以找出那些提供了最少价值的 KPI,然后从范围中削减需求。当团队使用这种方法时,关于削减哪些特性的争论会围绕着需求对完成业务过程的贡献来进行,而不是围绕着与每个需求相关的情感。

基本上,我们使用 KPIM 来确定哪些过程步骤具有最高的优先级,然后检查需求,确保最高价值领域的 KPI 首先得到满足。

在本章之前讨论的放贷示意中,贷款处理人员坚持要求系统提供对 PDF 文件重新排序的特性。然而,在没有额外信息提供支撑的前提下,如果比较整个系统包含的多个 KPIM,我们并不清楚 PDF 文件的电子重新排序特性是否提供了足够大的价值,值得不计成本地加入它。

## 5.3.8 推导需求

我们不是用 KPIM 直接推导功能性需求(functional requirement)。相反,是用它们来确定各个"过程流程"(process flow)的优先级,并确保业务吞吐量能在需要的地方得以维持。另外,还可用它们来推导非功能性需求。

## 5.3.9 何时适用

任何项目只要有需要维持的现有系统或者过程,就应使用 KPIM。

### 5.3.10 何时不适用

KPIM 对实现全新特性的项目没有帮助；对于这些项目，应该使用业务目标模型。然而，大多数项目都有一些现有的特性或过程需要维持或转换，所以可为这些项目使用 KPIM。对于完全没有业务过程的软件（例如一些通用软件包，即 packaged software），KPIM 是没有帮助的。

## 5.4 常见错误

关于 KPIM，最常见的错误如下所示。

### 5.4.1 因为没有 KPI 就不使用 KPIM

许多组织不使用运营指标（operational metric）来监控业务过程，所以如果没有 KPI 的数据，团队就会选择不使用 KPIM。但在大多数情况下，KPIM 可以在项目期间创建，并且可以通过度量来评估当前状态和新的目标状态。另外，基于可能出问题的特性，可以采取一种准及时（just-in-time）的方式来收集 KPIM。

### 5.4.2 由于担心被追责而不使用 KPIM

毫不奇怪，对于企业中各种各样的组织，他们对创建 KPI 往往有抵触情绪，因为一旦开始度量，就意味着企业现在要对他们之前可能从来没有遇到过的 KPI 负责。分析师可以帮助业务利益相关方了解如何在内部使用 KPI 来帮助改善他们的运营，并在新系统中做出更好的实现选择。

### 5.4.3 缺少持续监测

当团队选择使用 KPIM 时，往往忽略了提供一种机制来持续监测 KPI。

## 5.5 相关模型

KPI 在许多组织中是以列表的形式存在的。KPIM 将这些 KPI 映射到不同的"过程流程"，以便将其置于具体的背景中。

下面简要描述影响 KPIM 或者被 KPIM 加强的一些最重要的模型。第 26 章会对所有这些相关模型进行更深入的讨论。

- 过程流程：为 KPIM 提供业务过程。
- 需求映射矩阵：用于按业务目标模型中的业务目标和特性来组织需求。提供从过程步骤到需求的映射。因此，一旦过程流程被删除，需求也可以删除。

**练习**

以下练习可以帮助你更好地理解如何使用这种模型。练习是开放式的，因此你的答案可能与我们提供的答案大不相同。可能存在许多正确的解决方案。在答案中，我们对如何得出解决方案进行了解释。在看答案之前，可以先尝试自己做一下，这样练习的收获最大。练习答案可以在附录 C 中找到。

**说明**

为以下场景和提供的"过程流程"准备一个 KPIM。

**场景**

你的公司销售各种颜色和姿势的塑料火烈鸟和其他草坪摆件。销售火烈鸟产品的销售团队使用 Microsoft Excel 模板和电子邮件来创建订单，并发送给客户进行核实。然后，销售代表将批准的订单手动输入订单履行系统（order fulfillment system）。随着新的网店（eStore）系统的实施，一个全面的订单管理解决方案将被整合到网店中。

销售经理发现，基于当前使用的人工过程，他们的销售代表每小时能提交 30 个订单，销售经理不希望在使用新系统后，他们的工作效率不升反降。由于当前系统使用人工过程与客户一起核实订单，所以订单在提交给订单处理中心时通常是正确的。在提交时，唯一可能出现的错误是打字错误。当前，只有大约 2% 的订单输入不正确。经理们不希望新系统的总订单处理时间有任何形式的减慢；目前，从收到订单到发货不超过 3 天。图 5-5 展示了这个场景的"过程流程"。

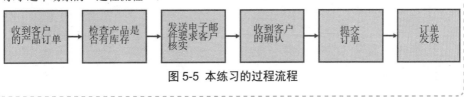

图 5-5 本练习的过程流程

## 其他资源

- 以下网站提供了关于 KPI 的大量信息和示意图：http://kpilibrary.com。
- Business Objectives, KPIs, and Legacy Conversions，网址为 https://tinyurl.com/5bk8tmz9。

# 第6章 特性树

场景：选购新车

有购车经历的人都知道应该关注车辆的哪些方面，其中包括车门数、车身颜色、是不是敞篷车、发动机排量、座椅材质、内饰颜色、是不是混动以及音响系统质量如何。这些基本上都可以称为汽车的"特性"（feature）。

如果列出这些特性，并将其分为不同的组别，例如外观特性、发动机特性、内部特性和音响特性等，那么或许能从中发现自己最在意的新特性。例如，我们开始研究音响特性，看到之前只确定了一个"音响系统"，那么可能就会更多地考虑这具体是指一台 CD 播放机，一台 DVD 播放机，还是一个 MP3 连接以及这套系统具体配备了什么品牌的扬声器。

事实上，完全可以通过头脑风暴来思考自己到底注重哪些特性，并组织它们来寻找任何遗漏的特性。去经销商那里看车时，甚至可以带着一份清单，上面列出自己整理好的特性，从而将注意力放在满足个人需要的车上。在此之后，甚至能对这份清单做进一步的处理，对特性进行优先级排序，以便最终选定购买哪辆车。■

特性树（feature tree）是一种 RML 目标模型，它对特性进行逻辑分组，在一页上显示一个解决方案的完整范围。

特性树的结构以鱼骨图（fishbone diagram）——又名石川图（Ishikawa diagram）[①]——为基础，一般用这种图将信息组织成基于关系的逻辑分组。鱼骨图通常用于模拟因果（cause-and-effect）关系（Ishikawa 1990），而特性树专门用于组织一个解决方案所包含的特性。

"特性"（feature）是对解决方案最终将包含以满足业务目标的一个功能区域

---

[①] 译注：又称因果图，石川馨在 1968 年首创的，用于显示特定事件的原因。常见用途有产品设计和质量缺陷的预防，以识别出可能会造成整体影响的因素。缺陷的每个原因或理由都是变化的来源。

（area of functionality）的简短描述。特性（feature）是需求的集合，用于阐述并组织需求。可用三个特性级别来组织需求：一级（L1）、二级（L2）和三级（L3）。L3 以下就是单独的需求本身了。不一定要有全部三个级别，如果解决方案很简单，那么也许 L1 特性和需求就足够了。

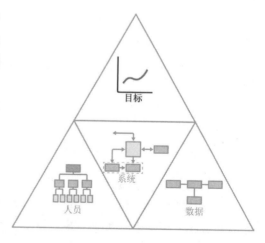

特性树一次显示所有特性，让人们快速了解解决方案的特性广度。另外，用这种模型组织特性，可以更容易地识别缺失和多余的特性。最后，特性树提供了解决方案的一个特性分解，可以在项目的所有阶段使用。这些阶段包括对需求的组织、对围绕需求的工作的组织（计划）以及对需求所涉及的工作范围的界定。相较于一个简单的列表，特性树提供了特性的一个更密集的视图。

## 6.1 特性树模板

特性树是直观显示不同特性之间关系的一种模型。特性其实就是树上显示的简单文字，我们用线将相关特性连接到一起。

模型的基本构建单元是带有单条线的一个特性，如图 6-1 所示。特性名称应该是一个名词短语，而且要简短，一般两、三个词。另外，特性名称中最重要的词应该放在前面。例如，"内容管理"就要比"管理内容"好，因为"内容"这个词是我们关注的重点，它最有用。更何况，"管理内容"是一个动词短语。

任何特性级别的每个特性都有自己单独的一条连线。每个子特性也有自己的连线，但这些线都要串接到主特性线上，如图 6-2 所示。在这个示意中，L1 特性有 4 个 L2 级别的子特性。子特性以什么顺序串接到线上并不重要，只要用同一条父特性线对它的子特性分组即可。

如图 6-3 所示，可以在一个框中显示最高级的 L1 特性，从而强调它是主特性，其他子特性都归于这一大类。这使任何浏览模型的人都能理解解决方案范围的全貌。

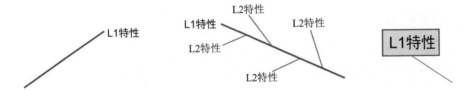

图 6-1 特性树中的一个特性　图 6-2 在特性树中对特性进行分组　图 6-3 特性树的 L1 特性

如图 6-4 所示，特性线以同样的方式自上而下递归地串接起来。

在模型中间，要画一条主水平线来代表鱼骨图的"脊柱"，末端用一个方框表示要开发的产品概念。我们将这条主水平线称为"产品概念线"。

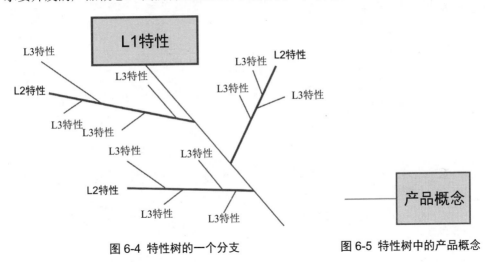

图 6-4 特性树的一个分支　　　　　图 6-5 特性树中的产品概念

如图 6-6 所示，当所有 L1 特性都串接到产品概念线上之后，整棵树看起来就像一副鱼骨。这就是"鱼骨图"名称的来历。

💡 **工具提示** 由于特性树易变的性质，所以最初可用便笺或思维导图工具来创建。创建特性树的最终形式时，最好用思维导图工具或 Microsoft Visio。

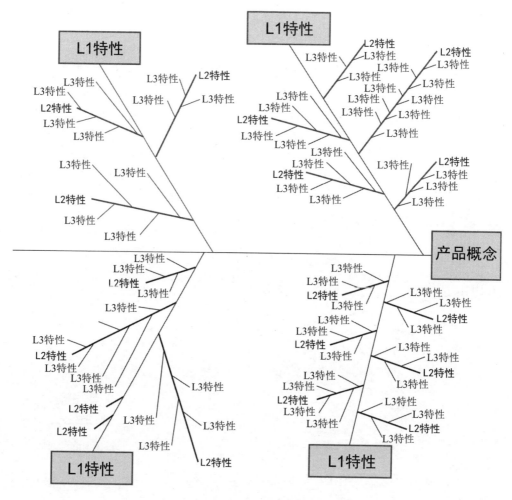

图 6-6 完整特性树模板

## 6.2 示例

某培训机构要建立一个客户门户网站，方便客户访问培训资料。由于有一些内容不对外公开，所以门户必须限制对其中一些内容的访问。用户必须进行身份认证，并有适当的权限才能查看内容。图 6-7 展示了示例解决方案的特性树。

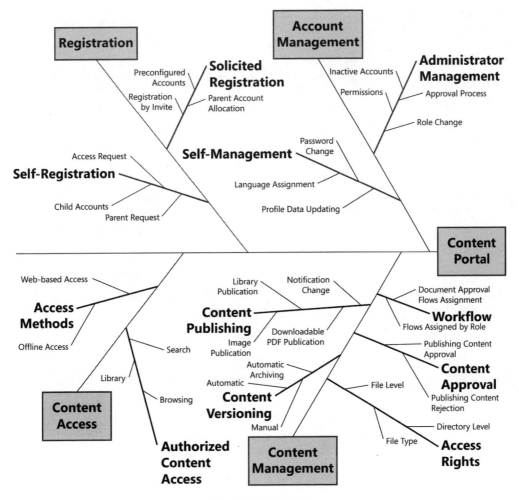

图 6-7 示意特性树

　　本例有 4 个 L1 特性：注册、账户管理、内容访问和内容管理；每个下面都组织了一系列相关的子特性。用这个模型将特性组织好之后，就可以开始查漏补缺。以"内容访问"为例，可以看到它下面只有两个 L2 特性，即"访问方式"和"授权的内容访问"。所以，值得考虑是否还有其他必要的特性。例如，如果想让用户看到以他们当前权限无法访问的内容的一个列表，那么可以考虑添加名为"内容访问请求"的子特性。

## 6.3 创建特性树

特性树的创建过程如图 6-8 所示。

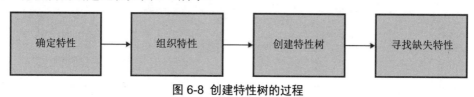

图 6-8 创建特性树的过程

### 6.3.1 确定特性

创建业务目标模型期间，可能已经在定义产品概念时确定了一些高级特性（参见第 3 章）。然而，这组特性的级别可能很高，所以在开始确定特性的过程时，首先要考虑与这些高级特性同一级别的特性，或者考虑那些高级特性的子特性。也许可以考虑将这些高级特性作为 L1 特性，这样特性树就能直接追踪到你的业务目标模型。

在确定特性时，一定要考虑最终用户特性、管理需求以及系统之间的交互。另外，正如第 10 章会进一步讨论的那样，数据可以创建、更新、销毁、使用、移动和复制。许多特性都映射到这些操作，因此在确定可以操作数据的特性时，请务必考虑它们。可将这些操作的全部或者一部分合并为一个特性，具体取决于你希望这些特性达到什么样的细节程度。

很难知道这些特性应该具有多少细节，这没有一个具体的标准。特性树的目标是清楚地传达项目的范围。对于较小的解决方案，特性的细节程度通常较高，而对于较大的解决方案，特性的细节程度通常较低。一个经验法则是，在一个特性树中使用的细节程度应保持一致。处理大型系统的一个方法是将它们分解为子系统，然后为每个子系统创建一个特性树。另一个指导原则是特性不应超过三级：L1、L2 和 L3。非常小的系统可能只包含 L1 和 L2 特性。L1 和 L2 特性列表可以快速地将产品概念的核心特性传达给刚接触项目的人。

### 6.3.2 组织特性

完成了初始的"确定特性"后，下一步就是组织特性，将相似的特性分组在一起。在组织特性时，你可能发现需要新的 L1 特性，或者可以将某些原始 L1 特性合并为一个特性。

将所有特性组织为 L1、L2 和 L3 特性。其中一些特性可能是同一特性的子特性，可以把它们分组到一起。

### 6.3.2.1 多个特性的子特性

当一个子特性是多个特性的子特性时，可能很难决定将其添加到哪一组。这时可以根据一些标准来选择最适合或最接近的组。例如，可以预测它最常访问的位置。如果确实不好确定最佳选择，那么从中随便选一个，但不要在树中复制特性。

### 6.3.2.2 无父的子特性

注意，可能有几个特性实际是尚未识别的特性的子特性。对于这些特性，只需相应地在 L1 或 L2 级别上创建一个新的父特性，并将这些子特性分组在其下。

## 6.3.3 创建特性树

当特性的组织结构开始变得清晰时，就将特性转换为特性树格式，从而把它敲定。但是，不要过早地做这件事情，因为以后在树中移动东西会非常难。而在这个过程的早期，会经常需要移动。

特性树应该易于检查和理解，因此在理想情况下，每个特性下方的直接子特性不应超过 7±2 个。如有必要，可以将 9 个以上的直接子特性放在父特性的下面，但至少要考虑是否应该将父特性拆分为两个单独的父特性，并将子特性分配给它们。或者考虑某些子特性是否应该是再低一级的特性。类似地，顶级特性也不应超过 7±2 个。将相似特性分组到一起，并根据需要创建子特性，使分组保持这个大小。特性的级别永远不要超过三级。为了让人理解一个项目所支持的特性，三个级别（大约 1000 个特性）应该足够了。

特性在树中的顺序并不重要。但是，如果先从左到右，再从上到下，以一种符合逻辑的方式排列，那么将有利于提高可读性。有几种合理的方式来对特性进行布局。例如，可以将用户最先遇到的特性放在左上角，将价值最高的特性放在左上角，或者将客户特性放在左上角。

## 6.3.4 寻找缺失特性

完成特性树后，就可以开始检查它来寻找缺失的特性。因为特性树特殊的组织方式，审查团队可以通过一种逻辑性的、有条不紊的方式来遍历特性集，并确保每个分组都是完整的。如果特定特性只有一到三个子特性，请考虑是否可能缺少这一级的其他子特性。应该请求其他审查人员的协助，其中包括最初的头脑风暴团队或了解所需特性的其他团队。

以之前的培训门户网站为例，通过调查已确定的四个 L1 特性是否满足了最终用户、其他系统或者管理员的所有需求，可能会发现系统管理员需要监控系统和审查使用数据。而通过调查是否真的只有两种创建账户的方法，可能会发现需要一个允许管理员创建账户的特性。

确定了附加特性后，将它们添加到特性树中并相应地移动其他特性

## 亲和图用于头脑风暴和组织信息

前面描述的创建特性树的活动与亲和图常用的技术非常相似。亲和图（affinity diagram）用于组织任何类型的信息。它们通常用于对信息进行头脑风暴，并组织这些信息，以发现更多信息。图 6-9 展示了一个部分完成的亲和图，用于组织来自上例的培训特性。

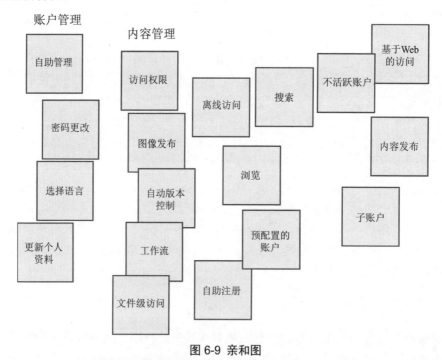

图 6-9 亲和图

## 6.3.5 使用特性树

应该在项目早期创建一个特性树来定义准备完成的工作的广度（breadth），并贯穿整个项目用它来沟通范围（scope）并帮助团队组织他们的工作。

在前面的示例中，分析师必须为培训门户定义需求，但他们对管理培训资料需要哪些特性一无所知。他们收集了现有文档并与利益相关方进行了高层会谈，大致了解了情况。团队创建的首批模型之一是便是特性树。他们使用它与主题专家（subject matter expert）团队一起做头脑风暴，并审查特性的主要组成部分。由于使用一个特性树对这些信息建模，所以比起使用相同信息的一个列表，他们与利益相关方一起审查时要方便得多。特性树敲定之后，贯穿整个项目，团队都将用它来组织需求工作和需求规范，并用它来和管理层沟通项目的范围。

### 6.3.5.1 描述项目范围

应将特性树用于设置和传达项目的范围。它是在管理层和领导利益相关方之间交流，从而快速沟通解决方案范围的一种有用的模型。由于 100 个特性完全可以放在一页上，所以如果需要一张图，使任何人都能快速查看以了解解决方案的要点，那么特性树是一个不错的选择。相反，如果用文本列表来创建相同的内容，那么一页很难容下，理解起来也很困难。对于通用软件（packaged software），可以将特性树上的特性做成一个简短的列表或者写成产品特性描述。

由于无法保证特性树是完整的，所以应该与利益相关方一起审查，并确保它反映了他们的期望。查漏补缺的事情越早做越好，因为如果在项目后期才发现，那么可能会使项目脱离控制。缩减好范围后，要更新树以反映最终的特性集。

如果中途加入一个项目，那么面临的一个挑战是从较高的层次了解现有系统或者新系统的特性。特性树使所有团队成员都能从高层级上理解并认同解决方案具有的能力。这种模型以一致的深度展示了解决方案范围的广度。

### 6.3.5.2 组织需求

我们在特性树中对特性进行划分，以便在交付成果中对需求进行组织，使信息按特性进行分组。在需求交付成果（requirement deliverable）中，L1 特性及其子特性的所有需求都可以分为一组，下一个 L1 特性也是如此，以此类推。在前面讨论的示意中，"账户管理"可能有一套完整的模型和需求，而"访问管理"可能有另外一套。

另外，特性树中定义的特性可在需求映射矩阵（第 7 章）中用于组织需求。这些特性还在目标链（第 4 章）中用于确定不同需求组的优先级。

### 6.3.5.3 组织需求工作

我们可以使用特性树来组织需求收集活动。团队可以先完全确定 L1 分支的需求，然后再进入下一个分支。或者在有足够资源的情况下，将 L1 特性分配给团队成员。在敏捷项目中，特性树可以转化为产品待办事项清单（product backlog），以帮助确定优先处理的特性。

特性树对解决方案进行细分，这样团队就能讨论完整解决方案的各个部分，并围绕这些部分来组织工作。特性树对于大多数解决方案都很有用，对大型解决方案则尤为关键。这是因为在大型解决方案中，复杂性会干扰团队的生产力。想象一下，在没有特性树的情况下，如果领导一个由 10 名分析师组成的团队，并试图确定谁将要或谁正在从事什么工作，那么会有多么困难！特性树能自然而然地帮助细节团队中的工作。

### 6.3.5.4 推导需求

刚开始的时候，特性树有助于确保一个完整的特性集。创建好特性树的初稿之后，还应该使用它来发现缺失的主特性。要检查每一个特性，找出在最初的头脑风暴中可能没有发现的其他子特性。应再次检查顶级特性，看是否有缺失，并删除冗余特性。

特性树还可用于发现其他 RML 模型中的缺失。可以根据过程流程（process flow）、系统流程（system flow）和用例（use case）来审查特性树，以确定那些模型是否完全涵盖了所有特性。如果发现任何未被涵盖的特性，就表明可能缺失了一个过程流程、系统流程或者用例。此外，应审查过程流程和用例，以确保它们映射到特性树中的特性。如果其中有一个没有映射到特性，要么意味着你发现了一个外部过程，要么意味着特性树中缺少了一个特性。

根据生态系统图（参见第 12 章）来检查特性树，以发现与其他系统交换数据时可能需要的任何特性。类似地，如果特性树中的某个特性表明必须与另一个系统交换数据，那么可能意味着生态系统图中存在缺失的交互。

确定了特性，并按特性组织好需求后，就可以重点检查那些没有很多单独需求的特性，从而推导出额外的需求。如果有 30 个单独的需求，那么很难知道是否遗漏了任何需求。但是，将这 30 个单独的需求按特性分组，就可以一次检查一个特性，看看可能缺失了哪些需求。

### 6.3.6 何时适用

在大多数项目中，都应该使用特性树来定义特性，以便对需求进行组织，并通过一个摘要视图来展示范围。在商业现货（commercial off the shelf，COTS）项目中，它们有助于在选择阶段（selection phase）汇总那些最重要的特性。

### 6.3.7 何时不适用

特性树在 COTS 的实现阶段（implementation phase）不那么有用，因为所实现的特性实际来自通用软件（packaged software）。

## 6.4 常见错误

关于特性树，最常见的错误如下所示。

### 6.4.1 每一级的特性数量不对

一个常见错误是每一级的特性数量都不对。特性树要想正常使用，7±2 这个数字至关重要，一定要确保任何特性下的子特性不超过 10 个。另外，如果每一级只有一、两个特性，那么要么缺少 L2 和 L3 子特性，要么现有的 L3 子特性可能没有必要。

### 6.4.2 糟糕的特性名称

虽然听起来很奇怪，但为特性命名是很有挑战性的。关键在于，整棵树上的命名要一致，这样才显得整齐。如果有的特性写成名词，有的写成动词，特性树就很难看懂。每个特性都应使用两、三个词写成名词短语，例如"内容管理"。

## 6.5 相关模型

特性树使用与鱼骨图相同的可视化结构。但是，鱼骨图（或称石川图）通常用于对因果关系的场景进行建模。亲和图是用于头脑风暴的模型，它有助于创建特性树。

下面简要描述了影响特性树或者被特性树加强的一些最重要的模型。第 26 章会对所有这些相关模型进行更深入的讨论。

- 业务目标模型：用于确定产品概念中的 L1 特性的初稿。
- 目标链：用于对特性树中的特性进行优先级排序。
- 需求映射矩阵：利用特性树中的特性来组织需求。
- 过程流程、系统流程和用例：用于详细描述特性。它们还可用于发现特性树中缺失的特性。
- 生态系统图：它们展示了特性之间的交互。

---

### 练习

以下练习可以帮助你更好地理解如何使用这种模型。练习是开放式的，因此你的答案可能与我们提供的答案大不相同。可能存在许多正确的解决方案。在答案中，我们对如何得出解决方案进行了解释。在看答案之前，可以先尝试自己做一下，这样练习的收获最大。练习答案可以在附录 C 中找到。

**说明**

为以下场景起草特性树的一份初稿。已经推荐了一些特性，因此从这些特性开始，然后做头脑风暴，推导出其他显而易见的特性。

**场景**

在这个项目中，你将帮助建立一个网店（eStore）来销售塑料火烈鸟和其他草坪摆件。客户应该能浏览火烈鸟、购买火烈鸟、创建他们火烈鸟心愿单，并能与其他人分享这些清单。客户还应该能对火烈鸟产品打分，并提交对已购产品的评价。在浏览时，他们会看到可能感兴趣的其他火烈鸟产品。业务经理应该能更新火烈鸟在线目录，链接产品以获得互链销售（cross-sell）机会，并能查看站点使用数据和订单数据，以做出火烈鸟的营销决策。系统管理员需要能监控系统负载，并在出现技术问题时访问系统日志。客户应该能创建用户账户，这样以后就不必重新输入收货地址和付款信息。

## 其他资源

- 视频 "Business Analyst Training on Using Sticky Notes to Create Affinity Diagram" 解释了如何创建亲和图，我们在创建特性树时可以使用这种技术：https://tinyurl.com/yc2bsv3t。
- Davis（2005）一书中对使用亲和图进行头脑风暴进行了长篇大论（尽管当时没有叫这个名字）。
- Gottesdiener（2002）一书中讨论了对信息进行可视化组织，其中提到了亲和组（亲和图）和思维导图。
- "Feature Diagramming Overview" 一文概述了作为层次结构模型的特性图技术：https://tinyurl.com/swda5rpt。
- 特性树可用于组织团队的工作。IIBA 对 BABOK 中的特性分解进行了讨论，适用于以分析为目的的分解工作（IIBA 2009）。

## 参考资料

- Davis, Alan M. 2005. *Just Enough Requirement Management*. New York, NY: Dorset House.
- Gottesdiener, Ellen. 2002. *Requirement by Collaboration: Workshops for Defining Needs*. Boston, MA: Addison-Wesley.
- International Institute of Business Analysis (IIBA). 2009. *A Guide to the Business Analysis Body of Knowledge (BABOK Guide)*. Toronto, Ontario, Canada.
- Ishikawa, Kaoru. 1990. *Introduction to Quality Control*. New York, NY: Productivity Press.

# 第7章 需求映射矩阵

▶ 场景：假期计划

度假自然令人兴奋，但做好度假计划却可能非常耗时。你是否有过打包行李的时候总觉得自己忘了什么的经历？或者在几个月前就预订好了行程的前提下，当行期临近时，你是否想过要重新核实酒店预订、去机场的车程和航班时间？

我会用一个标准过程来计划假期。首先同时也是最重要的一点是，我先要决定去哪里，并核实假期时间是否足够长。我大多数时候会选择前往夏威夷度假，但每次仍然必须要选择去哪个岛。如果假期天数不够，我会确定能计划到多久，以确保到时有足够的假期。在知道了什么时候能出发后，我会确定具体哪几天去旅行。我通常会尝试确定到目的地的机票的典型价格是多少，并继续检查去程和回程日期前后的航班。在目的地和航班最终确定后，我开始着手寻找合适酒店的艰巨任务。我很节省，所以我总寻找打折力度最大的酒店。然后，我会了解在那里我想参加哪些活动。每次我都要冲浪，但中途会休息几天。等到假期临近时，我便开始根据计划好的活动收拾行李。每次度假我都有一份标准的行李清单，其中包括海滩人字拖、泳衣、防晒衣、三套晚装正装、五套休闲装、舒适的步行鞋和一台相机。然后，我根据计划的任何额外活动来补充行李。

制订假期计划时，我不仅有一个自己要遵循的过程，还对每个过程步骤有要求。例如，在预订机票时，我总是考虑启程时间以及机票价格，然后再最终确定。对于酒店，我要求在心仪的岛上有便宜的选择。在进入这个过程中包含的行李打包步骤时，我会有一个预先确定的行李清单，但同时又必须为变化留出余地。■

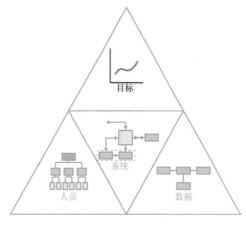

需求映射矩阵（requirement mapping matrix，RMM）是一种 RML 目标模型，它将模型中的信息映射到需求和业务规则。RMM 可以包含多个级别的映射。最有用的映射是从"过程流程"步骤到需求，以及从需求到业务规则。其他有用的映射包括业务目标到特性、特性到需求、需求到代码以及需求到测试用例等。RMM 很有用，因为它们有助于确定需求的优先级，发现缺失的需求，同时发现那些不必要的需求。

可追踪性矩阵（traceability matrix）类似于 RMM。但是，它只比较两种类型对象（例如需求和测试）的所有实例之间的关系，以确保一种被另一种完全覆盖。相反，RMM 显示多种类型的对象之间的关系。如果信息主要是多对多关系，那么可追踪性矩阵更佳。例如，如果每个需求都有很多测试，而且每个测试都映射到很多需求，那么可追踪性矩阵也许是合适的。每个单元格（cell）都显示了一个特定需求与一个特定测试的关系。但是，如果信息主要是一对多关系，那么 RMM 更佳。例如，如果每个需求都有很多测试，但每个测试只测试一个需求，那么 RMM 可能更有用，因为我们可以在跟踪中集成两个以上的对象（例如业务目标→特性→需求→测试）。

# 7.1 RMM 模板

RMM 在一个矩阵中创建。该矩阵通常至少五列；前三列分别包含 L1、L2 和 L3"过程流程"（process flow）步骤，第四列包含唯一的需求 ID（REQID），第五列则包含需求（第 9 章将详细解释 L1、L2 和 L3 过程流程）。矩阵的每一行都包含从一个"过程流程"步骤到一个"需求"的映射。

我们根据情况添加其他列，以采集其他级别的映射或相关元数据（例如描述或注释）。添加列的目的通常是为了按特性树中的特性组织需求，以及将业务规则映射到需求。若有超过 7±2 个需求映射到单个过程步骤，按特性进一步组织需求就很有必要了。如果每个需求只有寥寥无几的业务规则，那么应该考虑每个业务规则都单独占一列，每个需求及其所有关联的业务规则都单独占一行。但是，如果每个需求都有很多业务规则（超过 5~10 个），那么应该将业务规则放在一个单独的矩阵中，并从业务规则中引用需求。最后一个选项是复制 RMM 中的需求，并将每个唯一的业务规则放在它自己的行中。

图 7-1 展示了一个标准 RMM 的模板。本例添加了一个特性列以及两个业务规则列。

| L1 过程步骤 | L2 过程步骤 | L3 过程步骤 | 特性 | 需求 ID | 需求 | 业务规则 1 | 业务规则 2 |
|---|---|---|---|---|---|---|---|
| | | | | | | | |
| | | | | | | | |
| | | | | | | | |
| | | | | | | | |

**图 7-1 需求映射矩阵模板**

一些简单的解决方案并没有 L3 过程。针对这种情况，可以将 L3 列从模板中删除。另外，如果用模型来映射过程流程和需求以外的其他东西，那么只需在适当的列中替换那些模型或模型元素即可。例如，可能的列包括来自"业务目标模型"的业务目标，"状态表"中的单元格，甚至来自"显示 - 操作 - 响应"模型的元素。

在需求管理工具中，经常会在可跟踪性矩阵（traceability matrix）中看到来自 RMM 的两个对象，其中高级对象作为行或列，低级对象则作为列或行，如图 7-2 所示。两个对象之间的关系由勾号、X 或者指示两个对象之间关系的方向箭头表示。但是，这种矩阵的问题在于，它一次只能显示两个对象之间的关系。因此，要查看两个以上对象之间的关系，就必须在多个矩阵之间切换。理想情况下，可以配置需求管理工具以更紧密地匹配 RMM 模板。但是，如果这样做不可行，那么可能不得不使用需求管理工具中的可跟踪性特性作为 RMM 使用。

| | 过程步骤 1 | 过程步骤 2 | 过程步骤 3 | 过程步骤 4 | 过程步骤 5 | 过程步骤 6 | 过程步骤 7 | 过程步骤 8 | 过程步骤 9 | 过程步骤 10 | 过程步骤 11 | 过程步骤 12 |
|---|---|---|---|---|---|---|---|---|---|---|---|---|
| 需求 1 | | | | | | | | | | | | |
| 需求 2 | | | | | | | | | | | | |
| 需求 3 | | | | | | | | | | | | |
| 需求 4 | | | | | | | | | | | | |
| 需求 5 | | | | | | | | | | | | |
| 需求 6 | | | | | | | | | | | | |
| 需求 7 | | | | | | | | | | | | |
| 需求 8 | | | | | | | | | | | | |

**图 7-2 示例可跟踪性矩阵模板**

**工具提示** RMM 最好是用某个需求管理工具来采集，该工具应该能自动执行检查过程中缺失的链接。也可以在 Microsoft Excel 中创建，或者在 Microsoft Word 中作为表格来创建，但使用这些工具检查缺失的链接会更耗时。另外，具有多对多关系的对象可能出现大量冗余。

## 7.2 示例

某保险公司有一个基本过程，所有保险代理人都执行该过程来创建新的保单，从接收保单请求，一直到生成保单并向客户开具账单。此场景的L1过程流程如图 7-3 所示。

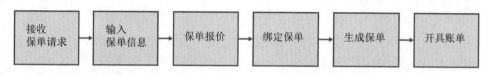

图 7-3 示例 L1 过程流程

每个 L1 过程步骤都有相应的 L2 过程步骤。例如，对于上述"输入保单信息"步骤，L2 过程步骤的一个示意是根据现有的一个提交（submission）创建新的保单请求。图 7-4 展示了 L2 过程流程的一部分。

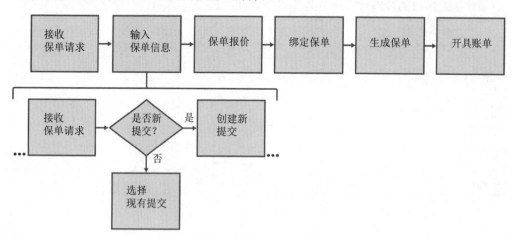

图 7-4 示例 L2 过程流程

最后，L2 步骤"选择现有提交"步骤有一个 L3 过程流程，它描述了搜索并选择现有提交的过程。图 7-5 展示了该 L3 过程流程的一部分。

这些需求映射到 RMM 中的 L3 过程流程步骤。图 7-6 展示了包含这些需求的 RMM 的一小部分。

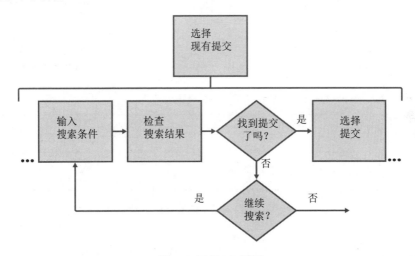

图 7-5 示例 L3 过程

| L1 过程步骤 | L2 过程步骤 | L3 过程步骤 | 特性 | 需求 ID | 需求 |
|---|---|---|---|---|---|
| 输入保单信息 | 选择现有提交 | 输入搜索条件 | 搜索 | REQ001 | 允许用户搜索现有提交 |
| 输入保单信息 | 选择现有提交 | 检查搜索结果 | 搜索 | REQ002 | 允许用户单列排序 |
| 输入保单信息 | 选择现有提交 | 检查搜索结果 | 搜索 | REQ003 | 允许用户多列排序 |
| 输入保单信息 | 选择现有提交 | 检查搜索结果 | 搜索 | REQ004 | 允许用户按升序或降序进行单列或多列排序 |
| 输入保单信息 | 选择现有提交 | 检查搜索结果 | 搜索 | REQ005 | 允许用户使用初始条件选项对搜索结果做进一步筛选 |

图 7-6 示例 RMM

除此之外，由于本项目包含许多业务规则，所以将它们保存在一个单独的矩阵中，并映射到该矩阵中的需求，如图 7-7 所示。

| 需求 ID | 需求 | 业务规则 ID | 业务规则 |
|---|---|---|---|
| REQ001 | 允许用户搜索现有提交 | BR_001 | 忽略用户输入的搜索词的大小写，以便在系统中发现匹配 |
| REQ001 | 允许用户搜索现有提交 | BR_002 | 用户可以使用任意大小写组合输入搜索词 |
| REQ002 | 允许用户单列排序 | BR_003 | 根据优先级、状态、提交编号、提交日期、主要受保人姓名、经纪人姓名、主要州、产品等对搜索结果进行排序 |
| REQ003 | 允许用户多列排序 | BR_004 | 用户可以按任何顺序对选定的多个列进行排序 |
| REQ004 | 允许用户按升序或降序进行单列或多列排序 | BR_005 | 总是优先升序排序（a~z，1~10），只有矩阵的日期列按降序排序 |
| REQ004 | 允许用户按升序或降序进行单列或多列排序 | BR_006 | 搜索结果默认按"创建日期"（作为第一个排序列）降序排序 |

图 7-7 将业务规则映射到需求的示例矩阵

## 7.3 创建 RMM

记住一个要点，RMM 并非只能用于映射"过程流程"和"需求"。还可用RMM 来映射其他模型，例如状态表、状态图和业务数据图，从而推导出缺失的需求。本章在从"需求"到"过程流程"步骤的背景下讨论创建 RMM 的过程。但是，这一过程同样适用于其他模型。图 7-8 总结了这个过程中的步骤。

图 7-8 创建 RMM 的过程

创建 RMM 时，我们假设要映射的对象已经相当完整。这是因为如果在 RMM 在创建好之后还要进行大量修改，那么逐行编辑矩阵会非常耗时。例如，将需求映射到"过程流程"步骤时，过程流程应该是完整的，而且最好已经完成了业务审查。

## 7.3.1 列出"过程流程"步骤

首先,在RMM的第一列填写L1过程流程步骤。接着,对于每个L1过程流程步骤,在第二列填写映射回 L1 步骤的 L2 过程流程步骤。为有 L2 步骤的每一行都复制 L1 过程流程步骤的名称。为 L3 过程流程步骤做同样的事情。图 7-9 描述了如何为上一节中的示意完成上述操作。注意,过程流程决策框与过程流程步骤的处理方式是一样的。在这幅图中有多行相同的 L3 过程流程步骤,这是因为那些步骤存在多个需求。如果事先就知道这一点, 那么可以考虑现在就复制这些行。或者,可以在下一步将需求映射到过程流程步骤时再复制。

| L1 过程步骤 | L2 过程步骤 | L3 过程步骤 |
|---|---|---|
| 输入保单信息 | 选择现有提交 | 输入搜索条件 |
| 输入保单信息 | 选择现有提交 | 检查搜索结果 |
| 输入保单信息 | 选择现有提交 | 检查搜索结果 |
| 输入保单信息 | 选择现有提交 | 检查搜索结果 |
| 输入保单信息 | 选择现有提交 | 检查搜索结果 |

图 7-9 在一个 RMM 中列出 L1、L2 和 L3 步骤

另外,如果需要为过程流程采集额外的元数据,请为每一项信息额外创建一列,并同时采集这些数据。例如, 可以考虑对以后筛选矩阵有用的业务领域(business area)或者分类(categorization)。

## 7.3.2 将需求映射到"过程流程"步骤

下一步是组织所有的需求。将每一个需求都列在它支持的"过程流程"步骤旁边。如果使用这个矩阵来发现需求,只需遍历每一个步骤来发现需求,并在发现之后把它们写在适当的步骤旁边即可。如果还要将业务规则映射到需求,为它们重复上述步骤即可。

### 7.3.2.1 多对多映射

如果一个"过程流程"步骤映射到一个以上的需求(经常都是如此),那么需要重复"过程流程"步骤,并输入到矩阵的多行中——为它映射到的每个需求都重复一行。

虽然在实践中并不常见,但一个需求也有可能映射到多个过程步骤(或者一个业

务规则映射到多个需求）。在这种情况下，使用 Excel 这样的电子表格来建模会颇具挑战性，因为它要求重复需求。同样地，大多数需求管理工具不支持多父层次结构。在这些情况下，会有多行相同的需求，每一行都有一个不同的"过程流程"步骤。

### 7.3.2.2 映射业务规则的不同方法

将业务规则映射到需求的最佳解决方案是将业务规则保持在一个单独的矩阵中，并将这些业务规则映射到相应的需求，如图 7-10 所示。但这种方法有一个问题，即很难一目了然地查看哪些业务规则应用于过程流程中的一个特定步骤，因为那些在 RMM 中。

| 需求 ID | 需求 | 业务规则 ID | 业务规则 |
|---|---|---|---|
| REQ001 | 允许用户搜索现有提交 | BR_001 | 忽略用户输入的搜索词的大小写，以便在系统中发现匹配 |
| REQ001 | 允许用户搜索现有提交 | BR_002 | 用户可以使用任意大小写组合输入搜索词 |
| REQ002 | 允许用户单列排序 | BR_003 | 根据优先级、状态、提交编号、提交日期、主要受保人姓名、经纪人姓名、主要州、产品等对搜索结果进行排序 |
| REQ003 | 允许用户多列排序 | BR_004 | 用户可以按任何顺序对选定的多个列进行排序 |
| REQ004 | 允许用户按升序或降序进行单列或多列排序 | BR_005 | 总是优先升序排序（a~z，1~10），只有矩阵的日期列按降序排序 |
| REQ004 | 允许用户按升序或降序进行单列或多列排序 | BR_006 | 搜索结果默认按"创建日期"（作为第一个排序列）降序排序 |

图 7-10 用单独的矩阵将需求映射到业务规则的示意

另一个选项是将所有业务规则都放在一个单元格中，每个规则前都写上标识符，例如 BR1、BR2 和 BR3，如图 7-11 所示。这种方法的难处在于，业务规则不作为单独的元素存在，所以无法对业务规则进行排序或查询。

如前所述，如果每个需求都有很多业务规则，或者需要根据业务规则来操作矩阵，那么需要将每个业务规则都放在它自己的一行。在这种情况下，当多个业务规则映射到一个特定的需求时，需要在每一行重复需求，如图 7-12 所示。如果需要在"过程流程"步骤的上下文中（而不是在一个单独的矩阵中）查看与需求紧密联系的业务规则，这种方法实际上非常有效。

最后，如果每个需求只映射了几个业务规则，那么更方便的做法是创建多列，在同一行中映射它们，如图 7-13 所示。这样就能在父需求的旁边看到所有业务规则。

| L1 过程步骤 | L2 过程步骤 | L3 过程步骤 | 特性 | 需求 ID | 需求 | 业务规则 |
|---|---|---|---|---|---|---|
| 输入保单信息 | 选择现有提交 | 输入搜索条件 | 搜索 | REQ001 | 允许用户搜索现有提交 | BRI：忽略用户输入的搜索词的大小写，以便在系统中发现匹配<br>BR2：用户可以使用任意大小写组合输入搜索词 |
| 输入保单信息 | 选择现有提交 | 检查搜索结果 | 搜索 | REQ002 | 允许用户单列排序 | BR1：根据优先级、状态、提交编号、提交日期、主要受保人姓名、经纪人姓名、主要州、产品等对搜索结果进行排序 |
| 输入保单信息 | 选择现有提交 | 检查搜索结果 | 搜索 | REQ003 | 允许用户多列排序 | BR1：用户可以按任何顺序对选定的多个列进行排序 |
| 输入保单信息 | 选择现有提交 | 检查搜索结果 | 搜索 | REQ004 | 允许用户按升序或降序进行单列或多列排序 | BR1：总是优先升序排序（a~z，1~10），只有矩阵的日期列按降序排序<br>BR2：搜索结果默认按"创建日期"（作为第一个排序列）降序排序 |

图 7-11 示例 RMM：业务规则在和需求同一行的一个单元格中

| L1 过程步骤 | L2 过程步骤 | L3 过程步骤 | 特性 | 需求 ID | 需求 | 业务规则 |
|---|---|---|---|---|---|---|
| 输入保单信息 | 选择现有提交 | 输入搜索条件 | 搜索 | REQ001 | 允许用户搜索现有提交 | 忽略用户输入的搜索词的大小写，以便在系统中发现匹配 |
| 输入保单信息 | 选择现有提交 | 输入搜索条件 | 搜索 | REQ001 | 允许用户搜索现有提交 | 用户可以使用任意大小写组合输入搜索词 |
| 输入保单信息 | 选择现有提交 | 检查搜索结果 | 搜索 | REQ002 | 允许用户单列排序 | 根据优先级、状态、提交编号、提交日期、主要受保人姓名、经纪人姓名、主要州、产品等对搜索结果进行排序 |
| 输入保单信息 | 选择现有提交 | 检查搜索结果 | 搜索 | REQ002 | 允许用户多列排序 | 用户可以按任何顺序对选定的多个列进行排序 |
| 输入保单信息 | 选择现有提交 | 检查搜索结果 | 搜索 | REQ003 | 允许用户按升序或降序进行单列或多列排序 | 总是优先升序排序（a~z，1~10），只有矩阵的日期列按降序排序 |
| 输入保单信息 | 选择现有提交 | 检查搜索结果 | 搜索 | REQ004 | 允许用户按升序或降序进行单列或多列排序 | 搜索结果默认按"创建日期"（作为第一个排序列）降序排序 |

图 7-12 RMM 示例：业务规则在多行中，重复映射的需求

| L1 过程步骤 | L2 过程步骤 | L3 过程步骤 | 特性 | 需求 ID | 需求 | 业务规则 1 | 业务规则 2 |
|---|---|---|---|---|---|---|---|
| 输入保单信息 | 选择现有提交 | 输入搜索条件 | 搜索 | REQ001 | 允许用户搜索现有提交 | 忽略用户输入的搜索词的大小写，以便在系统中发现匹配 | 用户可以使用任意大小写组合输入搜索词 |
| 输入保单信息 | 选择现有提交 | 检查搜索结果 | 搜索 | REQ002 | 允许用户单列排序 | 根据优先级、状态、提交编号、提交日期、主要受保人姓名、经纪人姓名、主要州、产品等对搜索结果进行排序 | |
| 输入保单信息 | 选择现有提交 | 检查搜索结果 | 搜索 | REQ003 | 允许用户多列排序 | 用户可以按任何顺序对选定的多个列进行排序 | |
| 输入保单信息 | 选择现有提交 | 检查搜索结果 | 搜索 | REQ004 | 允许用户按升序或降序进行单列或多列排序 | 总是优先升序排序（a~z，1~10），只有矩阵的日期列按降序排序 | 搜索结果默认按"创建日期"（作为第一个排序列）降序排序 |

图 7-13 RMM 示例：业务规则在和需求同一行的多列中

### 7.3.2.3 使用工具来创建映射

如果使用了一个需求管理工具，那么本节描述的创建步骤在概念上同样适用，只是具体实现有所不同。第一步是在工具中填写所有"过程流程"步骤。第二步是填写所有需求和业务规则。最后一步是创建映射，这通常需要使用一个链接特性。每个工具用来生成 RMM 的方法都是不同的；有的工具可能要求明确地进入一个需求来创建映射，而其他工具可能要求进入一个特定的映射屏幕来创建映射。一些需求管理工具实际上强制了由需求架构所定义的一个映射系统。

### 7.3.3 发现缺失的映射

检查完整的矩阵以发现任何缺失的映射。如果一个需求没有相应的过程步骤，那么应该把它标出来，以确定它是否超出了范围，或者是否有一个缺失的过程步骤。如果一个过程步骤缺少需求，也应该把它标出来，以确定是否真的要用需求来支持这个过程步骤。

## 7.4 使用 RMM

RMM 可以自然地贴合我们从头到尾思考如何构建一个解决方案的过程。例如，我们先从一个业务目标开始，然后创建一个"过程流程"来进一步定义业务目标，并从"过程流程"推导出需求，写下业务规则，然后编写代码和测试用例，从而实现和测试需求和业务规则。这其实是对软件生命周期的一种过度简化；但重点在于，你创建的工件存在一种层次关系，可以在 RMM 中映射该层次结构，其中每一层级在矩阵中都用一列表示，如图 7-14 所示。

| 业务目标 | L3 过程步骤 | 需求 | 业务规则 | 代码 | 测试 |
|---|---|---|---|---|---|
| 将保单生成时间缩短至 1 天 | 输入搜索条件 | 允许用户搜索现有提交 | 忽略用户输入的搜索词的大小写，以便在系统中发现匹配 | search.existing() | search.1<br>search.2<br>search.3 |
| 将保单生成时间缩短至 1 天 | 输入搜索条件 | 允许用户搜索现有提交 | 用户可以使用任意大小写组合输入搜索词 | search.existing() | search.4 |
| 将保单生成时间缩短至 1 天 | 检查搜索结果 | 允许用户单列排序 | 根据优先级、状态、提交编号、提交日期、主要受保人姓名、经纪人姓名、主要州、产品等对搜索结果进行排序 | search.sort() | search.5<br>search.6 |
| 将保单生成时间缩短至 1 天 | 检查搜索结果 | 允许用户多列排序 | 用户可以按任何顺序对选定的多个列进行排序 | search.sort() | search.7 |
| 将保单生成时间缩短至 1 天 | 检查搜索结果 | 允许用户按升序或降序进行单列或多列排序 | 总是优先升序排序（a~z，1~10），只有矩阵的日期列按降序排序 | search.sort() | search.8<br>search.9<br>search.10 |
| 将保单生成时间缩短至 1 天 | 检查搜索结果 | 允许用户按升序或降序进行单列或多列排序 | 搜索结果默认按"创建日期"（作为第一个排序列）降序排序 | search.sort() | search.11<br>search.12 |

**图 7-14 RMM 示例：代码和测试被映射到需求**

我们使用 RMM 对需求执行一些确认和验证检查。确认（validation）是指检查需求，确保这些需求是实现项目的业务目标所需要的。验证（verification）是指检查需求，确保它们将导致一个起作用的解决方案。

### 7.4.1 以容易阅读的结构进行审查

按"过程流程"步骤组织好需求和业务规则后，业务利益相关方就有更充裕的时间审查需求。他们可以查看相应的过程流程图，以获得整个流程的可视化上下文。然后，切换到 RMM 来分析该"过程流程"中每个步骤所必要的需求和业务规则。在这个上下文中，可以相当快地完成对大量需求的审查。RMM 是最强大的审查工具之一。

### 7.4.2 发现缺失的需求

将"过程流程"步骤映射到需求是一种正向映射，用于在 RMM 中执行验证（verification）。RMM 中每个没有需求的"过程流程"步骤都可能因缺少足够的细节而无法在解决方案中正确实现，如图 7-15 所示。这意味着需要创建额外的需求，使"过程流程"能够正常运作。

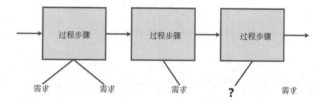

图 7-15 发现一个缺失的需求

注意，某些特定的步骤确实没有需求。例如，如果"过程流程"中有一个用户过程（user process）步骤，或者必须由用户做出决定，那么可能没有任何需求来支持这个步骤。

### 7.4.3 发现无关的需求或缺失的步骤

将一个需求映射到一个"过程流程"步骤是反向映射，用于在 RMM 中执行确认（validation）。RMM 中每个没有"过程流程"步骤的需求都可能意味着范围蔓延（scope creep）或者缺失的过程步骤，如图 7-16 所示。没有映射到任何步骤的需求不需要实现。

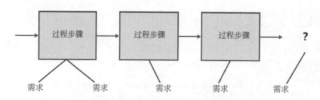

图 7-16 发现了一个不必要的需求

在项目的生命周期中，由于随时都可能引入不必要的需求，所以应该保持 RMM 的更新，以确保新的需求总是得到映射，并根据"过程流程"和业务目标进行了测试。

反向映射也被用于影响分析（impact analysis），因为它能显示未能实现一个特定需求所造成的后果。若项目涉及技术限制，将导致某些需求产生不成比例的成本，那么这种分析特别有用。

### 7.4.4 确定范围的优先级

RMM 特别适合快速生产，而且比目标链更适合映射大量信息。当 RMM 与 KPIM 或目标链一起使用时，可以用它们从范围中删除特定的步骤，或者删除整个过程流程。RMM 有助于确定哪些额外的要求不需要实现。我们的经验是，在完成了这个工作之后，项目最终的需求数量可以很容易地下降至原来的一半，同时仍然可以获得原投资回报的 80%。

### 7.4.5 使用需求管理工具的优势

需求管理工具可以自动完成几个这样的任务。许多工具都能自动检查需求架构所定义的两种类型的对象之间是否存在缺失的映射关系。有的工具甚至更进一步，能检查现有的链接，以确保它们不存在循环链接。需求管理工具也经常在树状视图中显示从顶级对象一直到最低级对象的 RMM。这在 Excel 或 Word 等工具中很难手动实现。树状视图为执行"影响分析"提供了一个很好的环境，因为可以在一个地方看到某个变化的全部影响。

### 7.4.6 推导需求

我们用 RMM 来发现缺失的需求，类似地，也可以用它们来推导新的需求。事实上，完全可以在矩阵中列出"过程流程"步骤，并起草初始的需求，一步一步地梳理"过程流程"。

### 7.4.7 何时适用

应该在大多数项目中使用 RMM 来帮助管理范围。如果项目要求转换现有的系统特性，那么它们就特别有用，因为在这种项目中，范围蔓延（scope creep）是很常见的。

### 7.4.8 何时不适用

如果没有明显的模型或模型元素可以相互映射，那么就可能不需要用到 RMM。但在大多数情况下，至少应该使用这个模型将需求映射回业务目标或 KPI。如果要创建一个可追踪性矩阵（traceability matrix）来映射多对多关系，那么就可能不需要为那些对象创建一个 RMM。

## 7.5 常见错误

关于 RMM，最常见的错误如下所示。

### 7.5.1 没有映射到过程流程

团队经常用电子表格来创建一长串需求清单，然后只是按功能区域来组织它们。这是一种薄弱的需求映射方法，因为很难保证特性清单的完整性。之所以难，是因为没有一种简单的启发式方法能通过单一的需求来发现其他需求。相反，我们应该使用"过程流程"步骤来组织需求，因为"过程流程"是确保完整性的一种非常好的模型。它之所以好，是因为对于"过程流程"中的每一步，利益相关方只需要记住之前和之后的内容。此外，使用一个"过程流程"，并围绕与每个过程步骤相关的需求来组织一次审查会议，会使利益相关方保持兴趣并积极参与。

### 7.5.2 不使用或更新 RMM

团队经常创建 RMM，但因为太忙，所以从来不使用或者更新它们。他们之所以创建 RMM，是因为有一个方法论说他们必须这样做。但是，他们没有把它们摆在优先位置，因为他们没有看到使用它们的价值。

## 7.6 相关模型

RMM 与可跟踪性矩阵（traceability matrix）相似。但是，可跟踪性矩阵试图绘制的是恰好两种对象类型的每个实例的关系，而 RMM 映射的是多种对象类型。

下面简要描述了影响 RMM 或者被 RMM 加强的一些最重要的模型。第 26 章会对所有这些相关模型进行更深入的讨论。

尽管大多数模型都可以在 RMM 中使用，但最常见的是"过程流程"。

- 过程流程（process flow）：这些是需求最常映射到的模型。
- KPIM 和目标链：可以和 RMM 一起使用，以缩小范围。

**练习**

以下练习可以帮助你更好地理解如何使用这种模型。练习是开放式的，因此你的答案可能与我们提供的答案大不相同。可能存在许多正确的解决方案。在答案中，我们对如何得出解决方案进行了解释。在看答案之前，你可以先尝试自己做一下，这样练习的收获最大。练习答案可以在附录 C 中找到。

**说明**

使用所提供的"过程流程"（图 7-17、图 7-18 和图 7-19）和需求（图 7-20）来创建一个 RMM，从而将步骤映射到需求。也可以根据场景所描述的数据，在 RMM 中添加额外的需求和业务规则。

图 7-17　"管理产品库存"L1 过程流程　　图 7-18　"确定要补货的产品"L2 过程流程

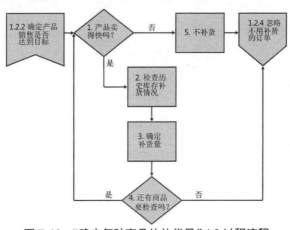

图 7-19　"确定每种商品的补货量"L3 过程流程

| 需求 ID | 需求 |
|---------|------|
| REQ001 | 自动和事先定义的一个阀值比较历史销售率[①] |
| REQ002 | 销售率阀值可以基于利润（margin）、销量（units）或收入（revenue） |
| REQ003 | 可以比较任意期限的销售率阀值 |
| REQ004 | 系统自动补货低于阀值的商品 |
| REQ005 | 若计算的自动补货超出阀值，系统请求手动补货 |
| REQ006 | 系统自动决定哪些商品需进行补货检查 |

图 7-20 本练习的需求清单

场景

现在进行的一个项目要推出一个新的火烈鸟网店（eStore），允许客户在线浏览和购买火烈鸟和其他草坪摆件。每当一种产品的库存低于 20（这时把它称为"库存不足商品"），网店就会为该商品做上标记。在每天结束时（火烈鸟标准时间下午 5 点），将运行一次报告，并将"库存不足商品"清单发送给一名供应链分析师。供应链分析师决定是否应该从 Adventure Works 供应商处重新订购这些库存不足的商品。当供应链分析师为任何一种特定的产品下了最低数量为 20 的一份订单后，网店会将相关订单数据拉入目录，并用现在可用的火烈鸟产品数量更新目录库存。这最后一步会移除之前为商品做的标记。

## 其他资源

- （Wiegers 2013）中的"需求链中的链接"（第 29 章）详细描述了跟踪关系，包括可能跟踪的对象的类型、跟踪类型以及跟踪原因。最新中译本《高质量软件需求》（第 3 版）。
- 可跟踪性矩阵的培训视频，网址为 https://www.youtube.com/watch?v=fXtTFJkTTxE。
- "Is Traceability Possible Without a Requirement Tool?"（没有需求工具的话，能实现可跟踪性吗？），网址为 https://tinyurl.com/45cdbsum。

## 参考资料

- Wiegers, Karl E. 2013, *Software Requirement*, Third Edition. Redmond, WA: Microsoft Press. 最新中译本《高质量软件需求》（第 3 版）。

---

[①]　译注：销售率（sales rate）是指放出来的产品有多大的比例被实际售出，这个值总是在 0~1 之间。

# 第Ⅲ部分 人员模型

# 第 8 章 组织结构图

▶ 场景：学校的军乐队

上高中的时候，我是学校军乐队的成员，军乐队由 200 名学生组成。整个军乐队分为 11 个小组，每个小组有一名组长。整个乐队共有三名鼓手长，分别负责乐队的三到四个小组，而我们的总指挥负责整个乐队。

我们每周要练习四天，学习和排练。鼓手长每周给各小组组长讲解一次音乐和行进技巧，让他们和各小组成员一起练习。在几个小时的分组练习后，乐队重新集合，集体再排练一次。

在比赛时，协调 200 名高中生需要大量的计划和组织。乐队总指挥依靠鼓手长，而鼓手长依靠各小组组长来确保每个人按时就位。在学生上车出发前往演出现场的时候，各小组组长拿着一份人员名单进行点名。鼓手长也要检查一份名单，确保所有小组都在。三名鼓手长在所有人都到齐的情况下向总指挥汇报，或者提供一份未到场人员名单和围绕这部分人的行动计划。在比赛现场准备表演时，他们再次重复这个过程。离开比赛场地各回各家的时候，他们会再次使用这些名单。

没有一份完整的乐队成员名单，乐队总指挥就不可能组织练习或比赛行程。而且，在按鼓手长和小组进行人员划分后，整个乐队更容易管理。从本质上讲，乐队总指挥是在用一个组织结构图来管理整个乐队。■

组织结构图（org chart）是一种 RML 人员模型，显示了组织中的人员或角色结构。我们用它来确定所有可能使用或者向解决方案输入的用户以及利益相关方。若使用得当，组织结构图可以帮助我们确定所有利益相关方。

许多组织都在使用组织结构图，所以大多数人对比可能已经很熟悉了。许多人可能不觉得组织结构图能作为一种需求模型来使用。然而，对于许多类型的项目，它应该是你在项目中使用的首批模型之一（参见第 25 章）。组织结构图最重要的价值在于，它确保你与任何会对需求产生影响的人员群组（groups of people）进行交谈。

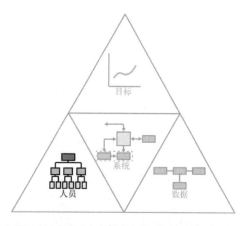

有三个级别的组织结构图可以为项目提供帮助：部门、角色和个人。部门的组织结构图只显示组织内各个群组实体（例如部门）的等级关系。角色的组织结构图显示部门内各个角色的等级关系。个人的组织结构图则显示部门内实际人员的等级关系。例如，一个角色可能是"财务分析师"，有四人担任该角色。所有这四个人都会在个人组织结构图中显示为单独的方框。在从部门到角色再到个人的过程中，很可能上一级组织结构图只有部分内容需要在下一级中体现。例如，部门组织结构图可能显示整个公司，而角色组织结构图可能只显示相关部门中的角色。通常，应该首先做好部门组织结构图，而且可能还要做一个角色组织结构图。从重要性来说，带姓名的个人组织结构图比不上能识别正确人员群组的组织结构图，因为基于这些更高级的组织结构图，我们可以更容易地判断是否缺少一个利益相关方群体。

## 8.1 组织结构图模板

组织结构图是由线连接而成的多个方框的集合，它们形成了一个层次（等级）结构。如图 8-1 所示，每个框都包含一个组织部门、角色或个人的名称，框和框之间的连线显示组织内部的等级报告关系。通常，组织结构图中的每个框包含的都是同级别的信息。例如，如果一个组织结构图包含的是个人的姓名和职称，那么每个框包含的都是一个人的姓名和职称，没有任何框会包括部门或角色名称。层次结构中较高的级别位于图的顶部，下级则放在下面。

可以为组织结构图上色以提供额外的信息。颜色可以用来区分对项目有特定类型影响的不同人员群组。例如，可以用一种颜色代表 IT 利益相关方，用一种颜色代表财务利益相关方，再用另一种颜色代表市场利益相关方。如果使用了颜色，请记得添加一个图例来解释颜色，使读者能理解颜色编码。我们还建议利用视觉上的差异，例如不同的阴影、图案或边框，以方便色盲 / 色弱人士，或者在黑白打印时使用。

如果打算进行黑白打印，那么请避免使用深色；较深的颜色和阴影容易模糊方框内的文字。图 8-2 的模板向方框应用了颜色和图案边框，尽管本书的印刷版只能显示图案和阴影的区别。

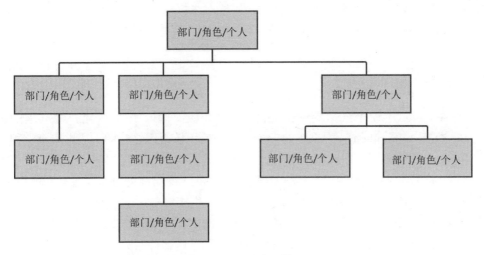

图 8-1 组织结构图模板

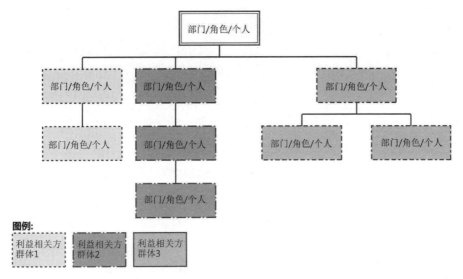

图 8-2 带有颜色和图案的组织结构图模板

💡 **工具提示** 组织结构图通常作为一个项目工件在 Microsoft Visio、Microsoft PowerPoint 或者某个建模工具中创建。也可以在纸上、白板上或者便签上画好草图，并在方框之间画线。然而，如果从一个临时版本开始，比如在一张纸上，那么记得最后要把它输入一个工具中，这样可以在整个项目中方便地维护和参考。

## 8.2 示例

图 8-3 展示了一个汽车制造企业的部门组织结构图。可在构建在线汽车购销（online auto sales purchase）系统的一个项目中使用该组织结构图。通过审查这种细节等级的组织结构图，团队可以确定他们是否需要向每个不同的部门征询或审查需求。在本例中，业务分析师团队认为，所有销售部和 IT 部门都可能需要参与到项目中，其他还有产品营销和平面设计（在市场部下）以及供应链部（在制造部门）。他们认为，设计（在制造部门）、运营、对外联络（在市场部门）、研发和财务都不必包括在内。但是为了确定，他们会在部门组织结构图中留下这些部门，只是它们下面没有任何细节。

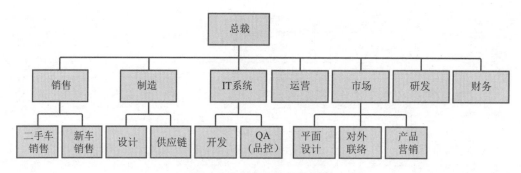

图 8-3 示例部门组织结构图

由于该组织结构图只包含部门名称，所以为了确定每个部门内部的具体利益相关方，我们还需要额外的信息。业务分析师可以采访每个部门的经理来确定项目的联络人。另外，特别是在部门很大的情况下，需求团队应该为相关的底级方框完成一个角色组织结构图，从而采集每个部门内部的角色。如图 8-4 所示，只为组织中团队认为相关的部分定义了角色，而不是为整个公司定义。事实上，在他们确定二手车不会在网上销售后，他们甚至删去了组织结构图中的"二手车销售"部门。

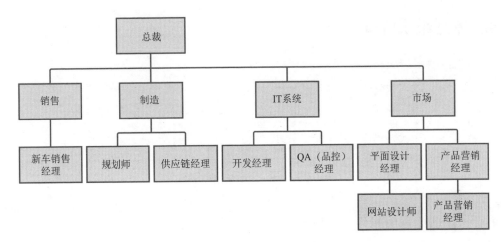

**图 8-4 示例角色组织结构图**

　　甚至还可以再深一级，专门定义一个组织结构图来采集实际的人名。图 8-5 展示了这样的一个"个人的组织结构图"。

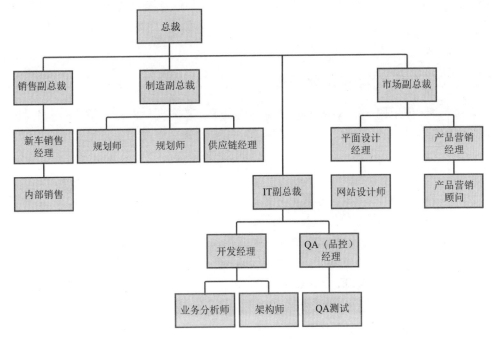

**图 8-5 个人的组织结构图**

## 8.3 创建组织结构图

创建组织结构图的典型过程如图 8-6 所示。

图 8-6 创建组织结构图的过程

### 8.3.1 找到现有的组织结构图

在许多时候，整个组织的组织结构图是现成的。在这种情况下，创建组织结构图就变得简单了。即使现有的组织结构图已经过时或不完整，它也能为创建项目特有的组织结构图提供一个良好的起点。另外，或许可以从电子邮件系统或者在线目录得出一个组织结构图。如果组织已经配置了电子邮件系统来定义上下级汇报关系，就可以从这些报告关系中梳理出组织的等级结构。但是，有的组织确实没有组织结构图，这时就必须自己创建一个了。

### 8.3.2 确定组织结构图的正确级别

在组织结构图不存在或者需要补充的情况下，首先要做的决定是从哪个级别开始。组织结构图必须涵盖解决方案的用户、用户的管理者或者对范围有决定权的任何人。可以从一个部门的组织结构图开始，再根据需要创建角色和个人组织结构图。

在创建组织结构图时，要做的另一个重要决定是每个框内要包含哪些信息。如果是部门组织结构图，那么需要包含部门（department）或群组（group）的名称，角色组织结构图应添加角色名称，而个人组织结构图应添加个人的姓名。如果每个角色的人数很少，那么可以将个人组织结构图的信息合并到角色组织结构图中，在每个框中同时列出角色和个人的姓名。如果人员众多，则可以使用一个分组框（grouping box）将同一部门的利益相关方分为一组。

### 8.3.3 完成组织结构图

为了完成组织结构图，需要对照着组织结构图进行访谈，要求每个经理提供他或她的部门构成（角色和实际的直接下属），以及每名经理所认为的同级群组[①]。在创建组织结构图的每一级时，如果发现任何空白方框，就应该把它们记下来，作为后续行动项（action item）来跟进和补全。一个缺失的方框可能代表本应参与的一整个利益相关方群组。

还可以使用其他 RML 模型来确保组织结构图的完整性。这个概念将在本章后面讨论。

#### 8.3.3.1 部门组织结构图

组织的每个部门通常有许多人员。从部门组织结构图开始，有助于简化你的角色和个人组织结构图，减少必须包括的方框数目。为大公司创建组织结构图时，更是需要从部门组织结构图开始，然后基于群组或部门（而不是个人或特定角色）来构建更具体的组织结构图。我们建议，在构建部门组织结构图的时候，应该将整个组织包括进来，即使它很大。从组织的最顶层开始，通常是总裁或 CEO。然后，确定向总裁或 CEO 报告的每个人员或群组，把它们放在第二层。第二层的方框数量可能不会太多。

记录了部门组织结构的第二层后，为与你的项目有关或者可能有关的第二层方框重复上述过程。遇到不确定的，就暂时保留相应的方框，直到以后觉得有信心把它删掉。在上一节的示意中，如果确定研发部不会影响到项目，也不会受到项目的影响，就没必要继续在组织结构图中为这个部门增加深度。这有助于迅速缩减组织结构图的规模，只留下有用的方框。以后，只需为这些方框提供细节和进行维护。

以同样的方式完成剩余的层级，直到在组织结构图中拥有全部相关的部门或群组。

#### 8.3.3.2 角色组织结构图

在部门组织结构图中，项目范围内的每个群组都需要一个对应的角色组织结构图，以显示这个群组内具体有什么角色。理想情况下，用一张图就能完整显示角色组织结构。但是，如果组织很大，涉及许多部门，就有必要为每个部门创建角色组

---

① 译注："同级群组"（peer group）内的人员都向同一个上级报告。

织结构图。在这种情况下，每个部门需要单独用一张图来显示。

在每个组织中，通常每个角色都有多名人员，但角色组织结构图实际是按角色名称来采集人员群组。记住，某些角色可能不是正式的职位描述（job description），而是基于每个人所做工作的变化。在删除掉不需要的角色后，可以把它们移除以简化组织结构图。

对于组织的某一部分，如果不需要记录每个人，那么做到角色组织结构图就可以停下来了。例如，如果使用组织结构图来确保和所有群组都会了面，并找到了能代表每个群组的个人，那么通常就足够了。

### 8.3.3.3 个人组织结构图

最后，可以创建个人组织结构图，在报告等级结构中显示人员的姓名。这对于确定团队在整个项目中具体应该与谁交互非常有帮助。

如果决定在个人组织结构图中记录每个人的姓名，那么请记住，它只是在图完成时组织构成的一个快照。随着人员加入和离开组织，这个图也必须进行更新，以保持其准确性。即使是短期项目，人员一级的变化也很重要。所以，保持这种图的更新是一项同等重要的任务。

虽然和每种角色的几个人进行面谈可能就足够了，但需要非常小心。通常，一个职位的区域或地点差异很大，以至于在不同地点担任同一角色的两个人应被视为担任的是不同的角色。另外，角色中的人员可能会服务于不同类型的客户、数据或系统，这就要求创建额外的角色名称，这些角色并不和职位描述（job description）对应。最后，对于每个角色，相关团队的经理可以自行决定谁是最佳的主题专家（subject matter expert，SME）。然后，他们可以授权后者代言整个团队。

## 8.4 使用组织结构图

如前所述，虽然组织结构图相当常见，但许多人不会想到将其用于需求活动，尽管它们对于利益相关方的确定至关重要。

### 8.4.1 确定有需求的人

在项目开始时，组织结构图被用来确定谁对解决方案有兴趣，谁会使用这个解决方案。这可以告诉我们谁会对解决方案有需求，谁会是需求征询和审查会议的关键人物。除此之外，可以利用一个组织结构图来查看哪些人或群体与所确定的利益相关方相关。和一份单纯的利益相关方名单相比，组织结构图的可视化结构使这种联系变得非常明显，这有助于防止遗漏任何成员。例如，如果已知必须和规划师 A 会面，那么看一下他在部门中和谁一起工作，就能确定可能还需要和规划师 B 会面。

有了项目的组织结构图之后，可以查看图上的每一个区块，以确定它是否代表一个利益相关方。这有助于确保已经识别了所有利益相关方。在最基本的层面上，我们可以检查组织结构图中的每一个方框，然后提出下面几个问题。

- 这个人员或角色是系统的用户吗？
- 这个群组、角色或人员对系统有什么需求？
- 这个群组、角色或人员是否受到我们在系统中所做的事情的影响？
- 他们参与了过程的哪一部分？
- 是否有任何过程没有一个群组来执行？

要为组织结构图的每个方框问这些问题。请花点时间来做这件事。不要假设一个框没有用户，没有需求，也对需求讨论没有兴趣，最后却发现这些假设是错误的。

在我们工作过的一个组织中，一个项目明显会影响到组织的许多部分。因此，组织结构图是确定所有可能的利益相关方群体的基础。我们将整个公司的组织结构图打印在很多张纸上，并将该组织的所有部分都贴到墙上。在每一部分，都包含完整组织结构图的 6~10 个方框。项目发起人来到房间，我们递给他一支记号笔。这样，对于组织结构图的每个部分，他可以很容易地在与项目无关的利益相关方身上打"X"，或者圈出利益相关方。这样一来，团队就知道了谁应该被纳入征询范围。如果他不确定，可以为该部分打一个问号，这会提醒我们直接与这些人交谈以了解情况。只花了 30 分钟，我们就确定了后续应该和部门的哪些部分交谈，并确定了他们是项目的用户或者与项目利益相关。

## 8.4.2 确定内部用户

如果解决方案是一个内部 IT 系统，那么组织结构图非常有用，因为几乎所有可能的用户都存在于该组织结构图的某个地方。因此，只要仔细地审查这张图，几乎可以保证一个内部系统所有可能的用户都在组织结构图中被识别出来，确保在分析过程中没有用户被遗漏。

在确定组织结构图中有多少个人用户需要实际会面时，你需要用上一点判断力。例如，如果有 3 000 名销售代表，那么可以假设需要和他们中一个以上的人会面，但肯定不是全部 3 000 人。为此，可以先向 3 000 名销售代表发送一份调查问卷，以获得一些基本信息。然后，只需与他们中的一部分人会面——只要抽样到的人群在地理位置、经验和培训水平方面代表了组织的广度即可。不过，有时可能需要与多得多的人会面，才能获得最全面的信息——特别是在发现一些销售代表群组采用了不同的过程时，这可能是因为他们的客户群体，或者是因为他们销售的特定产品。

### 8.4.3 确定外部用户

如果系统有组织外部的用户，那么在组织结构图中可能还有在内部代表了外部用户群组的利益相关方。在组织结构图中确定这些代表，将帮助我们确定组织外的对应人员。例如，假定要开发一个财务系统，让客户检查其发票支付状态，那么组织结构图将包括代表这些客户的客户经理。在组织结构图上看到这些内部人员，会提醒自己把他们包括在将来的征询活动中，从而提供一个与系统所面向的外部用户的联系。

如果系统的某些部分只有终端客户（end customer）才会使用，那么组织结构图可能没什么用处。在这个时候，可能需要使用其他的利益相关方分析技术，例如画像分析（persona analysis）。画像是一个典型的用户，包含了用户的背景信息和使用系统的动机。画像不是一种可视化模型，因为它们没有提供一个可视化的机制来确保你能采集全部信息。其目的是帮助团队想象他们认为谁会使用这个系统（Cooper 2004）。

另外，在寻找组织外部的利益相关方时，洋葱模型可能有助于识别他们（Alexander 2005）。洋葱模型（onion model）是一种环状模板，用来显示利益相关方、他们相互之间的关系以及正在开发的产品。也可以为内部利益相关方使用洋葱模型，以引导他们思考额外的利益相关方。

### 8.4.4　确定在其他模型中使用的人员

第 9 章会讲到，在部门和角色组织结构图中确定的群组或角色往往是"过程流程"的泳道中的角色名称。类似地，第 10 章会讲到，组织结构图所确定的角色往往是在用例中使用的参与者[②]。在从组织结构图"角色"到用例"参与者"的过程中，需要特别注意的是，可能不存在用户组到参与者之间的一对一映射，这是因为一个参与者往往会跨越多个组织角色，或者一个用户组可能跨越多个参与者。最后，如第 11 章所述，利用"角色组织结构图"中的角色列表或者"个人组织结构图"中的人员列表，我们可以推导出"角色和权限矩阵"（Roles and Permissions Matrix）的角色维度。

### 8.4.5　组织结构图和过程流程结合使用以确保完整性

正如组织结构图在前期确定利益相关方时的作用一样，它们在项目中期也被证明是非常宝贵的。执行一个"过程流程"步骤的用户是在组织结构图中表示的。因此，在审查一个"过程流程"的步骤时，应对照组织结构图，以确保适当的部门、群组和角色已经在组织结构图中，并参与了你的审查。将组织结构图和泳道结合使用，可以更清楚地看到这一点，因为泳道很可能直接应用于组织结构图中的一个层级。为了确保良好的覆盖率，在"过程流程"的每一步，都要问自己以下两个问题："谁执行这个？"和"我已经和他们会面了吗？"，从而确保不会遗漏任何群组。在创建"过程流程"时，参考组织结构图将确保自己使用一致的群组命名。在创建需求映射矩阵（参见第 7 章）时使用组织结构图，则有助于确保"过程流程"中的每一步都有具体和经确认的负责人（owner）。

例如，本章前面描述的那个项目涉及网购汽车的配置、定价过程和规则。自然地，团队为此创建了一些"过程流程"。图 8-7 是这些"过程流程"的一个简单的示意。

---

[②] 译注：参与者（actor）是与系统交互的外部实体，是与系统交换信息的人或物。有的地方也把它翻译为"操作者"。注意，参与者和用户存在区别。用户是使用系统的任何人，而参与者代表用户可扮演的角色（role）。——摘自《系统分析与设计》（第 9 版），清华大学出版社 2023 年出版。

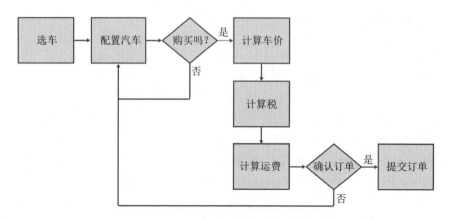

**图 8-7 网上买车的"过程流程"**

假设在项目进行了几周后，利益相关方审查"过程流程"以进行签收。其中一个利益相关方注意到了其中的"计算税"步骤，并说："我不知道怎么计税。那不是我的部门。" 这就提醒业务分析团队查看"角色组织结构图"，并意识到他们需要与税务部门的利益相关方会面以审查需求。图 8-8 展示了他们使用的"角色组织结构图"。

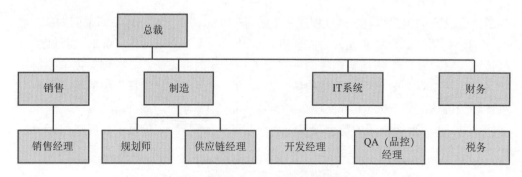

**图 8-8 某车企的角色组织结构图。**

如果没有从组织结构图中捕捉到这个利益相关方群组，他们的整个计划就会出现重大挫折。然而，通过抓住税务利益相关方群组，他们就能在影响开发之前，将审查和更新需求的任务添加到日程表中。

将过程流程和组织结构图对照检查的概念还可以应用于其他模型，例如"生态系统图"，以了解哪些用户群组要与系统交互。或者应用于"业务数据图"，以确定系统中要对数据进行处理的角色。

### 8.4.6 推导需求

一般不直接从组织结构图推导出需求。相反，组织结构图的作用是确保你采集了需要进行访谈以了解其需求的所有利益相关方。

### 8.4.7 何时适用

只要有存在于一个组织结构中的内部用户，就可以使用组织结构图。这些用户可能存在于你自己的公司，也可能存在于你的客户的公司。还可以用这种图来识别代表外部用户的利益相关方。

### 8.4.8 何时不适用

对于那些纯粹以消费者为中心的项目，组织结构图可能没什么帮助。如果内部的利益相关方很少与外部用户交互，或者不代表外部用户，那么组织结构图不会有什么帮助。在这种情况下，使用用户画像（persona）来确定你所想象的使用软件的用户的原型，并使用洋葱模型来帮助确定外部利益相关方。

## 8.5 常见错误

关于组织结构图，最常见的错误如下所示。

### 8.5.1 不使用组织结构图来确定利益相关方

有的时候，团队创建了组织结构图，但从不使用。他们把组织结构图作为团队成员的联系名单，但不使用它们来了解需要与之交谈的额外人群。

### 8.5.2 只包含了项目团队成员

另一个常见错误是，团队只记录了项目团队成员，而没有记录最终必须批准并使用该软件的利益相关方，或者将以某种方式受益的其他利益相关方。

## 8.6　相关模型

组织结构图经常被用于组织建模（organizational modeling），以了解组织的角色、关系和报告结构（IIBA 2009）。RML 中的"组织结构图"模型通过按部门、角色和个人对层次结构进行分组，从而在此基础上进行了扩展。它还专门与其他模型结合使用，以确保需求征询过程的完整性。

利益相关方分析（stakeholder analysis）是一种使用利益相关方名单来识别和跟踪利益相关方及其相关信息的方法。虽然这种分析不依赖于"组织结构图"模型，但"角色组织结构图"可以为这种分析提供支持。它能帮助识别利益相关方，对其进行更详细的侧写（profiling）。另外，正如本章之前提到的，画像和洋葱模型在利益相关方分析中也很有用。

下面简要描述了影响组织结构图或者被组织结构图加强的一些最重要的模型。第 26 章会对所有这些相关模型进行更深入的讨论。

- 角色和权限矩阵：为了创建这种矩阵，需要使用组织结构图来确定在所开发的系统中担任了一个角色，并具有相应权限的利益相关方。
- 过程流程：和组织结构图进行对照检查，以确保在一个过程的需求征询工作中不会遗漏任何利益相关方。类似地，可以通过确保在泳道中已确定的角色在组织结构图中得到表示（体现），从而推动组织结构图的完成（补全）。
- 用例：通常，我们使用组织结构图来确定"参与者"（actor），然后分析这些用户需要什么样的系统交互，从而确定最终的"用例"。
- 生态系统图和业务数据图：它们也许能帮助我们确定用户群组以完成组织结构图。
- 需求映射矩阵：它们有助于将用户从组织结构图映射到"过程流程"步骤，以确保所有步骤都有一个特定的负责人（owner）。

## 练习

以下练习可以帮助你更好地理解如何使用这种模型。练习是开放式的，因此你的答案可能与我们提供的答案大不相同。可能存在许多正确的解决方案。在答案中，我们对如何得出解决方案进行了解释。在看答案之前，你可以先尝试自己做一下，这样练习的收获最大。练习答案可以在附录 C 中找到。

**说明**

为以下场景创建部门、角色和个人组织结构图。

**场景**

你现在进行的项目要推出一个新的火烈鸟网店（eStore），销售火烈鸟和其他草坪摆件，而你必须记录所有需求。

开始这个项目时，很明显有许多利益相关方。为了跟踪这些关系，并确定不同的需求来源，你决定创建组织结构图来表示这些人及其报告（上下级）关系，以确保不会遗漏任何人。

Rob Young 似乎是这里的老大——你已经听到很多人称他为总裁。Rob Young 有五个副总裁（VP），都直接向他汇报，其中包括 Debra Garcia、Dan Park、Robin Wood、Ben Miller 和 Linda Timm。其中，Debra 掌管销售，她监督两名经理的工作：Ryan Danner（负责东部地区）和 Anna Lidman（负责西部地区）。Dan 掌管产品管理；在他手下，Steve Luper 负责库存，Kern Sutton 负责供应商。Robin Wood 掌管财务；在他手下，April Stewart 负责会计，Kevin Cook 负责薪资。Ben Miller 掌管 IT，但你不知道他这个部门是如何组织的。Linda Timm 掌管人力资源，但她的部门并不参与这个项目。

## 其他资源

- Gottesdiener（2002 and 2005）描述了"利益相关方分析"（包括利益相关方的分类），使用客户 / 用户 / 其他分类来帮助识别，列出和项目利益相关的人的类型。她还描述了利益相关方概貌（stakeholder profile），用于记录利益相关方的详细信息，包括兴趣、角色和责任（Gottesdiener 2005）。

- Alexander and Beus-Dukic（2009）一书的第 2 章专门介绍了利益相关方，包括用于识别组织内部和外部利益相关方的各种技术。

- 洋葱模型在之前的资源中已经提到；然而，Alexander（2005）在利益相关方分类法中，在利益相关方分析的背景下，对洋葱模型进行了详细的解释。
- Cooper（2004）专门用一章的篇幅讲解了什么是画像、为什么需要画像以及画像的不同类型。

## 参考资料

- Alexander, Ian. 2005. "A Taxonomy of Stakeholders: Human Roles in System Development", International Journal of Technology and Human Interaction, https://tinyurl.com/4x6bfbfv
- Alexander, Ian, and Ljerka Beus-Dukic. 2009. *Discovering Requirement: How to Specify Products and Services*. West Sussex, England: John Wiley & Sons Ltd.
- Cooper, Alan. 2004. *The Inmates Are Running the Asylum: Why High Tech Products Drive Us Crazy and How To Restore the Sanity*. Indianapolis, IN: Sams.
- Gottesdiener, Ellen. 2002. *Requirement by Collaboration: Workshops for Defining Needs*. Boston, MA: Addison-Wesley.
- Gottesdiener, Ellen. 2005. *The Software Requirement Memory Jogger*. Salem, NH: Goal/QPC.
- International Institute of Business Analysis (IIBA). 2009. *A Guide to the Business Analysis Body of Knowledge (BABOK Guide)*. Toronto, Ontario, Canada.

# 第 9 章 过程流程

▶ 场景：准备大餐

　　要放假了，我决定为整个大家庭准备一顿丰盛的晚餐。我想提前准备好菜单，以便提前一天买好菜。我必须决定是买牛肉还是鱼作为主菜。如果买鱼，那么除了去杂货店，我还要跑一趟鱼市。如果买牛肉，那么在同一家店就能买全。用餐当晚，我会布置好餐厅，提前准备好食物。餐前我会提供饮料。总共要上三道菜：沙拉、主菜和甜点。如果用餐在晚上 10 点前结束，我会在亲戚们都回家后进行打扫。否则，我只负责刷碗，把其他打扫工作留到第二天早上。

　　我意识到，由于这顿饭的复杂性而需要在准备食物方面额外再做一些计划。例如，对于沙拉，我需要洗生菜，切其他配菜，并且拌好沙拉酱。对于主菜，我需要把肉放进烤箱烤三小时，把土豆煮熟，捣成泥并与奶油和黄油混合。青豆需要蒸熟后放到烤箱的保温抽屉里。作为甜点的蛋糕也要事先准备好，因为它也会用到烤箱。随着计划的东西越来越多，我意识到这顿饭有很多活动需要去做，所以我决定把任务分成几组，并分派给我的家庭成员。男孩们帮助布置餐厅和准备肉。我的女儿和侄女搅拌蛋糕原料，但我要帮助她们操作烤箱。我的老妈则可以帮忙把所有食材切碎，我到时候负责拌一下就好。

　　在这个故事中，我概述了为家人准备饭菜的过程。我先是从较高的层级归纳计划要做的事情。但后来发现，需要为具体如何执行这些任务定义更多的细节，因为它们比较复杂。■

　　过程流程（process flow）是一种 RML 人员模型，它描述了一个将由人来执行的业务过程（business process）。过程流程显示了要执行的活动、执行顺序以及用户为实现预期结果而做出的不同决定。过程流程图形化地描述过程流程，使我们快速看出步骤之间的关系，从而帮助我们理解复杂的信息。它们还简化了分析，使我们每次只需考虑单个步骤以及与它相关的其他步骤。如果在一个序列中不包含任何决策，那么一个简单的步骤列表足矣。
但是，如果一个过程开始出现分支，过
程流程图就非常有用了。由于过程流程
是可视化的，所以它们比一份长长的需
求清单更能吸引业务利益相关方参与对
一个过程的审查。

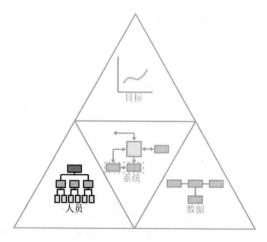

不要将"过程流程"和"系统流程"
混为一谈（后者参见第 13 章）。过程流
程描述的是用户执行的行动，而系统流
程描述的是系统执行的活动。

大多数项目都要求相关人员对所创
建、复制或改进的业务过程有一个很好的理解。如果没有这种程度的理解，用户采用新
的解决方案的可能性就很小。过程流程是促成这种理解的最常见和最有效的模型之一。

往往需要多级过程流程，用足够多的细节来描述一个重要的过程（process）。
与此同时，仍然将其中的每个流程（flow）保持在一个合理的规模。为了创建多级过
程流程，我们拿一个层级的一个或一组过程步骤开刀，将其分解成下一级的一个全
新的过程流程。对于大多数项目，三级过程流程通常足矣，我们将这些级别称为一
级（L1）、二级（L2）和三级（L3）过程流程。其中，L1 过程流程显示了解决方案
的整个端到端（end to end）的过程。L2 过程流程显示了 L1 过程流程中的一个或几
个步骤的细节。L3 过程流程则显示了 L2 过程流程中一个或几个步骤的额外细节。

一个新的项目启动时，L1 过程流程通常是在组织结构图（第 8 章）创建之后首
批需要创建的模型之一。过程流程提供了对整个过程的高层级概述，是理解和沟通
项目范围的绝佳方式。过程流程是业务和其他非技术用户最容易理解的模型之一。
所以，在大多数数需求征询和审查会议中，它都是一种有用的工具。

## 9.1 过程流程模板

过程流程总是包含由方向箭头连接的过程步骤，描述了过程遵循的所有可能的
路径。每个过程流程都有一个明确定义的起点和终点；在大多数情况下，这些实际
是其他过程的入口或出口。

表 9-1 总结了 RML 中的过程流程元素。它们与"业务过程模型和符号"（business

process model and notation，BPMN）的术语和定义存在一定的重合（OMG 2011）。由于 RML 的目标是将过程定义到足以推导出需求的详细程度即可，所以不需要完整的 BPMN 框架。我们规定了一套最小的符号元素，足以满足大多数需求建模目的。

表 9-1　"过程流程" 图的元素

| 元素 | 含义 |
| --- | --- |
| 步骤 | 这由用户采取的一个基本过程步骤，用动词短语命名 |
| →（方向箭头） | 方向箭头将过程步骤或其他元素彼此连接起来。箭头方向展示了步骤的执行顺序。如果这条线从一个决定步骤连出，那么要标明它所代表的具体决定 |
| 决定 | 这是决定步骤，我们基于该步骤的选择，以特定方式分割过程流程 |
| 离开 | "离开"元素表示当前流程转到另一个流程。通常在每个较低级过程流程的末尾使用，以表明接着去哪个流程 |
| 进入 | "进入"是对"离开"元素的补充。它表示流程是从另一个流程恢复的。通常在每个较低级过程流程的开头使用，以表明哪个流程在前 |
| 其他过程 | "其他过程"元素在流程中途引用另一个过程，并在那个过程结束后又回到这个流程 |
| 泳道 | "泳道"分解过程流程，以显示步骤具体由哪些角色执行。泳道名称是用户或用户组的名称 |
| （分叉/汇合符号） | "分叉"（fork）和"汇合"（join）使用同一个符号；过程流程中第一个这样的符号表示分叉，后面那个则表示汇合。分叉将一个过程分割开来，表明这一部分的步骤虽然都必须执行，但不一定要按顺序执行。分叉使过程流程避免在不存在顺序的地方强行规定一个顺序。如果有一个"分叉"，流程后面的某个位置必然有一个"汇合"。只有"汇合"之前的所有步骤都执行完毕后，它之后的步骤才能执行。相应地，每个"汇合"的前面某个位置必然有一个"分叉"。如果有助于过程流程的布局，"分叉"和"汇合"符号可以旋转任意角度 |
| 用标注来提供额外的上下文信息 | 可以用引出的标注为一个特定的活动或事件提供额外的上下文信息 |
| 分组 | "分组"为过程流程图增添额外的信息以提高可读性。通常，我们用一个分组来包围一个没有单独成为一个流程的子过程。分组的名称一般就是该子过程的名称 |

（续表）

| 元素 | 含义 |
| --- | --- |
| <br>事件 | "事件"表示在过程中发生了一些过程以外的事情。事件是正常流程的一部分。例如，一个事件可以在特定时间发生，在过了一定时间后发生，或者无限期地发生，直到发生另一个事件 |

符号的类型和备选路径的数量因过程而异，图9-1展示了形式最简单的一种模板。

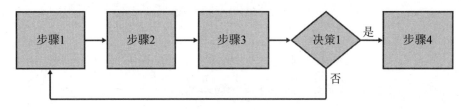

图9-1 过程流程模板

经常都有必要用泳道来划分过程流程。泳道将整个流程划分为几个部分，以说明是由不同的用户群组执行其特有的过程步骤。这些泳道应横跨整个页面。由一个或一组用户执行的所有过程步骤都在分配给他们的泳道里。图9-2展示了一个带泳道的过程流程模板。

图9-3展示了一个使用了较多符号的示例过程流程，其他没讲到的符号会在本章后面讨论。

流程步骤上的编号方便我们讨论或引用每个步骤。注意，这些流程没有开始或结束步骤。要么第一个步骤就是"开始"，要么更常见的是，对总体流程顺序中的上一个流程进行了引用的"进入"才是当前流程的"开始"（本图的1.2）。"结束"也是如此；通常，最后会流向一个"离开"引用（本图的1.4）。在步骤7和步骤8/ 步骤9分组之间，过程发生分叉，然后在1.4的"离开"之前重新汇合，表明在进行下一步之前必须完成步骤8和步骤9。另外，步骤6之前有一个事件，表明除非发生该事件，否则不能采取步骤6。

也可以用颜色来为符号提供额外的上下文，但如果这样做，就必须包括一个图例来解释每种颜色的含义。

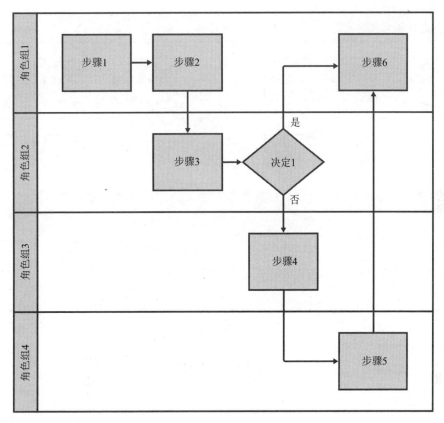

图 9-2 带泳道的过程流程

**工具提示** 过程流程应该用一个能轻松处理图形的工具来创建。虽然 Microsoft Visio 是最常见的绘图工具,但许多需求管理工具也允许直接在其中进行简单的过程流程建模。如果能使用支持过程建模的需求工具,就尽量使用,因为这样以后能更容易地将过程步骤映射到单独的需求。

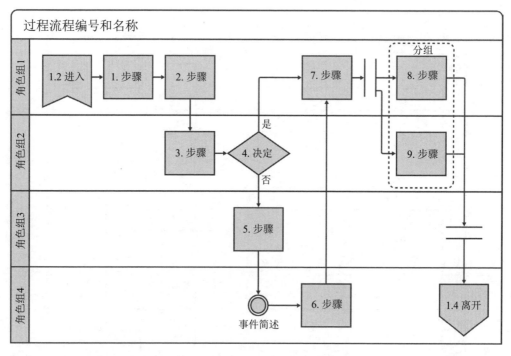

图 9-3 带有更多符号的示例过程流程

## 9.2 示例

　　某打印机公司正在实现从销售到产品发货的整个产品生命周期。该过程包括配置产品，为客户生成报价，与客户协商交易，将报价转变成订单，为客户设置预付款信用额度，订单生产，订单发货，最后从客户那里收取尾款以结清款项。图 9-4 的 L1 过程流程展示了整个端到端的过程。

　　对于这个 L1 流程，会有多个 L2 过程流程。图 9-5 的 L2 过程流程为 L1 的"1.3 配置产品"步骤提供了下一级的细节。该过程流程也有步骤标识符，这使人们更容易谈论它们。这个技术在需求征询和审查会议中也很有用。另外要注意的是，我们为步骤 3 和步骤 4 使用了分组符号，从而向读者强调这些步骤与确定和处理产品售卖资格的问题相关。步骤 1 表明，该流程是从一个"进入"（incoming）过程流程"1.2 找到客户"开始的，而使用了"离开"（outgoing）符号的 1.4 表示在这个过程流程结束后，会进入另一个名为"1.4 生成报价"的过程流程。

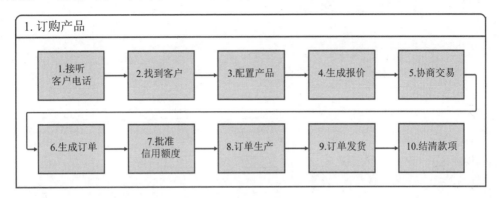

图 9-4 示例 L1 过程流程

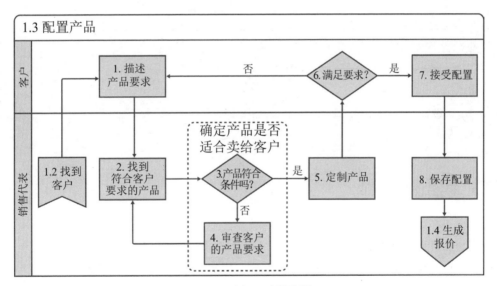

图 9-5 示例 L2 过程流程

图 9-6 的 L3 图给出了 L2 流程的那个分组（确定产品是否适合卖给客户）更多的细节。在这个示意中，注意专门用一个标注让读者了解为什么一名销售代表可能无法将产品卖给客户。L3 过程流程在步骤 5 还有一个事件，表明必须等待客户的购物信息转移给一名新的销售代表，这个流程才能继续。

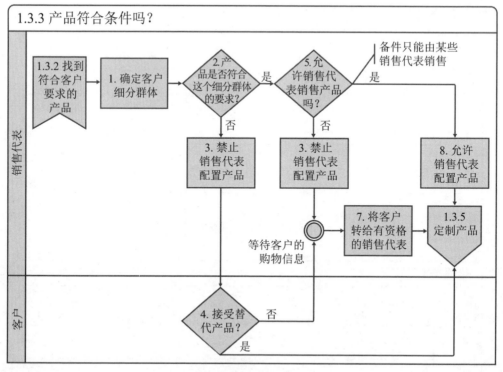

图 9-6 示例 L3 过程流程

## 9.3 创建过程流程

图 9-7 展示了具体如何创建过程流程。其中，"确定过程步骤"需要以迭代的方式进行。我们经常使用高级过程流程为低级过程流程引出中间过程步骤。换言之，从 L1 过程流程开始，然后根据 L1 推导出 L2 过程流程，再根据 L2 过程流程推导出 L3。

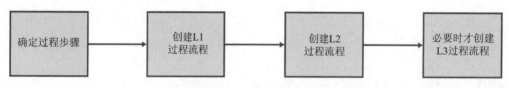

图 9-7 创建过程流程

## 9.3.1 创建 L1 过程流程

应该在项目早期就创建好一个 L1 过程流程，展示出过程流程的完整范围，推导出额外的过程流程，并与业务利益相关方合作，勾勒出对完整解决方案进行定义的最高级别的活动——从头到尾。L1 过程流程应当控制在大约 20 个步骤以内，使其尽可能保持简单。

### 9.3.3.1 绘图

在确定高级别步骤后，把它们作为基本步骤放到 L1 过程流程中，并用方向箭头连接。要想使 L1 过程流程有用，一个关键是正确选择每个步骤的详细程度，并在整个流程中保持该详细程度。如果不这样做，那么读者将很难理解过程流程，因为他们不得不从高级别活动硬生生地跳转到低级别活动。L1 过程流程通常不包含决定，这是因为其中步骤的级别过高，无法准确显示分支。将较低级的任务和决定留给详细程度更高的 L2 和 L3 过程流程。如果详细程度设置得合理，那么 L1 过程流程应该包含 7±2 步骤，一页纸就能容下，同时仍然覆盖了整个解决方案的广度。

每个步骤的名称都应采用 < 动 >+< 宾 > 形式。每个 L1 步骤都应该有一个编号，而每个 L2 过程流程都应该重新开始编号。L1、L2 和 L3 编号组合形成一个层次化的编号惯例，以便清楚地标识每个步骤。注意，这些编号并不对应步骤的执行顺序。某些过程流程工具支持自动编号，这能节省我们的大量精力。

不建议在每个步骤中都包含完整的步骤层级编号，因为那会占用宝贵的空间。相反，让读者自己组合过程流程标题中的层级编号和当前步骤的编号，从而获得该步骤的完整编号。例如，假定过程流程的标题是"1.3 配置产品"，而当前是步骤 5，那么该步骤的完整层级编号就是 1.3.5。

图的标题应醒目地显示于顶部。对于 L1 过程，它应该描述从头到尾的完整流程。对于 L2 和 L3 过程，标题则是层级编号，再加上来自上一级的过程步骤名称。我们很快就会形成过程流程编号的一个层次结构。另外，除非有多个 L1 流程，否则不需要对 L1 进行编号。

### 9.3.1.2 L1 的范围

应该在 L1 中包含完整的、从头到尾的过程，甚至还要包含不在项目范围内的步骤。这样一来，在与业务利益相关方讨论时，就可以展示项目的背景，并清楚地描述项目会涵盖什么，以及不会涵盖什么。重要的是，针对项目要实际修改的范围，应包含在此范围之前和之后的步骤，从而明确地说明什么在范围内，什么在范围外。

可能需要在 L1 过程流程中加入与主过程流程断开的步骤（即没有箭头连接）。这是一种有用的方法，可以阐明在正常过程流程外部发生的高层级活动。例如，你可能需要在 L1 中采集一个"报告"框，它有较低级的过程流程与之关联。但是，它的发生是和过程流程不同步的。另外，一些过程流程根本不能被描述为线性序列的一部分，它们或许应该包含在一个单独的 L1 过程流程中。不过，大多数时候，只要在一个足够高的层次上抽象过程流程，就能发现一个线性顺序。

在 L1 的初稿完成后，把它展示给业务利益相关方，以审查其完整性和正确性。在 L1 稳定下来之前，不要开始 L2 过程流程，这是因为每个 L2 的起点（开始）和终点（结束）都要由 L1 来定义。

### 9.3.2 创建 L2 过程流程

创建并审查了 L1 过程流程后，就开始处理 L2 过程流程。一般来说，L1 过程流程的每一步都有自己对应的 L2 过程流程，但以下情况除外。

- 如果 L1 过程流程中有步骤超出了项目的范围，那么不需要为其创建 L2。
- 如有必要，可以将 L1 过程流程中的多个步骤分组成一个 L2 过程流程，前提是这些步骤足够简单并且相关。

图 9-8 说明了一个 L2 过程流程如何为 L1 过程流程的一个步骤提供更多细节。

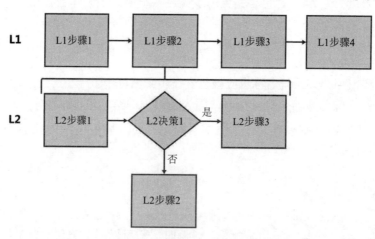

图 9-8 一个从 L1 到 L2 的示例关系

#### 9.3.2.1 确定过程步骤

可用许多方法来确定过程步骤，下面列出一些最常见的步骤。

- 举行征询会议：和主题专家（SME）会面，让他们描述过程。
- 观察：观察用户执行过程。
- 进行演练（walk-through，或称"走查"）：演练现有的应用程序以发现过程。
- 审查现有过程和过程流程：如果有现成的过程流程，就先从它们开始——特别是在定义新的过程流程或者向现有系统添加新特性的时候。如果不存在这样的的过程流程，那么还可以使用过程（process）和规程（procedure）[①]培训文档。

#### 9.3.2.2 编写步骤

和 L1 过程流程一样，要确保过程步骤的详细程度都差不多，将较低层级的细节留给 L3 流程。由于 7±2 规则的存在，每个级别的步骤都应少于 10 个。如果一个过程流程超过 20 个步骤，请考虑把它拆分为两个过程流程。如果不适合拆分，那么使用颜色编码或者将相关步骤合并到少于 10 个步骤的组里。这对大多数解决方案来说通常就足够了。

创建过程流程中的步骤时，需要在一个小框框里包含尽量多的信息，所以用词需讲究。通常，L2 过程流程的命名采用以下常规格式：[ 用户 ] +[ 在系统中 ]+< 操作 >+< 对象 >，例如"配置产品"。其中，方括号中的用户和系统是可选的，你可以具体情况具体处理。如果不使用泳道，并且是由多个用户组执行不同的活动，那么框中需要包含用户组名称，以指明具体由谁执行该活动。如果是由一个用户组执行所有活动，那么可以在过程流程的标题中包含该用户组的名字。例如，如果不使用泳道，那么"接受配置"应写成"客户接受配置"。另外，如果发生活动的系统的名称很重要，那么该系统名称也应该包含在步骤名称中。

"决定"步骤的命名会更难一些，因为菱形框的空间较小。通常，这种步骤会问一个问题，并且只用几个字，例如"product eligible?"（产品符合条件吗？）。如有必要，可以用一个标注符号（callout）来提供额外的上下文。

最后，在步骤中添加编号。记住，这些编号不一定是连续的。而且事实上，如果存在分支，它们也不会是连续的。

---

① 译注：process 一词倾向于注重大局，即整体或全部（整个过程要达到什么目的）；而 procedure 一词倾向于注重局部，即具体的步骤如何执行（具体的操作规程）。

### 9.3.2.3. 使用泳道

如果有许多用户组（或用户）在同一个过程流程中进行交互，那么泳道非常有用。如果大部分过程流程都由单个用户组执行，那么一般最好是使用没有泳道的过程流程，以保持图的简单。如前所述，如果有多个用户组进行交互，使用泳道可避免在每个框中都包括用户组名称来指定由谁执行活动。

注意，在过程流程中，泳道只用来表示组织结构图中的用户角色或用户组。不能用它们表示系统，因为如果在实际用户和系统之间不停轮换，会因为混合了不同类型的信息而造成过程流程中的遗漏，这样获得的结果可能识别不出所有涉及系统或人员的步骤。过程流程的目的是了解用户为完成其任务所采取的步骤，而这些步骤通常是独立于系统的。要将重点完全放在用户及其需求上。如果要显示系统之间的活动，请使用"系统流程"（第 13 章）。如果要描述系统如何对用户做出响应，请使用用例（第 10 章）。

### 9.3.2.4 添加对其他流程的引用

如果 L2 过程流程不是从整个 L1 过程的绝对起点开始的，那么请使用一个"进入"（incoming）引用来开始这个流程，并指出在它之前是哪个流程。类似地，如果流程不在 L1 上显示的整个过程流程的绝对终点处结束，那么请使用一个"离开"（outgoing）引用来结束流程，并指出在它之后是哪个流程。如果在流程进行到一半的时候，发现有必要引用另一个流程的一组步骤，那么请使用"其他过程"（other process）引用符号，并在框内注明那个过程的名称。如果用来创建过程流程的软件允许，请考虑把对其他过程流程的引用做成超链接，让读者轻松导航到被引用的过程流程。

### 9.3.2.5 使用其他符号

根据需要为过程流程添加事件。事件是由可能定期发生的外部要求（例如审计）、定期重复的任务或者导致过程从中途而非从头开始的客户/外部利益相关方触发的。

如果有一些步骤在过程流程继续之前必须并行地发生（而不是按顺序），就可以使用分叉和汇合符号，从而在过程流程中界定这些并行的步骤。注意，分叉出现在第一个并行步骤之前，而汇合出现在最后一个步骤之后。

最后，根据需要添加分组和标注以进行澄清。例如，可用分组符号为显示过程流程中哪些步骤在项目中属于自动化的范围。这在审查时很有帮助，它使每个人对过程中哪些将保持手动，哪些将实现自动化达成一致。

### 9.3.3 必要时才创建 L3 过程流程

我们按照和 L2 过程流程一样的方法来创建 L3 过程流程。换言之，将 L2 过程流程中的一个过程步骤做成新的过程流程。只有 L2 过程流程中需要额外细节的步骤才需要这样做。超越 L3 的下一个细节等级可以是"用例"。

那么，怎么知道是否需要一个 L3？这是由过程的复杂性以及开发人员和测试人员需要的细节等级决定的。如果一个 L2 有 20 个或更多的步骤，那么可能需要把它拆分为两个 L2，或者需要将一些步骤归入一个 L3。另一个方法是看有多少需求被映射到一个过程步骤。如果一个步骤映射到不超过 7±2 个需求，那么一般不需要额外的过程流程细节等级。

如果 L3 过程流程详细描述的是由单一用户或用户组执行的一个步骤，那么其实用不上泳道。但是，如果有助于使读者清楚地了解过程，那么也可以考虑强上。

## 9.4 使用过程流程

过程流程简化了与业务和 IT 组织的项目利益相关方的沟通，因为大多数人在思考他们的工作方式时，都会不由自主地用"流程"来思考。除此之外，它们还为读者提供了一种快速可视化和理解复杂过程分支的方法。最后，它们特别适合将一份长长的需求清单组织成容易理解的小块。假定每个过程流程都包含三个级别，每一级 10 个步骤，那么整组过程流程可以包含大约 1000 个步骤。

### 9.4.1 不同受众需要不同的细节等级

L1 过程流程显示了项目的过程流程全景，因此 L1 可以用来向所有利益相关方传达范围。

由于大多数业务过程都非常复杂，所以通过使用多级过程流程，可以选择适合特定受众的一个级别，进行有针对性的沟通。太多的细节会使一些项目利益相关方感到困惑。而对于那些执行过程的人，以及必须完成过程自动化的开发和测试团队来说，太少的细节又不是很有用。

### 9.4.2 举行征询和审查会议

过程流程对大多数用户来说都很容易理解，所以应该在需求征询会议（elicitation session）中使用。即使过程流程不完整，也比从一张白纸开始好。对用户来说，查看一个过程流程，并快速发现缺失或错误的过程步骤、缺失的角色或者不正确的路径，比什么都要从头开始更有效率。

使用过程流程来征询需求时，可以向业务利益相关方提出许多问题。在关于完整过程流程的征询和审查会议期间，试着提出以下问题：

- 是否遗漏了任何用户组？
- 流程中的步骤是否由正确的用户执行？
- 是否为本来没有顺序的步骤规定了顺序？
- 哪些步骤是手动完成的？
- 哪些步骤是由我们正在定义的系统或者其他系统完成的？

然后，在演练过程流程时，针对每一个步骤提出下面这些问题：

- 是否已将这个步骤之前需要完成的所有步骤都考虑齐全了？
- 这个步骤是如何由紧挨在它之前的那个步骤触发的？
- 执行这一步是否可能有多种结果？如果是的话，如何确定这些结果？
- 哪些 KPI（关键绩效指标）与这个步骤有关？（参见第 5 章，进一步了解 KPI。）

### 9.4.3 确保完整性

过程流程使业务利益相关方只需思考一组非常有限的信息。当他们分析单一的步骤时，只需考虑之前和之后发生的事情。这意味着他们有很大的机率确保这组信息完全正确。最终，可以将这些小的正确信息组串联起来，从而有很大的机率正确记录整个过程流程。即使是那些非常复杂的过程流程，也有很大的机率保证其完全正确。

### 9.4.4 推导需求

过程流程是推导和组织需求的一种出色的工具。特性、需求和业务规则都能从过程流程中推导得出。注意，在确定数据需求、非功能性需求和未被封装在步骤中的业务规则时，过程流程不能提供什么帮助。由于需求和业务规则是从步骤推导得出的，所以它们应该在一个"需求映射矩阵"中与该过程步骤关联（参见第 7 章）。

在开始之前，要确保最低级的过程流程已详细到足以推导出需求。如果做不到，请考虑使过程流程再深一级，从而了解过程流程的更多细节。如前所述，如果过程流程是在正确的级别上完成的，那么每个步骤应该只有 7±2 个需求与之关联。

应该从已创建的最低级的过程流程中推导出需求。由于低级过程流程会映射回 L1 过程流程，因此所有需求也会保持这种映射。功能性需求（functional requirement）直接从过程步骤推导得出，而业务规则从决定（决策）步骤和需求推导得出。过程流程一般提供不了足够的细节粒度，使你能推导出所有业务规则。但是，它们提供了一个不错的开始，并指出哪些方面可能需要额外的业务规则。

为每个过程步骤都只记录单独一个需求，这自然很诱人，但这在大多数情况下都不足以正确定义系统。不过，如果一个过程步骤被映射到超过 7±2 个需求，那么表明它可能需要被分解为两个步骤。试着针对每个步骤提出以下问题，发现更多的需求和业务规则：

- 在这个步骤发生之前需要完成什么？
- 这个步骤可能产生哪些不同的结果？
- 这个步骤可能造成什么错误情况？
- 这个步骤完成后，会触发什么以使其他人知道这个步骤已经完成？
- 这个步骤的哪些部分由用户发起，哪些部分由系统自动触发？
- 这个决策步骤评估了什么规则？
- 这个决策步骤可能出现的结果是什么？
- 这个步骤要执行什么计算？

编写需求时，要为每个需求的上下文提供足够多的细节，以免有些人不看过程流程而直接实现或测试系统。

## 9.4.5 何时适用

任何项目只要提供了丰富的用户界面，就应该使用"过程流程"。即使是那些没有业务过程的面向消费者的应用，也能从"过程流程"中受益，这是因为流程除了帮助了解用户如何激活一个特性，还有助于团队就用户如何完成其目标取得共识。

## 9.4.6 何时不适用

如果系统的用户界面很少，或者根本就没有（例如控制系统和某些类型的嵌入式系统），那么不要为这种系统使用"过程流程"。在这些情况下，"系统流程"

更合适。在你的过程流程中，如果过程需要连续做出多个决定，那么请考虑使用决策树（第 17 章）而不是过程流程。过程流程无法处理一些业务规则所要求的大量分支（超过 7±2 个）。决策树是处理这种分支的一种更好的模型，而且可以简单地从过程流程中引用。

## 9.5 常见错误

关于过程流程，最常见的错误如下所示。

### 9.5.1 流程中的细节等级不一致

那些更适合 L3 的细节有时会在 L2 中采集。为了解决这个问题，需要在每个流程中保持一致的细节程度，并将额外的细节下移一级。若一个过程流程含有超过 20 个步骤，就表明你混用了不同的细节程度。

### 9.5.2 评审人不理解细节等级

有的时候，评审人不明白每个流程打算显示什么程度的细节。如果一个过程流程是 L1，评审人可能坚持认为它缺少细节，即使这些细节在 L2 和 L3 流程中已经涵盖。为了避免发生这种情况，一定要向他们描述完整的过程流程框架。

### 9.5.3 评审人忘记看完整的过程流程

过程流程创建和审查起来都非常简单，但分析师有时忙于创建单独的步骤，而忘了退后一步，看看流程的全貌。在这种情况下，一些步骤可能顺序不当，或者对一个决定的描述可能不完整。

### 9.5.4 过程流程步骤太多

过程流程不宜超过 20 个步骤，否则就太复杂了，难以理解。另外，如果发现过程流程中的步骤超过 10 个，那么应该开始考虑拆分过程流程、分组或者对单独的步骤进行彩色编码。

### 9.5.5 系统响应与用户行为混杂

过程流程的目的是专注于用户试图完成的任务。人们一不小心就会扩大过程流程的范围，将系统的响应也包括进来。但是，过程流程本应该只关注用户的操作。将系统作为过程流程的参与者（actor），会增加这种图的复杂性，而且实际上还会使一些用户行为或系统行为更容易被忽略。因此，最好是专门在"系统流程"中关注系统行为（第 13 章）。

### 9.5.6 没有包括项目范围以外的过程流程

将当前项目范围以外的过程步骤也包括进来，我们便可以界定系统，确保不至于遗漏任何步骤。

## 9.6 相关模型

过程流程图很常见，但其中使用的名称、格式和符号差别很大。过程流程图也经常称为"流程图"、跨特性（跨职能）过程流程或者泳道图。

BPMN 为过程建模定义了大约 50 个符号，而且这个列表还在不断增长。这些符号中有许多都很少使用。RML 只使用了与需求的定义最相关的符号。

一些过程流程采集了系统活动，而 RML 将过程流程划分系统流程（用于系统活动）和过程流程（用于用户活动）。如果想定义系统本身为完成一个目标所采取的步骤，请使用系统流程，不要用本章所描述的过程流程。

下面简要描述影响过程流程或者被过程流程增强的一些最重要的模型。第 26 章会对所有这些相关模型进行更深入的讨论。

- 系统流程：显示由系统执行的自动化流程。
- 用例：用更多细节来充实特定的过程步骤。
- 决策树：用于定义复杂的决策逻辑。这些逻辑被嵌入到一个"过程流程"的高级过程步骤或者决策点中。
- 组织结构图：用于显示用户或用户组（部门），在泳道中作为"角色"（role）描述。
- 关键绩效指标模型：为过程流程采集 KPI。
- 需求映射矩阵：它们通常将过程步骤映射到需求。

## 练习

> 以下练习帮助你更好地理解如何使用这种模型。练习是开放式的，因此你的答案可能与我们提供的答案大不相同。可能存在许多正确的解决方案。在答案中，我们对如何得出解决方案进行了解释。在看答案之前，可以先尝试自己做一下，这样练习的收获最大。练习答案可以在附录 C 中找到。
>
> **说明**
>
> 为以下场景准备 L1、L2 和 L3 过程流程。
>
> **场景**
>
> 在这个项目中，你将帮助建立一个网店（eStore），让客户从 Wide World Importers 订购火烈鸟和其他草坪摆件。目前的过程是由客户直接打电话给销售代表启动的。销售代表使用 Microsoft Excel 填写订单，并手动输入到系统中。你已经与利益相关方会面，并大致了解了他们想要的新过程。这个过程如下所示，从高级描述开始。
>
> 产品经理将构建一个产品目录，其中包括所有可用的火烈鸟和其他草坪摆件。营销团队将在目录中加入价格。客户将访问网店以购买产品。供应链团队将用自己的应用程序来管理库存。
>
> 针对客户从网店购买产品的过程，你对所涉及的步骤进行了分解。客户浏览目录，找到感兴趣的产品，并将其添加到购物车。客户提交订单后，销售代表核实是否有足够的信息来完全处理订单。有任何遗漏，销售代表会向客户发送电子邮件，等待客户更新订单；否则，销售代表会处理订单的付款。销售代表确保产品发货。客户会收到一封确认邮件，这同时会触发库存更新过程中的步骤。
>
> 最后，可以围绕"销售代表如何验证订单有足够的信息"来提供更多细节。销售代表提交信用卡付款信息供核准。如果核准，就通知供应链发货。如果没有核准，客户会收到一封电子邮件，需要提交新的付款信息以重试。

## 其他资源

- Gottesdiener（2005）的 4.2 节对 Gottesdiener 所谓的"过程图"进行了全面讲述。
- IIBA 在 BABOK 2.0（IIBA 2009）中描述了作为过程建模一部分的"流程图"。

## 参考资料

- Gottesdiener, Ellen. 2005. *The Software Requirement Memory Jogger*. Salem, New Hampshire: Goal/QPC.
- International Institute of Business Analysis (IIBA). 2009. *A Guide to the Business Analysis Body of Knowledge (BABOK Guide)*. Toronto, Ontario, Canada.
- Object Management Group (OMG). 2011. *Business Process Model* and Notation (BPMN) version 2.0. http://www.omg.org/spec/BPMN/2.0

# 第10章 用例

▶ **场景：对话的力量**

最近，我和我的建筑师开了个会，他正在帮我新建一栋海滨别墅。我和建筑师的对话是下面这样展开的。

建筑师：除了房子一般的用途，你还想怎样使用这幢海滨别墅？

我：嗯，我担心在沙滩上玩耍一天后会不会把沙子带进房子。

建筑师：好吧，假设你带上遮阳伞、冷藏箱、毛巾和包包。你说玩耍了一天，所以你带着所有这些东西在沙子上往回走。你走到房子前面，按墙上的小键盘打开车库，然后把所有东西都扔到车库里。

我：嗯……如果不用走到房子前面就更好了。

建筑师：好的，所以我们在车库后面开一扇门。然后，你走到后门，用钥匙打开，进入车库。

我：我想不用钥匙就能开门，后门也能安装无钥匙入户吗？

建筑师：当然可以。进入车库后，放下所有东西后再进屋。

我：看起来还是会有沙子弄得到处都是。可不可以先冲洗一下？

建筑师：那就在房子外面装个淋浴怎么样？冲洗干净，输入密码，打开车库门，放下所有东西。这样就不会带进什么沙子了。

我：我们记一下，在进入车库之前，需要把所有东西都冲洗干净。我们要确保不会把外面搞得到处都是沙子，而且真的需要一个灵活的喷头。车库要有一个排水口或其他东西，这样冲洗过的玩具上滴下来的水就不会积起来。也许还需要一些架子来挂干毛巾？还要有一个加热器或者电风扇来让这些东西更快干透。

建筑师：很好，我想我们确定了几个特性，如车库排水口、无钥匙入户、后车库入口、带灵活喷头的户外淋浴、车库电风扇、干燥架和加热器。

看，只要建筑师知道我想怎样使用这幢房子，他就能确定哪些特性可以满足我的需求。通过一起演练这些步骤，我们确定了我之前没有想到的一些特性。■

用例（use case）是一种 RML 人员模型，描述了用户与系统之间的交互。用例的价值在于，它可以帮助用户想象自己在执行一项任务，从而识别出为每个步骤提供支持所需的特性。此外，用户只需要考虑一个步骤之后的内容，这使他更容易正确地识别所有之前的步骤和所有后续的步骤，而不会遗漏其中任何一个步骤。用例

描述了用户需要做什么，他想完成什么，以及他在使用软件时系统如何响应。用例是一个非常自然的模型，因为在构建或购买一个系统之前，它能帮助用户思考他们会怎样使用这个系统，这和他们在家里选购产品是一样的。如果理解了用户将如何使用软件，以及他们期望软件如何表现，就可以确保软件有适当的特性和质量来为此提供支持。另外，用例帮助开发人员和测试人员了解用户期望如何使用系统。

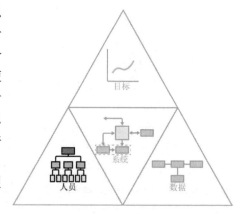

# 10.1 用例模板

用例是用一个模板表（template table）来呈现的结构化文本，表格有预先指定的字段，如图 10-1 所示。这种结构有助于确保在创建用例时不会忘记任何细节，并有助于用例的读者根据需要跳到相关信息。注意，如果在需求工具中定义用例，那么它们可能采用不同的格式。

有必要区分标题字段（header fields，用于容纳用例的元数据）和代表用户与系统之间的交互的字段。标题字段有名称、ID、描述、参与者（actor）、组织收益（organizational benefit）、使用频率、触发器、前置条件和后置条件等。其余字段则记录了用户与系统的交互：主路径（main course）、替代路径（alternate course）和异常情况（exception）。在包含了一个实际用例的内容的模板中，所有这些字段都需要定义。

用例模板存在几种变化形式。但是，不管实际的格式如何，用例都应该包括这里显示的模板元素。

💡 **工具提示** 用例一般用 Microsoft Word 或 Microsoft Excel 创建，或者直接在需求管理工具中创建。

| 名称 | 用例名称，一般采用 < 操作 > + < 对象 > 格式 |
|---|---|
| ID | 标识符，对每个用例进行唯一性标识 |
| 描述 | 一个简短的句子，阐明用户希望能做什么和获得什么结果 |
| 参与者 | 指定用户类型，这种用户与系统交互以完成任务。参与者用 "角色名称" 来标识 |
| 组织收益 | 组织期望从所描述的特性获得的收益。理想情况下，这是直接到一个业务目标的链接 |
| 使用频率 | 执行用例的频率 |
| 触发器 | 用户在系统中采取什么具体的行动来启动用例 |
| 前置条件 | 在用例启动之前，系统必须处于什么状态，或者必须满足什么条件 |
| 后置条件 | 在用例成功完成之后，系统必须处于什么状态，或者必须满足什么条件。如果走的是主路径或者替代路径，这些条件都会得到满足。但是，一些 "异常情况" 可能导致后置条件不满足 |
| 主路径 | 用户和系统交互的最常见路径：<br>1. 步骤 1<br>2. 步骤 2 |
| 替代路经 | 系统的替代路径（alternate course，AC）：<br>AC1：< 调用替代路径需符合的条件 ><br>1. 步骤 1<br>2. 步骤 2<br>AC2：< 调用替代路径需符合的条件 ><br>1. 步骤 1 |
| 异常情况 | 系统对异常情况（Exception，EX）的处理：<br>EX1：< 调用异常情况处理需符合的条件 ><br>1. 步骤 1<br>2. 步骤 2<br>EX2：< 调用异常情况处理需符合的条件 ><br>1. 步骤 1 |

图 10-1 用例模板

## 10.2 示例

某网上书城项目要添加一个特性，允许用户收藏商品，以后再来购买。在图 10-2 中的用例中，用户已经找到了要购买的商品，但还没有准备好马上购买，因此他想收藏该商品，以后再进行处理。

| 名称 | 收藏商品供以后购买 |
|---|---|
| ID | UC_001 |
| 描述 | 用户浏览网上书城，发现了一件商品，没想好是否下单，但他想把商品保存到一个清单中，方便以后找回他曾经感兴趣的商品 |
| 参与者 | 网上书城的用户 |
| 组织收益 | 通过帮助用户记住他曾经感兴趣的商品来增加销售 |
| 使用频率 | 20% 的用户每次访问网站都会收藏一件商品，以后再决定是否下单。50% 收藏的商品会在一年内下单 |
| 触发器 | 用户选择一个保存商品的选项，例如"收藏"或者"加入心愿单" |
| 前置条件 | 用户查看网站上列出的一件商品 |
| 后置条件 | 当用户查看他收藏的商品时，可以看到当初选择收藏的商品<br>在用户的网店搜索和浏览结果中，会正确反映哪些商品已收藏 |
| 主路径 | 1. 系统提示用户确认是收藏而不是立即购买商品<br>2. 用户确认收藏 ( 参见 EX1)<br>3. 系统检测到用户没有登录，引导用户跳转到登录页面 ( 参见 AC1)<br>4. 用户登录 ( 参见 AC2，AC3)<br>5. 系统保存收藏的商品 ( 参见 EX2)<br>6. 系统将用户重定向到已收藏商品的完整清单，方便用户查看 |
| 替代路径 | AC1 系统检测到用户已经登录<br>1. 回到主路径的步骤 5<br><br>AC2 用户再次登出<br>1. 回到主路径的步骤 3<br><br>AC3 用户还没有账号<br>1. 用户创建一个账号<br>2. 系统确认账号创建<br>3. 回到主路径的步骤 4 |
| 异常情况 | EX1 用户决定现在购买商品<br>1. 参见"购买商品"用例<br><br>EX2 系统收藏商品失败<br>1. 系统通知用户发生一个错误<br>2. 回到主路径的步骤 1 |

图 10-2  示例用例

## 10.3 创建用例

整个需求征询和文档编制过程中都可以创建用例；但是，它们并不是最先创建的模型之一。通常，它们是在过程流程（第 9 章）之后创建的，并且只有在需要围绕用户与系统的交互提供进一步的细节时才会创建。可以按照如图 10-3 所示的步骤来创建一个用例。

**图 10-3 用例创建过程**

### 10.3.1 确定用例

有必要事先确定所有用例（或者至少大部分用例，因为有的是在创建用例期间确定的）。和团队一起做头脑风暴，确定哪些用例是有用的。在这个阶段，记录粗略的用例名称即可，因为在正式编写用例的时候，名称可能发生改变。在确定用例期间，可以考虑创建一个矩阵（表格）来存储已确定的用例及其基本信息，例如描述、使用频率和优先级。只有在开始充实细节后，才需要将每个用例放在它们自己的模板中。

对用例进行头脑风暴的一个方法是，首先使用一个"组织结构图"（第 8 章）来确定所有可能的利益相关方。然后，使用一个"过程流程"来确定 L1、L2 和 L3 过程（第 9 章）。用例经常被用于详细描述 L2 或 L3 过程流程的过程步骤。另一种确定用例的方法是观察特性树（第 6 章）。一般来说，特性就是用例的简称。

用例应重点关注与用户想要完成的事情有关的业务任务，而不是关注与系统的功能性应用场景（functional context）有关的业务任务。许多人都在纠结于应该把用例做得多细。在上一节的示意中，用户想要收藏一件商品，以后再决定是否购买。这是一个好的用例，因为它为用户完成了一个完整的任务。然而，像"选择商品"这样的用例就没有为用户完成一个完整的任务。对于用户真正想要完成的任务，"选择商品"只是一个前奏，或者是该任务的一个组成部分。例如，用户真正想要完成的任务可能是从几件类似的商品中挑选一个合适的，购买商品，或将商品加入心愿单。类化地，"计算运费"不是一个完整的任务，"购买商品"才是，这使后者成为一个更完整的用例。有的时候，一个任务可能太大，这时可以考虑将用例分解成更小、更容易理解的部分。

用例名称应采用＜操作＞＜对象＞格式。或者，如果根据操作和对象不能明显地看出谁是参与者（actor），那么还应该在名称中包含参与者，即＜参与者＞＜操作＞＜对象＞。

表 10-1 展示了带有示例的格式。

表 10-1 用例名称的格式

| 名称格式 | 名称示例 |
| --- | --- |
| ＜操作＞＜对象＞ | 收藏商品供以后购买 |
| ＜参与者＞＜操作＞＜对象＞ | 企业客户收藏商品供以后购买 |

### 10.3.1.1 从过程流程

有很多方法可以确定用例。首先，可以从过程流程来确定。特别是，L3 过程流程通常能用用例更好地表示。和过程流程的小框框里装的那点东西相比，用例能采集更多的细节。例如，用例可以对每个步骤进行更长的描述，描述系统应如何响应，并包含关于过程的元数据。

### 10.3.1.2 从业务数据图

检查业务数据图（business data diagram，BDD）中的每个对象来确定用例（第19 章）。为了找出需要操作数据的用例，针对每个对象，我们都用 6 个动词来提出以下问题：

- 该对象如何创建？
- 该对象如何更新？
- 该对象如何使用？
- 如何从系统中删除该对象？
- 该对象如何移动？
- 该对象如何复制？

以网上书城为例，它的业务数据图包含一个"商品"对象。为了确定操作"商品"的用例，可以考虑目录中的商品是如何创建的，这样会确定一个名为"将商品添加到目录"的用例。通过问一种商品是否能在目录中移动，或者是否能移动到其他目录，可以确定不需要一个名为"将商品移动到另一个目录"的用例。另一方面，如果要开发的是一个手机音乐应用，那么可以问这样的问题："对音乐进行移动是什么意思？"这将引导我们确定一个用例，它描述了当用户得到一部新手机时，如何将曲目从旧手机迁移到新手机。如果问："对一个播放清单（playlist）对象进行复制是什么意思？"，那么可以引导我们确定一个用例，它描述了如何与朋友或社交网络共享播放列表。

### 10.3.1.3 从组织结构图或参与者名单

还应该检查组织结构图中的角色（role），考虑这些角色需要在系统中执行什么活动。同时，寻找可能引出额外用例的额外参与者（actor）[①]。以下问题可以用来确定涉及用例的参与者：

- 谁使用该系统？
- 他或她的工作是什么？
- 谁安装该系统？
- 谁监控该系统？
- 谁培训人们使用该系统？
- 谁为该系统提供用户支持？
- 谁修复该系统？
- 谁启动该系统，谁关闭？
- 谁维护该系统？
- 谁在该系统中创建、更新和删除信息？
- 谁从该系统获取信息？
- 谁向该系统提供信息？
- 组织结构图中的哪些用户要使用该系统？

形成用户类型和参与者的一个清单后，再通过"这类用户需要在系统中做什么？"来确定用例。以下问题有助于从这个清单确定用例：

- 用户想在系统中使用哪些特性？
- 用户是否需要创建、更新或删除信息？
- 系统是否需要通知用户一个内部状态的变化？

---

① 译注：组织结构图中的"角色"往往就是用例中的"参与者"。

- 用户过去遇到过什么问题？
- 哪些步骤当前是手动进行，但可以自动化？

### 10.3.2 编写描述

首次确定了一个用例后，为其提取一条简单的描述，以便区分不同的用例。描述应该是一个简短的句子，说明了用户对用例的最终目标。下面是一个示例描述："当用户在网上书城浏览商品时，发现了尚未准备好购买的商品，但想把它们保存到一个清单中，方便将来找到这些商品"。过第一遍的时候，可以只记录用户想在用例中做的事情。过第二遍的时候，可以在描述中加入用户能从中获得的好处。

### 10.3.3 确定组织收益

一定要为每个用例确定组织收益（organizational benefit），因为它们有助于排定不同用例的优先顺序。要想知道每个用例的组织收益，可以问："该用例对业务目标有什么贡献？"在"组织收益"字段，可以考虑直接引用"业务目标模型"中的业务目标（第 3 章）。

这一步可以和"编写描述"一起进行，也可以在编写好描述之后进行。但是，无论如何都应该在"用例优先级排序"之前完成。

### 10.3.4 确定使用频率

通过确定使用频率，团队能相应地对用例进行优先级排序，并确保它的实现能支持预期的使用量（volume of use）。这个字段的内容如下：

- 每小时事务处理量（transactions per hour）
- 每天次数（number of times per day）
- 执行用例的客户人数或百分比（number or percent of customers who execute it）
- 流经系统的数据量（volume of data flowing through the system）

### 10.3.5 用例的优先级排序

在形成一组用例的完整记录之前，有必要先对它们进行优先级排序，根据它们对业务的重要性，依次丰富其细节。

如果已经从"目标链"或者"关键绩效指标"模型删除了某个特性，那么映射到这个特性的用例也应删除。那些模型在更高的细节等级上进行优先级排序，以便我们直接从范围中删除一个较大的功能区域。对于仍在范围内的剩余用例，使用每个用例的"组织收益"和"使用频率"来帮助决定优先级。另外，与开发团队合作，了解任何会影响用例优先级的开发依赖性。确定工作优先级的一个好办法是将用例从 1 到 n 排序，并按此顺序安排工作。

## 10.3.6 完成剩余的标题字段

准备好编写一个单独的用例后，请先完成标题字段（header field）。这些字段可能会在编写主路径时发生更新，但至少要先把它们起草好。这个区域的字段可以按任何顺序完成。

### 10.3.6.1 分配唯一 ID

在分配唯一的 ID 时，注意格式要一致。例如，可以统一为 UC_xxx，其中 xxx 是编号。ID 的顺序不需要保持；只需保持 ID 的唯一性，而且一个用例始终用同一个 ID。如果使用的是需求管理工具，它会为你自动分配 ID。

### 10.3.6.2 确定参与者

如果用例基于组织结构图中的用户或角色来确定，或者基于一个参与者清单来确定，那么参与者（actor）字段应该能直接取自组织结构图。否则，现在使用角色或者"个人组织结构图"来确定用例可能的参与者。

注意，要避免使用系统参与者（system actor），因为这种交互（系统对系统）应该用一个"系统流程"（第 13 章）来进行视觉呈现。如果有一个人类参与者与系统进行交互，同时另一个系统出现在了交互中，那么在用例的适当步骤中引出一条线来标注那个系统即可。用例中的参与者应留给用户而不是系统类型，因为用例的目的是帮助团队理解用户想要完成什么。相反，系统没有"想"要完成的目标。

### 10.3.6.3 确定触发器

由于触发器提示系统开始执行一个用例，所以必须是系统能实际检测到的东西，而不能是用户的意图。例如，"用户选择一个保存商品的选项"就是一个很好的触发器，而"用户想要保存一件商品"是一个用户操作背后的意图，系统完全察觉不到这个意图。用户意图更适合在用例的"描述"字段中体现。为了理解用例的触发器，要问："什么事件会导致用例的发生？"。然后，验证它确实是一个能由系统检测到的操作。

### 10.3.6.4 确定前置条件

前置条件（precondition）是系统在执行用例前必须进行的检查。不满足前置条件，用例就不能继续，此时要么执行另一个用例，要么不采取任何系统行动。如果前置条件是指"满足这个或者满足那个"，那么可以在写这些条件时使用"或者"。但是，多个前置条件通常都必须同时满足。

图 10-4 触发器、前置条件和主路径的评估顺序

触发器和前置条件的评估顺序如图10-4所示。

为了确定前置条件，只需问在用例开始执行之前，什么条件必须为真，系统必须处于什么状态，以及用户必须先在系统外部执行什么过程。

### 10.3.6.5 确定后置条件

后置条件（postcondition）对应"描述"中确定的用例原始目标。后置条件应该是用户可以观察到的东西，用以验证用例是否满足了用户的目标。例如，一个无用的后置条件是"商品被收藏"，而一个好的后置条件是"当用户查看他收藏的商品时，可以看到当初选择收藏的商品。"如果在用例中跟随的是一个替代路径而不是主路径，那么后置条件仍应得到满足。否则，该替代路径实际上应该是一个"异常情况"。可以通过以下问题来确定后置条件：

- 用例结束时，哪些条件必须为真？
- 用例结束时，系统将处于什么状态？

## 10.3.7 编写主路径

用例的主路径（main course）有时也称为"正常路径"（normal course），描述了用户和系统之间最常见的交互路径。注意，不要把它脑补成"快乐路径"，因为最明显和最常见的路径并不一定会导致快乐的体验。主路径描述了用户和系统为了让用户在系统中完成一项任务，最终实现用例描述中的目标而采取的一系列步骤。

创建用例的主路径时，最好将其长度限制在大约 10~15 个步骤。步骤少于 10 个，表明该用例很可能是退化的，根本不需要写，或者表明它是另一个用例的一部分。步骤超过 15 个，表明该用例可能过于复杂，难以理解，应该把它分解为两个用例，或者换成一个 L3 过程流程。上述准则虽然存在一些例外，但它不失为粗略估计长度的一个很好的准则。

用例的第一步始终应该是一个系统步骤。上一节提到，系统需要检测触发器，评估前置条件，然后才能启动用例。因此，用例的第一步实际上是系统对"触发器"步骤的响应。

以下问题可以帮助确定用例的步骤。

- 参与者如何与系统交互？
- 系统在这一步做什么（例如，呈现选项、显示数据、执行一个过程）？
- 系统接下来做什么？
- 参与者接下来做什么？
- 用例中是否有一部分是另一个用例？

所有用例步骤要么代表系统行动，要么代表用户行动，而且经常在两者之间来回切换。如果连续出现多个系统步骤，中间没有任何用户交互，请检讨这些步骤是否过于细化，是否可以合并，或者是否本来就不该使用用例模型。或许系统流程（第13 章）能更好地描述这种系统交互。

这些步骤本身应该用非常简单的句子来表述。事实上，大多数步骤在 Word 文档中只需一行。如果步骤比较长，表明步骤中可能包含了太多的细节，例如需求或业务规则。

## 10.3.8 编写替代路径

替代路径（alternate course）是用例中最后要写的部分之一。然而，在写主路径时，就应留意那些明显的替代路径名称。另外，还应该重新评估主路径，以发现找在写第一遍时可能遗漏的其他替代路径。在主路径的每个步骤中，都要提出以下问题：

- 如果这一步的某些事情没有发生或不能发生，那么应发生什么来代替？
- 用户在这一步还可能采取其他哪些行动？

替代路径的标识符格式为 ACx，其中 AC 是 "Alternate Course" 的简称，x 是下一个唯一的编号，因此这些路径编号为 AC1、AC2……替代路径在主路径的步骤中用圆括号标出，以显示它们的分支位置。例如，图 10-5 的步骤 4 说 "参见 AC2，

AC3"。这是在告诉读者，在步骤 4，用例可能分支到替代路径 2（AC2）或者替代路径 3（AC3）。

| | |
|---|---|
| 主路径 | 1. 系统提示用户确认是收藏而不是立即购买商品。<br>2. 用户确认收藏 ( 参见 EX1)。<br>3. 系统检测到用户没有登录，引导用户跳转到登录页面 ( 参见 AC1)。<br>4. 用户登录 ( 参见 AC2，AC3)。<br>5. 系统保存收藏的商品 ( 参见 EX2)。<br>6. 系统将用户重定向到已收藏商品的完整清单，方便用户查看。 |

图 10-5 从主路径的步骤中引用替代路径

在写替代路径时，最上面的一行确定了执行替代路径的条件，而步骤跟在名称后面。可以在替代路径的步骤中引用其他用例，它们必须退出当前用例，或者通过一个步骤分支回到当前用例的主路径，如图 10-6 所示。

| | |
|---|---|
| 替代路径 | AC1 系统检测到用户已经登录。<br>1. 回到主路径的步骤 5。<br><br>AC2 用户再次登出。<br>1. 回到主路径的步骤 3。<br><br>AC3 用户还没有账号。<br>1. 用户创建一个账号。<br>2. 系统确认账号创建。<br>3. 回到主路径的步骤 4。 |

图 10-6 替代路径

## 编写异常情况

异常情况（exception）可以和替代路径一起写。和替代路径一样，在写主路径的时候，就应留意到明显的异常情况，并重新评估主路径，以发现其他异常情况。在主路径的每个步骤，都要提出以下问题：

- 系统执行该步骤时，可能会出什么问题？
- 在主路径的每一步中，存在哪些可能的错误情况（error condition）？
- 哪些中断不管什么时候都可能发生？
- 如果用户在任何步骤取消操作，应该发生什么？

异常情况的标识符与替代路径相似，只是编写为"EX"，如图 10-7 所示。

| 异常情况 | EX1 用户决定现在购买商品。<br>1. 参见"购买商品"用例。<br><br>EX2 系统收藏商品失败。<br>1. 系统通知用户发生一个错误。<br>2. 回到主路径的步骤 1。 |
|---|---|

图 10-7 异常情况

## 10.4 使用用例

当一个或多个用户与系统交互时,用例有助于从用户的角度描述这些系统交互。

### 10.4.1 为"通过实现来征询需求"提供上下文

用例很容易起草,可以将草稿拿到需求征询会议上,和业务利益相关方一道审查它们。用例有助于框定对话,而且创建时间也比过程流程少。由于用例是从用户的角度逐步骤地描述交互,所以业务利益相关方很容易完成对它们的审查。业务利益相关方可以很容易地设想自己在用例中的每一步,他们只需考虑每一步接下来发生的事情,这最大程度避免了因头绪太多而造成顾此失彼 [2]。

### 10.4.2 安排工作的优先顺序

我们经常基于用例来安排开发工作的优先顺序,并对这些工作进行组织。用例代表一个团队能独立完成的工作单位。如果每个用例都完整地完成了开发,那么系统的不同部分可以分阶段发布,因为每个完整的任务都是可以执行的。

由于用例采集了用户行动所带来的组织收益,所以用例在确定开发工作的优先级时非常有用。为现有系统添加特性时,它们更是有用,因为用例迫使我们思考用户需要获得什么好处,而使用现有的系统又无法获得。

### 10.4.3 推导需求

在某种程度上,用例可以帮助你确定为之前疏漏的故事提供支持的特性。但更常见的是,可以直接通过用例来推导功能性需求和非功能性需求——将系统根据

---

[2] 译注:原书用的是 mental juggling 这一说法,即"心智杂耍"。将要考虑的每件事情视为一个"心智球"。在杂耍的时候,球越多就越容易丢。

用户操作而采取的行动直接转换成传统的功能性需求陈述（functional requirement statement）即可。在需求陈述中，描述了系统必须支持的特性。为此，应仔细检查用例的每一步，看看为了支持这个步骤的执行，是否需要用到任何系统特性。如果需要，这些系统特性就是需求。一个带有"如果"或者"当"（if）的陈述或者分支到替代路线的陈述则描述了业务规则。

遗漏需求的一个常见原因是有人忘了看异常情况或者特殊情况。在用例中使用替代路径有助于避免遗漏需求。

### 10.4.4 重用用例

为特定的系统写用例时，可能会注意到不同的系统有类似的用户目标以及完成这些目标所需的步骤，这表明用例及其相关的需求可以重用。例如，搜索操作的用例在所有系统中基本一致。通过用例的重用，在构建需求模型时可以节省大量精力。

### 10.4.5 将用例作为 UAT 脚本的基础

此外，由于用例描述了用户与系统的交互，所以它们自然而然地适合用来创建用户验收测试（user acceptance test，UAT）脚本。"用例"模型是针对这个目的最好用的模型之一。业务利益相关方只需跟随主路径和替代路径，插入数据值，就可以测试用例中描述的特性。

### 10.4.6 使用和用例相似的模型

针对具体情况，可以用一些模型来补充或代替用例。这些模型包括过程流程、用户故事和活动图。

过程流程和用例的一个关键区别在于，过程流程只显示用户行动，不显示系统对用户行动的响应。另外，由于用例是纯文本的，所以即使是一些相当简单的分支和循环决策流程，用用例理解起来也比较困难。用例通过提供额外的细节来补充 L3 过程流程，这些细节描述了系统如何响应，以及具体如何与系统交互，例如从选项列表中选择，或者输入特定的信息。因用例的格式使然，每一步都可以包含比过程流程的一个小框框多得多的信息。过程流程适合可视化步骤之间的关系。用例则适合阐述关于一个或一系列步骤的详细信息。还有一点：如果涉及多个系统的交互，那么"系统流程"是比"用例"更好的选择。

用户故事不是一种 RML 模型，但和用例相似。用户故事是敏捷开发方法的核心。它与用例的相似之处在于，两者都是从用户的角度来采集用户的目标和活动。但是，用户故事很少记录系统所做的工作。用户故事的一个问题在于，对于应该达到多大的细节等级（详细程度）没有一个通用的标准。由于一般定义得很短，可能只有一段，所以它们不一定包含很多信息。在敏捷开发中，人们期望用户与开发部门紧密合作以沟通需求。在此期间，用户故事用作讨论稿，并用作记录业务规则的验收标准。这种方法的挑战在于，人的记忆是短期的，而对于非常复杂的系统，在项目生命周期中需要做出成百上千的决定和选择，不记录这些决定会大大增加风险。

此外，这种模型的一个挑战在于，在验收标准的数量超过 7±2 个之后，就难以确保所有标准都存在。而许多时候都可能有 30~40 个确认陈述（confirmation statement）。此外，业务规则是在验收标准中采集的，这造成很难从全局层面跟踪业务规则。最后，许多敏捷方法的支持者都指出，产品待办事项清单中的用户故事不应嵌套。对于有成百上千个用户故事和多个项目团队的大型项目，如果只用用户故事对系统进行跟踪和建模，那么会非常困难。

用户故事包括一个名称（与用例名称的格式相同）；用第一人称来写的描述或对话，说明用户想要做什么；以及故事的验收标准。验收标准类似于从用例推导出的需求、业务规则和测试用例。表 10-2 是一个用户故事的示意。

表 10-2 用户故事

| | 用户故事：收藏商品供以后购买 |
| --- | --- |
| 描述 | 作为网上商城的用户，当我浏览商品时，我发现了一件不准备马上购买的商品。但我想把它收藏起来，以后再决定是否购买。我以后能重新访问已收藏商品的清单，找出我以前感兴趣的所有商品。 |
| 验收标准 | 验收标准的几个示意：<br>浏览时看到的任何商品都可以收藏，以后再购买。<br>购物车中的任何商品都可以转到收藏（移入关注，移动到愿望单），以后再购买。<br>收藏商品后，用户可以在收藏商品的清单中看到它。 |

活动图是用例的可视化表示，步骤用方框表示，由流程线（方向箭头）连接。当用例的主流程（主路径）有很多复杂的分支时，活动图是对用例的一个很好的补充。但是，它们包含的细节比用例少。图 10-8 展示了本章用例的活动图。

另外，如果替代路径和异常流程不复杂，没有深度嵌套，那么用例最好用。对于较复杂的分支情况，决策树（第 17 章）是一个更合适的模型。

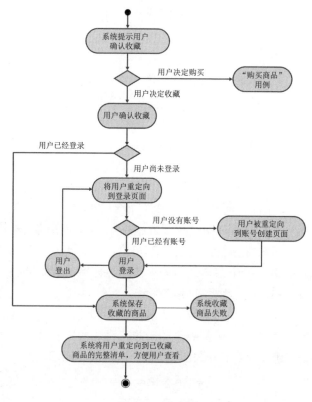

图 10-8 活动图

## 10.4.7 用例不一定要完美

对于用例和本章提到的所有准则，一个重要的注意事项是，它们不一定要完美才能奏效。和所有模型一样，交给开发人员和测试人员的不会单单是这个模型，而是要辅以其他模型和详细的功能性需求。用例有助于确保团队对用户的目标有一个共同的理解，而不那么完美的用例同样可以为此提供帮助（Wiegers 2006）。

## 10.4.8 何时适用

如果想清晰地定义用户与系统之间的交互，那么应该使用用例。用例能携带许多关于过程的描述性信息，所以非常适合传达比用户所采取的步骤更多的信息。通常可以用它们来代替 L3 过程流程。

### 10.4.9 何时不适用

不适合用它们描述系统与系统之间的交互,生态系统图(第12章)和系统流程(第13 章)为这种交互提供了更清晰的视图。也不适合用它们描述复杂决策——此时应改为使用决策树。

## 10.5 常见错误

关于用例,最常见的错误如下所示。

### 10.5.1 把用例做得太详细

如果把用例做得太详细,那么过多的细节就会妨碍读者理解用户的目标。诸如需求或业务规则等细节不应包括在内。用例是对用户行为和预期行为的高层级表述,旨在和用户一道验证交互是否适合他 / 她的需要,并为开发者提供上下文。需求和业务规则应映射到用例,但不应包含在用例中。

### 10.5.2 将用例作为需求的唯一文档

一些组织试图将用例作为需求的唯一文档。这就变得非常难以跟踪,因为用例倾向于集成多种类型的信息,例如功能性需求、业务规则和非功能性需求。在这种情况下,没有一种系统化的方法来确保需求的完整性。

### 10.5.3 允许系统成为参与者

用例旨在帮助读者理解与系统进行的一个交互的动机、行动和预期结果。系统从来就不是一个参与者,因为它没有动机。另外,用例的关键价值之一是显示用户试图完成什么,以及系统如何响应。如果系统是参与者,用例就会变成一系列系统步骤。相反,应该使用"系统流程"来描绘纯系统的流程。

## 10.6 相关模型

用例存在多种不同的格式。和本章描述的 RML 用例模板差别最大的一种格式是设置了两列,一列显示用户行动,一列显示系统行动,如图 10-9 所示。业务利益相关方在两列之间来回切换以阅读用例。其他格式采集的信息和RML用例模板一样，但显示或字段名称不一样。

一些用例方法认为，参与者既可以是人类用户，也可以是与要开发的系统交互的其他系统。但是，我们建议用其他 RML 模型来处理系统与系统之间的交互，例如"系统流程"。

用户故事不包括在 RML 中，因为它们没有提供可视化或文本表示来帮助我们发现遗漏的需求。

| 名称 | 收藏商品供以后购买。 | |
|---|---|---|
| ID | UC_001 | |
| 描述 | 用户浏览网店，发现了一件商品，没想好是否下单，但他想把商品保存到一个清单中，方便以后找回他曾经感兴趣的商品。 | |
| 参与者 | 网店用户。 | |
| 组织收益 | 通过帮助用户记住他曾经感兴趣的商品来增加销售。 | |
| 使用频率 | 20% 的用户每次访问网站都会收藏一件商品，以后再决定是否下单。50% 收藏的商品会在一年内下单。 | |
| 触发器 | 用户选择一个保存商品的选项，例如"收藏"或者"加入心愿单"。 | |
| 前置条件 | 用户查看网站上列出的一件商品。 | |
| 后置条件 | 当用户查看他收藏的商品时，可以看到当初选择收藏的商品。<br>在用户的网站搜索和浏览结果中，会正确反映哪些商品已收藏。 | |
| 主路径 | 用户 | 系统 |
| | 2. 用户确认收藏 ( 参见 EX1)。<br><br>4. 用户登录 ( 参见 AC2，AC3)。 | 1. 系统提示用户确认是收藏而不是立即购买商品。<br>3. 系统检测到用户没有登录，引导用户跳转到登录页面 ( 参见 AC1)。<br>5. 系统保存收藏的商品 ( 参见 EX2)。<br>6. 系统将用户重定向到已收藏商品的完整清单，方便用户查看。 |
| 替代路径 | | AC1 系统检测到用户已经登录。<br>1. 回到主路径的步骤 5。 |
| | AC2 用户再次登出。 | 1. 回到主路径的步骤 3。 |
| | AC3 用户还没有账号。<br>1. 用户创建一个账号。 | 2. 系统确认账号创建。<br>3. 回到主路径的步骤 4。 |

图 10-9 另一种用例格式

| 异常情况 | EX1 用户决定现在购买商品。<br>1. 参见"购买商品"用例。 | |
|---|---|---|
| | EX2 系统收藏商品失败。<br>2. 回到主路径的步骤 1。 | 1. 系统通知用户发生一个错误。 |

图 10-9 另一种用例格式（续）

下面简要描述影响用例或者被用例增强的一些最重要的模型。第 26 章会对所有这些相关模型进行更深入的讨论。

- 组织结构图：用来帮助确定用例的参与者。
- 过程流程：用于从 L2 或 L3 过程流程中确定用例。
- 系统流程：记录系统如何自动响应各种触发器。如果用例中连续出现许多系统响应步骤，那么考虑把它们转换为系统流程。
- 特性树：用于确定用例。
- 决策树：用于描述用例中的复杂逻辑。
- 业务数据图：用 6 个动词就业务数据对象提问，我们可以发现用例。
- 业务目标模型：可以通过"组织利益"元数据直接映射到用例。

---

练习

以下练习帮助你更好地理解如何使用这种模型。练习是开放式的，因此你的答案可能与我们提供的答案大不相同。可能存在许多正确的解决方案。在答案中，我们对如何得出解决方案进行了解释。在看答案之前，你可以先尝试自己做一下，这样练习的收获最大。练习答案可以在附录 C 中找到。

**说明**

为以下场景创建一个用例，并提供需求的几个示意。

**场景**

项目要推出一个新的网店（eStore）来销售火烈鸟和其他草坪摆件，你和火烈鸟产品经理一起工作，确定在网店中增加一种新的火烈鸟或其他草坪摆件的话会产生哪些需求。新的商品已保存到主产品数据库中，但尚未在网店上架销售。

## 其他资源

有很多关于用例和用户故事的书，可以参考这些书来了解更多细节。下面推荐我们最喜欢的一些。

- Kulak and Guiney（2000）是一本透彻讨论用例的书，有条理地分析用例的每一部分，并附有许多示意。
- Gottesdiener（2005）的 4.7 节概述了用例，讨论了它们和用户故事的关系。
- Wiegers（2006）的第 9 章讲解了用例，并提供了一些很好的模板。对用例的讨论贯穿全书，包括如何将用例作为评估的基础使用。
- Gottesdiener（2002）的第 2 章透彻讨论了如何使用用例。
- Cohn（2004）整本书都在讲解如何编写和使用用户故事，有很多实用的建议。中译本《敏捷软件开发：用户故事实践》。
- Beck and Andres（2004）有一个对用户故事的详细解释。中译本《极限编程解析》。

## 参考资料

- Beck, Kent, and Cynthia Andres. 2004. *Extreme Programming Explained: Embrace Change, Second Edition*. Upper Saddle River, NJ: Addison-Wesley Professional.
- Cohn, Mike. 2004. *User Stories Applied: For Agile Software Development*. Upper Saddle River, NJ: Addison-Wesley Professional.
- Gottesdiener, Ellen. 2002. *Requirement by Collaboration: Workshops for Defining Needs*. Boston, MA: Addison-Wesley Professional.
- Gottesdiener, Ellen. 2005. *The Software Requirement Memory Jogger*. Salem, NH: Goal/QPC.
- Kulak, Daryl, and Eamonn Guiney. 2000. *Use Cases: Requirement in Context*. New York, NY: ACM Press.
- Wiegers, Karl E. 2006. *More About Software Requirement: Thorny Issues and Practical Advice*. Redmond, WA: Microsoft Press.
- Wiegers, Karl E. 2013, *Software Requirement*, Third Edition. Redmond, WA: Microsoft Press.

# 第 11 章 角色和权限矩阵

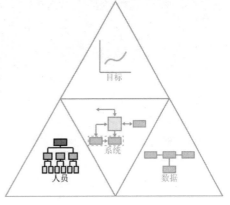

## ▶ 场景：出入权限

公司搬入新的办公楼时，办公室经理必须尽快为员工设置大楼的进出权限。想象这是一栋三层高的楼房，有 600 名员工需要进出。大厅的门对公众开放，但除此之外的空间只限员工或有陪同的人出入。三楼有一个行政套房，只限高管和他们的行政主管进入。有一个人力资源区，存放着机密的员工资料，只有特定人员能在没有 HR 陪同的前提下才能进入。有一个研究实验室，除了少数指定的研究人员，当然还有高管，其他人员都不得进入。三楼的其余部分仅限在这一层办公的财务人员通行。所有区域都可以在有陪同人员的情况下进入，但研究室除外，任何没有权限的人都需要特别批准。■

角色和权限矩阵（roles and permissions matrix）是一种 RML 人员模型，它定义了角色的类型及其在系统中执行操作所需的权限。

所谓角色（role），是指共享系统的特性及其访问权限的一个用户集合。角色通常按照角色的类型来分组，例如行政、客户或者经理等。也可能按照内部用户和外部用户来分组。操作（operation）可以是系统中一个单独的功能（function），也可以是一组特性。另外，它可以是概念性的，也可以是用户界面中的一个实际的物理元素。图 11-1 展示了用户、角色和操作之间的关系。图中的 "n" 标签表明操作和角色之间以及角色和用户之间存在一个多对多关系。

**图 11-1 角色和权限矩阵中的关系**

许多项目要求定义用户的名录及其对系统的访问。用户列表和相应的权限可能很简单（例如，三名用户，全都是管理员）。然而，实际情况往往要复杂得多，因为一个用户对系统操作的访问可能要取决于该用户在系统中的角色。

## 11.1 角色和权限矩阵模板

角色和权限矩阵是一个网格，它定义了所有可能的用户角色、系统操作以及这些操作按角色来区分的权限。角色名称是列，系统操作则是行。为方便阅读，角色和操作都可以进行分组。图 11-2 展示了角色和权限矩阵的模板。

| 角色和权限矩阵 | 角色组1 | 角色1 | 角色1 | ... | 角色组2 | ... | 角色n |
|---|---|---|---|---|---|---|---|
| **操作组1** | | | | | | | |
| 操作1 | | X | | | | | |
| 操作2 | | X | | | | | |
| 操作3 | | X | | | | | |
| 操作4 | | X | | | | | |
| ----- | | X | | | | | |
| ----- | | | | | | | X |
| ----- | | | | | | | X |
| ----- | | X | | | | | |
| ----- | | X | X | | | | |
| ----- | | X | X | | | | |
| ----- | | X | X | | | | |
| **操作组2** | | | | | | | |
| ----- | | X | | | | X | X |
| ----- | | X | X | | | X | X |
| ----- | | X | X | | | | |
| 操作n | | X | | | | | |

图 11-2 角色和权限矩阵模板

网格中的每一个格子都表示相交的角色是否有操作的权限。"X"表示那一列的角色有权限执行那一行的操作。例如，如图 11-3 所示，模板网格中的第一个"X"表示角色 1 可以执行操作 1。这个"X"可以用表示权限范围的某个东西来取代，具体将在本章后面讨论。空格子表示当前角色和操作的组合没有权限。

**图 11-3 角色 1 和操作 1 的示例权限**

**工具提示** 角色和权限矩阵可以使用某个电子表格软件（例如 Microsoft Excel）创建，使用 Microsoft Word 或 Microsoft PowerPoint 中的表格创建，或者使用某个需求管理工具创建。

## 11.2 示例

图 11-4 的角色和权限矩阵是为一个金融门户网站创建的，它显示系统中有 5 个内部用户角色、2 个外部用户角色以及大约 20 个操作。在这个示意中，所有角色都可以执行"更新个人资料"和"更新个人密码"操作。但是，只有具有管理员角色的用户才能执行"创建用户账号"或者"设置门户访问"操作。如果一个内部用户想要获得查看"付款查询"（payment inquiry）的权限，但还没有这个权限，就可以检查这个网格，并发现用户必须具有管理员或会计角色。最终，是由管理员来决定是否应该为该用户分配新的角色，因为只有管理员才有权限执行"设置财务系统的客户访问"操作。

如果在矩阵中应用数据的范围，这个示意还可以更进一步。图 11-5 展示了角色和权限矩阵的另一个版本，它指定了每个角色的用户可以看到的内容：所有数据，他们自己公司的数据，或者只能看到自己的个人资料中的数据。

| 角色和权限矩阵 | 内部用户 | 管理员 | 标准用户 | 会计 | 经纪人 | 销售人员 | 外部用户 | 客户管理员 | 客户用户 |
|---|---|---|---|---|---|---|---|---|---|
| **账号** | | | | | | | | | |
| 创建用户账号 | | ✕ | | | | | | | |
| 设置门户访问 | | ✕ | | | | | | | |
| 设置财务系统访问 | | ✕ | | | | | | | |
| 创建客户账号 | | ✕ | | | | | | | |
| 在门户中设置客户账号 | | ✕ | | | | | | | |
| 分配角色 | | ✕ | | | | | | ✕ | |
| 设置财务系统的客户访问 | | ✕ | | | | | | ✕ | |
| 更新个人资料 | | ✕ | ✕ | ✕ | ✕ | ✕ | | ✕ | ✕ |
| 更新个人密码 | | ✕ | ✕ | ✕ | ✕ | ✕ | | ✕ | ✕ |
| 查看客户数据 | | ✕ | ✕ | | | | | ✕ | ✕ |
| 写入客户数据 | | | | | | | | ✕ | ✕ |
| **财务** | | | | | | | | | |
| 创建付款查询 | | | | | ✕ | | | ✕ | ✕ |
| 请求付款扣除 | | | | | | | | ✕ | ✕ |
| 支付账单 | | | | | | | | ✕ | ✕ |
| 查看付款查询 | | ✕ | | ✕ | | | | ✕ | ✕ |
| 查看付款扣除 | | ✕ | | ✕ | | | | ✕ | ✕ |
| 查看账单 | | ✕ | | ✕ | ✕ | ✕ | | ✕ | ✕ |
| **报告** | | | | | | | | | |
| 查看进度报告 | | ✕ | ✕ | ✕ | | | | ✕ | ✕ |
| 计划报告时间 | | ✕ | | | | | | | |
| 运行特别（ad-hoc）报告 | | ✕ | ✕ | ✕ | | | | | |
| **公关** | | | | | | | | | |
| 管理通告 | | ✕ | ✕ | | | | | | |

图 11-4 示例角色和权限矩阵

| 角色和权限矩阵 | 内部用户 | 管理员 | 标准用户 | 会计 | 经纪人 | 销售人员 | 外部用户 | 客户管理员 | 客户用户 |
|---|---|---|---|---|---|---|---|---|---|
| **账号** | | | | | | | | | |
| 创建用户账号 | | 全部 | | | | | | | |
| 设置门户访问 | | 全部 | | | | | | | |
| 设置财务系统访问 | | 全部 | | | | | | | |
| 创建客户账号 | | 全部 | | | | | | | |
| 设置门户中的客户账号 | | 全部 | | | | | | | |
| 分配角色 | | 全部 | | | | | | OC | |
| 设置财务系统的客户访问 | | 全部 | | | | | | OC | |
| 更新个人资料 | | 全部 | OP | OP | OP | OP | | OC | OP |
| 更新个人密码 | | 全部 | OP | OP | OP | OP | | OC | OP |
| 查看客户数据 | | 全部 | 全部 | | | | | OC | OP |
| 写入客户数据 | | | | | | | | OC | OP |
| **财务** | | | | | | | | | |
| 创建付款查询 | | | | | 全部 | | | OC | OP |
| 请求付款扣除 | | | | | | | | OC | OP |
| 支付账单 | | | | | | | | OC | OP |
| 查看付款查询 | | 全部 | | 全部 | | | | OC | OP |
| 查看付款扣除 | | 全部 | | 全部 | | | | OC | OP |
| 查看账单 | | 全部 | | 全部 | 全部 | 全部 | | OC | OP |
| **报告** | | | | | | | | | |
| 查看进度报告 | | 全部 | 全部 | 全部 | | | | OC | OP |
| 计划报告时间 | | 全部 | | | | | | | |
| 特别（ad-hoc）报告 | | 全部 | 全部 | 全部 | | | | | |
| **公关** | | | | | | | | | |
| 管理通告 | | 全部 | OP | | | | | | |
| **OP =自己个人 | | | | | | | | | |
| **OC =自己公司 | | | | | | | | | |

图 11-5 定义了数据范围的示例角色和权限矩阵

## 11.3 创建角色和权限矩阵

图 11-6 从一个较高的层次展示了创建角色和权限矩阵的过程。

**图 11-6 创建角色和权限矩阵的过程**

### 11.3.1 确定角色

首先，为网格的第一行确定角色。角色组织结构图（第 8 章）可以用来确定组织中所有的角色类型。然后，检查所有这些角色，确定哪些在系统中需要不同的权限。

例如，在一个销售部门的角色组织结构图中，可能包含多个平行的销售经理的角色，每个各自针对一个细分市场。经过进一步分析，你可能确定一个销售经理角色就足够了，因为所有销售经理在系统中都需要相同的权限。类似地，所有销售经理下属的销售人员在系统中也可能有相同的权限，因此只需一个销售人员角色。在本例中，如果每个不同的角色都在矩阵中单独建模，就需要许多额外的列，这会使矩阵难以使用，并大大增加测试负担。

使用自己的判断力来确定哪些特性角色可以被归纳为一个角色，从而占用矩阵的一列。记住，拥有完全不同职务的用户完全可能具有相同的角色，而拥有相同职称的用户实际上可能具有不同的角色。

为了了解一个系统的实现，一个有用的信息是是否有多个角色以完全相同的方式工作。如果是这样，那么在角色和权限矩阵中，要寻找创建一个复合角色的机会，为大范围的用户统一分配复合角色名称，从而使他们有相同的操作权限。例如，如果组织中的一些人拥有会计、抵押贷款经纪人和销售账户所有者等职称，那么他们都能查看客户的财务信息。但除了这个权限，他们拥有的其他权限是完全不同的。针对这种情况，可以定义一个名为"财务"的角色，并为该角色赋予财务操作权限。然后，所有拥有这些职称的人除了具有他们较具体的工作角色，例如会计、经纪人和账户所有者，还都具有一个"财务"角色。通常，如果能为一个用户分配多个角色，就创建这些角色的权限的一个并集。从技术上讲，这是一个关于权限的业务规则，应该和业务规则一起采集。

本章的重点是按角色分配权限，这是该模型最常见的用途。然而，权限也可以为个人分配。如果没有太多个人用户需要设置，特别是在部署之初，那么可以用人名而不是角色名来创建角色和权限矩阵。但是，如果用户数超过 20~30 个，再像这样使用矩阵就开始变得不方便了。此是，应该换成使用角色名而不是个人的名字。

## 11.3.2 确定操作

接着，我们需要确定权限所适用的系统操作。操作的示意包括系统特性、系统中的屏幕或者系统中的菜单。例如，如果一个系统被划分为若干个允许操作的页面（例如管理页面、报告页面和附页），而且在系统的某个指定页面内，所有操作都应该有相同的访问级别，那么就可以在页面级别（page level）上定义权限。如果系统不是以这种方式划分的，那么可能需要在功能级别（function level）上定义权限（例如，针对更新账号、更新账号所有人、查看财务报告和查看销售报告等特性）。

为了确定哪些操作需要包括在矩阵中，请使用现有的业务数据图（business data diagram，BDD）来确定需要权限的对象（第 19 章），以限制对该数据的访问。关联的数据字典（第 21 章）也是如此，其中特定的属性需要不同的权限。

操作定义好之后，还要考虑在这些操作中可能出现哪些类型的行动。可能的行动有创建、更新、删除、使用、移动和复制。例如，在考虑一个"更新个人资料"操作时，还要考虑除了更新之外的其他 5 个行动，看它们是不是有效的系统操作，然后通过问一些问题来定义它们的权限，例如"谁可以删除个人资料？"

还可以检查系统中的菜单和屏幕，看是否需要为它们定义安全访问权限。

记住一个重点，一个操作要用已在矩阵中定义的权限来分配角色和权限。否则，每次增删用户角色，系统都可能要求开发人员修改代码来添加或更改权限。

## 11.3.3 标注权限

定义好角色和操作后，就用"X"符号在网格中标注权限。为了完成矩阵，基于矩阵中的每个格子来检查角色和操作的组合，一次检查一个。如果角色有特定操作的权限，就在代表其交叉点的格子中打"X"。

我们需要和主题专家（SME）讨论，以确定每个操作能由哪些角色访问。角色和权限矩阵可以帮他们想到之前可能没有想到的权限。同样值得考虑的是，是否有任何隐私条款或法律限制会对数据访问产生限制，进而推导出相应的权限。例如，大多数角色都无权访问用户的社会安全号。如果任何用户都无权查看某项数据，那么该数据字段应该屏蔽掉（masked），并在数据字典中为该属性做这样的指定，而不是把它包含在角色和权限矩阵中。

在本节剩余的部分，会讲到需要在角色和权限矩阵中做进一步特殊处理的其他情况。

### 11.3.3.1 按操作划分权限

角色经常对单一操作有不同的权限。例如，很常见的一种情况是，具有某个角色的人能够编辑一种数据，而其他角色只能查看这种数据。在矩阵中，可为应用于数据的每种类型的行动（action）创建不同的操作（operation），从而最好地处理这种情况。如图11-7所示，一个操作用于"编辑"行动，另一个操作用于"查看"行动。

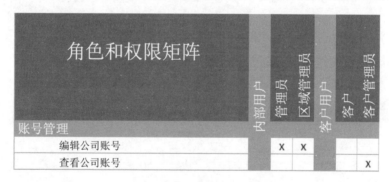

| 角色和权限矩阵 | 内部用户 | 管理员 | 区域管理员 | 客户用户 | 客户 | 客户管理员 |
|---|---|---|---|---|---|---|
| 账号管理 | | | | | | |
| 编辑公司账号 | | X | X | | | |
| 查看公司账号 | | | | | | X |

图 11-7 按操作类型划分权限

### 11.3.3.2 按数据范围划分权限

另一种常见的情况是，用户只对业务数据对象的某个范围有权限，例如地理范围（本地、区域或全球）。例如，假设一个管理用户能编辑所有账号，但一个区域账号所有者只能编辑其区域内的账号。为了应对这种情况，在方框中使用文字而不是"X"来表明该角色可以访问的数据范围。在图11-8的示意中，最右边的角色是外部客户角色，其成员应该只能查看与他们相关的数据，而不能查看所有客户的数据。矩阵为了表明这一点，在方框中标注了"仅客户"，以指出外部角色能看到哪些数据。

| 角色和权限矩阵 | 内部用户 | 管理员 | 标准用户 | 会计 | 经纪人 | 销售人员 | 外部用户 | 客户管理员 | 客户用户 |
|---|---|---|---|---|---|---|---|---|---|
| **账号** | | | | | | | | | |
| 创建用户账号 | | ⌧ | | | | | | | |
| 设置门户访问 | | ⌧ | | | | | | | |
| 设置财务系统访问 | | ⌧ | | | | | | | |
| 创建客户账号 | | ⌧ | | | | | | | |
| 在门户中设置客户账号 | | ⌧ | | | | | | | |
| 分配角色 | | ⌧ | | | | | | 仅客户 | |
| 设置财务系统的客户访问 | | ⌧ | | | | | | 仅客户 | |
| 更新个人资料 | | ⌧ | ⌧ | ⌧ | ⌧ | ⌧ | | 仅客户 | 仅客户 |
| 更新个人密码 | | ⌧ | ⌧ | ⌧ | ⌧ | ⌧ | | 仅客户 | 仅客户 |
| 查看客户数据 | | ⌧ | ⌧ | | | | | 仅客户 | 仅客户 |
| 写入客户数据 | | | | | | | | 仅客户 | 仅客户 |

**图 11-8 按数据范围划分权限**

如果一个特定角色的数据范围对于它有权限的所有操作都是一样的，那么不必用字面意思来标记列中的每个格子。相反，可以使用一个速记符号，并在图例中定义该符号。在上例中，如果"仅客户"是"客户管理员"和"客户用户"的所有操作的范围，那么所有"仅客户"都可以写成"C"，并在图例中解释"C= 仅客户"和"X= 对操作的访问无限制"，如图 11-9 所示。

| 角色和权限矩阵 | 内部用户 | 管理员 | 标准用户 | 会计 | 经纪人 | 销售人员 | 外部用户 | 客户管理员 | 客户用户 |
|---|---|---|---|---|---|---|---|---|---|
| **账号** | | | | | | | | | |
| 创建用户账号 | | × | | | | | | | |
| 设置门户访问 | | × | | | | | | | |
| 设置财务系统访问 | | × | | | | | | | |
| 创建客户账号 | | × | | | | | | | |
| 在门户中设置客户账号 | | × | | | | | | | |
| 分配角色 | | × | | | | | | C | |
| 设置财务系统的客户访问 | | × | | | | | | C | |
| 更新个人资料 | | × | × | × | × | × | | C | C |
| 更新个人密码 | | × | × | × | × | × | | C | C |
| 查看客户数据 | | × | × | | | | | C | C |
| 写入客户数据 | | | | | | | | C | C |
| ** C=仅客户 | | | | | | | | | |
| ** X=对操作的访问无限制 | | | | | | | | | |

图 11-9 针对角色所有操作的数据范围的权限

### 11.3.3.3 相关操作的通用权限

最后一种常见的情况是，一些不同但又相关的操作——例如"创建报告"、"编辑报告"和"删除报告"——具有相同的权限。如果它们的权限真的对于所有角色都一样，那么最好是为一个合并的操作创建一行，这一行可以命名为"创建、编辑和删除报告"，并用"X"来标注权限。除非有正当的理由，否则不要区分具体的操作。图 11-10 对此进行了演示。

| 角色和权限矩阵 | 内部用户 | 管理员 | 标准用户 | 会计 | 经纪人 | 销售人员 | 外部用户 | 客户管理员 | 客户用户 |
|---|---|---|---|---|---|---|---|---|---|
| **报告** | | | | | | | | | |
| 创建、编辑和删除报告 | | × | × | × | | | | × | × |

图 11-10 具有相同权限的通用操作

### 11.3.4 关于何时创建矩阵的说明

角色和权限矩阵应该在一个项目中以迭代的方式创建。矩阵的特定部分可在对系统的相关操作进行了分析后更新。例如，在完成了对报告的分析后，报告权限可在业务专家思考的同时完成。

由于角色和权限矩阵以迭代方式创建，所以项目通常只需要一个这样的矩阵。但是，如果系统的差异很大，或者系统的不同部分有不同类型的角色和操作，那么可以创建多个矩阵。

## 11.4 使用角色和权限矩阵

角色和权限矩阵最适合用来描述基于角色的安全模型；如果不是供安全模型使用，那么角色和权限矩阵就可能就没什么用。若项目要求在一个实时（live）系统中临时为用户分配权限，就不适合使用角色和权限矩阵。如果需要允许在用户级别进行临时的权限分配，那么应该为其包含一个独立于矩阵的需求。

### 11.4.1 推导需求

角色和权限矩阵本身包含了支持安全需求的业务规则，一般不用它来推导需求。例如，它可能支持一个总体需求："用户只能执行由其角色授予的行动"。矩阵定义了支持这种需求的业务规则，但并不能帮助我们识别这种总体需求。不过，通过和业务利益相关方一道审查角色和权限矩阵，可能会发现新的需求。权限或操作可能使他们想起额外需要的特性。

### 11.4.2 确保完整性

角色和权限矩阵很简单，因为它们纯粹用于开发和测试目的，不需要为它们单独写业务规则陈述。事实上，如果不使用这种矩阵，试图将角色和相关权限作为单独的文本陈述列出来将是一个挑战。在这种情况下，几乎不可能保证这个业务规则清单的完整性。相反，使用矩阵格式来进行分析，只要矩阵中的每个格子都被考虑到了，就保证不会漏掉任何角色和权限组合。业务团队审查这种矩阵也很简单，而一份冗长的业务规则清单只会令人头疼。

### 11.4.3 发现额外的特性

如前所述，角色和权限矩阵应该在一个项目的整个需求工作中以迭代的方式定义，而不是留到最后再定义。调查一个操作的权限，可能会使业务利益相关方想起其他尚未确定的相关特性。例如，一个业务专家可能会说："我们需要经理能够编辑账号名称"，这会使我们意识到，目前在系统中还没有一个支持账号名称可编辑的需求。

### 11.4.4 配置系统

在定制开发的系统中，可以直接使用角色和权限矩阵来实现权限规则，并在完成的系统中为用户授予访问权。对于采购回来自己配置的系统，角色和权限矩阵对于设置正确的角色和用户，并相应地分配权限同样重要。在这种情况下，各种操作往往是由软件供应商预先定好的。

### 11.4.5 部署时，基于角色和权限矩阵来设置用户数据

如前所述，使用这种矩阵关键的价值之一是为新的系统正确配置角色以进行部署。这个矩阵配合用户数据使用非常有价值，可以确保为部署正确设置实际的用户。为部署制定用户列表时，应使用角色和权限矩阵来确保给每个用户分配一致的角色名称。这样会将用户分配给系统中的那个角色，使其获得正确的权限。由于用户可能从属于多个角色，所以有必要相应地设置用户数据，以支持用户具有多个角色的情况。

虽然用于部署的用户列表不属于需求模型，但在创建这种列表时，可以通过多种方式利用角色和权限矩阵模型。

首先，在创建用于部署的用户列表时，可以创建一个用户属性表格，每个属性都由矩阵的列来表示。这些属性应该是在数据字典中为用户指定的同样的属性，例如名字、姓氏、角色（可以有多个）、职称、地理区域、部门（或部门）以及电子邮件地址。除了用户的姓名，最重要的属性是用户的角色，因为在定义权限时，这几乎总是主要的判别因素。定义好属性后，可以将所有用户添加到表格，每个用户一行。图 11-11 展示了用户数据的一个典型格式。

属性值可以在不同的用户之间适当地重用。例如，用户 1 和用户 3 可能有相同的角色。如果用户需要多个角色，可以将这些角色定义为单独的列，或者定义为"角色"列中的多个值。图 11-12 展示了包含实际数据的一个示例用户数据表。注意，表中的每个用户只有一个角色，但角色跨用户共享，而且角色名有别于用户的职务。

| 姓名 | 角色 | 属性 3 | 属性 4 | … | … | 属性 n |
|------|------|--------|--------|---|---|--------|
| 用户 1 | 用户 1 的角色 | 用户 1 的属性 3 的值 | 用户 1 的属性 4 的值 | … | … | 用户 1 的属性 n 的值 |
| 用户 2 | 用户 2 的角色 | 用户 2 的属性 3 的值 | 用户 2 的属性 4 的值 | … | … | 用户 2 的属性 n 的值 |
| 用户 3 | 用户 3 的角色 | 用户 3 的属性 3 的值 | 用户 3 的属性 4 的值 | … | … | 用户 3 的属性 n 的值 |
| … | … | … | … | … | … | … |
| … | … | … | … | … | … | … |
| … | … | … | … | … | … | … |
| … | … | … | … | … | … | … |
| … | … | … | … | … | … | … |
| 用户 n | 用户 n 的角色 | 用户 n 的属性 3 的值 | 用户 n 的属性 4 的值 | … | … | 用户 n 的属性 n 的值 |

图 11-11 用户数据格式

| 名字 | 姓氏 | 职称 | 角色 | 区域 | 语言 | 公司名称 | Email |
|------|------|------|------|------|------|----------|-------|
| Luka | Abrus | IT Analyst | 标准用户 | 西海岸 | 英语 | Contoso, Ltd | Luka.Abrus@contoso.com |
| Cynthia | Carey | Director of Procurement | 客户管理员 | 得州 | 英语，西班牙语 | Litware, Inc. | Cynthia_Carey@litwareinc.com |
| John | Evans | Intern | 标准用户 | 东海岸 | 英语 | Contoso, Ltd | John.Evans@contoso.com |
| Ken | Ewert | Sales Manager | 标准用户 | 东海岸 | 英语 | Contoso, Ltd | Ken.Ewert@contoso.conn |
| Gabe | Frost | Chief Financial Officer | 管理员 | 西海岸 | 英语 | Contoso, Ltd | Gabe.Fro5t@contoso.conn |
| David | Galvin | Marketing Manager | 标准用户 | 东海岸 | 英语 | Contoso, Ltd | David.Galvin@conto5o.com |
| Howard | Gonzalez | Executive Vice President | 客户用户 | 得州 | 英语，西班牙语 | Litware, Inc. | Howard_Gonzalez@1itwareinc.com |
| Chris | Gray | Director of IT | 管理员 | 西海岸 | 英语 | Contoso, Ltd | Chris.Gray@contoso.com |

图 11-12 示例用户数据表

| 名字 | 姓氏 | 职称 | 角色 | 区域 | 语言 | 公司名称 | Email |
|------|------|------|------|------|------|----------|-------|
| Julia | Ilyina | Director of Sales | 管理员 | 东海岸 | 英语 | Contoso, Ltd | Julia.Ilyina@ contoso.com |
| Sanjay | Jacob | Intern | 标准用户 | 西海岸 | 英语 | Contoso, Ltd | SanjayJacob@ conto5o.com |
| Katie | Jordan | Business Analyst | 标准用户 | 西海岸 | 英语 | Contoso, Ltd | KatieJordan@ contoso.com |
| Bob | Kelly | Procurement Analyst | 客户用户 | 得州 | 英语，西班牙语 | Litware, Inc. | Bob_Kelly@ litwareinc.conn |

图 11-12 示例用户数据表（续）

有了角色和权限矩阵的初稿之后，就可以用它来确保用户数据的完整性。角色和权限矩阵中的内部用户角色应该都在用户数据中定义了一些用户。如果实际情况并非如此，表明一些用户可能被遗漏了，或者可能定义了不必要的角色。

如果用户数据设置正确，可以使用 Excel 数据透视表来发现缺失数据的一般趋势。例如，检查显示了完整角色列表和每种角色用户数的一个数据透视表，业务利益相关方可能会注意到某个特定角色的用户太少。另外，该透视表实际上可以按角色名称对用户进行分组，以寻找诸如管理员等角色中的缺失人员。图 11-13 展示了本章示例用户数据的一个可能的数据透视表。

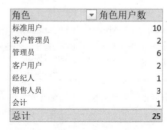

根据这个数据透视表，对系统有了解的人可能质疑是否应该在系统中增加经纪人或会计用户。另外，他们应该注意到，总共只定义了 4 个客户用户，这对于初始发布来说可能问题不大，但也许不是最终的部署名单。

图 11-13 显示各种角色的用户数

## 11.4.6 何时适用

任何解决方案只要有一个基于角色的安全模型，就应该使用角色和权限矩阵。这些解决方案包括定制开发或商业现货（commercial off the shelf，COTS）等。COTS 实现通常自带一个基于角色的安全模型，而角色和权限矩阵能帮助团队正确配置 COTS 软件。

### 11.4.7 何时不适用

如果权限不按角色分配，那么角色和权限矩阵通常没什么用。

## 11.5 常见错误

关于角色和权限矩阵，最常见的错误如下所示。

### 11.5.1 遗漏操作

角色和权限矩阵的创建相对简单，但一种常见的错误是遗漏了某些操作。

### 11.5.2 组织角色时左右为难

我们面临的一个难点是对角色进行划分，在拥有最少角色数量的同时，仍然达到所要求的独特性。如果发现难以决定角色的数量，那么多出一两个角色也是可以的，只要使矩阵更容易创建和阅读就好。

## 11.6 相关模型

一些角色和权限矩阵可能包含了角色和操作，但不是在单独行上标注出独特的操作，而是使用缩写词CRUD（创建、读取、更新和删除）的某个形式来标注权限类型。例如，操作可能是"报告"，角色可能是"销售经理"，那么将两者相交的权限标注为"R"，因为销售经理可以阅读报告，但不能创建、更新或删除报告。

下面简要描述了影响角色和权限矩阵或者由其增强的一些最重要的模型。第26章会对所有这些相关模型进行更深入的讨论。

- 组织结构图：用它们来创建角色和权限矩阵，因为它们确定了系统中需要相应权限的角色或用户的类型。
- 业务数据图：可以帮助确定需要权限的业务数据对象，以限制对这些对象的访问。
- 数据字典：可以用来采集用户数据中提到的用户属性。

**练习**

　　以下练习可以帮助你更好地理解如何使用这种模型。练习是开放式的，因此你的答案可能与我们提供的答案大不相同。可能存在许多正确的解决方案。在答案中，我们对如何得出解决方案进行了解释。在看答案之前，你可以先尝试自己做一下，这样练习的收获最大。练习答案可以在附录 C 中找到。

　　**说明**

　　为下面描述的场景创建一个角色和权限矩阵。

　　**场景**

　　你现在进行的项目要推出一个新的火烈鸟网店（eStore），销售火烈鸟和其他草坪摆件，该网店有一个基本的产品目录，由公司内部的产品经理来设置。每个客户都能查看所有产品，购买任何产品，并查看他或她自己在网店的订单历史。客户可以维护自己的账户资料，但也会有一些内部"账户代表"为他们更新资料。这些代表还能查看客户当前的购物车和订单历史。有的经理希望从系统中查看报告，了解哪些产品正在热销，以便他们突出展示或增加额外的产品。

## 其他资源

　　以下网址从较高的层次描述了如何创建 Excel 数据透视表（其中提到了使用用户数据的角色和权限矩阵）：https://tinyurl.com/2p8awkz3。

# 第Ⅳ部分 系统模型

# 第 12 章 生态系统图

▶ **场景：家庭影院**

我们最近搬进了新家，想要安装一套家庭娱乐系统以便不同的房间都可以使用。刚搬新家的时候，我们让卫星公司为主卧电视机的接收盒安装了一个插座。我们还想在家庭影院里放一台电视，同时不想花额外的钱去安装一台额外的卫星接收器。但是，没办法再接信号线，所以需要一个无线解决方案。

我们希望从客卧的家用电脑将音乐和电影流式传输到影院和主卧的电视上。我们有一个流媒体盒子，能通过 Wi-Fi 传输来自卫星接收器和其他设备的内容。流媒体盒子能解决把卫星接收器的内容传到无线网络的问题，但我们需要一种方法在家庭影院的电视上访问内容。

另外，还要找到一种方法，将内容从电脑传输到流媒体设备。然后，还要找到一种方法，从主卧和影院的电视上访问这些内容。我们已经有一台游戏机，可以从家用电脑上接收内容；但是，它不能从流媒体盒子接收内容。因此，我们不得不添加一个家庭影院应用，通过无线网络接收流媒体视频，并在电视上播放。

为了理解针对当前问题而提议的解决方案，我必须画一张图来显示所有系统及其相互之间的信息流动，如图 12-1 所示。■

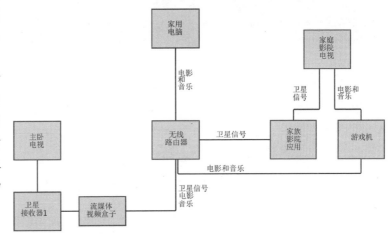

图 12-1 示例家庭影院生态系统图

系统模型（system model）描述了系统本身、它们是什么样子的以及它们如何与用户和其他系统交互。生态系统图（ecosystem map）是一种 RML 系统模型，它显示了哪些系统要进行交互以及它们之间关系的性质。生态系统图显示了解决方案生态系统中的所有系统，这使我们能系统化地确保分析到所有系统。使用这种模型，识别所有系统并确定该图的完整性是一个非常简单的任务。注意，图中的"系统"并不一定是物理系统。

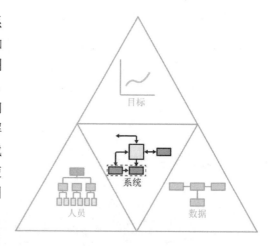

相反，它们通常代表某个应用程序或者逻辑系统。

和一份简单的系统清单相比，生态系统图的一个主要优点在于，通过逐一查看可能的组合，明显更容易识别某个特定系统所链接的所有系统。

## 12.1 生态系统图模板

生态系统图是一种很简单的图，只有两种类型的符号是必须的：代表系统的方框，以及连接这些方框的线（代表系统间的接口）。还有四种可选的符号：箭头表示数据在系统之间的流动方向；线条上的标签对系统之间传递的数据的性质进行了一般性的描述；围绕图中一个系统子集的框用于对多个系统进行分组；引出的文本标注则用于添加关于系统的补充信息。表 12-1 总结了生态系统图的各种元素。

表 12-1 生态系统图的元素

| 符号 | 含义 |
| --- | --- |
| 系统 | 生态系统中的任何一个系统 |
|  | 两个系统之间的接口 |
| 主要业务数据对象 | 为系统之间传递的任何主要业务数据对象添加的一个标签。这种可选的标签在接口线上添加，接口线通常有一个箭头来指示信息的流动方向 |

（续表）

| 符号 | 含义 |
| --- | --- |
|  | 可以引出一个标注，从而更详细地定义和解释一个系统。通常用它解释一个系统缩写词的含义，或者描述系统具有的特性 |
| | 以一种方便阅读的方式显示系统分组的边界框。可以用围绕系统的虚线框来表示，也可以使用彩色框 |

　　符号可以根据需要与任意数量的系统和接口结合，以描述一个完整的生态系统。把它们结合在一起，可以得到如图 12-2 所示的模板。

　　可以在接口（线）上添加标签，以显示哪些主要业务数据对象在系统之间流动。一般还要为接口线加上箭头，以指示数据在系统间的流动方向。

　　图 12-3 的示例模板包含了一些对象。其中，业务数据对象 1 从系统 A 流向系统 B。业务数据对象 2 从系统 B 流向系统 A，并在系统 B 和 C 之间双向流动。注意，这里使用两条接口线来清晰地指出业务数据对象 1 和 2 在系统 A 和 B 之间的流动方向。由于同一业务数据对象——业务数据对象 2——在系统 B 和 C 之间双向流动，所以只使用了一条接口线。

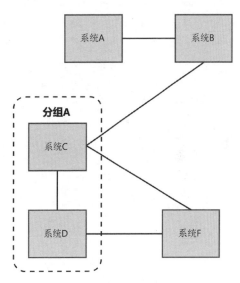

图 12-2 生态系统图模板

　　如果有必要更详细地描述接口的性质，而生态系统图上的空间不够，那么可以使用系统接口表（system interface table）来描述每个接口（第 18 章）。在这种情况下，接口线上的标识符就是对相应系统接口表的引用。图 12-4 展示了一个示意，其中系统 A 和 B 之间的接口将在系统接口表 IT001 中描述，而系统 B 和 C 之间的接口在 IT002 中描述。

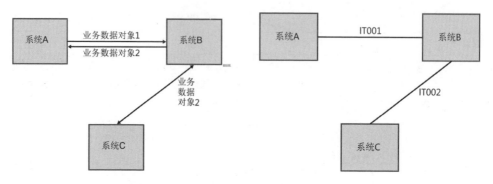

图 12-3 生态系统图模板中的业务数据对象　　图 12-4 在生态系统图模板中引用系统接口表

💡 **工具提示** 生态系统图用 Microsoft Visio 这样的工具创建最方便，这些工具允许你轻松地操纵对象和线条。通常，最开始创建生态系统图时，最简单的办法是在白板上用便笺写下系统的名称，然后在它们之间连线，这样可以快速移动这些系统。这是起草生态系统图的一个很好的可视化方法，可以在用工具正式绘图之前获得反馈。

## 12.2 示例

某零售公司正在构建一个订单管理系统。检查如图 12-5 所示的生态系统图，可以轻松地看出，与订单路由和跟踪系统（Order Routing and Tracking System，ORTS）交互的系统有：订单输入（Order Entry）、反诈服务（Fraud Services，FSS）、订单履行（Order Fulfillment）、应收账款（Accounts Receivable，ARS）和数据仓库（Data Warehouse，SDW）。数据仓库系统还要与应收账款系统进行交互。还可以推断，数据仓库中的任何订单履行、订单输入或欺诈服务信息可能都是通过订单路由和跟踪系统提供的。最后可以看出，生态系统中没有其他与项目有关的系统了。

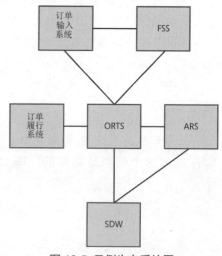

图 12-5 示例生态系统图

你可能已经发现，如果不清楚所有系统的缩写，要读懂这张图是很难的。图 12-6 展示了同一个生态系统图的示意，为了进行澄清，其中包含了一些可选的符号。其中，标注可以为那些不熟悉系统通用名称的人提供帮助。分组显示了不同的订单系统作为完整订单交付特性的一部分是如何关联的。而主要业务数据对象被做成了箭头线上的标签，以显示哪些类型的信息在系统之间传递。

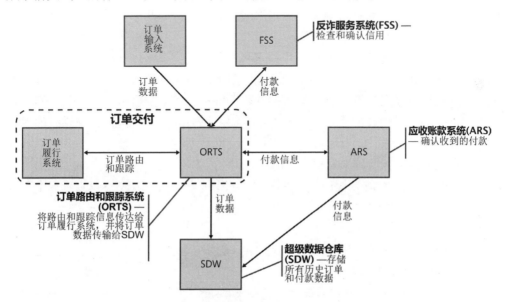

图 12-6 带有可选符号的生态系统图

## 12.3 创建生态系统图

只要考虑到了所有可能的系统，就能轻松创建生态系统图。稍微勤奋一点，就能确保这个模型是完整的。图 12-7 展示了创建生态系统图的过程。

图 12-7 创建生态系统图的过程

### 12.3.1 确定系统

生态系统图之所以是一种健壮的模型，是因为对于每个系统，只需要考虑与之连接的有哪些系统。一般来说，利益相关方很容易就能完全确定和一个系统连接的系统。随着你逐一考虑每一个系统，生态系统图会成为帮你发现缺失系统的一种可视化辅助工具。这比使用一份系统清单要好得多。除此之外，它还有一个额外的好处，就是让你了解哪些系统相互之间存在交互。

首先要确定自己所知的全部系统以及它们之间是如何连接的。创建生态系统图的第一个版本，然后马上开始使用，不必担心是否已将每个系统都记录在案。随着时间的推移，你采访的利益相关方会指出遗漏的系统。如此一来，可以非常迅速地获得一个完整的图。

可能需要与技术性较强的利益相关方和开发人员交谈，以获得额外的信息。技术团队经常都备有一些图，显示了应用程序与物理系统、数据库、路由器以及其他网络基础设施组件配合使用的情况。这些图可以作为生态系统图的一个很好的起点。

如果是为一个现有的系统开发生态系统图，那么或许能从可供识别系统的现有模型中找到相关系统的信息。可以使用过程流程、系统流程、数据流图或者业务数据图，通过回答以下问题来发现缺失的系统。

- 过程流程 / 系统流程的每一步使用了哪个或哪些系统？还可以查看每个系统流程中的泳道，以确定每个泳道中描述了哪些系统。
- 在数据流图中，哪些系统会运行修改数据的过程？数据存在于哪些系统中？
- 哪个或哪些系统创建、更新、使用、删除、移动或复制业务数据图上的每个业务数据对象？

所有系统都应该在项目词汇表（project glossary）中列出。因此，在采集有关系统的信息时，一定要采集每个系统的描述。

与大型企业合作时，它们的生态系统图可能非常复杂。一个生态系统可能包含 25 个、50 个、100 个甚至更多的系统。我们使用生态系统图的目的是尝试提供与项目相关的背景资料（上下文）。因此，需要确定的第一件事情是，我们是记录系统的全景，还是只记录其中的一个子集？为了做出这个决定，需要了解哪些数据从当前开发的系统中流出，并流入任何相关的系统。先从受项目影响的系统开始，跟踪流向相邻系统的数据。一旦项目不再影响从一个系统流出的数据，就表明数据流向的下一个系统对项目来说不重要了，也不需要在生态系统图中出现。一旦完成这项工作，就表明我们已经找齐了与项目相关的系统子集。除此之外，我们还将系统视图界定在了会受项目影响的那些系统上。这在大多数分析中都是很典型的一种做法：针对所影响的范围，我们需要越过边界再多走一步，以确保边界是正确的。与技术架构师交谈，也有助于确定哪些系统与项目有关。

若选择记录整个生态系统，一种技术是将相关的系统分组，并将它们作为一个超级系统来引用。然后，创建多个较低级别的生态系统图，对超级系统进行分解。假定本章的示意是一个更大系统的一部分，那么可以考虑将订单输入、反诈服务和订单路由和跟踪系统作为一个"订单管理"超级系统来引用，它将与订单履行、应收账款和数据仓库系统交互。但是，系统不要乱分组。只将那些共同执行一个或一组通用特性的系统分成一组。

## 12.3.2　确定接口

生态系统图通过展示哪些系统相互之间在"对话"，从而对直接系统接口（direct system interface）进行建模。只有相互之间直接交换信息的系统才有一个接口。就本章的示意来说，数据仓库可能从订单履行系统获得信息，但并不直接与之对话。它们的关系是间接的，所以它们之间没有接口。

另外，还可以收集关于哪些实际业务数据对象在系统之间流动，以及朝哪个方向流动的信息。这些信息可能需要较长的时间才能保证正确。如果收集这些信息阻碍了你获得基本信息，那么就不要收集；你不希望因为追寻这些信息，而耽搁了对系统和接口的基本理解。

一般来说，生态系统图不会显示向系统输入数据的人。但在极少数情况下，两个系统是由一个在系统之间传输数据的人连接起来的。在这种情况下，可以将其作为一个火柴人添加到生态系统图中。之前的生态系统图元素表格没有包含火柴人图标，因为平时很少用到。

如果存在大量系统，可考虑创建一个系统清单矩阵（system inventory matrix），以便通盘考虑存在哪些接口。系统清单矩阵将系统同时列为行和列。使用这种矩阵，可以很有条理地检查每一种系统组合，并问："是否存在一个接口？"如果答案是肯定的，就在矩阵上的系统交叉处注明。图 12-8 显示了一个示例系统清单矩阵。

| 系统清单矩阵 | 订单输入 | FSS | 订单履行 | ORTS | ARS | SDW |
|---|---|---|---|---|---|---|
| **系统** | | | | | | |
| 订单输入 | | | | x | | |
| FSS | | | | x | | |
| 订单履行 | | | | x | | |
| ORTS | x | x | x | | x | x |
| ARS | | | | x | | x |
| SDW | | | | x | x | |

图 12-8　用来确定接口的系统清单矩阵

如果生态系统图不包含业务数据对象或者数据流向，那么系统清单矩阵也不会包含它们。然而，如果想要收集业务数据对象的流向信息，那么可以使用这个表格为接口注明业务数据对象和数据流向——如果这样有助于识别这些接口的话。将业务数据对象的名称放在格子中，就表明存在一个接口，数据将从行所代表的系统流向列所代表的系统。图 12-9 展示了一个示例系统清单矩阵，它针对的是包含了业务数据对象流的一个生态系统图。

当然，也可以做一个简单的系统清单矩阵，只用 X 来标识接口，然后只在生态系统图中添加业务数据对象和流向。

图 12-9 注明了业务数据对象和数据流向的系统清单矩阵

### 12.3.3 将图连到一起

把系统放在一页上，用线来连接有接口的系统。将紧密连接的系统安排在一起，这样就很容易看到连接，同时尽可能减少线的交叉，保持图的清爽。

生态系统图也遵循 7±2 规则。如果图变得非常复杂，可以使用颜色编码或者额外的分组框，将系统细分为不超过 10 项的逻辑分组。可以用这些框按特性对系统进行分组——例如，分组为客户系统、销售系统或者订单系统。如果使用颜色编码，注意有的读者可能无法区分颜色，而且可以使用的是灰度打印。所以，尽量使用虚线框来避免这个问题。如有必要，可以引出一条线来添加标注，对不同的系统进行澄清。

## 12.4 使用生态系统图

几乎总是应该使用生态系统图，它应该是为任何项目创建的首批模型之一。唯一的例外是，解决方案是一个完全独立的系统，不与任何其他系统交互。但是，即便只有几个系统进行交互，都有必要创建生态系统图。这样可以确定生态系统的完整性，并将这个完整的生态系统传达给其他从事项目的人。

## 12.4.1 用生态系统图定义范围

生态系统图使读者对于项目范围内的系统和交互有一个大局观。如果组织内的所有系统都考虑到了，生态系统图就能保证范围被完整地界定。生态系统图也被用来确定哪些集成点在范围内，哪些接口需要为之开发需求。从某种意义上说，生态系统图为系统之间的接口提供了一个核对清单（checklist），使你能确保所有可能的接口都被考虑在内。此外，通过查看系统，你或许能发现尚未与之交谈过的用户群组，或者与特定系统相关的缺失的过程流程。

更改一个系统时，需要考虑这些更改是只限于该系统内部，会影响与其他系统的接口，还是其他系统实际上也需要更改。由于前期可以相当快地创建这种图，所以可以通过对它们进行走查来提出上述问题，以确保项目的范围得到很好的定义。

## 12.4.2 推导需求

由于生态系统图确定了系统之间的交互，所以毫不奇怪，它能帮助你确定高级接口需求。连接系统的每条线都代表一个接口，所以你可能需要创建或修改接口。然而，这种图并没有就系统之间的交互、交互顺序或者决策提供详细的信息。要传达这些信息，更适合使用其他模型，例如系统流程、数据流图和系统接口表。

最后，创建系统的一个矩阵，把它作为核对清单使用，可以确保能够逐一分析每个关键系统。由于图的二维性质，很难将一个有许多格子的图当作核对清单来用。

## 12.4.3 何时适用

任何项目只要所开发的系统必须与现有基础设施整合，就适合使用生态系统图。

## 12.4.4 何时不适用

如果解决方案是一个独立系统或者通用软件，就没有必要使用生态系统图。

## 12.5 常见错误

关于生态系统图，最常见的错误如下所示。

### 12.5.1 显示了物理系统

生态系统图是一种简单的图。分析师有时会犯的一个错误是在其中显示了物理系统，这会使图变得杂乱，并会显示出业务利益相关方通常并不关心的信息。不过，偶尔也会有一个物理系统，例如最终用户要直接访问的一个数据库。虽然是一个物理数据库，但作为一个应用程序，应该把它显示出来。

### 12.5.2 记录的东西太多

由于生态系统图的简单性，人们有时会尝试显示太多关于接口的记录，这使整个图变得混乱不堪。相反，使用系统接口表来记录细节，并在生态系统图的接口线上做一个注释，以引用系统接口表。

### 12.5.3 缺乏组织

最后，生态系统图中很容易就会出现多达 100 个系统。这样做的好处在于，可以在单一视图中看到生态系统的全貌。但挑战在于，它过于复杂，无法保证完整性。为了缓解这个问题，可以将相关系统组合在一起，并将其标记为一个更高级的实体。可以采用这个办法创建一个生态系统图，其中只有更高级的实体。

## 12.6 相关模型

虽然可能存在不同的格式，但生态系统图相对比较常见。与生态系统图相关的一个模型是环境图（context diagram）。在这种图中，项目所聚焦的系统是位于中心的一个圆圈。系统外部的实体则作为一个又一个的方框围绕这个圆圈排列。图中只显示了系统和外部实体之间的直接交互。而在生态系统图中，还会显示这些系统与其他哪些系统交互，从而呈现出一个完整的生态系统。另外，在环境图中，方框中的实体可以是与系统交互的任何东西或任何人，而非仅仅是其他系统。

一些建模方法认为，环境图是数据流图（DFD）的一种更高级的视图。在这种情况下，环境图还会包含数据转换过程。但是，RML 将这两种模型分开。

下面简要描述了影响生态系统图或者被生态系统图增强的一些最重要的模型。第 26 章会对所有这些相关模型进行更深入的讨论。

- 系统流程：可以表示系统之间的信息交换过程。
- 过程流程：显示由用户执行的过程步骤，也许能识别出支持这些步骤的系统。
- 数据流图：提供关于数据如何被各种应用或过程处理的信息。
- 系统接口表：提供两个系统之间接口的细节。
- 业务数据图：确定哪些系统会存储或修改业务数据对象。

## 练习

以下练习帮助你更好地理解如何使用这种模型。练习是开放式的，因此你的答案可能与我们提供的答案大不相同。可能存在许多正确的解决方案。在答案中，我们对如何得出解决方案进行了解释。在看答案之前，你可以先尝试自己做一下，这样练习的收获最大。练习答案可以在附录 C 中找到。

### 说明

为以下场景准备一个生态系统图，再准备一个问题清单，要向主题专家（SME）询问这些问题，以创建更完整的生态系统图。

### 场景

你现在进行的项目要推出一个新网店（eStore），销售火烈鸟和其他草坪摆件。客户直接访问网店。网店将订单发送给订单处理系统，后者将最终的订单发送给订单履行系统。库存系统向订单处理系统和店面（storefront）提供产品库存信息，并在订单发货后由订单履行系统更新。信用系统从店面接收信用卡信息，并将审批状态发回给店面用户和订单处理系统。

呼叫中心还允许销售代表看到存储在网店中的客户订单，以便他们可以与客户讨论。另外，呼叫中心的销售代表可以在呼叫中心为客户创建订单，这些订单会流向订单处理系统和订单履行系统，这和网店产生的订单一样。呼叫中心还有一样的与库存系统和信用系统的接口。

最后，无论网店还是呼叫中心，都使用同一个产品目录系统向客户显示产品细节。

## 其他资源

有许多资源讨论了与生态系统图相似的模型，虽然他们通常称之为"环境图"（context diagram）①。下面列出讨论替代格式的一些最流行的资源。

- Podeswa（2009）将这种模型描述为数据流图的一个层级。
- Gottesdiener（2005）的 4.3 节讨论了环境图，侧重于范围定义。
- Wiegers（2006）的第 17 章在范围定义的上下文中总结了环境图。
- "BABOK Guide"的 2.0 版描述了作为范围建模一部分的环境图的两种不同的符号（IIBA 2009）。
- Jackson（1998）深入讨论了环境图，包括模型的历史以及它的两种变体。

## 参考资料

- Gottesdiener, Ellen. 2005. *The Software Requirement Memory Jogger*. Salem, NH: Goal/QPC.
- International Institute of Business Analysis (IIBA). 2009. A *Guide to the Business Analysis Body of Knowledge (BABOK Guide)*. Toronto, Ontario, Canada.
- Jackson, Michael. 1998. *Software Requirement & Specifications: A Lexicon of Practice, Principles and Prejudices*. Reading, MA. Addison-Wesley.
- Podeswa, Howard. 2009. *The Business Analyst's Handbook*. Boston, MA: Course Technology, Cengage Learning.
- Wiegers, Karl E. 2006. *More About Software Requirement: Thorny Issues and Practical Advice*. Redmond, WA: Microsoft Press.

---

① 译注：有时也将 context diagram 翻译为"上下文图"。

# 第 13 章 系统流程

▶ **场景：恒温器**

只要室内温度太高，空调就会在短短几分钟内自动打开，每天都这样。室温降下来之后，最终会达到一个预设值，只不过空调会继续再运行一些时间。然后，在特定的时间后，空调就会关闭。除了最初设置目标温度，系统并不需要我们人采取其他任何行动。空调的恒温器依靠定时器和温度传感器触发事件来工作。■

系统流程（system flow）是一种 RML 系统模型，用于描述系统自动执行的活动。它们显示了系统活动、活动的顺序以及系统逻辑。系统流程帮助利益相关方以可视化方式来理解复杂的系统交互，使他们很容易地看出系统之间的任何交互以及系统内的复杂分支。注意，和生态系统图一样，其中显示的系统不一定是物理系统，而是通常代表一个应用程序或逻辑系统。

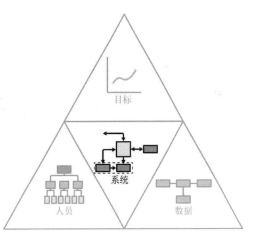

"过程流程"描述的是用户执行的行动，而"系统流程"描述的是自动化的系统行动。在术语、模板和最终结果方面，它与过程流程非常相似，但是在内容上有很大的区别。系统流程所描述的大部分活动都是在用户不知情的情况下发生的。也许用户和系统的交互很少，但幕后会发生许多行动和决策。虽然用户可能确实参与了整个过程，但系统流程描述的是系统的行为而不是用户的行为。

我们将过程流程和系统流程分成两个不同的模型，因为过程流程的重点是帮助利益相关方了解业务是如何独立于系统运作的。相反，系统流程描述系统的自主行动，所以它以不同的方式使用一些术语来表示最常用的触发器，例如定时器或者来自物理设备的事件。系统流程的目的是记录业务利益相关方所关心的自动化过程，而不是创建一个对整个系统如何运作进行描述的流程图。如果一个特定的执行顺序或者算法对业务利益相关方来说很重要，就适合使用系统流程。记住，业务利益相关方需要的任何东西都是需求。通常，业务利益相关方并不关心系统中的大部分自动化操作。但在某些时候，他们又确实关心。例如，对于一个配药的医疗设备，会有许多业务利益相关方（包括律师）想要知道设备配药时采用的确切逻辑顺序，以及在发生各种类型的错误后如何表现。

通常，我们需要用多级系统流程来描述一个有足够细节等级（详细程度）的流程。因此，这里仍然适用"过程流程"的层次结构。通常，最多只有三个级别的系统流程可能对项目有帮助：一级（L1）、二级（L2）和三级（L3）。

# 13.1 系统流程模板

系统流程的模板几乎和过程流程的模板一模一样，所以建议在阅读本章之前，先完成第 9 章的阅读，那里进行了更详细的描述。元素的含义有一些细微的变化，所以这里用表 13-1 来进行澄清。下面列出系统流程元素与过程流程元素的主要区别：

- "步骤"和"决定"主要是系统采取的行动
- "泳道"针对系统而不是用户
- "进入""离开"和"其他过程"通常引用其他系统流程，但也可能引用过程流程

表 13-1 系统流程图的元素

| 元素 | 含义 |
| --- | --- |
| 步骤 | 这是一个基本的系统步骤 |
| → | 方向箭头将系统步骤或其他符号相互连接起来。箭头方向展示了步骤的执行顺序。如果这条线从一个决定步骤连出，那么要标明它所代表的具体决定 |
| 决定 | 这是决定步骤，我们基于该步骤的选择，以特定方式分割系统流程 |
| 离开 | "离开"（outgoing）元素表示当前流程转到另一个流程。通常在每个较低级系统流程的末尾使用，以表明接着去哪个流程 |

（续表）

| 元素 | 含义 |
|---|---|
|  | "进入"（incoming）是对"离开"元素的补充。它表示流程是从另一个流程恢复的。通常在每个较低级系统流程的开头使用，以表明哪个流程在前 |
|  | "其他过程"元素在流程中途引用另一个过程，并在那个过程结束后又回到这个流程 |
|  | "泳道"（swim lane）分解系统流程，以显示步骤具体由哪个系统执行。泳道名称就是系统名称 |
|  | "分叉"（fork）和"汇合"（join）使用同一个符号；系统流程中第一个这样的符号表示分叉，后面那个则表示汇合。分叉将一个过程分割开来，表明这一部分的步骤虽然都必须执行，但不一定要按顺序执行。分叉使系统流程避免在不存在顺序的地方强行规定一个顺序。如果有一个"分叉"，流程后面的某个位置必然有一个"汇合"。只有"汇合"之前的所有步骤都执行完毕后，它之后的步骤才能执行。相应地，每个"汇合"的前面某个位置必然有一个"分叉"。如果有助于系统流程的布局，"分叉"和"汇合"符号可以旋转任意角度 |
|  | 可以用引出的标注为一个特定的活动或事件提供额外的上下文信息 |
|  | "分组"增添额外的信息以提高可读性。通常，我们用一个分组来包围一个没有单独成为一个流程的子过程。分组的名称一般就是该子过程的名称 |
| 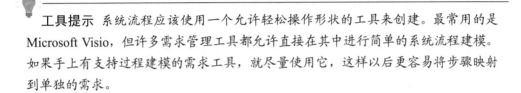 | "事件"表示在过程中发生了一些系统流程以外的事情。事件是正常流程的一部分。事件可以是定时的，它表示过程在继续之前等待一段特定的时间。它也可以是来自物理设备（例如传感器）的一个触发器或者是来自用户的一个事件 |

　　如图 13-1 所示，系统流程的完整模板看起来和一个过程流程模板差不多。要注意的是，系统流程中的泳道将整个流程分为几部分，以说明具体由什么系统执行其特定的系统步骤。

　　**工具提示**　系统流程应该使用一个允许轻松操作形状的工具来创建。最常用的是 Microsoft Visio，但许多需求管理工具都允许直接在其中进行简单的系统流程建模。如果手上有支持过程建模的需求工具，就尽量使用它，这样以后更容易将步骤映射到单独的需求。

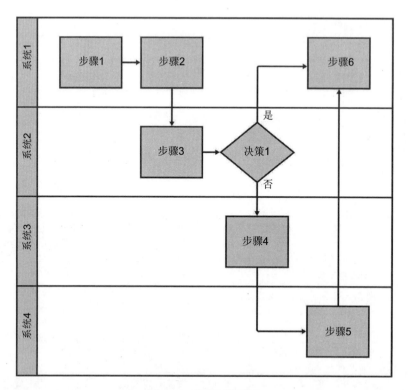

图 13-1 系统流程模板

## 13.2 示例

这个示例描述了一个地铁系统。在这个系统中，乘客买一张票，上地铁，地铁将乘客带到其目的地，然后乘客离开。图 13-2 的 L1 系统流程展示了一个从头到尾的、完整的系统流程。

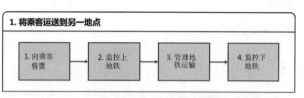

图 13-2 示例 L1 系统流程

该 L1 流程包含多个 L2 系统流程。图 13-3 使用一个 L2 系统流程来更详细地展示 L1 系统流程中的"管理地铁运输"步骤所涉及的过程。注意，该流程是一个连续的循环，不需要有终点。有一个事件（乘客离开系统）将乘客发送给"监控下地铁"系统流程。

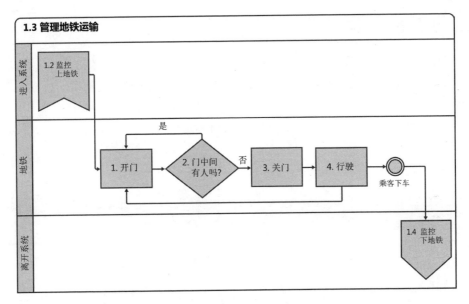

图 13-3 示例 L2 系统流程

图 13-4 展示了 L2 流程中的"行驶"步骤的更多细节。

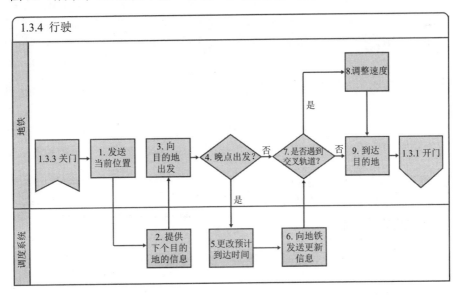

图 13-4 示例 L3 系统流程

## 13.3 创建系统流程

对于许多自动化流程，业务利益相关方并不关心系统内部发生的过程。相反，他们将决定权留给开发团队。然而，如果有业务利益相关方想要规定的流程，就需要创建系统流程。图 13-5 描述了创建系统流程的过程。从较高的层次上看，我们使用的步骤与创建过程流程时一样。本章不再解释这些步骤；相反，只描述过程具体执行时的差异。

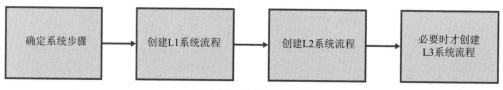

图 13-5 创建系统流程

如前所述，L1、L2 和 L3 层次结构同样适用于系统流程，根据该层次结构为系统流程命名的建议同样适用。创建步骤时要考虑的细节以及对图中步骤数量的建议也与过程流程相同。和过程流程一样，有必要在项目的早期就完成对系统流程的审查，因为两者要相互借鉴。不过，对于系统流程，可能需要让更多的技术利益相关方参与审查，以确保准确性，因为他们通常对当前系统中发生的步骤有一个很好的理解。

如果过程流程中由用户发起的一个行动触发了一系列自动化步骤，而且结果会反馈给用户，那么系统流程通常会链接到过程流程。例如，假如一个用户提交了一份贷款申请，那么系统会执行大量处理和决策逻辑，以决定是否核准该申请。做出决定后，结果会自动通知给申请人。在同一个图中混合过程流程和系统流程，这虽然很诱人，但这样做可能因为不停地在用户和系统之间切换焦点，而导致一些步骤被遗漏。相反，可以使用"其他过程"元素在系统流程中调用一个过程流程。

虽然系统流程与过程流程相似，但在确定所需的步骤时，采用的方法存在很大的差别。另外，在编写步骤、使用泳道和使用事件方面，两者也存在微妙的差别。

### 13.3.1 确定系统步骤

在系统流程中，虽然可能有一些用户步骤负责提供上下文，但系统流程中的步骤主要是系统步骤而不是用户步骤。在存在用户交互的系统中，用户通常会触发复杂的系统交互，所以可以将这些用户步骤建模为事件。事件位于用户用来触发行动的系统泳道中。而且应该注明，是用户而不是系统在触发行动。

可能有一些外部系统与你的系统进行交互，而且这些系统不会发生改变。不过，也可以显示这些交互，以验证其他系统确实不会改变。

### 13.3.1.1 特性树

如果有一个特性树（如果没有，特性清单也算），那么可以用它确定需要在系统中执行的所有 L1 特性。这些特性的执行可能与 L1 系统流程中的步骤对应。在之前的地铁系统示意中，最高级的特性是售票、上地铁、运输和下地铁。它们以合理的顺序串联在一起，代表了一个 L1 系统流程。

### 13.3.1.2 数据流图

数据流图（data flow diagram，DFD）对于识别 L2 和 L3 系统流程中的步骤很有用。系统中发生的大多数活动一般都涉及输入 / 设备、其他系统或数据存储的读写，所有这些都在 DFD 中描述。因此，检视 DFD 有助于确定系统流程中的一些步骤。而且通过在系统流程中采集这些活动，可以更好地描述步骤发生的确切顺序（而这在 DFD 中并不明显）。

## 13.3.2 编写步骤

系统流程步骤以 [ 系统 ] + < 操作 > + < 对象 > 的格式命名。注意，方括号中的"系统"是可选的，这具体取决于是否使用泳道。如果没有使用泳道，同时有多个系统在整个流程中执行活动，那么需要在步骤框中包含系统名称，以指明每个行动具体由哪个系统执行。例如，"添加配置"要写成"CRM 添加配置"。如果由一个系统分组执行所有活动，那么可以只在流程标题中写上该系统的名称。

通常，过程流程中会有一个用户步骤，而且会作为系统流程的第一步链接到系统流程。系统流程中的用户一般不执行活动，除非该活动是启动一个过程的步骤，或者是触发了系统过程中断的事件。如果包含了用户步骤，请像过程流程中的步骤那样进行命名。

### 13.3.2.1 泳道

是否使用泳道的决定与过程流程相同，具体取决于流程中进行交互的系统有多少。然而，系统流程中的泳道只代表系统。系统流程的目的是了解系统完成任务所

采取的步骤，这些任务通常与用户无关。如果主要是想显示用户之间的活动，那么应使用过程流程（第9章）

若一个系统步骤出现在泳道中，意味着该步骤中的主要操作由泳道命名的系统执行，即使该系统很可能会在该步骤中读取或写入其他系统的数据。在这种情况下，将目标系统指定为＜操作＞＋＜对象＞＋＜目标系统＞。最后，泳道中使用的所有系统都应该在你的生态系统图中。

### 13.3.2.2 事件

虽然系统流程中的大多数符号和过程流程中的一样，但要注意的是，可能会在系统流程中更经常地使用事件符号。通常，事件被用来显示系统中由用户触发的过程。此外，许多系统活动是在特定时间、以特定的时间间隔或者由传感器/UI等来源生成的外部事件触发的。

我们用系统流程来定义实时系统和嵌入式系统。实时系统的一个关键特征在于，它必须在规定时间内对事件做出响应。除此之外，它还必须能处理一定数量的同种事件。以一个电话交换系统为例，它每天要执行千百万次相同的流程，而且要对成千上万电话没挂好的事件做出响应。所以，必须进行相应的记录，以便工程师了解实时系统的性能需求。在系统流程中，为这些事件引出一个标注来描述事件所要求的响应时间，例如在进行下一步之前的最大等待时间。

## 13.4 使用系统流程

系统流程为业务利益相关方提供了一种快速可视化和理解自动化处理的方式，否则他们是无法理解的。事实上，系统流程对于描述对用户来说并不明显的交互和活动是至关重要的。

### 13.4.1 系统流程与过程流程并行运行

系统流程可与描述用户活动的过程流程并行运行。通过同时在系统流程和过程流程中对一个场景相同的范围进行建模，我们可以从两个角度快速看到完整的解决方案。图13-6的示意展示了这两个角度。

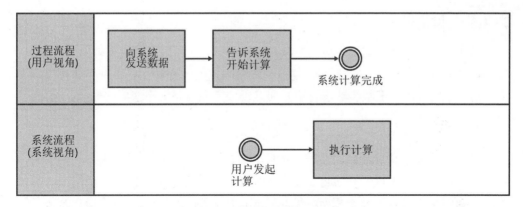

图 13-6 过程流程与系统流程的角度

　　一般情况下，只需其中一个视角即可充分描述解决方案以推导出需求。然而，如果在系统自己做大量工作的同时，用户也要执行大量手动操作，那么或许就有必要同时建模这两种类型的流程，以确保自己真正理解了解决方案。

　　以汽车为例，用户关心换挡，踩油门踏板，让汽车行驶，并保持行驶。从系统的角度来看，系统要维持计时，减少发动机爆震，并监控胎压。这两个视角最好分开，因为大多数司机只关心开车，而一些喜欢技术的司机和汽车设计师除了关心用户开车时的体验，还关心汽车在此期间的运作。

## 13.4.2 推导需求

　　当业务利益相关方非常关注系统的内部运作时，系统流程是推导和组织需求的一种出色的工具。系统流程有助于确定数据需求、非功能性需求和业务规则。可以针对系统流程中的步骤提出下面这些问题来帮助自己确定需求和业务规则：

- 什么事件触发了这个步骤？
- 在这个步骤中可能会发生什么错误情况，应该如何处理？
- 执行的是什么计算？
- 发生的是什么数据操作？
- 系统对事件的响应需要有多快？
- 预计会发生多少事件？
- 多大的故障率（failure rate）是可以接受的？

### 13.4.3 何时适用

系统流程所描述的活动不应涉及执行步骤的用户。在以下情况下使用系统流程：系统自动执行一个过程，而业务利益相关方关心执行的细节；在一个用户操作后发生一组复杂的步骤，但很少或没有用户交互；或者系统是一个实时或嵌入式系统。

#### 13.4.3.1 描述隐藏活动

对于涉及大量幕后活动的系统，我们面临的主要的困难在于，很难识别所有系统活动，而且几乎不可能知道自己拿到的清单是否完整。一个系统可能需要大量没人意识到的系统接口、业务数据对象和定制，因为这些行为对系统的用户来说是隐藏的。系统流程是具体化系统行为的主要工具。

#### 13.4.3.2 描述系统交互

识别生态系统图中直接连接的系统，有助于我们确定在哪些地方可能需要一个系统流程来描述这种交互。虽然系统接口表（第 18 章）采集了实际接口的细节，但系统流程能更好地显示这些系统之间发生的步骤的顺序。当系统之间有大量往来通信，或者在它们之间要进行重要的数据操作时，了解步骤的顺序就很有用了。

#### 13.4.3.2 描述异常处理

系统接口表可能还需要系统流程来描述异常处理是如何发生的。在这些情况下，需要与业务利益相关方合作，了解他们希望系统在接口发生错误时做什么。

### 13.4.4 何时不适用

如果业务利益相关方不关心自动化系统流程的性质或幕后发生的计算，那么系统流程就没有什么用。另外，如果有计算，但这些计算是方程式，而不是一系列步骤或迭代,那么也用不着系统流程。为了描述复杂的逻辑,请考虑使用决策树(第 17 章)而不是系统流程。

## 13.5 常见错误

前面第 9 章提到的关于过程流程的错误在系统流程中也很常见。

## 13.6 相关模型

许多人分不清系统流程和过程流程。但是,RML 进行了区分。其中,系统流程用于系统活动,而过程流程用于用户活动。

下面简要描述了影响系统流程或者被系统流程增强的一些最重要的模型。第 26 章会对所有这些相关模型进行更深入的讨论。

- 决策树:用于定义复杂的决策逻辑,这种逻辑被嵌入到一个系统或者系统流程的一个"决定"步骤中。
- 数据流图:显示了业务数据对象在数据存储和涉及数据操作的过程步骤之间的流动。
- 生态系统图:显示了要在泳道中描述的系统。
- 特性树:用于确定系统流程的步骤。
- 系统接口表:可以引用系统流程以进行错误处理。
- 过程流程:显示了用户的活动,并可能触发一个系统流程。系统流程完成后,可能会回到过程流程中的一个步骤。

## 练习

以下练习可以帮助你更好地理解如何使用这种模型。练习是开放式的，因此你的答案可能与我们提供的答案大不相同。可能存在许多正确的解决方案。在答案中，我们对如何得出解决方案进行了解释。在看答案之前，可以先尝试自己做一下，这样练习的收获最大。练习答案可以在附录 C 中找到。

**说明**

为以下场景准备一个 L2 系统流程。

**场景**

在这个项目中，你要帮助建立一个网店（eStore），让客户从 Wide World Importers 公司订购火烈鸟和其他草坪摆件。目前的过程由客户直接打电话给销售代表来发起。销售代表填写 Microsoft Excel 订单，并手动输入到系统。你已经与利益相关方会面，并了解了新的自动化过程的概况，具体如下：

产品经理会为所有可用的火烈鸟和其他草坪摆件创建一个产品目录。产品价格从一个定价清单同步到目录。客户会访问网店购买产品。订单提交后会得到处理，然后是产品发货，库存系统更新。

订单的提交触发了一系列自动化的系统步骤来完成从处理订单到发货的过程。系统评估哪些仓库有该订单包含的产品。如果多个仓库都有库存，系统会选择离送货地址最近的一个（几个）。如有必要，产品可以多仓发货。选好仓库后，对于每种产品，仓库机器人系统从货架上取出产品，并完成打包。该系统最大程度地减少了一个订单所需的包装箱数量。

## 其他资源

系统流程的最佳资源与第 9 章的过程流程一样。

# 第 14 章 用户界面流程

▶ **场景：主题公园**

　　游玩主题公园时，游客的体验是由公园的创建者精心设计的。进入大门，游客要从公园能直接去到的有限几个区域中选择一个。一旦选择了一个区域并到达那里，还要面临一系列额外的选择：可以吃饭、购物、看表演或者坐过山车。在这个区域的入口处，必须前往自己选择的项目。例如，假定选择的是坐过山车，但在到达那里时，发现队伍实在太长了。排队的时候，你看到了三种就餐选择：可以坐下来点餐的餐厅、快餐窗口和餐车。

　　呈现在你面前的选择并非偶然：主题公园的专家们以他们希望你能最大程度享受公园的方式来设计每一组选项。每个设计决定都有明确的理由，而设计师将公园全景可视化的方式是创建一张地图，显示整个公园以及游客在游玩每个区域时的体验。■

　　用户界面流程（user interface flow，UI Flow）是一种 RML 系统模型，它显示了用户如何浏览用户界面，后者很像是设计师的主题公园地图。在一个 UI 流程中，包含了屏幕以及它们之间的导航路径。

　　一个软件解决方案的可用性往往决定了其用户的效率和满意度。即使解决方案已经提供所有特性，但如果访问这些特性的路径很笨拙，用户可能也不会采用这个新系统。UI 的流程直接影响到

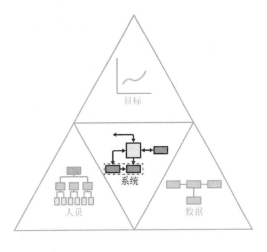

组织从新系统获得价值的能力，因此值得构建一个模型来帮助优化 UI 体验。

UI 流程有两个主要用途：一个是显示用户通过各个屏幕来完成任务的路径；另一个是确保系统的逻辑正确性，清楚地显示每个屏幕是如何从其他屏幕访问的。

UI 流程与过程流程（第 9 章）的区别在于，它们描述了用户浏览系统时的实际体验，而不是描述用户的任务。另一方面，虽然 UI 流程表示了用户所浏览的屏幕，但它们并不会反映用户的目标和任务。

## 14.1 UI 流程模板

UI 流程有两个基本的、必要的元素：屏幕和连接它们的方向箭头。第三个元素是决定（决策）符号，它是可选的，代表系统用什么决策逻辑来决定根据用户采取的行动显示哪个屏幕。最后，分组符号可以通过将相关的屏幕分组来提高可读性。表 14-1 描述了 UI 流程的元素。

表 14-1 用户界面流程元素

| 元素 | 含义 |
|---|---|
| 屏幕 | 屏幕框包含一个描述了屏幕性质的名称。屏幕通常真的是一个屏幕，但也可能是一个弹出窗口、一个对话框或者一组屏幕。但是，一般不在图中包含弹出窗口和对话框，因为它们会造成混乱，而且一般也不会造成流程的改变 |
| UI触发器 → | 方向箭头连接不同的屏幕。箭头方向显示了屏幕之间流动的顺序。箭头上的文字指出是什么触发了向下一个屏幕的过渡 |
| 决定 | 决定步骤代表 UI 流程中基于不同状态的分支 |
| 分组 | 分组允许将 UI 流程划分为更小的部分，以方便阅读。通常，它们包围的一组屏幕具有通用的特性，而且该特性没有被分解为它自己的 UI 流程 |

在 UI 流程模板中，最起码要包含屏幕和代表屏幕之间导航路径的箭头。每个屏幕都至少要有一个进入它的箭头和至少一个离开它的箭头；否则没办法进入或离开该屏幕。一个例外是用户最初看到的屏幕，它可能没有箭头进入；以及在正常流程中看到的最后一个屏幕，它可能没有箭头离开。图 14-1 展示了一个 UI 流程模板，注意可以根据需要包含任意数量的屏幕和箭头。

当屏幕数量越来越多，对流程进行分析开始变得困难时，可以在图中添加"分组"符号。为了显示系统为控制用户看到的屏幕而做出的决定，可以在图中添加"决定"符号。一般来说，不应该在图中显示用户的选择，因为连接到其他屏幕的每个屏幕都有一个隐含的用户选择。图 14-2 是添加了所有这些符号的一个示例模板。

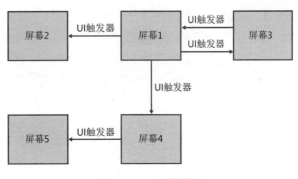

图 14-1 UI 流程模板

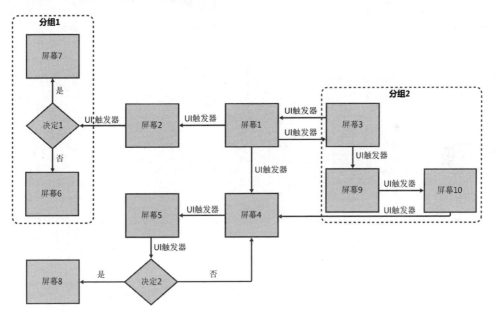

图 14-2 包含分组和决定符号的 UI 流程模板

**工具提示** UI 流程应该使用一个允许轻松操作形状的工具来创建。最常用的是 Microsoft Visio，但在某些需求管理工具中也能轻松地创建和操作这种流程。

## 14.2 示例

图 14-3 展示了一个知识竞赛系统的 UI 流程。在这个系统中，用户要参加一系列小测验。

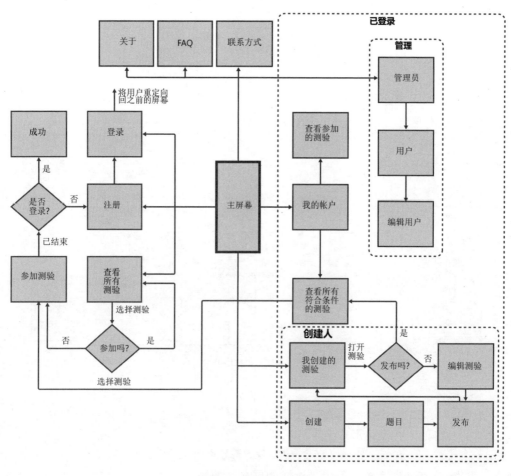

图 14-3 示例 UI 流程

图的中心是主屏幕（home screen）。在这里，用户可以导航到登录、注册、查看所有测验、查看关于公司的信息（关于）、查看常见问题（FAQ）以及查看联系方式。在主屏幕上的用户还可以导航到他们自己的账户信息，并在登录后查看他们的专属测验。最后，特定的用户可以创建测验和管理其他用户（要有相应的权限）。角色和权限矩阵（第 11 章）更深入地讨论了角色对特性的访问权限。

## 14.3 创建 UI 流程

图 14-4 描述了创建 UI 流程的过程。尽管这里为这些步骤推荐了一个顺序，但它们是迭代进行的，而且可能需要同时做其中的几个步骤，例如确定屏幕和它们之间的过渡。

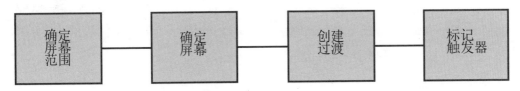

**图 14-4 创建 UI 流程的过程**

### 14.3.1 确定屏幕范围

UI 流程通常不需要涵盖系统中的每个屏幕。首先确定在它们之间有复杂导航逻辑的屏幕，以及需要用户浏览许多屏幕的高价值用户任务。可以根据以下标准来判断一个任务是否具有高价值：导航路径比较复杂；是经常执行的任务；或者是用户要执行的最重要的任务。对于这些高价值的任务，UI 导航必须清晰，以确保解决方案的成功。

如果流程不重要或者不明显，那么一些屏幕和导航集合就不应包含在 UI 流程中。例如，可能存在不需要包含的错误屏幕。可以使用第 15 章讲述的显示 - 操作 - 响应（display-action-response，DAR）模型，将那些不重要或者不明显的屏幕作为导致错误的屏幕的一种变化形式来采集。Wiegers 描述了一个相关的模型，即"对话图"。对于这种模型，他建议省略任何在整个系统中常见的标准屏幕，例如可以从任何屏幕启动的"帮助"菜单。原因是这样的屏幕会使整个图变得杂乱无章，同时又不会增加任何价值（2013）。

我们通过一个迭代过程来决定在每个 UI 流程中应包含系统的哪些部分。建议将 UI 流程分成几个部分，每部分涵盖的屏幕数大致为 7±2。可以使用分组符号或者额外的 UI 流程来实现这一点。本章之前的示意使用分组符号来显示用户登录状态下的特定屏幕、有管理员权限的用户能够访问的屏幕以及与创建测验相关的屏幕。最重要的是,要从用户的角度来考虑系统,并挑选逻辑分组来建模特定"过程流程"(第9章)或"用例"(第 10 章)的用户体验。这样一来,业务利益相关方就可以关注整个 UI 流程的那一部分,以衡量常规任务的可用性。

还可以使用 UI 流程的一个层次结构,就像第 9 章为过程流程解释的那样。可能需要多个级别的 UI 流程才能捕捉系统的全部屏幕,并使图的大小保持适中。如果使用了层次结构,那么可能只需要两个级别:一级(L1)和二级(L2)。其中,L1 级 UI 流程显示整个系统的 UI 屏幕,虽然有时会将具有共同特性的屏幕组归为一个屏幕。L2 UI 流程则显示系统的某个部分的屏幕,通常就是在 L1 UI 流程中分组的那些屏幕。在之前的示意中,我们可以先创建一个标有"创建测验"的屏幕框,然后用一个 L2 UI 流程来采集创建测验所需的屏幕。

## 14.3.2 确定屏幕

在确定了 UI 流程的范围之后,接着要确定所有相关的屏幕,并将它们作为屏幕框包含到图中。可以通过多种方法来确定屏幕。

- 确定最优先的过程流程或用例,并考虑执行这些用户任务需要哪些屏幕。
- 业务利益相关方可能已经对用户需要哪些屏幕来有效完成其任务有了很好的想法。UI 流程的初稿可以基于他们的意见。
- 如果是迁移或增强一个现有的系统,那么刚开始的时候可以直接将现有屏幕放到 UI 流程中。
- 如果已经有了 DAR 模型,那么刚开始的时候可以直接为这些模型中的所有屏幕创建屏幕框。
- 如果确定了驱动屏幕显示的复杂系统逻辑,就应该围绕这个逻辑创建屏幕。

在此过程中不断迭代以确定屏幕过渡和触发器时,可能发现更多需要添加到 UI 流程的屏幕。

### 14.3.2.1 绘图

为屏幕命名时,要使用业务利益相关方能够理解的名字。如果已经做了 UI 设计工作,就直接使用那些屏幕名称。如果有 DAR 模型,那么两种模型都应使用相同的屏幕名称。最后,如果需要创建一个新屏幕,就使用浅显易懂的名称来描述屏幕所提供的特性,尽量使用名词,而且词的数量要尽可能少。例如,"参加测验"

是指用于参加测验的页面，而"成功"是指在用户参加测验后向其显示成功消息的页面。

UI 流程模板和本章之前给出的示意都在中心位置显示了一个"主屏幕"，并有箭头指向其他屏幕。在许多系统中，用户并不是以一致的顺序在屏幕之间导航的（例如，一个网站的菜单允许访问者在任何时候跳转到某个最上层特性）。所以，不应向用户暗示一个不存在的顺序。在你创建的 UI 流程中，如果中心位置是一个主要的起始屏幕，那么可以考虑让这个主屏幕框稍大于其他屏幕框，使其视觉上更突出，就像之前的示意展示的那样。

如果要以一致的流程穿越所有屏幕，那么可以像"过程流程"那样从左到右排列它们。这种情况在 L2 UI 流程中较为常见。在图 14-5 的流程中，显示了如何在一个注册过程中顺序查看屏幕。

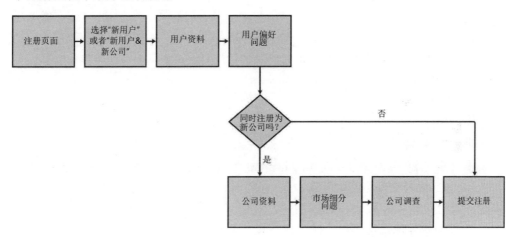

图 14-5 顺序 UI 流程

### 14.3.2.2 屏幕的构成

如果使用一个 UI 流程来帮助确定一个新 UI 的屏幕，那么需要考虑好一个单独的屏幕应包含多少特性。这些考虑会影响系统的使用性（usability）。

- 如果将太多特性放到一个屏幕上，这个屏幕可能会使用户感到困惑。
- 如果在一个屏幕上放的特性太少，用户就不得不点击太多的屏幕来完成任务，这可能对系统的采用造成负面影响。

最后，可能需要对屏幕进行原型设计，并和用户一道进行测试，以了解他们的偏好。将屏幕映射到过程流程，有助于对拟议的屏幕布局的可用性进行度量。

在 UI 流程中包含屏幕时，建议不要包含屏幕的每种变化。例如，UI 设计师可能会根据用户想要创建的问题的类型来设计三个版本的测验题创建屏幕。但在 UI 流程中，可以只包含一个这样的屏幕。屏幕的变化可以用一个 DAR 模型来描述。不过，在某些情况下，一个特定的屏幕可能会根据系统的状态而有很大的变化。在这种情况下，可以在 UI 流程中制作单独的屏幕。以列出用户所有测验题的屏幕为例，相较于只能参加测验的用户，有权限创建测验的用户看到的屏幕会有很大的不同。不必纠结于非要在 UI 流程中用屏幕框完美复制具体实现中的系统屏幕。

## 14.3.3 创建过渡

许多屏幕都有多个导航路径，正常的想法是把它们都包括进去，至少对于最常见的导航路径是这样。在屏幕之间画箭头线来表示流动方向。将相关的屏幕组织到一起，以减少交叉线并提高可读性。创建屏幕之间的过渡时，可能需要在图中移动屏幕。

### 14.3.3.1 确定过渡

为了确定屏幕之间的过渡，可以考察 UI 流程中的每个屏幕，确定从它可以到达其他哪些屏幕。

还应通过走查（walk through）过程流程或者用例，以确定用户将访问哪些屏幕来执行任务，以及访问这些屏幕的顺序。如前所述，首先对高价值的流程做这项工作。但是，通过走查所有过程流程和用例，我们可以确保找出了所有导航路径。在确定屏幕间的过渡时，要记得考虑替代路径和例外（异常）路径（Gottesdiener 2005，Wiegers 2013）。

如果当前是要替换或增加现有系统的特性，那么可以直接拿现有的系统屏幕来创建初始的 UI 流程。然后和用户协作，一起来理解新系统中的流程应该如何修改。

记住，UI 设计是一项专业技能，许多系统都需要 UI 设计师的参与来确保可用性。在这种情况下，UI 设计师也应该参与创建 UI 流程。

### 14.3.3.2 在图中添加过渡

记住，大多数屏幕至少都包含一个进入箭头和一个离开箭头。最开始的屏幕（可能有多个）允许没有进入箭头。为了在图中对此进行强调，请使用一个较大的、加粗的方框，具体可参见图 14-3 示例 UI 流程的"主屏幕"框。如果一个屏幕是供用户退出系统或者返回主屏幕，那么可以没有退出屏幕框的路径。

　　如果要在图中包含可从任何地方到达的屏幕，而且该屏幕可以导航到任何地方，那么就要小心，不要在 UI 流程中添加太多的过渡。在这种情况下，可以包含一个访问该屏幕的主要导航路径。在之前的示意中，知识竞赛网站在标题栏提供了一个"联系方式"链接，该链接随时都能点击。所以，UI 流程包含了一个从主屏幕到"联系方式"屏幕的导航路径。但是，如果在图中包含从每个屏幕到"联系方式"屏幕的导航路径，或者从"联系方式"屏幕到其他任何屏幕的导航路径，那么只会给这张图带来不必要的混乱。可以在需求中进一步明确这些类型的细节。

　　对于一些屏幕，如果其离开时的导航路径取决于用户从哪里进入，那么可以为其添加一个过渡箭头，但不指向任何屏幕，并相应地进行标注。例如，如果用户可以从多个屏幕进入一个登录屏幕，而你想让用户在登录后回到他 / 她来的地方，九台可以创建一个如图 14-6 所示的过渡箭头。

图 14-6　重定向到用户所在的屏幕

### 14.3.3.3　分支

　　任何屏幕都可以有多条线离开它，并去到其他多个屏幕。这表明用户可以选择这些导航路径中的任何一条。如果用户在多个导航路径中做出某个选择的原因不明显，请添加"触发器"标签来澄清用户的意图。

　　某些情况下，系统会根据系统的状态来决定带用户去哪个屏幕。如果这个逻辑在图中不明显，就需要添加决策符号来显示系统评估的是什么。在之前的知识测验示意中，当用户参加测验后，系统会评估用户是否已经登录，并相应地将用户引导至"成功"屏幕或者"登录"屏幕。如图 14-7 所示，从决定菱形出去的过渡线上的标签指明了系统的评估逻辑。

　　UI 流程之所以不使用"决定"来表示用户在浏览屏幕时做出的选择，原因是这种图不是为了显示用户的思考过程。UI 流程显示的是系统做了什么来决定它要显示的屏幕。要想反映用户的思考过程，请将 UI 流程与过程流程或者用例结合起来使用。

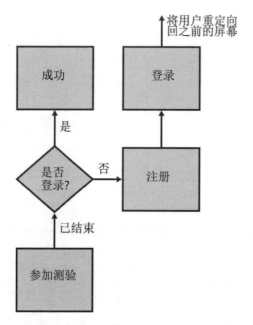

图 14-7  将用户重定向回用户之前的位置

### 14.3.4  标记触发器

　　每个过渡箭头都可以标记导致该屏幕过渡的触发器。触发器由用户行动或系统行动生成。如果屏幕的过渡是由用户发起的，那么触发器应该用一个动词来描述用户所做的事情，例如"打开测验"。

　　如果触发器是显而易见的，那么箭头就不需要标记触发器。在之前的示意中，从主屏幕到关于屏幕的过渡是很明显的，所以不必标记一个"单击关于"。

　　如果使用了触发器标签，同时用户可以在两个屏幕之间来回切换，那么使用两条线来标注触发器——每个方向一个。图 14-8 展示了一个示意。

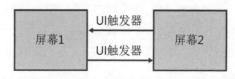

图 14-8  用多个触发器显示用户在屏幕之间的来回切换

## 14.4 使用 UI 流程

为了向业务和技术团队传达用户将如何在整个系统中导航，UI 流程是一个很好的模型。UI 流程有助于确定导航，验证导航路径，并优化可用性。

### 14.4.1 确定导航

设计 UI 时，可以利用 UI 流程来确定屏幕之间如何导航。我们需要逐个检查过程流程和用例，以创建屏幕之间的导航。如果有现成的屏幕，就可以使用 UI 流程来回答诸如"从这里可以去哪里？"这样的问题。如果没有 UI 流程所提供的导航视图，像这样的问题人们是很难回答的。

### 14.4.2 验证导航

即便有了一个建议的 UI 流程，也仍然可以逐个检查过程流程和用例，来体会用户看到的是什么屏幕。这有助于发现任何令人困惑的路径，或者发现缺失的屏幕和执行用户任务所需的屏幕过渡。在项目的早期发现这些问题，有助于避免未来出现潜在的可用性问题（Gottesdiener 2005）。如果已经有 UI 设计师创建了导航，而你想配合业务来加以验证，这样做就特别有用。

即使不需要理解为什么用户的任务会导致他 / 她导航到一个屏幕，也可以检查一下 UI 流程，并注意到不一致的地方或者不知道会去到哪里的屏幕。对于之前讨论的知识测验示意，如果发现有一些屏幕没有离开的箭头，那么要么这些导航路径很明显（例如返回主屏幕的路径），要么它们确实是用户的最终屏幕。如果这两个理由都不成立，就表明屏幕存在错误。

还可以使用 UI 流程来验证系统逻辑是否设置为允许用户到达所有屏幕。

### 14.4.3 优化可用性

UI 流程帮助我们发现一些能提升效率的地方，从而对可用性（usability）进行优化。如果某个任务需涉及大量屏幕过渡，那么或许应该仔细检查一下，找出精简这些任务的方法，减少需涉及的屏幕数量。

每个 UI 流程还显示了用户在任何特定屏幕上的选项范围。你可能发现，用户需要额外的路径来访问某个屏幕。例如，在"确认订单"屏幕中，如果没有提供跳转到"购物车"屏幕的选项，就可能需要增加到后者屏幕的过渡，以允许用户在确认订单之前快速编辑购物车。像这样的可用性改进是很难从一个长长的、关于导航的需求清单中发现的，也不太可能仅仅通过观察单独的屏幕来发现。

### 14.4.4 开发测试用例

每个 UI 流程都可以用来确定如何测试解决方案，因为它显示了完成任务的重要导航路径。测试用例可以非常具体的说明用户应该看到什么屏幕（Gottesdiener 2005）。

### 14.4.5 推导需求

UI 流程不是用来直接推导需求的，但它们有助于发现缺失的屏幕或导航路径，进而促使你用新的需求创建新的 DAR 模型。UI 流程还有助于确保过程流程和用例的完整性。如果有一些屏幕没有映射到一个过程流程，就表明可能缺少相应的过程流程。

### 14.4.6 何时适用

如果用户需要与系统进行交互来执行跨越多个屏幕的任务，那么 UI 流程就很有帮助。UI 流程的一些合理应用包括设计新 UI、描述现有 UI 以及验证导航路径。

如果你或者其他团队需要创建新屏幕，请创建 UI 流程来确定所需的屏幕。不过，UI 流程也可以在确定好屏幕并且做好模型之后创建。如果还要创建 DAR 模型，那么先创建 UI 流程，然后在创建 DAR 时使用它，这有助于将 DAR 联系到一起，确保对所有屏幕的完全覆盖。

### 14.4.7 何时不适用

UI 流程并非一定要创建。如果没有 UI，只有很少的屏幕，UI 不是很复杂，或者只有很少的用户访问 UI，就可能不需要一个 UI 流程。例如，嵌入式系统一般都没有 UI 流程。

## 14.5 常见错误

下面列出了关于 UI 流程最常见的错误。

### 14.5.1 包含太多细节

创建 UI 流程时，在描述屏幕和屏幕间的过渡时不要包含太多细节。UI 流程的作用并不是要对每个屏幕进行完整的描述——那是 DAR 模型的作用。另外，如果对读者理解系统如何工作没有帮助，就不要将屏幕之间的每一个过渡都包含进来。如果事无巨细地列出连接每个可能的屏幕的过渡线，甚至列出那些显而易见的过渡，那么最后的图可能变得无法阅读。

### 14.5.2 包含不重要的细节

必须做出自己的判断：两个屏幕是否唯一，是否要在 UI 流程中包括一个屏幕，以及屏幕之间的一个过渡是否值得添加。为了做出这些决定，要考虑这个屏幕或过渡在 UI 流程中的作用——它是否有助于确定、验证或改进一个导航路径。

### 14.5.3 放着 UI 专家不用

最后，将复杂的 UI 设计留给 UI 设计师是很重要的。这些团队成员能帮助为用户创建一个可用的导航路径。

## 14.6 相关模型

对话图（dialog map）、导航图（navigation map）和故事板（storyboard）与 UI 流程相似，虽然它们的符号和范围可能有所不同（Wiegers 2013）。有时，会为了专注于几个过程流程或用例（而不是全套屏幕）而创建对话图（Gottesdiener 2005）。故事板也能显示在特定场景下经过一系列屏幕的流程，而且这种图会显示关于屏幕的更多细节。

下面简要描述影响 UI 流程或者由 UI 流程增强的一些最重要的模型。第 26 章会对所有这些相关模型进行更深入的讨论。

- 过程流程和用例：描述用户在屏幕之间导航时将执行的任务。
- 显示 - 操作 - 响应模型：提供关于屏幕显示和行为的详细需求。
- 角色和权限矩阵：提供关于哪些角色可以访问屏幕、特性或菜单的详细需求。

## 练习

　　以下练习可以帮助你更好地理解如何使用这种模型。练习是开放式的，因此你的答案可能与我们提供的答案大不相同。可能存在许多正确的解决方案。在答案中，我们对如何得出解决方案进行了解释。在看答案之前，你可以先尝试自己做一下，这样练习的收获最大。练习答案可以在附录 C 中找到。

**说明**

　　为以下场景准备一个 UI 流程。

**场景**

　　你正在做一个项目，向全球 200 万用户推出一个新的网店（eStore）。网店将提供浏览和搜索特性，以便用户找到火烈鸟和其他草坪摆件。有一个购物车，用户可以在其中查看他们选择的商品。还有一个结账过程来完成订单。网店还将包含"我的账户"信息，用户可以从中看到自己的个人资料、历史订单和订单跟踪。最后，网店还有一个 FAQ 屏幕和一个"联系我们"屏幕。

## 其他资源

- Wiegers（2013）的 4.8 节介绍了对话图（Gottesdiener 2005）。
- Wiegers（2013）的第 12 章也讨论了对话图。
- Ambler 在网上发表了一篇文章，总结了他在 *The Object Primer* 一书中讨论的 UI 流程，特别强调了它们与敏捷的关系。
- Leffingwell and Widrig（2003）的第 12 章讲解了故事板。

## 参考资料

- Ambler, Scott W. User Interface Flow Diagram (Storyboards). http://www.agilemodeling.com/artifacts/uiFlowDiagram.htm
- Gottesdiener, Ellen. 2005. *The Software Requirement Memory Jogger.* Salem, NH: Goal/QPC.
- Leffingwell, Dean, and Don Widrig. 2003. *Managing Software Requirement: A Use Case Approach. 2nd Edition*. Reading, MA. Addison-Wesley Professional.
- Wiegers, Karl E. 2013. *Software Requirement, Third Edition.* Redmond, WA: Microsoft Press.

# 第 15 章 显示 - 操作 - 响应

▶ **场景：建房子**

当你决定建造一栋房子时，建筑师会先询问一些问题来了解你的生活方式，以便更好地了解你想要如何使用这栋房子。她可能会问你孩子多大了、你平时要做什么活动以及你的日常生活是什么样子的。在方案设计阶段，建筑师会根据你的回答生成一系列草图，让你了解她对你的房子有哪些想法。

在决定了总体规划之后，就进入了设计开发阶段。在这个阶段，建筑师会绘制更详细的图纸，包括准确的比例、平面图以及要使用的建材。在你批准了设计开发文件后，建筑师就会开始准备带有详细结构测量数据的施工文件，以及电气和机械原理图，也称为蓝图。

每一阶段都需要做更多的工作，改动的成本也变得越来越高。一些建筑师在设计开发阶段制作的是手绘效果图，另一些建筑师则制作了 3-D 数字模型，你可以在虚拟现实环境中穿行。在虚拟空间中穿行时，可以感受到空间尺度，特别是虚拟空间里摆放了家具，并且用正确的材料装饰时。可以打开门，以帮助确定门应该朝哪个方向开，可以测试视线，甚至可以体验全天和所有季节的光照。■

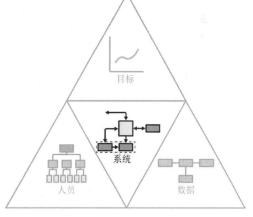

显示 - 操作 - 响应（display-action-response，DAR）模型是一种 RML 系统模型，它允许你系统地记录系统如何以有效的方式显示以下内容。

1. 屏幕中依赖数据的用户界面（UI）元素。

2. 系统如何对用户可以采取的行动做出响应。

DAR 模型用来推导 UI 相关的需求和业务规则。可用它们定义用户和系统中的 UI 元素之间的所有可能的有效操作和响应。通过描述一个屏幕上的所有 UI 元素，我们可以确保从 UI 推导出的需求的完整性。

UI 质量可能是软件成败的关键。从需求的角度来看，业务分析师和业务利益相关方应重点关注 UI 的可用性，确保软件能提供对业务过程的完全支持，并最终实现组织的业务目标。

记录 UI 需求的一个常见方法是使用屏幕截图来标注那些不显眼的元素。有的时候，如果运气好的话，会在需求清单中看到附带了屏幕截图的"应……"陈述。通常，UI 和需求在文档中没有链接到一起，这使读者很难解释和核实是否正确定义了所有细节。图 15-1 中包含一个屏幕截图和一组相应的需求，它证明了很难通过阅读这个清单来确定其中是否存在任何遗漏。

需求文档
- 如果用户已经登录，系统应根据用户类型显示左侧导航菜单。
- 系统应在左侧导航菜单中为所有已登录用户显示"我的个人资料"。
- 如果用户是企业用户，系统应在左侧导航中显示公司资料。
- 如果用户是企业用户，系统应在左侧导航中显示应付发票。
- 系统应根据用户类型显示特色产品。
- 如果用户没有登录，系统应显示默认的特色产品。
- 如果用户没有登录，系统应显示登录按钮。
- 如果用户已经登录，系统应显示注销按钮。
- 系统应在左侧导航中为所有已登录用户显示"跟踪包裹"。
- 如果用户没有登录，系统应显示默认的左侧导航菜单。
- 系统应根据用户的购买历史为所有已登录用户显示特色产品。
- 系统应该有一个提交选项。

图 15-1 线框图的 UI 需求，读起来实在太难！

软件 UI 的显示和操作通常由系统中对象的前置条件（precondition）驱动。针对所有元素，DAR 模型既能捕捉到它们的显示方式，又能捕捉到系统如何根据前置条件对这些元素上发生的用户操作做出响应。以下陈述句是一些简单的显示规则的示意：如果用户的状态是"未登录"，那么显示"一个登录"链接。如果用户的状态是"已登录"，那么显示"注销"链接。一个相应的元素行为的示意是：当用户"单击登录链接"时，会造成 UI 的进一步变化。例如，也许会将用户带到一个登录屏幕。

过程流程（第 9 章）、用例（第 10 章）和 UI 流程（第 14 章）都显示了可能通过系统中多个不同屏幕的行动线索。DAR 模型显示的则是单一屏幕，以及用户在该屏幕上进行特定操作后 UI 的表现。

## 15.1 DAR 模型模板

DAR 模型由 UI 屏幕布局和相应的元素表格（element table）组合而成。UI 元素是 UI 中的一个实体，它具有依赖于数据的显示或行为属性。UI 元素的示意包括按钮、显示表格（display table）、图像或者复选框等。每个存在需求的 UI 元素都应该有自己的元素表格。屏幕布局可以采用从低保真线框到高保真屏幕设计的任何形式。图 15-2 展示了每种形式的示意。

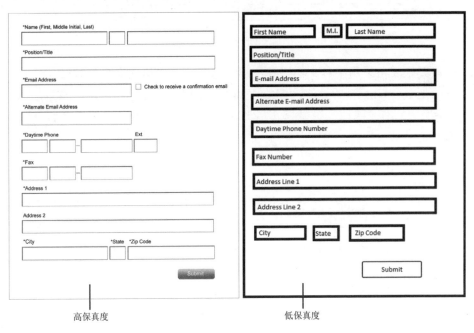

图 15-2 高保真和低保真屏幕布局

至于屏幕布局的详细程度，要由项目类型和可用的资源决定（Rudd and Isensee 1996）。无论什么等级的屏幕细节，DAR 模型都工作得都一样好。

图 15-3 展示了 DAR 模型的元素表格模板。每个 UI 元素表格都分为三部分：UI 元素描述，UI 元素显示以及 UI 元素行为。所有这些都会在本节剩余部分详细介绍。

| UI 元素：< 元素名称 > | | |
|---|---|---|
| **UI 元素描述** | | |
| ID | < 线框中元素的唯一 ID > | |
| 描述 | < 元素描述；可以包含元素的屏幕截图 > | |
| **UI 元素显示** | | |
| 前置条件 | 显示 | |
| < 前置条件 1> | < 元素在前置条件 1 下的显示 > | |
| < 前置条件 2> | < 元素在前置条件 2 下的显示 > | |
| **UI 元素行为** | | |
| 前置条件 | 操作 | 响应 |
| < 前置条件 1> | < 用户操作 1> | < 前置条件 1 下的系统响应 > |
| < 前置条件 2> | < 用户操作 1> | < 前置条件 2 下的系统响应 > |
| < 前置条件 1> | < 用户操作 2> | < 前置条件 1 下的系统响应 > |
| < 前置条件 2> | < 用户操作 2> | < 前置条件 2 下的系统响应 > |

**图 15-3 UI 元素表格模板**

如果元素表格采用某种文档格式，那么每个元素表格在命名的时候，都要明确它引用的是哪个 UI 元素。另外，可以在元素表格中包含元素的一个屏幕截图。而且，如果"显示 - 操作 - 响应"模型以文档形式创建，那么最好是在图像之后立即添加相应的各个元素表格。

## 15.1.1 UI 元素描述

表格中的"UI 元素描述"部分用唯一的标识符和一个简要的描述来标识屏幕元素。表格顶部也显示了元素的一个简单名称。如果 ID 乍一看没什么意义的话，这个名称很有用了。唯一 ID 的模式（schema）在所有 UI 元素表格中都要一致。

## 15.1.2 UI 元素显示

表格中的"UI 元素显示"部分描述了元素在各种前置条件下如何在屏幕上显示。这个部分的每一行都包括元素对应于特定前置条件的显示属性。前置条件

（precondition）可能包括用户的状态、用户之前采取的行动、特定业务数据对象的值或者影响元素显示方式的运行时决策。一个显示元素除非会显示数据，或者具有影响元素显示方式的前置条件，否则不要在元素表格中记录它。那些以相同方式显示的静态元素不要记录到元素表格中，因为屏幕布局已经把它们充分地显示出来了。

### 15.1.3 UI 元素行为

表格中的"UI 元素行为"部分用来定义系统的行为，它们是在元素处于不同前置条件时，用户对元素进行操作的结果。和"UI 元素显示"部分相似，这部分的每一行都包括一个前置条件和用户对该元素的一个操作。"操作"属性确定了用户所采取的操作，"响应"属性则描述了系统对这个操作的响应。

> **工具提示** 元素表格经常使用 Microsoft Word、Microsoft Excel 或需求管理工具来创建。屏幕布局可用任何图像处理软件、Microsoft PowerPoint 或者作为扫描件来创建。理想情况下，屏幕布局和所有元素表格最终都在需求管理工具中完成，而不是作为一个文档来创建。这样一来，元素表格就可以直接与屏幕中的元素链接。

## 15.2 示例

某分析师团队为某个知识测验网站的重新设计创建了需求。原始网站的用户流量很大；因此，企业聘请了一个可用性团队来帮助创建 UI 屏幕。当务之急是，开发团队要正确构建用户界面。开发人员能直接从线框图中获得正确的可视化设计，但他们还必须了解用户界面是如何运作的，而这一点单看线框图并不明显。分析师们开发了 DAR 模型来捕捉实现团队需要的细节。图 15-4 展示了来自该项目的一个示例线框。

图 15-4 中的屏幕布局元素，图 15-5 到图 15-7 展示了几个示例 DAR 元素表格，它们基于用户类型有不同的显示和行为。图 15-5 展示了导航栏的 UI 元素表格。根据用户是参加测验的人员、管理员还是测验创建者，导航栏有不同的显示。图 15-6 展示了用于创建测验的文本输入 UI 元素。文本框的行为比较有意思。图 15-7 是用于选择测验开始和结束日期的元素表格。

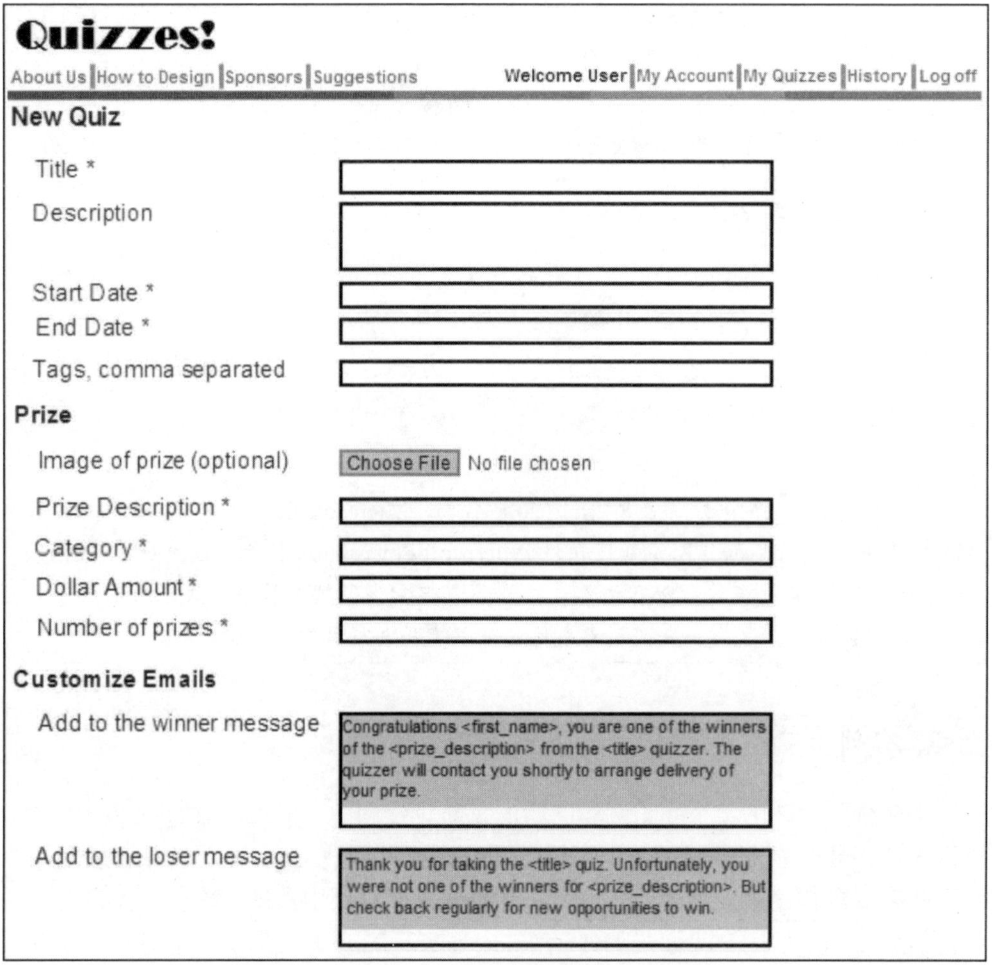

# Quizzes!

About Us | How to Design | Sponsors | Suggestions          **Welcome User** | My Account | My Quizzes | History | Log off

## New Quiz

Title *

Description

Start Date *

End Date *

Tags, comma separated

## Prize

Image of prize (optional)     [Choose File] No file chosen

Prize Description *

Category *

Dollar Amount *

Number of prizes *

## Customize Emails

Add to the winner message

Congratulations <first_name>, you are one of the winners of the <prize_description> from the <title> quizzer. The quizzer will contact you shortly to arrange delivery of your prize.

Add to the loser message

Thank you for taking the <title> quiz. Unfortunately, you were not one of the winners for <prize_description>. But check back regularly for new opportunities to win.

图 15-4 示例 UI 屏幕布局

| UI 元素：导航栏 | |
|---|---|
| **UI 元素描述** | |
| ID | ELMT_0045 |
| 描述 | 包含到各种用户信息和特性的链接的导航栏 |
| **UI 元素显示** | |
| 前置条件 | 显示 |
| 始终 | 公司 Logo<br><br>"About Us"（关于我们）链接<br><br>"How to Design"（如何设计）链接<br><br>"Sponsors"（赞助商）链接<br><br>"Suggestions"（建议）链接<br><br>"Welcome" <user's name>（"欢迎"<用户姓名>）<br><br>"My Account"（我的账户）链接<br><br>"My Quizzes"（我的测验）链接<br><br>"History"（历史）链接<br><br>"Log on"（登录）或"注销"链接<br><br>**Quizzes!**<br><br>About Us\|How to Design\|Sponsors\|Suggestions　　Welcome User\|My Account\|My Quizzes\|History\|Log off |
| <User.role><br>具有管理员<br>权限 | 在 Log off 链接左侧添加 Admin（管理）链接<br><br>Admin\|Log off |
| <User.role><br>是创建人 | 在 My Quizzes 链接右侧添加 Create Quiz（创建测验）链接<br><br>My Quizzes\|Create Quiz\|History\|Log off |
| **UI 元素行为** | |

| 前置条件 | 操作 | 响应 |
|---|---|---|
| 始终 | 选择任意链接 | 将用户带到相应页面 |

图 15-5 导航栏 DAR

| UI 元素："创建测验"文本框 | |
|---|---|
| **UI 元素描述** | |
| ID | ELMT_0046 |
| 描述 | 用于创建测验题目的文本框 |
| **UI 元素显示** | |
| 前置条件 | 显示 |
| 始终 | "Title"（标题）文本框<br>"Description"（描述）文本框，包含默认文本："Enter description here"（在这里输入描述）<br>"Start Date"（开始日期）文本框<br>"End Date"（结束日期）文本框<br>"Tags, comma separated"（标记，以逗号分隔）文本框<br>"Image of prize (optional)"（奖品图片 ( 可选 )）文本框<br>"Prize description"（奖品描述）文本框<br>"Category"（分类）文本框<br>"Dollar Amount"（美元金额）文本框<br>"Number of prizes"（奖品数量）文本框<br>"Add to the winner message"（向赢家显示的消息）文本框，带有建议的默认消息<br>"Add to the loser message"（向输家显示的消息）文本框，带有建议的默认消息 |

| **UI 元素行为** | | |
|---|---|---|
| 前置条件 | 操作 | 响应 |
| 始终 | 用户在没有默认消息的文本框中输入 | 在文本框中显示用户输入。 |
| 始终 | 用户单击带有默认消息的文本框 | 清除默认文本，准备显示用户输入的文本。 |
| 始终 | 用户在带有默认消息的文本框中输入 | 保留建议的默认消息，用户新输入的文本附加到消息末尾。 |

**图 15-6 测验创建页面的文本字段的元素表格**

| UI 元素："开始日期"和"结束日期"文本框 | |
|---|---|
| **UI 元素描述** | |
| ID | ELMT_0047 |
| 描述 | 显示日历，供选择开始日期和结束日期 |
| **UI 元素显示** | |
| 前置条件 | 显示 |
| 始终 | "Start Date"（开始日期）和"End Date"（结束日期）文本框，以及供选择日期的日历控件<br> |

| **UI 元素行为** | | |
|---|---|---|
| 前置条件 | 操作 | 响应 |
| 始终 | 选择 Start Date 或 End Date | 显示当前月的动态日历 |
| 始终 | 从日历中选择日期 | 用当前选择的日期填充日期文本框，形式为 YYYY-MM-DD |

图 15-7 开始日期和结束日期字段的元素表格

## 15.3 创建 DAR 模型

为了创建 DAR 模型，请将每个屏幕布局分解为其基本组成元素。然后，每个数据依赖或交互式屏幕元素都用一个元素表格来描述。屏幕元素可以包括文本块、按钮、链接、表格、表格行/列以及图标。

图 15-8 展示了创建 DAR 模型的过程。从 UI 元素表格的 ID 和描述部分开始，然后填写显示和行为部分。为屏幕上的每个元素都重复该过程。

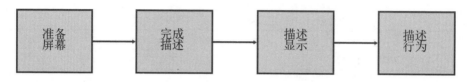

图 15-8 DAR 模型的创建过程

## 15.3.1 准备屏幕

如果已经有一个 UI 流程，那么可以用它来确定哪些屏幕需要 DAR 模型。很可能你的 UI 流程中的每个屏幕都应该有一个关联的 DAR 模型。

必须决定两个屏幕的差别是否足够大，值得作为单独的屏幕来对待。通常，如果两个屏幕在显示上只有细微的变化，那么可以把它们当作一个屏幕，并使用 DAR 模型来捕捉显示上的差异。例如，如果多个客户类型有相似的屏幕布局，但又存在细微差别，那么可以用一个屏幕布局来代表所有客户，同时在线框图上引出标注，以说明随用户类型不同而发生的变化。然后，在一个元素表格中，将这些用户类型在显示和行为上的差异一起描述。

DAR 模型无论怎样都有用，屏幕布局不一定要进行什么美学设计。就连白板画也可以扫描并用于模型。理想情况下，团队可以对屏幕设计进行迭代，在屏幕足够接近最终状态时，就交给需求团队，他们将具化 DAR 模型中的 UI 需求。

如果屏幕元素不超过 7±2 个，可以把屏幕作为一个整体，对完整屏幕中的每个元素进行分析。然而，如果屏幕元素超过 10 个，就可能需要将完整的屏幕细分为几大块来进行分析。如果对屏幕进行了细分，请包括一张全屏布局图片，并标出它的各个部分，如图 15-9 所示。然后，将屏幕布局的每一部分都作为单独的屏幕来处理，为屏幕的每个部分都添加一套元素表格。

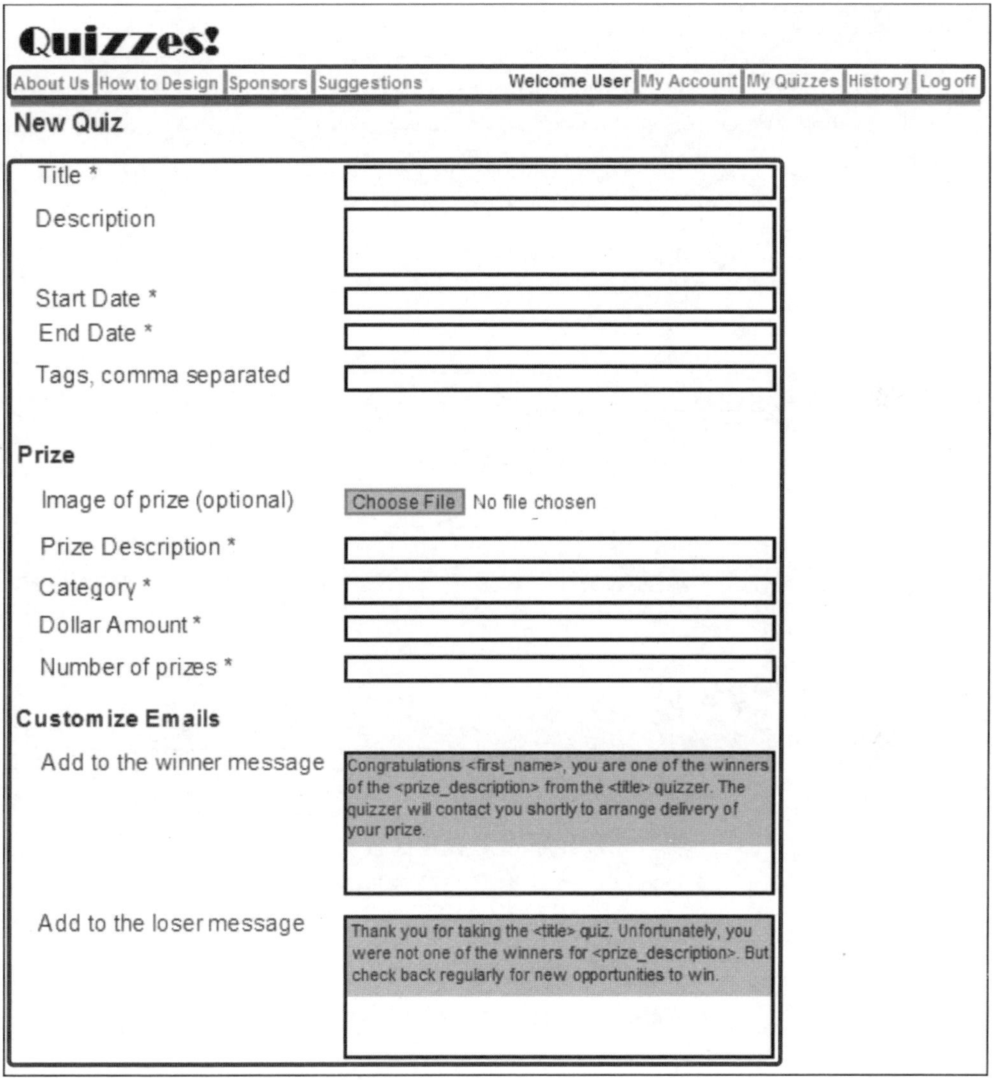

# Quizzes!

About Us | How to Design | Sponsors | Suggestions　　Welcome User | My Account | My Quizzes | History | Log off

## New Quiz

Title *

Description

Start Date *

End Date *

Tags, comma separated

### Prize

Image of prize (optional)　[ Choose File ] No file chosen

Prize Description *

Category *

Dollar Amount *

Number of prizes *

### Customize Emails

Add to the winner message

> Congratulations <first_name>, you are one of the winners of the <prize_description> from the <title> quizzer. The quizzer will contact you shortly to arrange delivery of your prize.

Add to the loser message

> Thank you for taking the <title> quiz. Unfortunately, you were not one of the winners for <prize_description>. But check back regularly for new opportunities to win.

图 15-9　一个细分的屏幕布局

## 15.3.2 创建 UI 元素描述

为方便引用和讨论，元素名称应该浅显易懂。为每个元素表格分配唯一的标识符。可以自己确定唯一标识符（ID）的格式，或者让需求工具自动生成。然后，将 ID 模式应用于所有元素表格。例如，ID 可能使用像 ELMT_xxxx 这样的格式，其中 ELMT 是"元素"的意思，xxxx 是下一个可用的唯一编号。"描述"属性应该是一个简单的陈述句，解释该元素是什么和做什么。图 15-10 展示了表格的 UI 元素描述部分。

| UI 元素："开始日期"和"结束日期"文本框 | |
|---|---|
| UI 元素描述 | |
| ID | ELMT_0047 |
| 描述 | 显示日历，用来选择开始日期和结束日期 |

**图 15-10 UI 元素描述**

这一部分的属性主要是描述性的，表格中最重要的属性是描述元素如何显示或在特定前置条件下的行为的那些。

## 15.3.3 创建 UI 元素显示

在如图 15-11 所示的表格中，"UI 元素显示"部分用来定义元素在各种前置条件下的显示方式。这一部分的每一行都应描述在一个不同的前置条件下的显示。在"前置条件"属性中，应填写导致显示发生变化的任何信息。例如，如果用户分为三种不同的类型，而一个元素针对每种类型的用户都有不同的显示，那么就应该在表格的这一部分创建三行。在"显示"属性中，应填写关于元素如何显示的文本描述，或者提供特定屏幕元素的屏幕截图。可以在状态表和状态图中查找状态来找出具体的前置条件。另外，业务数据图和数据字典列出了可能存在于前置条件中的业务数据对象或字段。

有的时候，显示中会包含一个嵌套的数据元素（例如数据表），带有作为记录的行和作为单独字段的列。在这种情况下，创建一个 UI 元素表格来描述这些行是如何显示的。在该表格中，要描述行如何筛选和排序，以及默认显示多少个元素。另外，为基于不同前置条件以不同方式显示的每个字段都创建一个表格。例如，如果数字在 -1~1 之间，那么一个数值字段可能会在小数点前显示一个前导零，否则不显示前导零。

| UI 元素显示 | |
| --- | --- |
| 前置条件 | 显示 |
| 始终 | 公司 Logo<br>"About Us"（关于我们）链接<br>"How to Design"（如何设计）链接<br>"Sponsors"（赞助商）链接<br>"Suggestions"（建议）链接<br>"Welcome "<user's name>（"欢迎"<用户姓名>）<br>"My Account"（我的账户）链接<br>"My Quizzes"（我的测验）链接<br>"History"（历史）链接<br>"Log on"（登录）或"注销"链接<br><br>**Quizzes!**<br>About Us\|How to Design\|Sponsors\|Suggestions　　　Welcome User\|My Account\|My Quizzes\|History\|Log off |
| <User.role><br>具有管理员<br>权限 | 在 Log off 链接左侧添加 Admin（管理）链接<br><br>Admin\|Log off |
| <User.role><br>是创建人 | 在 My Quizzes 链接右侧添加 Create Quiz（创建测验）链接<br><br>My Quizzes\|Create Quiz\|History\|Log off |

图 15-11 "UI 元素显示"部分显示了不同的前置条件

## 15.3.4 创建 UI 元素行为

表格的"UI 元素行为"部分描述了用户在各种前置条件下采取单一操作后系统的即时响应。和"UI 元素显示"部分一样，在表格的这一部分中，每一行都代表不同前置条件和用户对该元素的操作的组合。"前置条件"是系统中可能导致 UI 行为发生变化的任何信息。"操作"属性记录了用户可能的操作。"响应"属性则描述了在指定前置条件下，系统对用户操作的响应。图 15-12 展示了表格的"UI 元素行为"部分。

| UI 元素行为 | | |
|---|---|---|
| 前置条件 | 操作 | 响应 |
| 始终 | 用户在没有默认消息的文本框中输入 | 在文本框中显示用户输入。 |
| 始终 | 用户单击带有默认消息的文本框 | 清除默认文本，准备显示用户输入的文本。 |
| 始终 | 用户在带有默认消息的文本框中输入 | 保留建议的默认消息，用户新输入的文本附加到消息末尾。 |

图 15-12 "UI 元素行为"部分

### 15.3.5 元素表格创建准则

下面是创建元素表格时的其他准则和提示。

- 对于那些不根据前置条件改变其显示或行为的元素，前置条件值应标记为"始终"，以表示它的行为总是一样的。记住，只有那些显示了数据，或者其显示 / 行为因前置条件或行动而变的屏幕元素，我们才为它创建 DAR 模型。固定文本或其他不可改变的对象一般不需要元素表格。
- 如果元素的显示依赖于数据，但没有行为，在行为部分的所有列中都填上"不适用"或者"无"。
- 如果元素在多个前置条件下有完全相同的显示或行为，那么把这些前置条件放到一起，都在一行中列出。
- 围绕字段验证的业务规则包含在数据字典中。最好使用第 21 章描述的 < 对象 . 字段 > 表示法来引用数据字段，而不是将验证规则复制到 DAR 模型。另外，如果在模型中引用了任何字段值，请使用 < 对象 . 字段 > 表示法。

## 15.4 使用 DAR

俗话说，"一图胜千言"，这放在 DAR 模型上也非常贴切。如前所述，UI 需求通常仅仅作为一个由屏幕截图来补充的需求清单来采集。但这种方法存在许多问题。读者很难判断是否存在遗漏，因为有太多杂乱的项需要审查。冗长的需求清单也难以理解，因为无法从如此多的项中提炼出 UI 的全部要素。最后，由于通常不存在需求到 UI 本身的映射，所以读者无法验证需求的完整性。仅仅从一个基本的 UI 需求清单来开发软件是很有挑战性的，因为这样的清单通常不连贯，或者缺少细节层次。

### 15.4.1 确保完整性

DAR 模型可以有效地进行界定以确保完整性。这意味着你有很大的机会获得一个完全正确的模型。其原因是每个屏幕都显示了每一个元素。团队遗漏某个特定元素的概率相当小。DAR 模型进一步界定了 UI 规范的范围，因为它包含了与 UI 交互的用户、系统和数据的所有可能的前置条件，并记录了每个前置条件下可能的操作和响应。通过这些方式，该模型提供了一个自文档的核对清单（self-documenting checklist）。可以根据该核对清单来检查 UI，验证准确性和完整性，确保 UI 对面向用户的特性的完全覆盖。

### 15.4.2 推导需求

我们用 DAR 模型来采集 UI 需求，具体是使用 UI 的一种表现形式表示来框定需求。它们有助于确保 UI 的所有元素都被考虑在内，因此不会遗漏任何 UI 显示或行为需求。它们的优势在于方便利益相关方和开发人员阅读，以理解系统的外观和行为方式。它们是完整的，因为它们帮助你系统化地分析每个 UI 元素。

用户可以采取的操作（行动）将直接转换为功能性需求。这些操作要么映射到现有的功能性需求，要么可供确定新的功能性需求。在元素表格的显示或行为部分，每一行都将映射到至少一个（有时多个）功能性需求和业务规则。大多数情况下，行为和显示行实际上可以成为需求，可以直接把它们复制到完整的需求清单中。前置条件直接转换为业务规则，并基于系统数据来修改显示和行为。

### 15.4.3 何时适用

如果对不按预期工作的 UI 的负面影响有很大的担忧，就应该使用 DAR 模型。即使部署的是一个商业现货（commercial off the shelf，COTS）系统，这种模型仍然有用，因为可以为 UI 中的每个可配置元素创建表格，以帮助采集配置需求。如果需求中不存在这种程度的细节，那么关于 UI 如何工作的决定将由开发团队在开发过程中做出，此时业务利益相关方可能无法做出决定。

### 15.4.4 何时不适用

DAR 模型的创建可能非常耗时，因为它们要记录系统在每个前置条件下的行为方式。对于某些系统来说，这种详细程度非常重要，因为对软件的工作方式有一个特定的设想，对于它的成功至关重要。如果一个应用程序只有少数几个用户，那么可能不需要 DAR 模型，因为即使 UI 很糟糕，所带来的成本也不高。在这种情况下，可以让开发人员自行创建 UI，只要满足功能性需求即可。许多系统没有 UI，所以使用 DAR 模型就没有意义了。最后，有一些系统（例如帮助页面或数据输入屏幕）只包含极少量的、由数据驱动的元素，所以 DAR 模型可能没什么用。

## 15.5 常见错误

关于 DAR，最常见的错误如下所示。

### 15.5.1 建模太多

有许多前置条件或行为是显而易见的，没有必要记录它们。例如，下拉列表框的默认行为和文本框的默认行为是众所周知的。DAR 模型的目的是传达那些可能令人困惑或复杂的概念，而不是准确记录系统在每种可能的情况下的行为。如果你的文本框的特性是输入文本会导致其他事情的发生，那么就值得将其记录下来。

### 15.5.2 建模无数据驱动行为或显示的元素

静态文本、图片或其他对象，用一幅屏幕截图来显示比用 DAR 模型更好。

### 15.5.3 只使用基于 UI 的模型或原型

在分析行业中，一直存在一个试图只使用屏幕截图或原型应用程序的倾向。与试图只使用用例来分析解决方案的运动相似，这注定会失败，因为这种系统视图虽然也很关键，但并不完整。例如，如果某家企业有一百多个业务过程，但只选择开发原型或基于屏幕的模型，那么他们几乎不可能系统化地确保每个业务过程都得到屏幕的完全支持。此外，如果有数以千计的业务规则，而它们只包含在一个原型中，那么测试组织将没有办法确定他们应该测试的完整集合是什么。

### 15.5.4 过早关注用户界面

许多业务利益相关方觉得，除非他们真正看到解决方案的图片，否则这个解决方案就是不真实的。你可以感受到他们第一次看到 DAR 模型时的兴奋。然而，DAR 模型仅仅是系统的一个视图。更重要的是系统所创造的价值和系统需要支持的过程。团队很容易开始跑题，开始争论屏幕应该是什么样子，而不是专注于解决方案如何创造价值。我们建议 DAR 模型是你最后创建的模型之一。

### 15.5.5 屏幕布局过于保真

高保真屏幕布局自然令人兴奋，因为它们真正展示了系统的样子。但许多时候，它们只会令人分心——利益相关方可能突然说他们不喜欢某种颜色、字体甚至元素之间的间距。DAR 的目的是帮助利益相关方了解屏幕上将显示什么数据，以及用户将如何与屏幕交互来完成他们的目标。

## 15.6 相关模型

DAR 模型类似于事件 - 响应表，都是由系统检测外部事件（例如"用户单击登录链接"），并根据事件发生时的系统状态做出响应（Wiegers 2013）。DAR 模型通过将每个 UI 元素的前置条件（可以是状态）、事件以及响应直接与 UI 屏幕布局联系起来，从而扩展了事件 - 响应表模型。

下面简要描述了影响 DAR 或者被 DAR 增强的一些最重要的模型。第 26 章会对所有这些相关模型进行更深入的讨论。

- 用例和过程流程：它们映射到用户界面，可以帮助我们确定元素的行为。
- 业务数据图：用于理解主要系统对象，这些对象具有可能影响 UI 显示和行为的状态。
- 状态表和状态图：用于确定 BDD 中可能影响 UI 显示或行为的对象具有哪些状态。
- 数据字典：用于采集静态字段的显示需求和业务规则，而且不应该在 DAR 模型中重复。相反，在 DAR 中使用 < 对象 . 字段 > 来引用数据。

● 用户界面（UI）流程：用于记录应用程序中的所有屏幕如何配合。一个 UI 流程可以作为屏幕核对清单使用，以便为其中每个屏幕都创建 DAR 模型。屏幕之间的过渡应该被记录在 DAR 中元素的"行为"部分。利用 DAR，我们可以识别 UI 流程中缺失的额外过渡，从而帮助改进 UI 流程。

## 练习

以下练习帮助你更好地理解如何使用这种模型。练习是开放式的，因此你的答案可能与我们提供的答案大不相同。可能存在许多正确的解决方案。在答案中，我们对如何得出解决方案进行了解释。在看答案之前，你可以先尝试自己做一下，这样练习的收获最大。练习答案可以在附录 C 中找到。

### 说明

为场景中描述的颜色选择器准备一个 DAR 模型。

### 场景

你正在做一个项目，向全球 200 万用户推出一个新的网店（eStore）。网店将提供浏览和搜索特性，以便用户找到火烈鸟和其他草坪摆件。另外有一个标准结账过程，包括检查购物车、收货和付款信息收集。在订单被发送给订单处理系统之前，还有一个订单确认步骤。在下单之前，用户必须登录他们的账户，或者创建一个新账户。

由于管理层现在的战略是尽可能多地将用户引流到网店，而不是电话，所以网站必须易于使用，根据需求正确构建，而且全网站都要以一致的方式运行。管理层已经聘请了一个设计团队和一个可用性团队做线框模型，并和用户一道进行测试，以确定屏幕最终的外观和感觉。这是一个好消息，因为你已经有了相对稳定的线框，可以据此编写 UI 需求。图 15-13 是系统的一个线框图，可以为其创建 DAR 模型。在这个练习中，请为该线框图中的颜色选择器创建一个 DAR 模型。

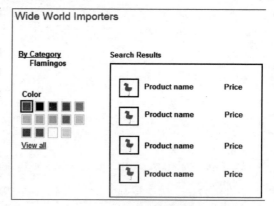

图 15-13 供练习的线框图

## 其他资源

- Gottesdiener（2005）的 4.4 节完整描述了事件 - 响应表。
- Wiegers（2013）的第 12 章对事件 - 响应表进行了总结。
- Beatty and Alexander（2007）有一个基于我们原创的 DAR 模型的案例研究。

## 参考资料

- Beatty, J., and M. Alexander. 2007. Display-Action-Response Model for User Interface Requirement: Case Study. New Delhi, India: Second International Workshop on Requirement Engineering Visualization. https://ieeexplore.ieee.org/document/4473010
- Gottesdiener, Ellen. 2005. *The Software Requirement Memory Jogger*. Salem, NH: Goal/QPC.
- Wiegers, Karl E. 2013. *Software Requirement, Third Edition*. Redmond, WA: Microsoft Press.
- Stern, K., Rudd, J. and S. Isensee. 1996. "Low vs. High-Fidelity Prototyping Debate." Interactions 3:76-85. New York, NY: ACM.

# 第 16 章 决策表

▶ **场景：得州扑克（国内又称"德州扑克""德扑"）**

有一天，我试图教我的朋友玩得州扑克。这个游戏可以采取的行动只有几个：跟注（call）、加注（raise）、弃牌（fold）或过牌（check）。但游戏非常复杂，何时应该采取其中的某个行动并不明显。

我意识到，只需要考虑几个因素，但由于它们产生的组合太多，所以我感觉没法为我的朋友覆盖所有重要的情况。决定行动的一些因素包括你坐哪一方、有多少人还没有弃牌、有多少人在你之后还没有行动、相较于当前彩池大小可以改善手牌的概率以及每个玩家的类型。

例如，如果彩池较小，而我为了改善手牌又要投入太多筹码，那么不管其他因素如何，我一般都会选择弃牌。但是，如果我前面的人都弃牌了，而我后面只有一两个人，那么我可能加注，除非我知道尚未行动的玩家倾向于保护其前注（盲注）。另一方面，即便我有一手好牌，而且有很好的机会来改善它，但如果还有一两个进攻型的玩家，我也可能弃牌，不跟他们争。■

这种多因素决策在软件开发中很常见。决策表（decision table）是一种 RML 系统模型，可以帮助你全面地分析复杂逻辑的所有排列组合。决策表被用来回答这样的问题："什么条件下会出现这种结果？"或者"给定这些条件，我应该选择什么结果？"这种模型的格式允许你轻松地确保所有可能的条件都被检查并适当地采取行动。如果不要求

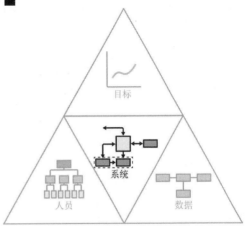

以一种特定的顺序对决策进行评估，就可以使用决策表。如果决策需按某个顺序做出，那么应该使用决策树（第 17 章）。

决策表显示了一组条件所有可能的组合及其相应的结果，以网格形式表示。决策表的格式使你能确保完整性。由于所有组合都是已知的，所以可以百分之百确定已经看过了每一种排列组合。对于技术团队来说，使用决策表比使用树状结构更容易，因为每个选项都有序地显示。而试图用决策树显示所有可能的条件和结果时，它可能变得非常为繁琐。

相较于决策树，决策表的优势在于可视化的可跟踪性（traceability），另外还有速度。一个结果可以立即跟踪回到造成该结果的条件。除此之外，总是可以跟踪一个条件所有潜在的结果。创建表格也比决策树快，因为对于决策树，必须为每一个新增的分支重新排列分支。如果决定两者都创建，那么一般最好在创建决策树之前先创建好决策表，这样就能知道布局应该是什么样子的。

# 16.1 决策表模板

决策表用一个网格来表示，如图 16-1 所示。最顶部的那一行包含业务规则的标签。第一列包含所有可能的条件和结果。网格中余下的每一列都表示对于指定的选择来说有效的结果。每个业务规则都由一列中的选择和结果组合而成。

条件（condition）是一个单独的检查，例如"居住于美国 - 是或否"或者"婚姻状况 - 单身、已婚、离异或丧偶"。这里使用 condition 一词，而不是更常见的 decision，是因为 decision 暗示着决策过程有一个顺序，而"条件"没有这个暗示。

针对每个条件，它的"选择"是该条件的一组可能的值。选择可以是二元的，例如是或否，或者真或假；可以是多值的，例如 0~9 岁、10~21 岁、22~34 岁和 35+ 岁；也可以是一个破折号（-），意味着该选择无关紧要。"结果"可以添加具有唯一性的标识符，以方便从需求中引用。

每个"结果"单元格都可以包含一个 X、一个数字、一个破折号或者留空，表 16-1 对它们进行了解释。

| 决策表模板 | 规则 1 | 规则 2 | 规则 3 | 规则 4 | 规则 5 | 规则 6 | 规则 7 | 规则 8 |
|---|---|---|---|---|---|---|---|---|
| **条件** | | | | | | | | |
| 条件 1 | 选择 1a | 选择 1b | 选择 1a | 选择 1b | 选择 1a | 选择 1b | 选择 1a | 选择 1b |
| 条件 2 | 选择 2a | 选择 2a | 选择 2b | 选择 2b | 选择 2a | 选择 2a | 选择 2b | 选择 2b |
| 条件 3 | 选择 3a | 选择 3a | 选择 3a | 选择 3a | 选择 3b | 选择 3b | 选择 3b | 选择 3b |
| **结果** | | | | | | | | |
| OC001 结果 1 | - | - | X | - | - | - | - | X |
| OC002 结果 2 | X | - | X | - | - | - | - | - |
| OC003 结果 3 | X | - | X | - | X | - | X | X |
| OC004 结果 4 | X | X | - | - | X | X | - | - |
| OC005 结果 5 | - | X | - | X | - | - | - | - |

图 16-1 决策表模板

表 16-1 结果和选择的交叉元素

| 元素 | 含义 |
|---|---|
| X | 选择有效时适用这个结果 |
| 数字 | 选择有效时适用这个结果；结果应按指定顺序执行 |
| - | 在选择有效时，结果是无关的（不适用） |
| 留空 | 结果未知；需后续跟进 |

　　在满足特定"规则"的前提下，可能适用一个或多个结果。必须为每个条件做出的选择共同构成了一个"规则"。例如，一个特定的结果要想适用，它的规则可能要求为条件"居住于美国"选择"是"，并为条件"婚姻状况"选择"单身"。规则没有名称，它们只是所有条件的所有可能选择以及有效结果的排列组合。规则最终将成为你的需求中的业务规则。以上述模板为例，如果选择 1a、选择 2a 和选择 3a 均为"真"，那么结果 2、结果 3 和结果 4 都适用。

> 💡 **工具提示** 决策表通常在 Microsoft Excel 或 Microsoft Word 中以表格形式创建，或者在一个允许创建需求表格的需求管理工具中创建。

## 16.2 示例

某家保险公司有一个正式的过程来确定客户有资格购买的房屋保险。图 16-2 的决策表建模了他们的决策过程。该模型保证所有可能的组合都被考虑在内，因为它包含了每个条件的每个选择的组合。

| 决策表 | 规则 1 | 规则 2 | 规则 3 | 规则 4 | 规则 5 | 规则 6 | 规则 7 | 规则 8 | 规则 9 | 规则 10 | 规则 11 | 规则 12 |
|---|---|---|---|---|---|---|---|---|---|---|---|---|
| **条件** | | | | | | | | | | | | |
| 通过了信用检查 | Y | Y | Y | Y | Y | Y | N | N | N | N | N | N |
| 已有保险 | Y | Y | Y | N | N | N | Y | Y | Y | N | N | N |
| 户主身份年限 | >5 | 1-5 | <1 | >5 | 1-5 | <1 | >5 | 1-5 | <1 | >5 | 1-5 | <1 |
| **结果** | | | | | | | | | | | | |
| OC001 保险 A | X | X | - | X | - | - | - | - | - | - | - | - |
| OC002 保险 B | X | X | X | X | X | - | - | - | - | - | - | - |
| OC003 保险 C | X | - | X | - | X | X | - | - | - | - | - | - |
| OC004 拒保 | - | - | - | - | - | - | X | X | X | X | X | X |

**图 16-2 保险决策表**

例如，该决策表告诉我们，如果一个客户通过了信用检查，已经有一份保险，并且成为户主 20 年了，那么他就有资格购买保险 A、B 和 C。

检查整个表格，可以发现一些不必要的、可以删除的列。例如，如果一个人没有通过信用检查，那么是不是房主以及是不是已经在该公司有一份保险都无所谓了。图 16-3 展示了简化后的表格。

| 决策表 | 规则 1 | 规则 2 | 规则 3 | 规则 4 | 规则 5 | 规则 6 | 规则 7 |
|---|---|---|---|---|---|---|---|
| **条件** | | | | | | | |
| 通过了信用检查 | Y | Y | Y | Y | Y | Y | N |
| 已有保险 | Y | Y | Y | N | N | N | - |
| 户主身份年限 | >5 | 1~5 | <1 | >5 | 1~5 | <1 | - |
| **结果** | | | | | | | |
| OC001 保险 A | X | X | - | X | - | - | - |
| OC002 保险 B | X | X | X | X | X | - | - |
| OC003 保险 C | X | - | X | - | X | X | - |
| OC004 拒保 | - | - | - | - | - | - | X |

图 16-3 简化后的保险决策表

## 16.3 创建决策表

图 16-4 从较高层级概括了创建决策表的步骤。虽然这里推荐了一个步骤顺序，但完全可以用不同的方式来做，本章后面的"确定结果"小节会对此进行详述。为了说明如何创建决策表，本节将继续上一节的示例场景。

图 16-4 创建决策表的过程

### 16.3.1 确定条件

思考适用于一种情况的所有可能的条件，并将它们列在表格的第一列。"条件"可以是人们做出的决定、触发各种业务规则的数据属性或者其他任何因素（Gottesdiener 2005）。每个条件都需要在表格中单独占一行。如果将多个条件合并成一个，就很难检查完整性。图 16-5 展示了表格的第一部分，只列出了各种可能的条件。一个条件往往会引用数据字典中的特定数据字段。在这种情况下，请使用 < 对象 . 字段 > 表示法，第 21 章会对此进行详述。

| 条件 |
| --- |
| 通过了信用检查 |
| 已有保险 |
| 户主身份年限 |

图 16-5 条件

## 16.3.2 确定选择

在确定选择时，首先，需要确定存在哪些选择。然后，可以根据选择在表格中重新排列条件的顺序。最后，列举选择来构建规则列。

### 16.3.2.1 确定有效的选择

在有了条件之后，就要考虑每个条件可能有哪些选择。看一下数据字典，确定字段的有效值。有的条件只有"是"和"否"或者"真"/"假"等二元选择。但是，可能有更复杂的选择，例如数值范围或者匹配的单词。不存在所有条件都必须二元的要求；事实上，如果使用单一的多选条件，而不是使用多个二元条件，表格会更简单。例如，如果条件是"户主身份年限"，那么用三个潜在的选择来建模该条件：5 年以上，一到 5 年以及不到 1 年。

要确保使用的选择反映了该条件所有可能的选择。遗漏其中任何一个可能的选择，表格就是不完整的，无法保证能识别出所有需求。对于一个特定的条件，它的选择必须是相互排斥的，即一次只能选其中一个。一个条件不能有重叠的范围，避免因为具有一样的值而同时匹配。例如，0~1 和 1~5 的范围发生了重叠，因为每个范围都包含数字 1。对于这个示意，应改为使用下面这种类型的范围定义：<1 和 1-5，或者 <=1 和 >1-5。

### 16.3.2.2 条件重新排序

不要求按任何特定的顺序列出条件；但是，如果按照选择数量的顺序列出条件，一般来说更容易制作表格。选择最少的条件应该是第一个条件。例如，如果有一个规则是"只要客户没有通过信用检查，就自动拒保"，那么一半的排列组合都可以删除。不需要再做其他任何工作来评估其余条件；它们根本就无所谓了。有最多选择的条件应该最后列出。这种顺序使限制性最强的条件处于列表顶部，有助于表格的审查和简化。

### 16.3.2.3 枚举选择

现在添加规则（列），来枚举所有条件的所有可能的选择的组合。将每个条件的选择数量相乘，就可以确定需要多少列。如果只有一个有两个选择的条件，那么只需要两列。如果有三个条件，每个条件有两个选择，那么需要 8 列（2×2×2 = 8）。在之前的示意中，第一个条件有两个选择（Y 或 N），第二个条件有两个选择（Y 或 N），第三个条件有三个选择（>5，1~5 和 <1），所以总共需要 12 列（2×2×3 = 12）。

除了每个选择需要互斥，每个规则也需要互斥。这意味着不应出现两个列包含同一组选择的情况。

规则的顺序应方便人们识别条件所有可能的选择。在第一行中，将所有相似的选择组合在一起。在之前的示意中，对于第一个条件，它的选择一半是 Y，一半是 N。所以，在对规则进行排序的时候，可以让前 4 列的值都是 Y，后 4 列的值都是 N，如图 16-6 所示

| 决策表 | 规则 1 | 规则 2 | 规则 3 | 规则 4 | 规则 5 | 规则 6 | 规则 7 | 规则 8 | 规则 9 | 规则 10 | 规则 11 | 规则 12 |
|---|---|---|---|---|---|---|---|---|---|---|---|---|
| **条件** | | | | | | | | | | | | |
| 通过了信用检查 | Y | Y | Y | Y | Y | Y | N | N | N | N | N | N |

图 16-6 第一个条件的选择

对于第二个条件，第一个条件中一半的 Y 还是 Y，另一半变成 N。图 16-7 反映了这个模式。

| 决策表 | 规则 1 | 规则 2 | 规则 3 | 规则 4 | 规则 5 | 规则 6 | 规则 7 | 规则 8 | 规则 9 | 规则 10 | 规则 11 | 规则 12 |
|---|---|---|---|---|---|---|---|---|---|---|---|---|
| **条件** | | | | | | | | | | | | |
| 通过了信用检查 | Y | Y | Y | Y | Y | Y | N | N | N | N | N | N |
| 已有保险 | Y | Y | Y | N | N | N | Y | Y | Y | N | N | N |

图 16-7 第二个条件选择

最后，在第三个条件中，三个选择再次交替使用，从而得到如图 16-8 所示的模式。在完成了决策表的条件和选择后，都会得到一个看起来像这样的结果。记住，如果有更多的条件，或者条件有更多的有效选择，那么会有更多的列。

| 决策表 | 规则 1 | 规则 2 | 规则 3 | 规则 4 | 规则 5 | 规则 6 | 规则 7 | 规则 8 | 规则 9 | 规则 10 | 规则 11 | 规则 12 |
|---|---|---|---|---|---|---|---|---|---|---|---|---|
| **条件** | | | | | | | | | | | | |
| 通过了信用检查 | Y | Y | Y | Y | Y | Y | N | N | N | N | N | N |
| 已有保险 | Y | Y | Y | N | N | N | Y | Y | Y | N | N | N |
| 户主身份年限 | >5 | 1-5 | <1 | >5 | 1-5 | <1 | >5 | 1-5 | <1 | >5 | 1-5 | <1 |

图 16-8 枚举所有条件的所有选择

## 16.3.3 确定结果

选择的组合导致了一个或多个结果。结果（outcome）是当选择有效时发生的决定、结论或行动（操作）。将结果添加到表格的第一列，放在所有条件下方。图 16-9 展示了添加了结果之后的同一示例场景。

| 决策表 | 规则 1 | 规则 2 | 规则 3 | 规则 4 | 规则 5 | 规则 6 | 规则 7 | 规则 8 | 规则 9 | 规则 10 | 规则 11 | 规则 12 |
|---|---|---|---|---|---|---|---|---|---|---|---|---|
| **条件** | | | | | | | | | | | | |
| 通过了信用检查 | Y | Y | Y | Y | Y | Y | N | N | N | N | N | N |
| 已有保险 | Y | Y | Y | N | N | N | Y | Y | Y | N | N | N |
| 户主身份年限 | >5 | 1-5 | <1 | >5 | 1-5 | <1 | >5 | 1-5 | <1 | >5 | 1-5 | <1 |
| **结果** | | | | | | | | | | | | |
| OC001 保险 A | | | | | | | | | | | | |
| OC002 保险 B | | | | | | | | | | | | |
| OC003 保险 C | | | | | | | | | | | | |
| OC004 拒保 | | | | | | | | | | | | |

图 16-9 结果

有的时候，更容易的做法是先确定结果。如果已经知道有哪些结果，并想确定它们在什么条件下有效，就先填充好表格的结果部分，然后再去确定条件和选择。

一种可能的情况是最开始只有几个业务规则。在这种情况下，创建只填写了几个规则的表格，就能迅速显示出信息中缺失的部分。

## 16.3.4 按选择组合标注有效结果

现在，每一列都代表条件的一种可能的选择组合。为特定的选择组合标注有效结果。如果确定某个结果无效，就用破折号来标记。如果不确定，就把它留空，以后再进行跟进。图 16-10 展示了针对示例场景的决策表。

| 决策表 | 规则 1 | 规则 2 | 规则 3 | 规则 4 | 规则 5 | 规则 6 | 规则 7 | 规则 8 | 规则 9 | 规则 10 | 规则 11 | 规则 12 |
|---|---|---|---|---|---|---|---|---|---|---|---|---|
| **条件** | | | | | | | | | | | | |
| 通过了信用检查 | Y | Y | Y | Y | Y | Y | N | N | N | N | N | N |
| 已有保险 | Y | Y | Y | N | N | N | Y | Y | Y | N | N | N |
| 户主身份年限 | >5 | 1-5 | <1 | >5 | 1-5 | <1 | >5 | 1-5 | <1 | >5 | 1-5 | <1 |
| **结果** | | | | | | | | | | | | |
| OC001 保险 A | X | X | - | X | - | - | - | - | - | - | - | - |
| OC002 保险 B | X | X | X | X | X | - | - | - | - | - | - | - |
| OC003 保险 C | X | - | X | - | X | X | - | - | - | - | - | - |
| OC004 拒保 | - | - | - | - | - | - | X | X | X | X | X | X |

图 16-10 完整决策表

## 16.3.5 简化决策表

因为即便只有几个条件，也需要如此多的列，所以如果可行，最好尽早简化表格。如果某些规则只依赖于几个条件，就意味着不需要再评估其他条件。应该合并这些规则，删除条件有差异而结果没有差异的那些规则。

如果一个条件与结果不相关，就在该条件的单元格中打上破折号。不过，不要胡乱地删除列！必须确保所有组合都包含在表格中，用破折号来表示那些选择无关紧要的条件。例如，我们知道当一个客户没有通过信用检查时，就会被拒保，所以不需要再评估客户是否现在有保险，也不需要评估作为户主的年限等条件。图 16-11 展示了简化后的结果。

在简化表格的过程中，可能发现有些条件始终不相关。可以彻底删除这些条件，进一步精简表格。最后，在完成表格后，如果你发现某些结果总是一起执行，那么可以将这些结果合并为一个。

| 决策表 | 规则 1 | 规则 2 | 规则 3 | 规则 4 | 规则 5 | 规则 6 | 规则 7 |
|---|---|---|---|---|---|---|---|
| **条件** | | | | | | | |
| 通过了信用检查 | Y | Y | Y | Y | Y | Y | N |
| 已有保险 | Y | Y | Y | N | N | N | - |
| 户主身份年限 | >5 | 1~5 | <1 | >5 | 1~5 | <1 | - |
| **结果** | | | | | | | |
| OC001 保险 A | X | X | - | X | - | - | - |
| OC002 保险 B | X | X | X | X | X | - | - |
| OC003 保险 C | X | - | X | - | X | X | - |
| OC004 拒保 | - | - | - | - | - | - | X |

图 16-11　简化后的决策表

# 16.4　使用决策表

决策表可以使非常复杂的决策显得有序和完整，因为表格以非常紧凑的形式传达了大量信息。

## 16.4.1　做出决策

企业可以使用决策树来训练用户如何做决策，但决策表在这种情况下就很难阅读。更常见的是由系统来实现一个决策表以自动做出决策。

## 16.4.2　确保完整性

决策表的价值在于，我们能逐个审查所有可能的选择组合。在每个结果、条件和可能的选择都被确定后，我们就可以认为所有潜在的选择都被考虑了。因此，可以说决策场景的需求是全面的。

分析决策表时，如果有任何不确定的单元格，请将它们留空，并跟踪它们以后续跟进。

### 16.4.3 决策表配合决策树使用

决策表用于确定所有可能的条件和选择组合以及它们的结果。也可以用它们来消除不相关的组合。最后，可以使用决策表来构建一个对应的决策树，从而对决策进行更好的可视化，并寻找简化逻辑的额外机会。一般来说，如果打算创建一个有序决策树，那么应该使用与在有序决策树中做出决策时相同的顺序来排列决策表中的条件。

### 16.4.4 推导需求

一个完整的决策表意味着已经建模了和一组特定的决策相关的所有需求和业务规则。可能还需要根据这个表格，将个别需求说明写给开发人员和测试人员看。决策表的每一个完整的列都代表需要写下来的一个业务规则；规则描述了发生特定结果所需的条件。决策表有时本身就是开发人员和测试人员的一种需求。

### 16.4.5 何时适用

当决策顺序不重要时，决策表最好用。如果顺序很重要，可以使用决策表来确定所有条件组合，并在创建决策树之前将其简化。但是，仍然必须创建一个有序决策树。

如果当前正在开征询会，同时没有时间提前准备，那么可以与你的业务利益相关方一起使用决策表来征求逻辑的一份初稿，因为决策表创建起来是非常快的。

复杂的逻辑怎么办呢？

决策表通常作为对系统流程（第 13 章）、UI 流程（第 14 章）、过程流程（第 9 章）或用例（第 10 章）的一个补充。决策表模型通过从主流程中移除复杂的决策逻辑，从而实现对上述模型的简化。这使我们可以在这些模型中关注流程的全景，而不至于迷失于细节之中。

在有校验步骤的时候，决策表和上述模型配合使用是非常有用的。例如，在用于创建订单的一个过程流程中，可能有复杂的逻辑来检查字段是否填写齐全以及格式是否正确。如果没有，则有不同的错误处理路径。这些校验步骤自然可以在过程流程中表示。但是，如果存在大量这样的步骤，可考虑将校验放到一个决策表中，这样无论过程流程还是逻辑步骤，都会变得更容易阅读。在这种情况下，不是将它们一股脑地放到过程流程中。相反，分析师可以在过程流程中加入一个简单的决策框，例如"订单的各个字段有效吗？"然后引用决策表，在决策表中进一步分析该逻辑。

任何场景只要带有一系列嵌套的"如果"语句，就应该创建决策表。如果发现需要在一个过程流程或用例中连续写两到三个"如果"语句，就表明可能应该改为使用一个决策表来建模它们。

当决策的顺序无关紧要时，决策表通常是最好的选择，尤其是在选择的每种组合导致了一组不同结果的前提下。决策表的可视化结构使我们能快速看出决策所代表的逻辑。一个5×5的表格要比25个单独的"如果"语句更容易理解和审查。如果用句子，所有这些句子都必须写出来，才能描述表格中的信息。可想而知，这是多么的繁琐。

### 16.4.6 何时不适用

决策表不适合用来记录那些导致在决策层次结构中移动的决策。需要显示决策过程的任何顺序时，根本不能将决策表作为唯一的模型使用，因为这种模型不能显示顺序。同样，如果想在逻辑中显示任何循环，那么也不能使用决策表。可以使用决策表做初步分析，对决策树进行一些修剪，然后再用决策树来显示决策的顺序。

## 16.5 常见错误

下面列出了关于决策表最常见的错误。

### 16.5.1 缺少部分排列组合

确保规则数量计算无误，确保收集了全部规则。

### 16.5.2 选择的范围发生重叠

确保范围的边界条件不发生重叠；使用 >=、<=、> 和 < 等符号来明确。

### 16.5.3 规则未合并

如果不减少规则的总数，决策表很容易就会变得臃肿不堪。要确定已经找出了任何对规则不重要的条件，然后删除因条件而不是因结果而变化的那些规则。

### 16.5.4 建模决策序列

如果要建模的是按顺序发生的决策序列，就不应该使用决策表，此时，用决策树更合适。

## 16.6 相关模型

RML 外部的决策表有时将条件称为因素（factor），将结果称为行动或操作（action）。大多数决策表命名法都允许用一个空白单元格来表示"结果不适用"。但是，我们建议不要将单元格留空，否则将无法分辨这个空白单元格是指"无效"还是"我尚未确定这是否有效"。

下面简要描述了影响决策表或者由决策表增强的一些最重要的模型。第 26 章会对所有这些相关模型进行更深入的讨论。

- 决策树：以树状结构可视化地显示决策逻辑。另外，决策表可以为决策树的创建提供帮助。
- 过程流程、系统流程（system flow）、用例（use case）和用户界面流程：决策表用于对这些模型中的复杂逻辑进行建模。
- 数据字典：条件存在哪些有效选择，这具体要基于数据字典中的数据，而且应该使用 < 对象 . 字段 > 表示法。

---

**练习**

以下练习可以帮助你更好地理解如何使用这种模型。练习是开放式的，因此你的答案可能与我们提供的答案大不相同。可能存在许多正确的解决方案。在答案中，我们对如何得出解决方案进行了解释。在看答案之前，你可以先尝试自己做一下，这样练习的收获最大。练习答案可以在附录 C 中找到。

**说明**

为以下场景创建一个决策表。

**场景**

当前项目是推出一个新网店（eStore）来销售火烈鸟和其他草坪摆件。现在需要采集支付信息的处理规则。为了采集系统为了处理不同支付方式而必须实现的规则，你认为决策表是最好的模型。你知道，客户可能已经在其个人资料中存储了信用卡信息。但是，客户也可能选择用新的信用卡、支票或者礼品卡来支付。如果选择用礼品卡支付，那么在礼品卡上的钱不够的情况下，他必须选择另一种支付方式来支付余额。根据这些信息和你对网上支付方式的常规认识来创建一个决策表。

## 其他资源

- Gottesdiener（2005）的 4.11 节对决策表进行了概述，并提供了一个很好的示意。
- Wiegers（2013）提供了决策树和决策表的一个示意。
- Davis（1993）的第 4 章对决策树和决策表进行了描述。

## 参考资料

- Davis, Alan M. 1993. *Software Requirement: Objects, Functions, & States*. Upper Saddle River, NJ: PTR Prentice Hall.
- Gottesdiener, Ellen. 2005. *The Software Requirement Memory Jogger*. Salem, NH: Goal/QPC.
- Wiegers, Karl E. 2013. *Software Requirement, Third Edition*. Redmond, WA: Microsoft Press.

# 第 17 章 决策树

**场景：恼人的客服**

下面这样的通话过程你是不是很熟悉？

悦耳的接线员声音：感谢你致电 XX 电信。英语请按 1。西班牙语请按 2。法语请按 3。

<你按 1>。

接线员的声音：自助服务请按 1。账单信息请按 2。技术支援请按 3。更改账户设置请按 4。订购新服务请按 5。

<你按 1>。

接线员的声音：余额请按 1。支付请按 2。账单地址请按 3。上次支付信息请按 4。返回上一级菜单请按 5。

<你按 1>。

接线员的声音：请输入您的账号，以井号键结束。

<你输入一串自以为正确的账号>。

恼人的接线员声音：账号无效。请重新输入。

<再次输入一串自以为正确的账号>。

恼人的接线员声音：账号无效。请重新输入。

<再次输入一串自以为正确的账号，每次按键都加大了力度。>

恼人的接线员声音：账号无效。请重新输入。

<你按 5，希望能返回>。

恼人的接线员声音：账号无效。请重新输入。按 9 返回上一级菜单。

<你满怀希望地按 9>。

接线员的声音：应付金额请按 1。支付请按 2。账单地址请按 3。上次支付信息请按 4。返回上一级菜单请按 5。

*<你按5，希望它能带你返回上一级，而不是又回到刚来的地方>*。

恼人的接线员声音：自助服务请按1。账单信息请按2。技术支援请按3。更改账户设置请按4。订购新服务请按5。

*<你按4，因为你现在很生气，心想干脆不要这个公司的服务好了。>*

恼人的接线员声音：增加服务请按1。取消服务请按2。更改地址请按3。更改在线用户名请按4。

*<你按2>*。

恼人的接线员声音：取消长途服务请按1。取消数字服务请按2。取消无线服务请按3。取消基本服务请按4。更多选项请按5。

*<你重重地按手机上的0键，希望最后能找到一个真人，完全忘了你当初为什么要打这通电话！>*

真人客服：你好，我是小卡，请问你的账号是多少？■

几乎每个人都有困在这些自动菜单中的经历，你经常放弃，要么挂断电话，要么按0，希望得到人工帮助。这种自动帮助热线需要简化，以改善用户的体验。

决策树（decision tree）是一种RML系统模型，它允许我们对复杂逻辑进行建模，以便对一系列决策进行分析。相较于从一个陈述清单（list of statements）的文本描述中验证逻辑，在决策树中直观地验证逻辑要容易得多。决策树也被用来寻找对场景中的逻辑进行简化的机会，例如呼叫中心的那个故事。决策树可以是有序或无序的。如果存在一个隐含的决策顺序，就使用有序决策树（ordered decision tree），这是最常见的决策树类型。无序决策树（unordered decision trees）在不存在隐含顺序的情况下简化一组决策。

很难保证在决策树中记录了所有决策。相反，这种情况下应该使用决策表，后者能捕捉到决策的每一种排列组合（第16章）。然而，通过检查每个决策，并只关注该决策的直接结果，捕捉到所有选择的机会比仅仅创建一个决策和选择的列表要大得多。此外，一个可视化模型使我们能真切地看出是否有遗漏的、之前没有考虑到的循环或死胡同。

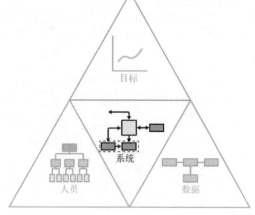

虽然决策一般由人做出，但决策树是一种 RML 系统模型，而不是人员模型。这是因为当决策复杂到需要创建模型时，一般就在系统中以自动化的方式完成它。

# 17.1 决策树模板

决策树只有三种元素：决策、结果及其之间的连接线。表 17-1 总结了这些元素。

表 17-1 决策树元素

| 元素 | 含义 |
|---|---|
| 决策（菱形） | 决策形状显示要做出的决策（决定），以问题的形式表述 |
| 结果（方框） | 结果框显示采取一个决策选择路径的结果。结果可以是一个或多个行动，或者是对另一个模型的引用 |
| 决策选择（带箭头） | 在任何决策和其他决策或结果之间使用带有箭头的连接线，以表明决策的评估顺序。标签文本被表述为对决策中提出的问题的回答 |
| 决策选择（不带箭头） | 如果选择没有顺序，就在任何决策和其他决策或结果之间使用不带箭头的连接线。标签文本被表述为对决策中提出的问题的回答 |

决策树模板用连接线将"决策"和"结果"元素连接到一起。连接线上的标签代表了为决策框可能做出的决策选择。从每个决策点出来，至少要有两个决策选择，每条线都标注了不同的决策选择。箭头表示从一个决策到因选择而导致的结果（result）的流动方向。结果（result）要么是另一个决策，要么是一个结果（outcome）。结果（outcome）是一个矩形，代表一个决定、结论或行动（操作），它是一系列决策的结果。任何结果都不再继续连出一条线了；结果是决策树中的端点。图 17-1 以决策树模板的形式说明了这个概念。

在这个模板中，决策选择 A 和 B 必须是不同的值。决策选择 C 和 D 必须各不相同，但它们可以重复选择 A 和 B。例如，如果选择 A 和 B 分别是"是"和"否"，那么选择 C 和 D 也可以是"是"和"否"。决策 1 或 2 的选择可以不止两个。此外，结果 1 可以和结果 2 或结果 3 相同，也可以是唯一的。

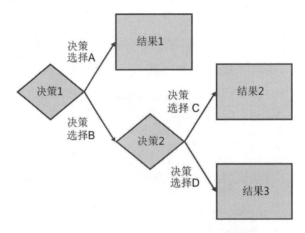

图 17-1 决策树模板

决策树应该从左到右或从上到下绘制，以便于阅读。

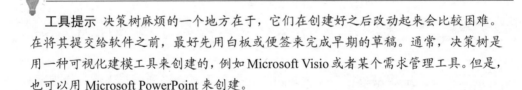

**工具提示** 决策树麻烦的一个地方在于，它们在创建好之后改动起来会比较困难。在将其提交给软件之前，最好先用白板或便签来完成早期的草稿。通常，决策树是用一种可视化建模工具来创建的，例如 Microsoft Visio 或者某个需求管理工具。但是，也可以用 Microsoft PowerPoint 来创建。

## 17.2 示意

某分析师团队的任务是分析一个呼叫中心的自动电话菜单，它和本章开头的那个示意很像。分析师们最初用一个决策树记录了现有的系统。这使许多死胡同和复杂路径浮出水面，在以可视化的方式确认了之后，可考虑把它们删除。通过重新排列决策和结果，分析师能够将呼叫中心应用从 10 层逻辑减少至 4 层，这使得公司能够缩短呼叫时间，并以可度量的方式提升客户满意度。他们还能确保每个选择都能为客户提供一些出路。

图 17-2 的示意只展示了树的一部分；例如，其中排除了其他语言，还有一些菜单选项没有显示。但是，它们看起来都差不多。为了方便阅读，本书把它们省略了。

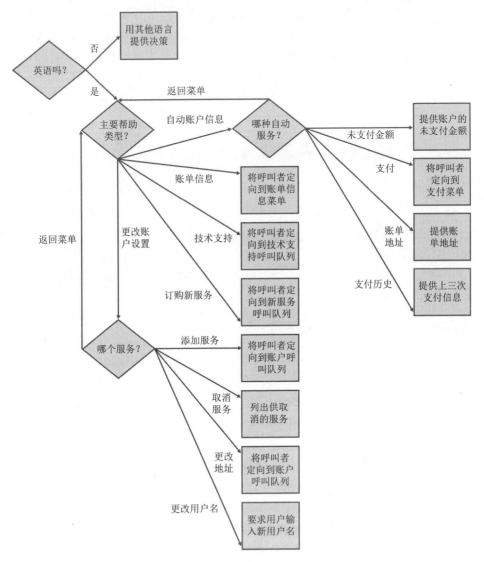

图 17-2 一个示例呼叫中心的有序决策树

　　创建这个示例决策树时，大多数决策点都有两个以上的决策选择，反映了人们打客服电话时的实际体验。

　　现在考虑一个不同的决策树示意，其中决策的顺序并不重要。这是一个将客户积分应用于订单的系统。积分的类型由几个属性决定，而以什么顺序评估这些属性并不重要。此外，有一些属性不能配对在一起，这意味着某些分支不包含所有可能的条件。图 17-3 展示了这个示例决策树。

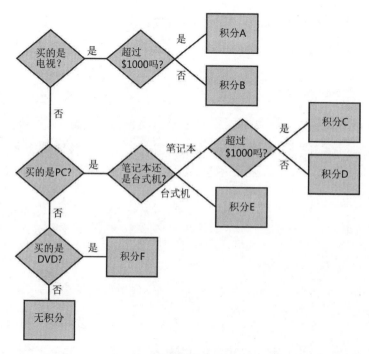

**图 17-3 用于积分的无序决策树**

## 17.3 创建决策树

　　图 17-4 从较高的层次概括了决策树的创建步骤。为了说明如何创建决策树，我们使用第 16 章保险公司确定房屋保险资格的场景。该场景适合使用无序决策树。

图 17-4 决策树创建过程

## 17.3.1 确定决策

为了构建决策树，首先为第一个决策画一个菱形，在其中记下要做出的决策，如图 17-5 所示。

以问题的形式写决策，并尽可能简化措辞，使其能在菱形框中放下。如果有一个冗长的问题，那么不得不使用较小的字

图 17-5 第一个决策

体来使之适合于这个形状。例如，这个示例决策的原始问题是"客户通过了信用检查吗？"图 17-5 把它精简为"通过了信用检查？"

## 17.3.2 确定选择

在确定了一个决策后，思考回答该问题的所有可能的选择。图 17-6 展示了"通过信用检查？"这一决策的所有可能的选择。

从决策出来多少条连接线取决于所做的决策是什么类型。对于真 / 假或者是 / 否等二元选择，每个决策都会有两条连接线出来。更复杂的决策可以有更多的选择。例如，对于"户主身份年限"这个决策，存在三个可能的选择：<1, 1-5 或 >5。永远不会只有一个选择，因为那就不叫决策了。

图 17-6 决策选择

对决策选择进行建模时，要考虑在当前场景中什么是现实的。在呼叫中心的示意中，所有决策选择都可以建模为是 / 否决策。然而，这并不能模拟用户在打电话到呼叫中心时的体验。此外，它还会使决策树变得异常复杂。因此，虽然一系列是 / 否决策选择在逻辑上等同于呼叫中心决策树中的多选决策，但它并不能代表实际的场景。

如果可以的话，让所有决策选择线都从菱形上的一个点离开。这使读者更容易

一下子注意到所有可能的决策路径。最后，自行判断是否需要为连接线添加箭头。如果必须保证一个决策评估顺序，就加上箭头。如果没有顺序，而且决策事实上可以按任意顺序进行评估，就不要加上箭头。

### 17.3.3 确定结果

每个决策选择的连接线都必须通向一个结局（result），后者可以是另一个决策，也可以是一个结果（outcome）。针对每个选择，都要判断是有另一个问题要问，还是已经达到了最终的结果（outcome）。有序决策树允许决策树的一个层级返回上一层级，无序决策树则不允许。图 17-7 建模了本例的完整决策树，它显示出某些选择导致了新的决策，另一些则导致了结果（outcome）。

在这个示意中，如果第一个决策的选择是"否"，那么最终的结果是拒绝为客户投保，没有更多的决策需要做了。如果对该问题的回答是"是"，那么在得出最终结果之前，还有两层决策。额外的决策是通过创建从"是"连接线分支出来的一系列决策点来表示的。在本例中，下一个决策是"已有保险"，即询问客户是否已经在公司买了一份保险。

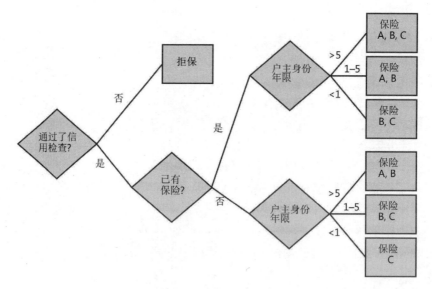

图 17-7 完整的决策树

### 17.3.4 重复直至每个分支都以一个结果结束

任何不是以一个决策结束的连接线都必须以一个结果（outcome）结束。一个结果表明已经到达了该决策路径的终点。重复这个过程，直到在树上的每个分支的末端都到达一个结果。

如果需要将一个结果与另一个决策或者另一个结果联系起来，那么实际就是在构建一个过程流程（第 9 章），或者是将多个决策树合并到一起。这并不理想，而且只需记住，在这样做的时候，模型就不再是一个纯粹的决策树了。

### 17.3.5 简化决策树

如果树是无序的，或者是灵活的决策顺序，那么可以利用决策树寻求对树进行简化的机会。

注意是否有任何决策在整个树上重复。如果是这样，就有机会在树中将重复的决策"向上"移动，并对它们进行合并，从而在树的早期就做出这些决策，减少决策和分支的总数。

一般情况下，你会感受到哪些决策最具限制性。找出你知道的限制性最强的决策，把它放在最顶部。例如，假定有一个决策，你知道它的一个选择就可以消除其他所有决策，那么应该把它放到第一位。这样一来，就可以在它下方修剪掉一大块树。那些没有明显限制性的决策应该放在树的底部。任何直接链接到结果的决策都不能重新排序。

## 17.4 使用决策树

我们用决策树来建模复杂逻辑，使过程流程、系统流程和用例变得更简单，从而大幅简化软件需求的收集过程。此外，决策树使我们发现，一些看起来非常复杂的东西，实际上比最初设想的要简单得多。

### 17.4.1 确保完整性

决策树所提供的价值源于其可视化的分支结构。为了创建完整的决策树来表示一个逻辑场景，关键在于确定所有可能的决策以及每个决策所有可能的选择。

决策表已于第 16 章详细讨论，但这里还是要提到它，因为它与决策树配合良好。可以先在决策表中建模一个场景，以确定所有可能的决策和结果组合。还可以通过这个表来排除那些不相关的组合。然后，就可以基于这些数据构建决策树，以更好地对决策进行可视化，并寻求更多的机会来简化逻辑。

### 17.4.2 简化逻辑

决策树的结构使我们可以快速"修剪"（prune）它们。如果用决策树对逻辑进行建模，可以轻松地识别共同的决策、选择和那些能够合并的结果。还可以删除树中永远不需要的部分。

决策树还可以帮助我们发现系统中的可用性（usability）问题。在一个系统中，如果在得到一个最终结果（outcome）之前，必须手动做出 10 个以上的决策，那么几乎可以保证最终用户会对这个系统感到失望（而且可能不到 5、6 个决策就烦了）。在本章的自动电话菜单示意中，如果用户要在 10 个决策点输入对自动问题的回答，那么极有可能还没有到终点就会放弃，以后再也不会用这个系统了。另一方面，如果这种程度的复杂性完全在一个系统内处理，那么或许根本不值得尝试简化。

### 17.4.3 建模嵌套"如果"语句

在需求征询过程中，如果听到有人使用重复的"如果"语句，那么就有可能发现了一个适合使用决策树的场景。还是呼叫中心的示意，为呼叫中心应用征询需求时，分析师们听主题专家（SME）解释当客户打电话进来时会发生什么："如果客户需要英语服务，按 1；如果需要西班牙语服务，按 2；然后在他们选择语言后，如果需要技术帮助，按 1"，等等。你很快就能意识到，这时使用一个决策树是合适的。

决策树的可视化结构使我们能迅速看出决策所代表的逻辑。在本例中，如果分析师写一堆"如果"语句而不是画一个决策图，那么语句清单会是这样的。

- 提供五种类型的主要帮助：自动账户信息、账单信息、技术支持、更改账户设置的一个操作以及订购新服务的一个操作。
- 如果用户选择自动账户信息，那么提供以下自动服务：未支付金额、支付、检索账单地址、检索支付历史以及返回上级菜单。
- 如果用户选择"未支付金额"，让用户输入其账号。

- 如果用户在选择了"自动账户信息"后选择回到上一级菜单，那么将其带回主帮助菜单。
- 如果用户选择新增服务，那么将其带到账户呼叫队列。
- 如果用户按 0，那么将其带到一个呼叫队列。
- 如果用户选择"支付"，那么将其带到支付过程。

注意，这是一个不完整的清单，但已足以证明很难用这样的东西来了解用户使用自动电话菜单时的体验。

## 17.4.4 培训用户

决策表中的逻辑通常在系统中实现，以实现自动化决策。然而，企业可以使用决策树来培训用户，让用户了解他们在工作中需要使用的决策逻辑。用户可以快速查看决策树，通过判断哪些选择有效来确定某个场景所适用的规则。

## 17.4.5 推导需求

只要决策树完整，就有信心确定当前建模的逻辑场景的需求和业务规则。决策、选择和结果或者一连串决策、选择和结果的组合就是业务规则。

开发人员和测试人员最好能够基于一个核对清单（checklist）来开展工作。所以，虽然让他们看图有一定帮助，但他们极有可能还是会用需求和业务规则清单来确保已经开发齐全了所有东西。如果需要管理需求的可跟踪性（traceability），一个将需求和业务规则映射到模型的工具可以帮助我们节省大量时间。如果手动跟踪需求和业务规则，请在决策和结果中使用唯一标识符，这样就可以从需求和业务规则追踪到它们。

## 17.4.6 何时适用

决策树通常作为对系统流程（第 13 章）、UI 流程（第 14 章）、过程流程或者用例（第 10 章）的一种补充来使用。和决策表一样，决策树模型通过从主流程中移除复杂的决策逻辑，从而实现对上述模型的简化。在这个方面，由于决策树能直观地显示分支，而且能从上述模型中简单地引用，所以显得更好用。

一旦场景中包含一系列嵌套的"如果"语句，就该考虑创建决策树了。如果发现自己需要对连续两三个"如果"语句进行建模，那么可能应该使用决策树。

### 17.4.6.1 排序

如果需要显示决策顺序，例如呼叫中心的示意，那么必须使用决策树。决策表不允许为决策显示任何顺序。

### 17.4.6.2 循环

与决策表相比，决策树的一个优势在于它允许在决策逻辑中包含循环。在呼叫中心的示意中，如果来电者想要返回上一级菜单，那么决策树最容易显示这种情况：将来电者带回上一个决策点即可。一般不需要像这样的循环逻辑，但如果它代表了用户将要经历的一个决策思维过程，那么最好把它包括在内。而决策表根本不允许这样做。

## 17.4.7 何时不适用

如果需要确定一系列决策所有可能的排列组合，单单使用决策树是有难度的。决策表更适合这项任务，因为决策表的设计使我们能轻松看到所有决策选择组合的结果。

如果试图对一系列活动进行建模，就不应该使用决策树。如果发现决策树有很多循环，或者结果导致了其他结果或决策，那么可能应该使用过程流程。

# 17.5 常见错误

关于决策树，最常见的错误如下所示。

## 17.5.1 建模过程步骤

如果想要对发生的一系列行动进行建模，就不应该使用决策树；过程流程或用例更合适。

## 17.5.2 全部选择都是"是"或"否"

虽然可以将所有决策建模为是或否的选择，但这通常不是最好的方法。如果可以将一个特定的决策建模为有多个描述性的选择，那么可以用更少的决策来创建相同的决策树（一个决策有三个选择，而三个决策各有两个选择）。当人们考虑决策时，他们会考虑实际的描述性选择，而不仅仅是一系列是 / 否问答。

## 17.6 相关模型

你可能熟悉"决策树"这个常规术语，它是用于决策分析的一种可视化模型。RML 决策树使用了一套和决策分析决策树不同的视觉元素。然而，两者最主要的区别在于，常规的决策分析决策树是用来识别需求和业务规则的。

下面简要描述了影响决策树或者由决策对增强的一些最重要的模型。第 26 章会对所有这些相关模型进行更深入的讨论。

- 决策表：用于确保完整性，以确定将在决策树中显示的所有决策和结果组合。
- 过程流程、系统流程、用例和用户界面流程：它们都可以由决策树提供补充，决策树建模了这些模型中的复杂逻辑。

### 练习

以下练习可以帮助你更好地理解如何使用这种模型。练习是开放式的，因此你的答案可能与我们提供的答案大不相同。可能存在许多正确的解决方案。在答案中，我们对如何得出解决方案进行了解释。在看答案之前，你可以先尝试自己做一下，这样练习的收获最大。练习答案可以在附录 C 中找到。

**说明**

为以下场景创建一个决策树。

**场景**

当前项目是推出一个新网店（eStore）来销售火烈鸟和其他草坪摆件。现在需要采集支付信息的处理规则。为了采集系统为了处理不同支付方式而必须实现的规则，你认为决策树是最好的模型。你知道，客户可能已经在其个人资料中存储了信用卡信息。但是，客户也可能选择用新的信用卡、支票或者礼品卡来支付。如果选择用礼品卡支付，那么在礼品卡上的钱不够的情况下，他必须选择另一种支付方式来支付余额。根据这些信息和你对网上支付方式的常规认识来创建一个决策树。

## 其他资源

- Gottesdiener（2002）的第 2 章讨论了决策树的作用。
- Gottesdiener（2005）的 4.11 节对决策权进行了概述，并提供了一个很好的示意。
- BABOK 描述了决策树在决策分析中的作用（IIBA 2009）。
- Wiegers（2013）提供了决策树和决策表的一个示意。
- Davis（1993）的第 4 章对决策树和决策表进行了描述。

## 参考资料

- Davis, Alan M. 1993. *Software Requirement: Objects, Functions, & States*. Upper Saddle River, NJ: PTR Prentice Hall.
- Gottesdiener, Ellen. 2002. *Requirement by Collaboration: Workshops for Defining Needs*. Boston, MA: Addison-Wesley.
- Gottesdiener, Ellen. 2005. *The Software Requirement Memory Jogger*. Salem, NH: Goal/QPC.
- International Institute of Business Analysis (IIBA). 2009. *A Guide to the Business Analysis Body of Knowledge (BABOK Guide)*. Toronto, Ontario, Canada.
- Wiegers, Karl E. 2013. *Software Requirement, Third Edition*. Redmond, WA: Microsoft Press.

# 第 18 章 系统接口表

▶ 场景：学校发的家校沟通计划

学校现在也变得非常高科技了。家长和老师之间的沟通比我小的时候多得多。新学年刚一开始，女儿的老师就递给我一份家长沟通时间表，其中列出了我会在什么时候收到更新、更新的形式以及更新的内容。我给了老师我的电子邮件地址和一个接收电话和短信的电话号码。每天我都会通过电子邮件收到当晚的家庭作业清单。每周我都会收到当前这一周的成绩汇总和下周的测验安排。最后，如果有紧急情况，我会收到短信和电话提醒。每个学期结束时，我会收到一个安排家长会的请求。学期结束时，我会收到期末成绩。这个时间表详细说明了我何时会收到通信以及其中包含的信息，这对我们努力规划每周的日程并持续关注女儿的学业有很大的帮助。■

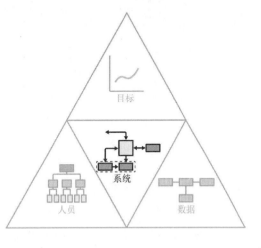

系统接口表（system interface table）是一种 RML 系统模型，与学校的沟通计划非常相似。系统接口表详细描述了两个系统之间的沟通。在完成了生态系统图（第 12 章）之后，可能还需要记录系统之间发送的信息。

系统接口表从业务利益相关方的角度，而不是从技术角度，显示了两个系统之间交互的细节。这意味着它不包括消息格式、字符编码、协议或者其他任何确切描述交易如何发生的信息。相反，系统接口表描述了所传输的信息、传输频率以及传输量。其目的是让技术团队了解围绕接口的、可能影响设计决策的业务限制条件。例如，他们需要了解这些数据是否需要实时传输，以及接口预计会有多大的负载。

## 18.1 系统接口表模板

系统接口表包含对两个系统之间接口要求的元数据，不包括技术协议或消息流的确切性质。图 18-1 展示了这种模板，其中包括对每个字段的描述。

| 系统接口 | | | |
|---|---|---|---|
| 来源 | 系统信息从什么地方流入 | | |
| 目标 | 系统信息流向什么地方 | | |
| ID | 唯一标识符 | | |
| 描述 | 有关接口性质的简短描述 | | |
| 频率 | 信息的传输频率（实时、一天一次、一月一次等） | | |
| 数据量 | 一个周期内要产生多大的数据量（数量/单位），例如 2000 份文档/天 | | |
| 安全限制 | 对业务对象的任何安全和隐私要求（加密数据字段） | | |
| 错误处理 | 引用一个描述了如何进行错误处理的系统流程 | | |
| 接口对象 | | | |
| 对象 | 字段 | 数据字典 ID | 校验规则 |
| 业务对象 | 业务对象中的字段 | 引用定义了业务对象的数据字典 | 对数据进行校验的特定规则；如果数据字典的业务规则已经足够，就留空 |

**图 18-1 系统接口表模板**

**工具提示** 在 Microsoft Word 或 Microsoft Excel 中很容易创建系统接口表，因为它们可以轻松地处理一个带有行和列的表格。我们更喜欢 Excel，因为它的工作表特性使得接口之间的导航很容易。事实上，每个系统接口表都应该放在自己的工作表中。除此之外，也可以使用一个支持表格结构的需求管理工具。

## 18.2 示例

图 18-2 重复了第 12 章的"订单管理系统"生态系统图示意。它显示了各系统之间的关系：订单路由和跟踪系统（ORTS）与订单输入（Order Entry）、反诈服务（FSS）、订单履行（Order Fulfillment）、应收账款（ARS）和数据仓库（SDW）系统进行交互。数据仓库系统还要和应收账款系统进行交互。虽然生态系统图显示了系统之间传输的主要业务数据对象，但没有给出交互的细节。

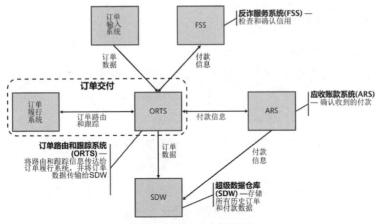

图 18-2 示例生态系统图

业务利益相关方解释说，他们希望 ORTS 在下订单后立即更新。他们预计每天会下 20 000 个订单。这些细节被记录在本例的系统接口表中，如图 18-3 所示。注意，有一个校验规则是不对折扣进行校验。在客户数据字典（第 21 章）中，折扣字段的一个业务规则描述了如何校验那些折扣，但系统接口表的这个字段指出该接口不要校验折扣。"订单"和"客户姓名"行的校验规则字段留空，意味着在数据字典中为校验这些字段而设定的任何业务规则仍然会在这个接口中应用。

| 系统接口 | | | |
|---|---|---|---|
| 来源 | 订单输入系统 | | |
| 目标 | ORTS | | |
| ID | SI001 | | |
| 描述 | 下单后立即用订单信息更新 ORTS 系统 | | |
| 频率 | 实时 | | |
| 数据量 | 每天 20 000 个订单 | | |
| 安全限制 | 加密付款信息 | | |
| 错误处理 | 参考系统流程 1.3 | | |
| 接口对象 | | | |
| 对象 | 字段 | 数据字典 ID | 校验规则 |
| 订单 | 所有字段 | DD001 | |
| 客户 | 姓名 | DD001 | |
| 客户 | 折扣 | DD001 | 不校验折扣 |

图 18-3 示例系统接口表

## 18.3 创建系统接口表

之前已经通过考虑所有可能连接的系统来创建了一个生态系统图，现在可以使用生态系统图来确定接口。然后，使用业务数据图（BDD）来确定在系统之间传递的业务数据对象（第 19 章）。最后，使用与对象关联的数据字典来确保系统接口表的完整性。图 18-4 展示了创建系统接口表的过程。

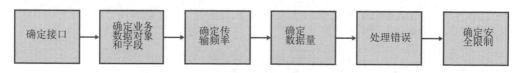

图 18-4　系统接口表的创建过程

### 18.3.1　确定系统接口

不是每个接口都需要一个系统接口表。通常，系统之间的接口是由技术模型而不是需求模型来描述的，这是因为业务利益相关方通常对数据来自哪里或如何传递的细节没有兴趣。然而，一旦业务利益相关方确实关心数据接口的细节，就可能要求你明确一些细节，例如数据需要有多新，以及它应该来自哪个系统。然后，就是技术团队的责任来确定如何将数据从一个系统传输到另一个系统。

然而，技术团队有时会要求你记录接口的"需求"（requirement）。虽然这句话里有"需求"这个词，但从技术上讲，它们并不是企业想要或者需要的东西。所以，它们其实并不是本书一直在讲的"需求"。然而，在技术团队的要求下，我们经常还是被迫要去收集接口的"需求"。所以，我们开发了这个模型，以确保接口以一致的方式记录。

如果你被要求提供接口"需求"，那么首先使用生态系统图来确定所有需要向你的系统传输数据或从系统接收数据的系统。针对每一个有信息传输需求的接口，都创建一个系统接口表。在表格中填写每个接口的来源系统、目标系统、唯一 ID 和简短描述。

### 18.3.2　确定业务数据对象和字段

使用 BDD 或数据字典来确定哪些业务数据对象会从源系统传输到目标系统。一种可能的情况是，一个对象中只有部分字段需要传输。所以，要使用数据字典来帮助自己确定具体字段。例如，订单系统可能只需要将一个订单包含的产品和数量传输给库存系统，后者不需要完整的订单对象。

　　也可以使用第 15 章讲的显示 - 操作 - 响应（display-action-response，DAR）模型来确定一个系统中需要的数据。如果用户界面（UI）中需要某个数据，那么就要确保该数据在你的系统中被填充。可以在数据字典中找到 UI 数据字段，以确定在系统接口表中应该为其填写哪个来源系统。

　　要为接口记录传输的每个业务数据对象和字段。有的对象永远不会离开它们的主系统（home system）；一般只有少数对象才会传输给其他系统。

　　数据字典描述了特定数据所需的业务规则和校验方式。我们的基本思路是不在系统接口表中重复业务数据对象的业务规则和校验。但在某些情况下，可能需要覆盖（override）默认的业务规则校验方式。例如，在系统间自动传输数据时，可能就需要放宽校验规则，允许数据直接从一个系统传输到另一个系统。在这种情况下，在系统接口表中将放宽的规则作为每个数据字段的一部分记录下来。除此之外，还应包括对每个对象和字段的数据字典的引用。

### 18.3.3　确定传输频率

　　数据的传输方式有很多，包括批处理（batch processing）、轮询（polling）和基于事件的实时传输。传输的方法会影响系统间的数据同步频率。请与业务利益相关方合作，了解数据需要有多新。实时连接可能非常昂贵，并会大幅增加系统和网络的负载。

　　可以基于显示 - 操作 - 响应（DAR）模型来讨论用户如何在 UI 中使用数据，以确定数据是否必须实时更新。过程流程也能帮助业务用户思考其执行一个任务的频率，这有助于他们确定数据真正需要的新鲜度。例如，如果一项任务每天只执行一次，那么数据的实时更新可能没有意义。然而，如果用户需要立即对某一事件做出响应，那么实时接口可能是必须要有的。如果数据要由报告表（第 24 章）所描述的一份报告使用，那么在报告表中会指出用报告做出决策的频率，而这会影响要求的数据传输频率。

### 18.3.4　确定数据量

　　为了正确设计系统，开发人员需要了解有多少数据通过接口。为了确定数据量，可以检视关键绩效指标模型（KPIM）（第 5 章）或数据字典。KPIM 描述了各种

KPI，记录了一项任务发生的频率以及由多少人执行。这可以用来确定产生的数据量。数据字典还应该描述了为一种特定的数据类型估计的数据量——虽然并不一定所有数据都通过接口来进行传输。在本章之前的示意中，如果系统被设计成每天处理20 000个订单，那么应该在系统接口表中指出每天有20 000个订单将通过订单输入和ORTS（订单路由和跟踪系统）之间的接口。

### 18.3.5 确定错误处理

错误处理通常涉及一个系统流程（第13章）。我们不需要在系统接口表中记录完整的错误处理过程。相反，在一个系统流程图中记录，然后从系统接口表中引用它。进行错误处理的目的通常是为了保证一个事务处理（transaction）在通过接口时的完整性。主要应该关注是否能接受仅对象的一部分通过接口，或者它是不是一个"要么全要，要么全不要"（all-or-none）的过程。例如，可能允许10个订单中的1个通过接口，但不允许一个订单中只有一半数据项通过接口。另外，如果接口使用业务规则来校验数据，那么系统流程应该描述在校验失败的情况下，系统将自动进行什么样的通知或行动。最后，如果一个接口不工作，那么应该确定对系统接口两侧的用户体验的影响。

### 18.3.6 确定安全限制

因为你当前负责的系统是要在不同系统之间传输数据，所以需要考虑数据传输是否有任何额外的安全限制。例如，如果对社会安全号或者信用卡号等信息有隐私方面的考虑，那么可能需要确保这些号码进行了加密。

## 18.4 使用系统接口表

技术团队应尽可能记录接口需求，但技术团队可能并不总是了解UI或数据字典对数据的全部要求。

### 18.4.1 推导需求

系统接口表可以帮助我们确保接口需求被完整地采集，因为我们只需填充一组结构化的字段，而不必写一份需求清单。由于系统接口表基本上已经列出了需求，所以没必要再从系统接口表推导出单独的需求。然而，针对由系统中的一个"系统流程"记录的任何错误处理，都应该从中推导出需求。

## 18.4.2 何时适用

由于技术团队不清楚数据具体如何使用，而且这方面的信息可能分散于多个模型中，所以将这些信息整合到系统接口表中是有意义的。开发人员可以直接拿这种表来创建技术设计。

## 18.4.3 何时不适用

如果业务利益相关方对信息在系统之间的传输没有特别要求，就安全不需要系统接口表。在这种情况下，技术团队可以使用他们自己的模型来定义接口"需求"。

# 18.5 常见错误

关于系统接口表，最常见的错误如下所示。

## 18.5.1 包括技术性太强的信息

不需要关注接口的技术方面，例如用于传递数据的技术。事实上，业务利益相关方有时会觉得他们需要关心这些，但实际真不需要。

## 18.5.2 每个接口都记录

这种模型只应为那些有业务需求的接口创建。没有必要为每个接口都创建。

## 18.5.3 不了解用户的需要

创建系统接口表唯一的原因是采集接口的业务需求。如果不了解接收端的用户将如何使用所传输的数据，那么会误解他们在传输频率和数据量方面的真正需要。

# 18.6 相关模型

下面简要描述了影响系统接口表或者被系统接口表加强的一些最重要的模型。第 26 章会对所有这些相关模型进行更深入的讨论。

- 系统流程：可用于表示错误处理过程。
- 生态系统图：从中了解会发生交互的系统。
- 业务数据图：用于确定哪些业务数据对象可能需要通过接口传输。
- 数据字典：为目标和来源系统提供所有字段和业务数据对象的清单。还可以从中了解业务规则和数据量。
- 过程流程：帮助用户思考系统中的数据的新鲜度。
- 关键绩效指标模型：帮助了解活动发生的频率，以及有多少人执行这些活动，从而判断有多大的数据量。
- 显示 - 操作 - 响应模型：提供和目标系统中使用的数据有关的信息。通过确定数据字段的来源，有助于我们判断哪些数据必须通过接口传输。
- 报告表：提供与目标系统中使用的数据有关的信息。通过确定数据字段的来源，有助于我们判断哪些数据必须通过接口传输。

## 练习

以下练习可以帮助你更好地理解如何使用这种模型。练习是开放式的，因此你的答案可能与我们提供的答案大不相同。可能存在许多正确的解决方案。在答案中，我们对如何得出解决方案进行了解释。在看答案之前，你可以先尝试自己做一下，这样练习的收获最大。练习答案可以在附录 C 中找到。

### 说明

为以下场景准备一个系统接口表。

### 场景

在这个项目中，要帮助构建一个销售火烈鸟和其他草坪摆件的网店（eStore）。客户直接访问网店。网店将订单发送给订单处理系统（order processing system），后者将最终订单发送给订单履行系统（order fulfillment system）。库存系统向订单处理系统和网店提供产品库存信息，使这些系统能显示全部 500 种产品的可用性。订单发货后，订单履行系统会对库存系统进行更新。信用系统从网店接收信用卡信息，并将核准状态发送回网店的用户以及订单处理系统。请为库存系统和网店之间的接口创建系统接口表。

# 第 V 部分 数据模型

# 第 19 章 业务数据图

▶ **场景：订单与地址**

在网上购物时，我注意到大多数电商网站都允许我注册一个账户来存储姓名、地址和电子邮件等信息，而且允许访问历史订单信息。在某些网站上购物时，可以将多个商品添加到购物车，但一个订单只支持一个送货地址。如此一来，如果想将不同的商品发到不同的地址，就必须下多个订单。但是，也有一些购物网站允许将订单中的商品分别发到多个地址。而且几乎必然地，我有一个与送货地址不同的账单地址。另外，我还注意到，有的网站只允许以一种方式支付一个订单，而其他网站允许选用多种方式来支付一个订单。■

业务数据图（business data diagram，BDD）是一种 RML 数据模型，它显示了业务数据对象之间的关系。大多数软件系统的存在就是为了创建、操作、存储和输出数据。用户以一种对他们来说有意义的方式思考和组织用来执行其任务的数据。某些时候，这些任务与工作有关。但对于消费者软件来说，任务很可能是一项个人任务，例如平衡支票本[1]。用户思考其数据的方式可能与技术团队在数据库中表示该数据的方式大不相同。BDD 描述了用户对其数据的思考方式。

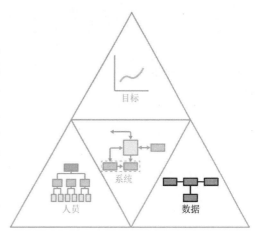

---

① 译注：简单说就是对账。

BDD 还显示了一个对象有多少部分可能与另一个对象相关，例如一个订单可以有多少个地址或支付方式。这称为关系的"基数"（cardinality）。

BDD 看起来与一种常用的、称为实体关系图（entity relationship diagram，ERD）的技术模型非常相似。但是，BDD 是概念性的数据模型，从业务利益相关方的角度显示业务数据对象。相反，ERD 更常见的是显示对象在数据库模式（database schema）[②] 中的实际实现。BDD 包含业务数据对象，这些对象由字段或其他业务数据对象组成。它们只关注用户所关心的对象，因此只代表数据的业务视图。我们使用 BDD 这个名称，是为了避免那些可能熟悉 ERD 的人产生困惑。记住，BDD 并不暗指数据库设计。

对于业务数据对象之间的关系基数（cardinality）[③] 的误解在开发团队和业务团队之间非常普遍，而基数是影响软件架构最大的因素之一。这似乎是一件小事，但软件支持一个用户账户一个送货地址，还是支持多个送货地址，这方面的能力对整个应用程序和业务过程有相当大的影响。对于采购的商业现货（COTS）系统，如果其数据模型对于你的需求来说过于有限，那么或许根本不可能对数据模型进行扩展。

BDD 对于业务利益相关方来说可能过于复杂，所以我们用一种称为业务数据示例图（business data example diagram）的变体来扩展该模型。这种图使用实际业务数据的示例（样本）来显示 BDD 的一部分。

## 19.1 BDD 模板

在最简形式的 BDD 模板中，包含了方框、连线和标签以表示关系的"基数"。表 19-1 总结了 BDD 所用的元素。

---

② 译注：简单地说，数据库 schema 就是数据库对象（例如表、列、数据类型、视图、主键、外键等）的一个集合。

③ 译注："基数"定义了一个实体有多少个实例与另一个实体的实例相关。三种类型的基数是：一对一、一对多和多对多。

表 19-1 BDD 的元素

| 元素 | 含义 |
|---|---|
| 业务数据对象 | 用方框表示业务数据对象，并以业务利益相关方容易理解的名称进行标注 |
| ———— | 如果不同方框中的对象是相关的，就用线连接它们 |
| ————— $n$ | 在线上标注关系"基数"。其中，$n$ 代表"多"，表明一个关系中的对象数量从 0 到无限多 |
| ————— 1 | 代表关系中只有一个对象 |
| ————— $1..n$ | 代表关系中有一个或任意多个对象。用了这个标注，对象数量就不能为零 |
| ————— $0..1$ | 代表关系中有零个或一个对象 |
| ————— $1..X$ | 指定"一对 X"关系，其中 X 要换成你指定的一个数字。例如，如果 X 为 5，那么意味着关系中的对象少则一个，多则五个 |
| ————— $0..n$ | $0..n$ 等同于单独标注一个 $n$，都表示关系中的对象数量无限 |
| 分组 | 通过分组将 BDD 分解为较小的部分，以提高可读性。通常，用分组框包围一组相关的数据 |

图 19-1 展示了 BDD 模板。可以根据需要在图中包含任意数量的业务数据对象和连线。

基数元素可采取多种方式组合，以显示所需的基数。图 19-1 所展示的关系描述如下：

- 业务数据对象 1 与零个或一个业务数据对象 5 相关
- 业务数据对象 5 与一个或多个业务数据对象 1 相关
- 业务数据对象 1 与零到多个业务数据对象 2 相关
- 业务数据对象 2 与零到多个业务数据对象 1 相关
- 业务数据对象 2 与恰好一个业务数据对象 3 相关

- 业务数据对象 3 与一个或多个业务数据对象 2 相关
- 业务数据对象 3 与零到多个业务数据对象 4 相关
- 业务数据对象 4 与恰好一个业务数据对象 3 相关

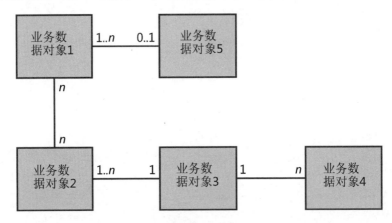

图 19-1 BDD 模板

请注意，基数为"1"意味着"恰好一个"或者"不多不少就一个"。所以，具有这种基数的对象不允许有零个或多于一个的对象与它相关。另外，"$n$"或者"多"关系被定义为指代任意数字，其中包括零。它和"零到多"关系是一样的。如果不允许零，就需要使用"一对多"关系。然而，如果担心读者不理解，可以直接使用 $0..n$ 或者在图例中包括对 $n$ 的定义。

最后，如果 BDD 中的业务数据对象超过 7±2 个，那么可以考虑使用分组元素，将关系最密切的对象组织在一起。然而，也许更容易的做法是分开创建多个 BDD，每个只用较少的对象。

## 业务数据示例图

和 BDD 相似，业务数据示例图（business data example diagram）也使用方框和线。但在这种图中，方框代表业务数据对象的实际或假设的示意，并用它们来标注。另外，不是在连线上使用基数标签来表示可能相关的对象数量，而是直接使用连线的数量来显式地映射关系。有多少条线，就表示有多少个可能相关的对象。例如，一个框只连接了一条线，代表的是一对一关系。从一个对象出来有多条线，代表的是一对多关系（1..*n*）。多（*n*）关系表示可能零个对象相关，在这种情况下就不使用连线。业务数据示例图可能非常复杂，所以一般建议仅在主要为 1..*n* 或 0..*n* 关系时才使用。用它们来显示 n..n 关系，同时又不想过于杂乱，这是非常难以做到的。图 19-2 展示了可以用业务数据示例图来表示的基数关系。

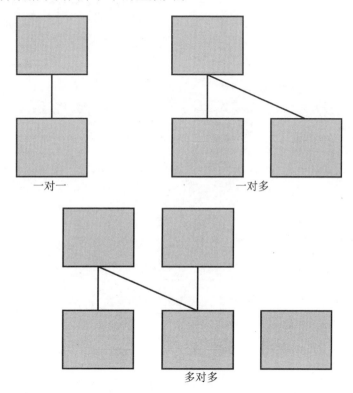

图 19-2 业务数据示例图中可能的对象组合

这些基本关系可以串接起来，从而形成一个树状结构，以显示 BDD 中多个对象的关系。图 19-3 以业务数据示例图的形式展示了三个业务数据对象的 BDD 关系。连接方框的线的位置或方向并不重要，但如果在整个图中一致地从上到下或从左到右连接，图就更容易看懂。

工具提示 BDD 用 Microsoft Visio 等工具创建最方便，这些工具允许你轻松地移动对象和线。可以用便笺来创建初稿，以方便手动移动。

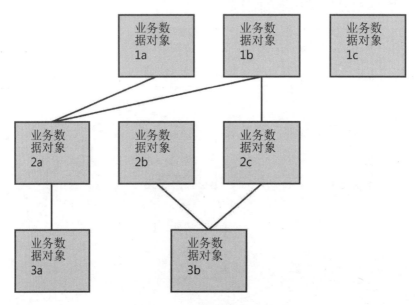

图 19-3 业务数据示例图模板

## 19.2 示例

某企业要实现一个在线培训网站。主题专家（SME）使用诸如教学大纲 (curriculum)[④]、课程 (courses)、测验 (quizes)、目录 (catalogs)、学生 (students)、成绩单 (transcripts) 和奖励 (incentives) 等词汇来描述其业务术语。团队需要快速学习他们的语言，以确保解决方案的正确设计。他们现在要创建一个 BDD，其中只包括培训本身在和一个基本的学生对象相关时的结构。图 19-4 展示了这个 BDD。

---

④ 译注：curriculum 也可以理解为课程设置、教学计划等。

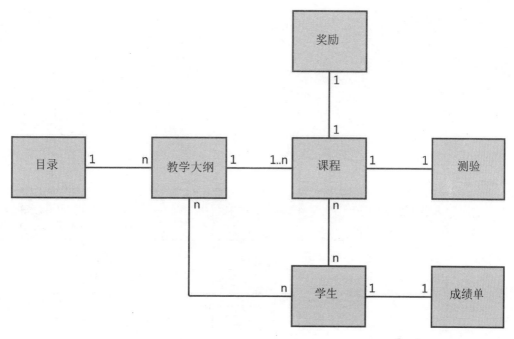

图 19-4 示例 BDD

这个 BDD 定义了几个关系：一个教学大纲包含一门或多门课程，但一门课程只从属于一个教学大纲；课程和测验是一对一关系；学生可以选择零到多门课；一门课可由零到多个学生选。

图 19-5 是一个业务数据示例图，显示了 BDD 中目录、教学大纲、课程、学生和成绩单的关系。可能需要在方框旁边明确标注对象类型。在业务数据示例图中列举所有 BDD 关系可能会变得复杂和不方便。

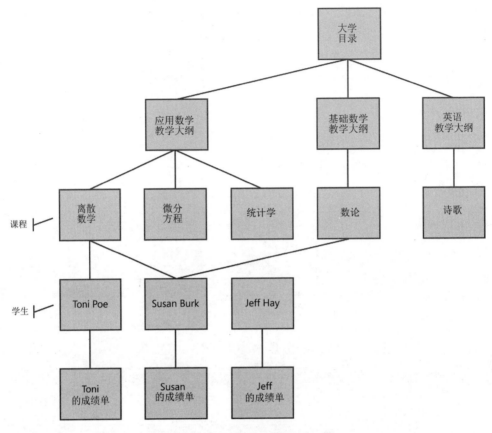

**图 19-5 业务数据示例图关系示例**

## 19.3 创建 BDD

本节首先介绍了创建 BDD 的过程，然后解释了如何从一个 BDD 创建业务数据示例图。图 19-6 显示了高层级的 BDD 过程。

创建 BDD 时（牢记 7±2 规则），如果不想对一个 BDD 中的对象进行分组，那么可以创建多个 BDD，按解决方案的功能区域来划分对象。上一节的示意针对的是一组培训对象；但是，以后完全可以为同一个解决方案再创建另一个 BDD，专门针对学生和账户对象。

图 19-6 BDD 创建过程

## 19.3.1 确定业务数据对象

首先要确定所有已知的业务数据对象，并把它们记下来，不用担心它们彼此之间的关系。有三种主要的方法来发现哪些对象应该放到 BDD 中：听取主题专家（SME）的意见、查看其他可视化模型以及查看现有系统的数据模型。

- 主题专家在谈论他们的业务时，会倾向于使用业务术语来讨论他们希望解决方案做的事情。他们使用的业务术语往往针对的是他们的数据。你可以快速确定这些术语，因为业务数据对象是主题专家使用的名词。通过记录与他们的会谈，有助于确定潜在的业务数据对象。

- 其他需求模型有助于确定要放到 BDD 中的对象。可以查看生态系统图（第 12 章）、系统流程（第 13 章）、过程流程（第 9 章）和 DAR 模型（第 15 章）来发现业务数据对象，以确定哪些数据在系统之间传递，用户需要哪些数据来执行任务，以及哪些数据会在 UI 屏幕上显示。

- 如果是替换或集成现有的系统，可以对现有系统进行评估，看看哪些数据需要在新系统中进行操作。虽然创建的 BDD 不应专注于数据库一级的设计，但查看现有数据库有助于确定业务利益相关方可能关心但忘记告诉你的对象。

查看现有系统和新购买系统的 UI 屏幕，可以确保自己已经找出了所有可能的对象，这有助于为解决方案界定一个完整的数据范围。

创建 BDD 时，将已确定的对象放到方框中，并用业务利益相关方能理解的单数名词来标注。例如，在本例的英文版中，会为课程使用"Course"而不是"Courses"，因复数已通过"基数"得到了体现。

很重要的一点是确定哪些对象与图相关，哪些不相关。BDD 的第一稿应先从基本对象着手。以后的修改版可以增加更多的细节。在培训系统的示意中，业务利益相关方可能希望添加与学生相关的对象，例如地区和公司账户。但在第一稿中，他们不需要这些信息。

BDD 的目的是只显示核心业务数据对象，而不是显示数据库模式（database schema），所以数据字段不要放到 BDD 中。另外，如果发现两个业务数据对象存在一对一的关系，那么有可能其中一个是另一个的字段，而不是一个单独的对象。在本例中，业务利益相关方认为课程和测验是两种不同的对象，所以应该把它们作为单独的对象。然而，如果他们告诉你一个课程有一个标题和一个唯一的标识符，那么这些就是课程的字段，因为它们存在一个一对一的关系，本身又不含字段。如果一个对象与一个以上的对象有关，或者本身有字段，那么它就是对象；否则就是字段。

创建 BDD 时，不要从设计数据库的角度来考虑。只需构建 BDD 来反映利益相关方是如何看待数据的，将数据设计留给数据库架构师。

## 19.3.2 关联业务数据对象

确定好大部分业务数据对象之后，就添加线来连接那些相互关联的对象。不要对间接关系（中间还要经过另一个对象的关系）进行建模。这并不是一件小事，要引起重视。在本例中，"测验"直接与"课程"相连，并通过"课程"与"学生"相关。没有必要同时显示与学生相连的测验，因为如果没有课程，学生与测验的关系就不可能存在。但有些时候，如果有关于这个关系的特殊要求和业务规则需要实现，那么这个连接就很重要了。例如，可能规定学生、课程和教学大纲对象都必须相互关联。显示这三种关系的原因可能是企业有一个要求，即学生既可以注册一个完整的教学大纲，也可以注册单门课程。除此之外，还要求根据学生的公司账户来限制他能访问的教学大纲。如果没有这两个要求，教学大纲纯粹就是课程的一个集合，从教学大纲到学生的关系就不重要了，不必显示出来。

决定两个对象是否连接是创建 BDD 时最困难的方面之一。打个比方，你的祖父母、你的父母和你之间都有关系。但在创建 BDD 的时候，你会把你的祖父母和你的父母连接起来，把你的父母和你自己连接起来。你与祖父母的关系是通过你的父母建立的。另一种思考方式是判断两个对象之间的关系是否能在没有与第三个对象的关系时存在。

将这些对象关联起来之后，删除任何你认为对 BDD 不重要的不相干的对象。另外，在添加连线时，将任何你可能已经确定的缺失对象添加进去。

创建关系时，不要尝试采集所有进一步限制关系的业务规则。例如，BDD 可以显示奖励与课程相关，学生与课程相关，但它不能显示存在一个业务规则，即学生能获得的奖励取决于他的公司。

### 19.3.3 添加基数

现在需要为对象关系添加基数。记住，基数代表有多少个对象可以相互关联。在之前讨论的示意中，一个学生只有一个成绩单，而一个成绩单也只有一个学生，所以要显示为一对一关系，如图 19-7 所示。

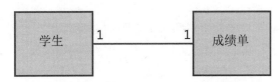

**图 19-7 学生与成绩单的一对一关系**

类似地，一个学生可以选择任意数量的课程，一门课程可以有零到无限多的学生报名参加，所以学生和课程之间是多对多关系，如图 19-8 所示。

**图 19-8 学生与课程的多对多关系**

"多"这个基数意味着"大于或等于零"。但在某些情况下，你可能希望基数表示一个具体的数字。例如，如果知道一个学生总是要选 1~5 门课，但不会更多，九台可以将课程对象上的基数标记为 1..5。

### 19.2.4 创建业务数据示例图

如果决定创建一个业务数据示例图，首先要确定 BDD 中哪些对象需要这种类型的图。也许能在一个业务数据示例图中容纳 BDD 中的全部对象，也许需要多个模型，又也许只需要一个业务数据示例图来描述某些关键的对象关系。具体怎么决定，取决于哪些关系对业务利益相关方来说最需要理解，并且要保证正确。

准备好要建模的对象后，请确定 BDD 中最重要的对象，或者确定顶级对象（如果有一个层次关系的话），并挑选前两个来建模。就本例来说，肯定不会从学生和成绩单开始，而是从目录、教学大纲或者课程开始。将主要对象放在最顶部，相关对象放在下方（或者使用从左到右的结构）。用示例（examples）来命名这些对象时，可以使用对业务利益相关方来说真实且有意义的东西，例如一门名为"数学 101"的课程。或者使用一些通用名称（例如"课程 A"）来表示该对象是课程的一个示例。

如果关系是一对一的，那么各自只显示一个示例，如图 19-9 所示。

如果是一对多关系，就显示第二个对象的多个示例，如图 19-10 所示。如果想显示"多"，那么至少需要两个对象，但如果有帮助的话，也能显示更多。如果想传达一个确切的数字，那么可以显示刚好这个数量的示例框；但是，BDD 可以用它的"基数"标注来更清楚地传达这一细节。

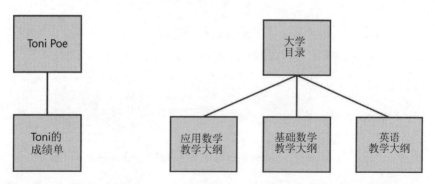

图 19-9 业务数据示例图中的一对一关系　　　图 19-10 业务数据示例图中的一对多关系

如果是多对多关系，请添加两者的多个示例，并显示它们之间的多条连接线，如图 19-11 所示。

继续这个过程，每次向图中添加一个对象，直到采集完所有相关对象。请注意，在这个示意中，可以通过在图中加入一个不与任何东西连接的示例对象来显示"零"关系（比如表示"零对多"）。

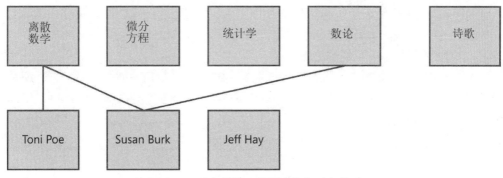

图 19-11 业务数据示例图中的多对多关系

# 19.4 使用 BDD

BDD 通常是我们创建的第一个数据模型。BDD 通过确定每个业务数据对象，从数据的角度来完整地界定解决方案的范围。业务数据对象也是创建数据字典的基础（第 21 章）。

## 19.4.1 了解高级业务数据对象

在了解一个新的行业时，经常遇到的一种情况是，那些对业务利益相关方来说再简单不过的术语，在你那里就成了天书。但是，除非理解了业务利益相关方所谈论的对象，否则就无法提炼出详细的需求。BDD 可以帮助你直观地将企业所谈论的词汇联系起来。通常，与主题专家的简短对话就足以让你起草一个 BDD，然后进行审查和修正。

BDD 不仅有助于理解业务术语，还能帮助你清晰地定义在定义需求时要使用的语言。例如，如果甲方的一些专家在说"courses"，而另一些专家在说"classes"，那么你会潜意识地认为前者是"课程"，后者是"班级"。但是，当你在 BDD 上对这两个术语进行建模时，那些专家就能发现这个错误，并告诉你这两个术语的含义是一样的，都是指"课程"。这样一来，你就可以自己决定哪个术语更好，并将其作为 BDD 和其他需求中的对象名称。

　　BDD 的一个价值在于，它们从业务的角度，而不是从技术团队的角度来展示业务数据对象。但是，如果你自己都没有理解这些元素，BDD 就会显得不通顺。要避免还要向业务利益相关方解释 BDD。

　　BDD 有用的地方在于，人们一眼就能看懂哪些对象是相关的。但是，有时还是需要多想一下，才能明白基数标签的含义。事实上，你可能会在脑海中向自己解读这些关系，因为它们没有那么简单，并不是只看一下基数就能明白这个标签之于对象的含义。例如，在创建和使用 BDD 时，你可能会说"一个教学大纲可以有很多门课程"和"一门课程只属于一个教学大纲"这样的话。话虽如此，但将这些关系绘制成图，还是比试图将它们单独写成一个需求清单要好。例如，下面的文字描述了本章示意中定义的关系：

- 一个目录可以有零个或多个教学大纲
- 一门课程属于恰好一个目录
- 一个教学大纲有一门或多门课程
- 一门课程属于恰好一个教学大纲
- 一门课程有恰好一个测验，一个测验也属于恰好一门课程
- 一门课程有恰好一个奖励，而一个奖励也属于恰好一门课程
- 一个学生可以选零门或多门课程
- 一门课程可以由零个或多个学生参加
- 一个学生和一个成绩单有一对一的关系
- 一个学生可以选择零个或多个教学大纲
- 一个教学大纲可以分配给零个或多个学生

　　如果仅仅有这个清单，那么要想理解所有对象之间的关系，或者发现不正确或缺失的关系，几乎是不可能的。

## 19.4.2　确保完整性

　　由于能看到对象之间的关系，所以 BDD 可以帮助我们发现缺失的业务数据对象。通过分析 BDD，我们可以自己考虑或者向主题专家提出关于该图的一系列问题。具体地说，可以展示这个图的草稿，并提出以下问题。

- 我们是否真的需要同时用目录和教学大纲来分组课程？根据回答，或许可以删除不必要的对象对图进行简化，或者可以更好地理解围绕"目录和课程实际是什么"的具体需求。

- 教学大纲真的只是课程的一个分组吗？这有助于你更好地理解这些术语。在一个词汇表中记录对此类问题的回答。

- 为什么会有一个零课程的教学大纲？是不是至少应该有一门课？一门课必须要有一个测验吗？根据对这些问题的回答，可能需要更新图中关系的基数。

- 奖励是不是还要与教学大纲关联，而不仅仅和课程关联？提出这个问题是为了分析那些还没有关联的对象。根据对这个问题的回答，可能会发现新的关系和新的特性集。

- 还有哪些对象和学生相关？根据对这种问题的回答，可能会促使我们考虑这些对象是否属于这个 BDD，或者是不是应该有一个额外的 BDD；例如，一个显示学生和账户之间关系的 BDD。

### 19.4.3 确定过程

分析师使用 BDD 来确定过程流程（第 9 章）和用例（第 10 章），方法是观察在 BDD 中的每个对象上可能发生的 6 个操作：创建、更新、删除、使用、移动和复制。每个操作都应该用过程流程或用例来描述。例如，假设想知道一门培训课程是如何创建的，这个问题会导致一个"创建课程"过程流程或者过程流程中的一个步骤。类似地，询问如何更新课程，可能会告诉我们需要一个"编辑课程"过程流程。此外，还可能有一个"上课"过程流程，它代表课程具体如何使用。在考虑"删除"操作时，我们可能意识到，业务利益相关方不希望任何人能够删除课程。相反，只能将其标记为"不活跃"。最后，我们可能会确定，移动课程在这种情况下是不相关的，而且复制课程也不是一个高优先级的特性。

### 19.4.4 帮助技术团队进行数据库设计

BDD 不直接代表数据库设计，虽然这一点怎么强调都不为过，但重要的是，必须将 BDD 交付给数据库团队。数据库团队可以使用 BDD 来理解技术设计中需要支持的关系。此外，BDD 对他们来说也很容易理解，因为它们与 ERD（实体关系图）相似。

### 19.4.5 使用业务数据示例图来审查 BDD

刚接触 BDD 的利益相关方往往很难理解 BDD 所建模的关系的"基数"。业务数据示例图可以帮助他们完成对 BDD 的审查。相较于 BDD，他们也许能更好地理解业务数据示例图，因为他们能代入其日常活动中的真实示意，这就使 BDD 变得生动起来。我们一般从 BDD 开始，只有当业务利益相关方觉得难以理解 BDD 的部分或全部内容时，才会创建业务数据示例图。即便如此，我们也只会为 BDD 中难以理解的部分创建示例图。

作为 BDD 的延伸，业务数据示例图可用于发现缺失或不正确的关系。业务数据示例图实质上是 BDD 的一个试用版，它使我们凭直觉就能看出 BDD 是否正确反映了对象之间的关系。业务数据示例图还能改善过程流程和用例的开发，因为利益相关方可能会开始思考关系的某些异常情况，这有助于定义替代路径。

### 19.4.6 推导需求

BDD 中的关系和基数是需求和业务规则。虽然并非一定要将关系和基数写在一个清单中，但可以考虑这样做，从而向技术团队明确这些需求和业务规则。另外，BDD 对象会在数据字典中进一步详细说明。在数据字典中，我们将描述关于数据的额外业务规则。

### 19.4.7 何时适用

任何有数据库的项目都要使用 BDD，这意味着大多数项目都需要。但是，可能不需要在 BDD 中包含解决方案中的所有对象。相反，只需为业务利益相关方所关心的主要业务数据对象创建。

### 19.4.8 何时不适用

如果项目不含数据库，就可能不需要使用 BDD。只执行无状态计算但不存储任何东西或者只直接传递（直通）数据的软件（如API）可能没有任何对象需要在BDD中建模。

BDD 显示的是关系；它们不显示会对关系做进一步限制的任何业务规则。例如，BDD 可以显示一个客户与一个层级（tier）相关，而且一门课程与一个层级相关。但是，它不会显示"客户只能选择为其所在层级设计的课程"这一业务规则。

## 19.5 常见错误

关于 BDD，最常见的错误如下所示。

### 19.5.1 将字段作为对象

不要在模型中包括任何字段。如果为一个仅一个直接关系的对象建模，并且其"基数"为 1，那么它可能是一个字段。如果该对象本身没有其他字段，它就很可能是字段。

### 19.5.2 创建中间人对象

要知道一个对象到底要不要包括进来，这其实是很难的。分析师有时会将不必要的对象作为容器放到图中。选择对象时，尝试了解业务利益相关方如何看待对象及其相互关系，以及它们是否有任何相关的需求或业务规则。

### 19.5.3 从数据库设计的角度来思考

记住，BDD 不是要你尝试创建一个规范化的数据库设计。相反，你唯一要做的就是理解并记录业务利益相关方对于系统中的数据的看法。

## 19.6 相关模型

实体关系图（ERD）类似于 BDD（Richardson 2007）。存在多种表示关系基数的符号（smart draw），包括最常见的鸦爪图（crow's foot）符号。某些类似的模型还在连线上标注对象之间的关系。BDD 通常不使用这种标注，而是在必要时在需求中解释关系。

下面简要描述了影响 BDD 或者受 BDD 增强的一些最重要的模型。第 26 章会对所有这些相关模型进行更深入的讨论。

- 数据字典：用于为 BDD 中的每个对象显示额外的字段级细节，也可用于想出要在业务数据示例图中使用的示例。
- 过程流程、系统流程和用例：通过思考在 BDD 中每个对象上的 6 种操作来从局部分推导出它们。

- 生态系统图：用于确定在系统之间传输的业务数据对象。
- 显示 - 操作 - 响应（display-action-response，DAR）模型：用它们来确定需要添加到 BDD 中的额外业务数据对象。

## 练习

以下练习帮助你更好地理解如何使用这种模型。练习是开放式的，因此你的答案可能与我们提供的答案大不相同。可能存在许多正确的解决方案。在答案中，我们对如何得出解决方案进行了解释。在看答案之前，可以先尝试自己做一下，这样练习的收获最大。练习答案可以在附录 C 中找到。

### 说明

为以下场景准备 BDD 的一个初稿。

### 场景

当前项目是推出一个新网店（eStore）来销售火烈鸟和其他草坪摆件，包括侏儒、小矮人、装饰性长颈鹿、鸟浴盆和雕像等。

第一个版本所面向的客户是有多个用户的公司以及居家购物的个人客户。客户能浏览和搜索摆件，将其添加到购物车，通过一个完整的结账过程下单，将他们的信息作为注册用户保存，并自动将他们的订单发送到后端订单处理系统。

支付方式只支持信用卡，而且客户只能用一张信用卡支付。地址必须允许两行账单地址（公司地址可能很长）、城市、州和邮政编码。而且重要的是，必须记录用户所在的州，以备订单发货时涉及到的税。允许客户将一个订单中的商品发到多个地址。

## 其他资源

- Gottesdiener（2005）的 4.9 节概述了这种模型，虽然作者称它为"数据模型"。
- Wiegers（2013）的第 13 章对 ERD（实体关系图）做了一个总结。
- Richardson（2007）提供了有关 ERD 和鸦爪符号的信息。

## 参考资料

- Gottesdiener, Ellen. 2005. *The Software Requirement Memory Jogger.* Salem, NH: Goal/QPC.
- Richardson, Lee. 2007. "An Entity Relationship Diagram Example." https://tinyurl.com/ms8hsuk4
- SmartDraw. "Software Design Tutorials: Entity Relationship Diagram." https://tinyurl.com/nhftu78w
- Wiegers, Karl E. 2013. *Software Requirement, Third Edition.* Redmond, WA: Microsoft Press.

# 第 20 章 数据流图

▶ 场景：下厨房

我个人喜欢做饭，保存了许多菜谱。每个菜谱都包含一组食材和一系列需要遵循的步骤。大多数时候，我都知道自己当想吃什么，所以我会拿出菜谱，按图索骥去市场购买食材。菜谱告诉我需要哪些烹饪设备和技术来准备这道菜。但有的时候，我也拿不准自己想吃什么。我有时只知道想吃点儿烧烤，或者只想找一个菜谱来用上厨房里现有的食材。我希望一下子就能找出需要用到烤箱的所有菜谱，能用上一组特定食材的菜谱，甚至是和一种烹饪技术相关的菜谱。■

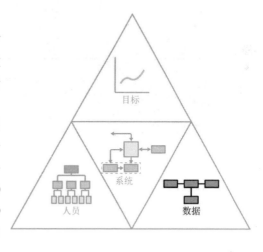

数据流图（data flow diagram，DFD）是一种 RML 数据模型，它以图形化的方式显示了信息在解决方案中的流动，专注于显示数据在处理或使用过程中如何转换。DFD 呈现了解决方案的一个视图，它将多个不同的过程流程（第 9 章）、系统流程（第 13 章）或用例（第 10 章）合并为一个单独的业务数据对象，这个业务数据对象将贯穿于多个过程使用。DFD 不显示决策，也不显示过程的顺序。DFD 只显示数据如何在过程之间流动，以及如何由不同的过程转换。

DFD 起源于一组称为结构化分析（structured analysis）的分析技术，该技术是在 20 世纪 70 年代和 80 年代期间定义的（DeMarco 1979）。在结构化分析中，软件开发人员从环境图（context diagram）中创建 DFD，然后分解 DFD 以创建解决方案的特性模块（Yourdon 1986）。我们用 RML DFD 来收集需求，而不是用它设计技术架构。DFD 是解决方案面向数据的一个视图，我们通过它呈现数据在解决方案中移动（流动）的全景。

许多时候，一个过程流程会和其他过程流程共享数据；然而，这些过程并不一定由同一组人执行。每一组人都会解释他们将如何使用数据，但没有单一的过程流程能够捕捉使用了共享数据的每个过程，并显示出这些过程如何通过他们使用的共享数据来发生关联。

在结构化分析中，DFD 是最关键的图之一，因为最早的分析方法强调的是系统的运行，而不是强调用户要完成的任务。如今，分析师们采取了一种更为平衡的方法，关注于用户打算如何从解决方案中获得价值，以及数据如何流经不同的系统。在听音乐或者看电影时，很容易忘记对于任何计算机系统来说，它所负责的唯一行动就是接收输入，处理它，并提供输出。数据流图可以帮助你对系统的这一视图进行建模。

# 20.1 DFD 模板

DFD 是一种可视化模型，使用了四种类型的元素，如表 20-1 所示。

表 20-1 DFD 的元素

| 元素 | 含义 |
| --- | --- |
| 数据存储 | 临时或永久存储数据的地方 |
| 外部实体 | 向系统提供数据或者从系统获取数据的人或其他系统。如果外部实体是一个系统，就把人的图标从框中删除 |
| 过程A | 一个操作数据的过程 |
| 数据 | 数据存储、外部实体和过程间的数据流 |

数据必须从数据存储或实体出发并经过一个过程，因为外部实体和数据存储不能彼此直接传递数据。图 20-1 展示了一个 DFD 模板。

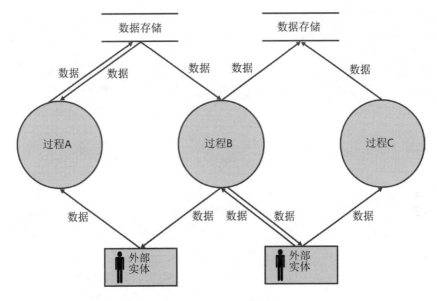

图 20-1 DFD 模板

 工具提示 DFD 在 Microsoft Visio 或类似的可视化建模工具中最容易创建。

## 20.2 示例

图 20-2 是用于一个订单系统的示例 DFD。图中显示了几种高层级的信息，包括：销售代表更新客户数据，财务代表维护计税规则，订单处理好后流向订单履行系统。一般来说，在展开关于订单创建的对话时，这张图很有用。它直观显示了客户数据，加上产品数据，加上销售代表的输入，再加上税，这就形成了一个完整的订单。团队可以很容易地与业务利益相关方验证这种类型的信息，开发人员则可以从中快速搞清楚上下文。

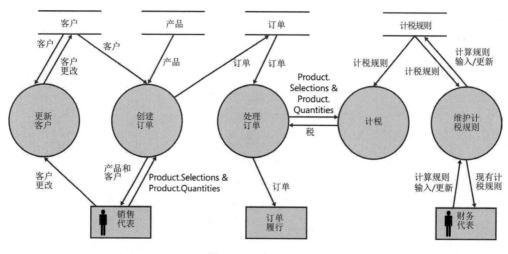

图 20-2 示例 DFD

## 20.3 创建 DFD

为了创建 DFD，需要考虑到所有业务数据对象，以及系统可能用这些业务数据对象采取什么行动。在确定了系统的所有数据输入和数据输出后，就可以完全界定解决方案的数据。当然，这在实践中可能是非常困难的。创建 DFD 时，要和业务利益相关方交谈，了解他们具体如何创建数据以及如何使用输出。然后，从他们的角度理解数据在整个系统中的使用方式。期望业务利益相关方自己创建 DFD 是不现实的，但他们应该能够审查 DFD，特别是在你带着他们一起审查的时候。你的目标是创建一张图，使每个人都能就数据输入系统、处理和使用的方式达成一致。图 20-3 展示了 DFD 的创建步骤。

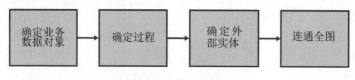

图 20-3 DFD 的创建过程

### 20.3.1 确定业务数据对象

由于 DFD 是一种专注于数据流的图，所以有必要先确定业务数据对象。从现有的业务数据图（BDD，详见第 19 章）开始确定要放到 DFD 中的业务数据对象。如果在生态系统图中显示了系统间的数据流动，那么这种图也有助于确定业务数据对象。记住，业务数据对象不一定是实际的数据库对象。在上一节的订单管理示意中，可以确定的明显业务数据对象包括客户、产品和订单。但是，计税规则在最开始的时候就没有那么明显了。

数据存储（data store）是概念性的，可能不会和解决方案中的实际物理数据存储一一对应。在这个时候，确定这些业务数据对象所在的逻辑数据存储也很有帮助。不一定非要关心两种类型的业务数据对象（如客户和订单）是否在同一个物理数据存储中。相反，只需将外部存储称为"客户数据存储"和"订单数据存储"。虽然 DFD 主要关注业务数据对象，但也有可能只会传递对象中的特定字段。在这种情况下，可以使用 < 对象 . 字段 > 表示法来阐明传递的是数据字典中的哪些字段。在本例中，销售代表将 Product.Quantities（产品对象的数量字段）传给了"创建订单"过程。如果字段太多，那么最好直接记录业务数据对象流。

### 20.3.2 确定过程

在确定了 DFD 的重要业务数据对象后，接下来确定需要操作数据的过程。使用现有的"过程流程"来确定可能与 DFD 中的业务数据对象相关的过程的名称。一般来说，DFD 中的每个过程圆圈都与过程流程或系统流程图中的一个过程步骤相同。所以，请使用过程流程和系统流程来确定要为其建模"数据流"的步骤。适用于数据的主要操作是创建、更新、删除、使用、移动和复制，所以在确定需要操作数据的过程时，这些操作中的每一个都需要考虑。如有可能，以动词加对象的形式来命名这些过程（例如"更新客户"），以保证可读性以及与其他图的一致性。DFD 不含决策，它只是对每个数据流和所有过程的一个表示，含输入和输出。

一个 DFD 中的过程数不要超过 7±2 个，否则人们会觉得难以理解。当然，和其他所有模型一样，这个数字只是一个指导原则。如果发现需要将 10 个以上的过程放入 DFD，请考虑把它们划分为多个 7±2 的分组。另外，可考虑为高级特性信息创建一个一级（L1）DFD，并用额外的二级（L2）或三级（L3）DFD 分解出子特性更多的细节。在之前的订单管理示意中，其实可以删除"计税"，将计税规则

直接发送给"创建订单"。然后，单独绘制一个"创建订单"DFD，显示创建订单
更详细的过程。

图中的过程并不暗示任何顺序。添加编号只会造成混乱，因为你的业务利益相
关方会开始假定一个顺序。如果一个 DFD 必须添加标识符供以后使用，请仔细解
释顺序并不重要。如果存在一个明显的顺序，在 DFD 中可以从左向右显示过程，
但这只是为了提高可读性。关键在于，要让受众明白，DFD 并不是为了显示一个确
切的执行顺序。流程唯一的目的就是显示数据的转换（transformation）。要显示顺序，
应使用其他模型，例如过程流程。在这个方面，DFD 更类似于生态系统图（第 12 章），
后者同时显示了所有连接。

### 20.3.3 确定外部实体

我们通过查看生态系统图中的系统以及组织结构图中的角色（第 8 章）来确定
外部实体。在这些模型中，寻找任何通过执行一个过程、将数据传入系统或者取出
数据以便在系统外部使用，从而对数据进行操作的实体。再次提醒，在数据上发生
的操作只有创建、更新、删除、使用、移动或复制。所以，在确定可以操作数据的
系统或人员时，应该考虑上述每一种操作。就当前的示意来说，一个明显的问题是"谁
创建订单？"，这直接就能确定一个"销售代表"实体。

### 20.3.4 连通全图

在确定了 DFD 的基本构建单元后，必须用代表适当数据流的箭头将它们连接
起来。在 DFD 中，数据流必须经过一个过程；例如，它不能直接从一个外部实体
流向一个数据存储。用数据流箭头连接了显而易见的主要对象后，请考虑是否还有
任何额外的业务数据对象、过程或外部实体应该成为图的一部分，并相应地更新它。
另外，在添加过程时，注意其中是否有任何一个只有数据流入或只有数据流出，因
为这意味着有什么东西缺失了。过程的作用是使用和／或转换数据；因此，每个流
程至少应该有一个输入和输出业务数据对象。

在之前讨论的示意中，在确定了"收税"过程步骤后，很明显有一个"计税规则"
业务数据对象要从"计税规则"数据存储移动到"计税"过程。如果此时还没有发现"维
护计税规则"过程步骤，那么外部数据存储就会帮助你发现。然后，"维护税收规则"
过程会促使你发现另一个外部实体，即负责这些计税规则的"财务代表"。

DFD 不一定要完美才能奏效。技术实现团队能理解这种概念性格式的 DFD，并根据它适当地建立他们的设计。

## 20.4 使用 DFD

DFD 可以在有许多业务数据对象和数据处理事件的系统中使用（例如交易处理系统），以帮助跟踪数据在解决方案中的流动。但更普遍的是，任何时候只要想从概念上显示多个业务数据对象如何在过程执行期间共同产生输出，就应该使用 DFD。DFD 显示了业务数据对象在系统／人和它们的交互过程中是如何转换的。例如，DFD 可以显示将报价转换为购物车，再从购物车转换为订单的过程。在本章的示意中，DFD 可以帮助回答以下问题：

- 这些是可以用来更新订单的所有过程吗？
- 这些是那些过程的所有输入和输出吗？
- 这些是涉及的所有系统吗？
- 哪些数据要存储下来？

DFD 展示的是一个过程的输入和输出，而过程流程展示的是完成该过程的步骤或决定。

### 20.4.1 表示跨越多个过程使用的数据

许多时候，一个过程流程会和其他过程流程共享数据；然而，这些过程并不一定由同一组人执行。每一组人都会解释他们将如何使用数据，但没有单一的过程流程能够捕捉使用了共享数据的每个过程，并显示出这些过程如何通过他们使用的共享数据来发生关联。

例如，假定现在要开发一个电子商务系统，可能有产品经理来定义要在网站上销售的产品。他们有一套完善的过程，可以使用图片、描述和其他元数据在网上表示一种产品。营销组织（例如市场部）负责创建促销、广告和布局，对这些产品进行市场定位。客户来到网站，查看产品，将其放入购物车，然后购买。订单履行部门定制实体产品，打包，最后发货。商业智能（business intelligence，BI）部门分析订单产生的数据，并通过一些业务过程和报告来判断哪些产品、促销和广告最成功。可以用一个 L1 过程流程来体现所有这些过程，将这些过程松散地联系在一起，如图 20-4 所示。

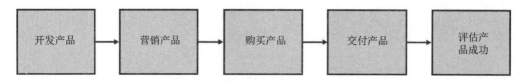

图 20-4 一个电子商务系统的 L1 过程流程

在 L2 和 L3 过程流程中，不会同时显示这些过程的细节。所有这些过程流程都使用了产品业务数据对象，但这些过程流程不会提供产品生命周期的单一视图以及涉及其转换的相关过程。DFD 是你的解决方案的一个不同的切片，使你能够看到将每个使用了相关数据的过程联系在一起的数据。这一点很重要，因为它帮助你理解一个特定的业务数据对象在整个解决方案中是如何使用的，进而帮助你理解该特定的业务数据对象在整个解决方案的生命周期中是如何转换或处理的。一旦搞清楚了所有数据输入和输出，就完成了对解决方案的完全界定。其他一切都只是发生在系统内部的数据处理。

## 20.4.2 使用 DFD 提高可读性

有的时候，我们需要思考业务数据对象如何一起使用并合并成新的业务数据对象，例如"客户 + 产品 + 销售代表的输入 + 税 = 订单"。但这显然不是一个完整的描述，而且这种格式解释不了需要哪些系统或参与者来创建这些对象，或者他们用什么过程来处理数据。例如，它没有捕捉到以下事实：销售代表更新客户数据，财务人员维护计税规则，以及订单在创建后流向订单履行系统。然而，DFD 确实显示了所有这些信息，具体可参考本章之前的 DFD 示意。但要注意，这个简单的等式实际是我们那个 DFD 的中心过程"创建订单"，而且等式中的对象都与流入 / 流出该过程的数据有很大关系。有鉴于此，在创建 DFD 时，业务分析师的"等式"可以成为一个有用的起点。

## 20.4.3 确保完整性

基于 DFD，我们可以提出一些有趣的后续问题，使图和其他需求变得更完整。可以用 DFD 来发现缺失的过程步骤。如果有已知输出的输入，那么必须确定将数据转换为最终形式所需的全部过程步骤。这意味着需要搞清楚使处理成为可能的所有数据输入。另外，确定数据是如何创建的，DFD 可以帮助我们发现额外的外部实体。

　　DFD 主要单独使用，对数据转换进行可视化；但是，它也可以用于发现缺失的过程流程。每个过程步骤都应该是一个独立的过程流程，或者是一个更大过程流程的一部分。记住，数据只能被创建、删除、编辑、使用、移动或复制。从这个方面检查所有数据元素，可以发现缺失的过程流程，其中包括实际应该放到 DFD 中的那些。

　　DFD 也有助于确保所有用户和系统在其他模型（例如组织结构图和生态系统图）中都得到了考虑。最明显的是，DFD 的外部实体和数据存储可能存在于这些模型中。不过，如果是一个概念性的系统或者数据存储，它可能只能促使你思考数据流来自哪里，并据此确定新的系统和用户。

　　在本章使用的示意中，可能会发现以下问题，值得咨询一下主题专家。

- 客户数据最初如何填充？对这个问题的回答有助于确定是否存在一个缺失的过程，例如"创建客户"。
- 产品数据从哪里来？这个问题和上个问题相似。它也可能促成我们发现应该放到 DFD 中的一个外部系统，例如"产品目录"。
- 订单履行系统是否用有关订单履行的信息来更新订单存储？这个问题的回答将确定另一个缺失的过程。如果答案是肯定的，就添加一个用于更新订单数据存储的过程，箭头从订单履行外部实体出发，通过该过程，最后回到订单数据存储。
- 所有计税规则是手动输入，还是同时存在一个电子来源？这个答案将确定是否有另一个外部实体将关于税的信息更新到计税规则数据存储中，并通过"维护计税规则"过程来推送现有的计税规则。
- 更新客户数据是否真的是一个独立的过程？对这个问题的回答会告诉我们是否添加了一个不正确的过程。在这种情况下，或许"客户更改"数据需要自动从创建订单时所做的更改中流出，而不要作为一个单独的过程。
- 每个过程中的数据会发生什么？这个问题可以探究这些过程是自动的还是手动的，进而推导出每个过程的需求。

## 20.4.4 推导需求

　　DFD 主要用于对数据发生的转换以及转换的过程进行可视化。然而，也可以用它们来确定哪些过程必须做进一步的分析，从而推导出功能性需求，为解决方案对数据的转换提供支持。

如果现在要更改系统中的过程或数据，或者对系统进行集成，那么DFD是很有用的。可以检查一下哪些下游活动依赖于数据。例如，如果更改了订单对象的结构，那么还必须判断它是否会影响到购物车、订单以及后来会接触到这些数据的其他过程，看看它们是否也需要更新。

### 20.4.5 何时适用

从输入到输出的过程中需要处理的关键业务数据对象都应该使用DFD来建模。DFD通过将许多过程流程连接在一起，从而提供了过程流程的另一个视图。在许多利益相关方使用相同的核心数据集来执行多种过程时，DFD非常有用。

### 20.4.6 何时不适用

如果使用的是商业现货（commercial off the shelf，COTS）产品，而且简单配置一下即可使用，那么DFD可能没有意义。如果解决方案主要是一套线性过程，并且有一个简单的BDD（业务数据图），那么构建DFD可能没有价值。如果过程很简单，或者只有一个用户组，那么DFD所提供的另一种视图就没那么有用了。例如，没必要为接收输入并提供输出的一个数字信号处理器构建DFD。

## 20.5 常见错误

关于DFD，最常见的错误如下所示。

### 20.5.1 试图在DFD中阐明顺序

DFD是没有顺序的，尽管它似乎暗示了一种顺序。这里的问题在于，许多过程可能在完全不相关的时间发生，特别是在涉及数据存储的时候。时间在DFD中是没有意义的，而且让大家明白这一点可能是一个挑战。

### 20.5.2 试图记录每个数据流

一个完整的DFD实际上能完整地描述任何一个解决方案。但对于业务利益相关方来说，相较于他们执行的任务，用数据流来思考要困难得多。因此，只用DFD

来解释解决方案中关键对象的流动和处理，例如抵押贷款系统中的"抵押贷款申请"或者电子商务系统中的"产品"。

## 20.6 相关模型

一些建模方法认为 DFD 是一种更详尽的环境图（context diagram）。RML 将 DFD 与最像环境图的"生态系统图"分开，因为两者服务于不同的目的。生态系统图用于确定不同系统之间的交互，而 DFD 用于显示数据的生命周期。

下面简要描述了影响 DFD 或者被 DFD 加强的一些最重要的模型。第 26 章会对所有这些相关模型进行更深入的讨论。

- 业务数据图：用于确定应该放到 DFD 中的业务数据对象。
- 数据字典：采集在 DFD 中流动的业务数据对象的详细字段。
- 过程流程、用例和系统流程：它们可以表示 DFD 中的一个过程内部和周围的细节。
- 生态系统图：显示外部实体所代表的系统，以及它们如何与其他系统进行交互。
- 组织结构图：可供发现缺失的外部实体。

**练习**

以下练习可以帮助你更好地理解如何使用这种模型。练习是开放式的，因此你的答案可能与我们提供的答案大不相同。可能存在许多正确的解决方案。在答案中，我们对如何得出解决方案进行了解释。在看答案之前，可以先尝试自己做一下，这样练习的收获最大。练习答案可以在附录 C 中找到。

**说明**

为以下场景准备一个 DFD。

**场景**

当前项目是推出一个新网店（eStore）来销售火烈鸟和其他草坪摆件。产品经理负责更新产品数据存储中的产品。购物者将产品添加到购物车，然后确认下单以形成一个要履行的订单。购物者必须在订单中添加自己的个人信息。订单下达后，购物者可以在订单历史中追踪配送信息。

为了理解这些过程，可以回头看看在第 9 章的练习中创建的过程流程。

## 其他资源

- Davis（1993）的 2.3.3.1 节对 DFD 进行了概述，并提供了一些示意。
- Jackson（1998）讲解了 DFD 的历史，并提供了两个与 RML DFD 相似的示意。
- Wiegers（2013）总结了 DFD 并附有完整的示意。

## 参考资料

- Davis, Alan M. 1993. *Software Requirement Revision: Objects, Functions, & States*. Upper Saddle River, NJ: PTR Prentice Hall.
- DeMarco, Tom. 1979. *Structured Analysis and System Specification*. Englewood Cliffs, NJ: Prentice Hall.
- Jackson, Michael. 1998. *Software Requirement & Specifications: A Lexicon of Practice, Principles and Prejudices*. Reading, MA. Addison-Wesley Publishers.
- Wiegers, Karl E. 2013, *Software Requirement, Third Edition*. Redmond, WA: Microsoft Press.
- Yourdon, Edward. 1986. *Managing the Structured Techniques: Strategies for Software Development in the 1990s*. Yourdon Press.

# 第 21 章 数据字典

▶ 场景：订单字段

我在网上购物并提交订单时，有几个字段必须填写。例如，通常要输入电话号码和送货地址，选择一种配送方式，并提供账单地址和支付方式。送货地址和账单地址的相似之处在于，两者都需要提供街道地址、城市、州和邮编。有的网上商场要求提供更多信息，例如所在的县，而这可能会造成"地址"字段的变化。得州奥斯汀市不止一个县属，所以有时网上商场会问我具体居住在哪个县，因为销售税会因县而异。在我填写订单的某些字段时，有时系统会报错，因为我输入了格式错误的值。这种情况经常发生在电话号码字段中，因为有的网站希望我输入短划线，而有的网站自动为我输入了短划线。■

数据字典（data dictionary）是一种 RML 数据模型，它用于采集和系统中的数据有关的字段级细节。

第 19 章讲述的业务数据图（BDD）显示了业务数据对象之间的关系。数据字典用于对构成业务数据对象的字段进行建模。

在需求阶段，我们的主要关注点不是数据库中的实际数据，也不是在数据库中实现业务数据对象所需的技术设计。相反，应主要关注业务利益相关方

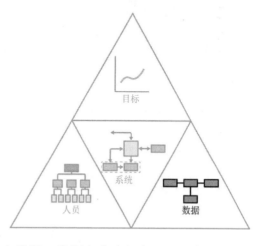

如何用业务数据对象来组合字段。基于这个前提，数据字典应包含以下元素。

- 业务数据对象（business data object）：代表了业务用户在工作期间遇到的现实世界的对象，例如贷款申请、采购订单、产品或者系统要处理的其他任何信息。这些都是在BDD中建模的。
- 字段（field）：字段描述或定义了业务数据对象的某个特征或属性。例如，订单对象的字段可能包括ID、产品、送货地址、账单地址、付款方式、下单日期和预计发货日期。字段可以自成一体，也可以引用一个业务数据对象或者一个业务数据对象集合。
- 属性（property）：字段可以有自己的属性，它们专门定义了字段以及对字段进行控制的业务规则。

通过在一个数据字典中采集所有这些信息，我们可以通过一种颇具分析性（analytical）、集中性（centralized）和结构性（structured）的方式来查看系统中所有数据的属性。由于采用的是表格格式，所以能快速操纵这种模型。例如，可以快速填充许多字段的共同值，或者基于属性进行排序。另外，数据字典使我们能以一致的方式来引用需求、业务规则和其他模型中的每个字段。

## 21.1 数据字典模板

数据字典在一个表格结构中列出了业务数据对象和字段（及其属性），如图21-1所示。表格的每一行都是一个单独的字段。每一列都是字段的一个属性。虽然有的数据字典属性是必须的，但大多数都是根据系统的需要而定制的。

| ID | 业务数据对象 | 字段名称 | 属性4 | 属性5 | 属性6 | 属性7 | 属性… |
|----|----------|--------|------|------|------|------|------|
|    |          |        |      |      |      |      |      |
|    |          |        |      |      |      |      |      |
|    |          |        |      |      |      |      |      |
|    |          |        |      |      |      |      |      |
|    |          |        |      |      |      |      |      |
|    |          |        |      |      |      |      |      |

图 21-1 数据字典模板

　　表 21-1 展示了数据字典中的常见属性，并附有每个属性的描述和示例。这个表格解释了每个属性的用途，并指出该属性是必要、推荐还是可选。首先列出的是定义业务数据对象和字段的属性，然后是对数据进行控制的业务规则的属性，最后是管理属性。

表 21-1 数据字典元素

| 属性 | 描述 | 示例 | 备注 | 使用 |
|------|------|------|------|------|
| 对业务数据对象和字段进行定义的属性 | | | | |
| ID | 字段的唯一标识符。使用与需求 ID 编号规范一致的编号规范 | DD001 | | 必要 |
| 业务数据对象 | 字段所属的业务数据对象的名称 | Customer | Last Name（姓氏）字段是 Customer（客户）业务数据对象的一部分 | 必要 |
| 字段名称 | 用这个名称来引用字段 | Last Name | | 必要 |
| 描述 | 对字段进行定义。提供除名称之外的其他任何相关信息 | Last Name 可以是客户的 Family Name 或 Surname。如果客户只有一个名字，就使用 Last Name 字段 | 这是对 Last Name 字段的一个可能的描述 | 可选 |
| 替代名称 | 也称为"其他名称"。理想情况下，一个字段只有一个名称。然而，在合并系统或者创建一个由多个群组使用的系统时，字段可能有两个不同的、已被人所熟知的名称。如果一个通用名称不能被所有人清楚地理解，就使用这个属性。如果这些名称的含义和日常语言所用的同一个名称不符，而是在公司内部有特定的用法，那么也会发生这种情况。如果不想使用该属性，可考虑在"描述"中说明这些名称。另外要注意的是，该属性仅供参考；任何提及该字段的业务规则和要求都应使用字段名称，而不是使用替代名称 | Last Name | Last Name 字段的一个替代名称可以是 Family Name | 可选 |

（续表）

| 属性 | 描述 | 示例 | 备注 | 使用 |
|------|------|------|------|------|
| 关联的业务数据对象 | 如果一个字段是另一个业务数据对象时，就使用这个引用，而且不要在这一行中重复对象的信息 | Name | 其他任何业务数据对象。在本例中，可能有一个 Name 业务数据对象，它包含该字段的名字（First Name）、中间名（Middle Name）和姓氏（Last Name） | 可选 |
| 数据字段 | 该数据在系统数据存储中使用的名称 | LName | | 可选 |
| 值需要唯一吗？ | 该字段的值是否必须唯一。如果该字段是一个唯一的标识符，用于区分相同类型的不同业务数据对象，就将字段指定为唯一 | No | 多个客户可能有相同的姓氏。此属性应设为 Yes 的示意包括社会安全号等 | 可选 |
| 数据类型 | 填充该字段的数据的类型。最好是为所有对象创建并使用一组在一个单独的数据字典外部定义的标准类型。另外，请包括格式化信息，例如电话号码的模式或者实数的小数位数 | Alpha | 基本的标准类型：Alpha（字母）、Numeric（数字）、Alphanumeric（字母和数字）或 Boolean（布尔）。更详细的类型：Integer（整数）、Real Number（实数）、Percent（百分数）、Zip/Postal Code（邮编）或 Phone Number（电话号码）。或者包括格式化信息：3 位数字编码，9 位数字（999.999.9999）或者 5 位数加可选的 4 位数（99999~8888） | 推荐 |
| 长度 | 字段的最大数字或字符数 | 50 | | 推荐 |
| 对数据进行控制的业务规则的属性 | | | | |
| 有效值 | 该字段允许的值。如果值不符合条件，它就永远不可能成为该字段的一个值。可以使用范围、最小值、最大值、特定值的一个列表、对特定值列表的一个引用或者其他规则来予以说明。它限制的是字段内部以及字段本身的数据，而不是限制它如何与其他数据字段发生关系。要指定与其他字段的关系，请使用业务规则属性。如果除了数据类型和长度之外没有其他限制，就将此字段设为 "Any"（任意） | 双字符国家代码 | 示意指定的是国家（State）字段的有效值。其他示意还有：<br>1..100<br>>1900<br>"狗""猫""鸟""其他"<br>10 位数<br>10 个字符，只能包括字母、数字、连字符或句点<br>任意 | 推荐 |

（续表）

| 属性 | 描述 | 示例 | 备注 | 使用 |
|---|---|---|---|---|
| 默认值 | 业务数据对象在创建时自动分配该字段的值 | TX | 创建地址（Address）业务数据对象时，州（State）字段的默认值是"TX"（得州） | 推荐 |
| 计算 | 如果字段的值由系统填充，这个属性就描述了填充该值时所用的计算或规则。如果值由用户输入或由用户覆盖，就为该字段分配 N/A。如果计算单独维护的，这个字段可以省略，或者用来提供对计算的参考 | 如果 Score＞70，那么为"Pass"，否则为"Fail" | 这个示意针对的是测验的 Pass/Fail 字段。另一个示意是百分比变化（Percent Change）字段：((本年度 - 上年度) / 上年度) * 100，四舍五入为整数 | 推荐 |
| 必须吗？ | 指定当业务数据对象被创建或更新时，是否必须提供该字段的值 | Yes | 地址（Address）业务数据对象的 ZIP/Postal Code（邮编）字段的值是必须的，但 Address Line 2（地址行 2）字段的值不是必须的 | 推荐 |
| 业务规则 | 该字段要应用的业务规则。可以是校验规则、访问规则或其他业务规则。如果业务规则是单独维护的，这个字段可以省略，或者用来提供对业务规则的参考 | 必须在 Start Date（开始日期）当天或之后 | 示意展示的是 End Date（结束日期）字段的规则 | 推荐 |
| ＜角色＞ | 为系统中的每个角色创建一个属性，并定义具有该角色的用户对该字段的访问级别。访问级别通常为"None"（无）、"View"（查看）或"Edit"（编辑）。如果你的数据在字段级别上有极大的限制，使用这个属性比使用角色和权限矩阵来指定权限更有效。然而，如果一般情况下所有角色都能访问这些数据，就应该使用角色和权限矩阵而不是该属性 | View | 对于一个 Approval Status（批准状态）字段，可以在数据字典中添加一个 Individual Contributor（一线员工）列和一个 Manager（经理）列。然后，Individual Contributor 角色的这个属性值是 View，Manager 角色的这个属性值是 Update | 可选 |
| 跟踪变化？ | 是否需要跟踪该字段值的变化 | Yes | Last Name（姓氏）字段值的变化必须跟踪，但 Secondary Phone（备用电话）值的变化不需要跟踪 | 可选 |

（续表）

| 属性 | 描述 | 示例 | 备注 | 使用 |
|---|---|---|---|---|
| 顺序 | 如果业务数据对象的字段值以特定顺序显示或处理，就用这个属性来定义顺序。如果字段每次都以固定顺序显示，那么应该使用该属性而不是报告表或 DAR。相应的报告表和 DAR 模型只需简单地说：使用数据字典中显示的默认顺序 | 3 | 在一个业务数据对象的数据输入页上，如果字段应以特定的相对顺序出现，就使用这个属性。如果业务数据对象的字段可以作为列或行出现在报告上，就使用这个属性；该属性指定了字段的显示顺序。如果业务数据对象的数据可被导出，而且字段应以特定的顺序出现，就使用这个属性。本例意味着该字段将在所有字段的顺序中排在第三 | 可选 |

管理属性

| 属性 | 描述 | 示例 | 备注 | 使用 |
|---|---|---|---|---|
| 所有者或负责人（Owner） | 对字段属性做出决定的人或部门 | John Smith | 注意，也可以是一个部门，例 如 Finance Department 财务部 | 推荐 |
| 状态 | 字段的当前状态。状态值通常就是需求状态的值 | Draft | Draft 表明当前处于"草案"状态。该属性的其他示例值还有：Reviewed（过审）、Approved（批准）、Deferred（推迟）和 Obsolete（废弃） | 推荐 |
| 备注 | 应提供给字段审查人员的其他字段相关信息 | 从遗留系统迁移的数据全部大写，但这不是必须的 | Last Name（姓氏）字段可能包含这条注释 | 可选 |

---

💡 **工具提示** 应该使用一个支持结构化数据的工具来创建数据字典，例如 Microsoft Excel，它允许你轻松地创建、筛选、搜索和浏览具有大量行和列的表格。

## 21.2　示例

网上购物系统中，一个订单有很多字段，包括送货地址和账单地址等。图 21-2 到图 21-4 展示了订单（Order）业务数据对象的数据字典的部分内容。我们将数据字典分为三个表，因为放完整的表的话就太宽了。但在实际应用中，我们通常只创建一个表，每一行的内容都是完整的。

图 21-2 的第一个数据字典属性标识并定义了"订单"对象的字段。"关联的业务数据对象"属性表明，"送货地址"和"账单地址"字段实际上都是"地址"业务数据对象。这意味着它们是同一类型的数据（地址），因此有相同类型的字段。

| ID | 业务数据对象 | 字段名称 | 描述 | 替代名称 | 关联的业务数据对象 | 数据字段 | 值需要唯一吗？ | 数据类型 | 长度 |
|---|---|---|---|---|---|---|---|---|---|
| DD001 | 订单 | 送货地址 | 订单的完整送货地址 | 配送地址 | 地址 | 送货地址 | 不必 | Alphanumeric | 50 |
| DD002 | 订单 | 账单地址和送货地址一样 | 指出账单地址是否和送货地址一样 | | 无 | 账单地址一样 | 不必 | Boolean | N/A |
| DD003 | 订单 | 账单地址 | 订单的完整账单地址 | | 地址 | 账单地址 | 不必 | Alphanumeric | 50 |
| DD004 | 订单 | 优惠码 | 可用有效的优惠券或优惠码来全部或部分支付 | 有效优惠码 | 无 | 支付优惠码 | 不必 | Alphanumeric | 15 |
| DD005 | 订单 | 支付信息-小计 | 购物车内商品价格小计 | 购物车小计 | N/A | 支付小计 | 不必 | Currency | 10 |
| DD006 | 订单 | 支付信息-销售税 | 根据客户所在地点将销售税加到订单小计上 | 销售税 | 无 | 支付税 | 不必 | Currency | 10 |

**图 21-2　"订单"业务数据对象的示例数据字典的第一部分**

图 21-3 的属性描述了对"订单"对象的数据进行控制的规则。

| ID | 业务数据对象 | 字段名称 | 有效值 | 默认值 | 计算 | 必须吗？ | 业务规则 |
|---|---|---|---|---|---|---|---|
| DD001 | 订单 | 送货地址 | 只能包括字母、数字和句点可以包含一个作为单词的"PO"或"P.O."区分大小写 | 如果是现有客户，就是客户的首选发货地址；否则为 null | 无 | 必须 | 无 |
| DD002 | 订单 | 账单地址和送货地址一样 | True/False | 如果是现有客户，就是客户的首选设置；否则为 True | 无 | 不必 | 无 |
| DD003 | 订单 | 账单地址 | 只能包括字母、数字和句点。 | 如果是现有客户，就是客户的首选账单地址；否则为 null | 无 | 必须 | 无 |
| DD004 | 订单 | 优惠码 | 任意 | null | 无 | 不必 | 必须是有效期内的优惠码，而且以前没有兑换过 |
| DD005 | 订单 | 支付信息 - 小计 | 0.00...999999.99 | null | 如果输入"立减"（Dollar Off）优惠码，购物车所有商品的价格小计减去优惠金额。如果结果小于 0，那么结果等于 0 | 必须 | 小计金额必须以美元为单位 |
| DD006 | 订单 | 支付信息 - 销售税 | 0.00...999999.99 | null | 根据"支付信息 - 小计"和"发货地址"计算销售税；参考"计税" | 必须 | 参考"计税" |

图 21-3 示例数据字典中的其他属性

图 21-4 展示了最后一组属性，除了用于数据控制的剩余属性，还有包含了字段的管理信息。

| ID | 业务数据对象 | 字段名称 | "客户"角色 | "销售代表"角色 | 跟踪变化？ | 顺序 | 所有者 | 状态 |
|---|---|---|---|---|---|---|---|---|
| DD001 | 订单 | 送货地址 | 查看，编辑 | 查看，编辑 | 是 | 1 | 采购团队 | 过审 |
| DD002 | 订单 | 账单地址和送货地址一样 | 查看，编辑 | 查看，编辑 | 否 | 7 | 采购团队 | 过审 |
| DD003 | 订单 | 账单地址 | 查看，编辑 | 查看，编辑 | 是 | 8 | 采购团队 | 过审 |
| DD004 | 订单 | 优惠码 | 查看，编辑 | 查看，编辑 | 是 | 14 | 业务 SME | 草案 |
| DD005 | 订单 | 支付信息 - 小计 | 查看 | 查看，编辑 | 是 | 15 | 财务 | 草案 |
| DD006 | 订单 | 支付信息 - 销售税 | 查看 | 查看 | 是 | 16 | 财务 | 草案 |

**图 21-4 示例数据字典中的管理属性**

< 订单 . 发货地址 > 和 < 订单 . 账单地址 > 字段都是"地址"业务数据对象。在图 21-5 中，我们展示了"地址"对象的第一组属性，以显示"地址"业务数据对象的一些字段。注意，"地址"业务数据对象字段可以和"订单"对象存储到同一个文件中；这里把它们分开只是为了方便阅读。

示例数据字典用到的数据类型共有 5 个值。但是，不要在数据字典中详细描述这些数据类型。相反，可以创建一个单独的表以作参考。图 21-6 的数据类型定义表将和数据字典一起提供。

| ID | 业务数据对象 | 字段名称 | 描述 | 替代名称 | 关联的业务数据对象 | 数据字段 | 值需要唯一吗？ | 数据类型 | 长度 |
|---|---|---|---|---|---|---|---|---|---|
| DD001 | 地址 | 地址行 1 | 地址的第一行；应包含房屋或建筑物地址，以及街道名称 | Address House number and Street Address 1 | | 地址行 1 | 不必 | Alphanumeric | 50 |
| DD002 | 地址 | 地址行 2 | 地址的第二行；通常包含门牌号 | Address Apt/suite# Address 2 | | 地址行 2 | 不必 | Alphanumeric | 50 |
| DD003 | 地址 | 城市 | 商品配送 / 寄账单的城市 | | | 地址 - 城市 | | Alphanumeric | 50 |
| DD004 | 地址 | 州 | 商品配送 / 寄账单的州 / 省 / 地区 | | | 地址 - 州 | | Alphanumeric | 30 |
| DD005 | 地址 | 邮编 | 商品配送 / 寄账单的邮编 | | | 地址 - 邮编 | | 邮编 | 10 |
| DD006 | 地址 | 国家 | 商品配送 / 寄账单的国家 | | | 地址 - 国家 | | Alpha | 50 |

图 21-5 "地址"业务数据对象的数据字典的一部分

| 数据类型 | 定义 |
|---|---|
| Alphanumeric | 字母、数字和特殊字符；除字母和数字之外的字符可用"有效值"属性来限制；格式不一 |
| Alpha | 纯字母；格式不一 |
| Boolean | 只能为 True 或 False；无格式 |
| Currency | 美元货币格式：$0.00 - $999,999.99 |
| ZIP code | 最长 10 字符的邮编；只允许数字和连字号。前 5 个字符必须是数字。第 6 个字符可选，但只能是连字号。最后 4 个字符可以是数字，但要用就必须整组使用——要么全部输入，要么完全不输入 |

图 21-6 数据类型定义

## 21.3 创建数据字典

数据字典的结构是已经设定好的，字段是行，属性是列。在填充数据字典之前，应该先确定好哪些属性是为了满足项目的需求而必须要有的。不过，随着后续的进展，可能还需要添加其他属性。图 21-7 展示了创建数据字典的过程。

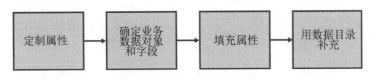

图 21-7 数据字典的创建过程

### 21.3.1 定制属性

创建数据字典时，第一步就是审查模板区域的属性列表，并确定哪些是需要的。这些属性被分类为必要（Necessary）、推荐（Recommended）或可选（Optional），以帮助我们做出这个决定。例如，如果实际的数据库名称不可用或没有用，就没必要使用"数据字段"属性。相反，可以添加一个属性来记录字段是由用户填充，还是由系统填充。

进入项目的用户界面（UI）设计阶段时，可考虑向数据字典添加一些属性，以记录一个字段会出现在哪个屏幕上。

由于数据字典是一种需求模型，所以对于利益相关方可能不关心的一些严格意义上的技术设计属性，一般不应该把它们包括进来。不过，如果开发团队要求添加仅供他们使用的属性，那么只要不引起问题，还是可以添加这些属性。但是，一定要清楚地说明所添加的是开发专用的信息，特别是在它们对于业务利益相关方的审查来说不重要的时候。

### 21.3.2 确定业务数据对象和字段

接下来，开始填充数据字典。首先使用 BDD 中列出的所有业务数据对象来填充"业务数据对象"属性。这是该过程中非常关键的一步。从系统对象和数据库表的角度来思考确实很诱人，但这并不是应该在数据字典中关注的内容。相反，要思考系统所处理的、在 BDD 中图示的现实世界中的对象。例如，一个配送管理系统（shipping management system）专注于包裹的跟踪和路由。这些包裹是现实世界中的对象，它们具有有形的字段，例如重量、尺寸、收件人地址和退货地址。将重点放在这些对象上，才能发现真正的业务需求，而不是一些预定义的实现概念。另外，可以使用数据流图（DFD）来确保数据字典涵盖了在整个 DFD 中传递的业务数据对象。

可以通过多个来源确定一个业务数据对象的字段。如果使用的是一个现有的系统，可以查看现有的屏幕来找出数据字典的候选字段。还可以考虑现有的数据库字段，但不要直接对它们进行建模。记住，数据字典的重点是业务需求，而不是技术需求。

如果是创建一个新系统，那么可以检视一下任何要被自动化的纸质表格。为了确定必要的字段，检查现有的报告往往是最有用的方法之一，因为上面会直接列出要作为报告的一部分而显示的字段。此外，过程流程、系统流程或用例中的步骤也可用来确定必要的数据字段——检查完成一个步骤所需的数据即可。线框图或现有的屏幕截图可以提供一个长长的字段清单。状态表和状态图可以用来确定任何应该包含一个状态字段（例如 State 或 Status）的业务数据对象。另外，要记住采集任何对系统进行管理所需的字段。例如，如果需要知道客户的最后一次登录时间，那么"最后登录日期"（Last Logon Date）或许就应该成为"客户"业务数据对象的一个字段。显然，我们最后要通过与业务利益相关方交谈来确定最终的字段。但是，如果事先准备好字段清单的一份初稿，那么就能有效地帮助他们查漏补缺。无论信息来源是什么，一定要将字段映射回数据字典中的业务数据对象。

如果使用 Excel，可以用一个工作表来容纳整个数据字典。但是，如果字段数量非常多，就可能显得不便。不过，在业务数据对象的数量增加到 20~30 个以上时，如果每个业务数据对象还是单独使用一个工作表，那么也会显得不便。如果一个工作表过于拥挤，就用不同的工作表来分组一系列相关对象的字段，每个工作表包含的字段数不要超过 300 或 400。

### 21.3.3 填充属性

最后要注意，数据字典的创建通常是迭代进行的。第一次迭代可能只是填好业务数据对象和字段名称。这通常足以让开发人员开始估计他们的工作。当然，他们需要更多细节来实际创建系统，但你可以稍后提供这些。只要有了新的属性，就立即填好它们的信息。大家一起协作来完成数据字典，这是很常见的一种情况。分析师创建初稿，然后业务利益相关方撰写描述，并指出哪些字段是必须的。或者，开发人员也可能会填写数据字段的属性。在许多时候，你都能依据过去的经验或者对其他系统的了解，推断出一些字段和属性的值。只是要确保与业务利益相关方一起验证这些推断。

如果一个字段是另一个业务数据对象，那么应该在"相关的业务数据对象"属性中记录它的名称。另外，如果一个单元格在数据字典中留空，表明该属性不适用于该字段（无）。

## 21.3.4 用数据目录补充

如果一个字段的有效值是值的一个列表，例如一个状态列表，那么在数据字典的一个单元格中就很难阅读这个列表。另外，如果同一个有效值列表适用于多个字段，在多个地方维护它会带来不必要的工作。类似地，冗长的计算也很难读懂。如果为多个属性使用了相同的计算，那么在多个地方维护是非常低效的。

针对上述情况，应使用一个数据目录（data catalog）。数据目录是一组应用于数据的列表和 / 或计算。如果一个字段的属性基于一个列表或计算，请在单元格中输入对相应数据目录的引用，而不是输入列表或计算本身。例如，"敬语"（Salutation）字段的"有效值"（Valid Values）属性可以直接填写："使用数据目录中的敬语列表"。相应的数据目录包含了如图 21-8 所示的值。数据目录除了包含敬语列表，还包含其他几个列表。

| 数据目录 | | | |
|---|---|---|---|
| 敬语 | 性别 | 国家 | 职称 |
| Mr. | 男 | 加拿大 | 业务分析师 |
| Mrs. | 女 | 美国 | 产品经理 |
| Ms. | | 墨西哥 | 项目经理 |
| Miss | | | QA 分析师 |
| | | | 开发人员 |
| | | | 其他 |

图 21-8 和数据字典对应的一个数据目录

如果使用 Excel 等电子表格工具来创建数据字典，请将数据字典和数据目录放在同一个工作簿中，分别用不同的工作表。有的人喜欢为目录中的每个列表或计算创建一个单独的工作表，这也是可以的。

# 21.4 使用数据字典

进入某个项目后，如果大家需要基于一致的术语来谈论数据，数据字典就非常有帮助。因其结构使然，在定义数据和控制它们的规则时可以做得非常彻底。数据字典的表格格式允许为多个字段快速填充大量信息。有鉴于此，在数据字典中记录数据信息通常比在其他模型（例如 DAR）中更高效。例如，可以在 DAR 模型的"行为"区域创建字段的校验规则，但必须为每个字段都单独创建一个表，并重复校验规则。相反，在数据字典中采集这些信息要高效得多。

## 21.4.1 确保一致的数据命名

通过定义字段，我们获得的一个关键的好处是可以用它们在其他所有文档中呈现出一致的命名。以唯一的方式引用数据字典中的字段，可以完全无歧义地知道要使用的是什么数据。这里推荐使用 < 对象 . 字段 > 表示法。如果业务数据对象包含一个对象集合，则使用 < 对象 1. 对象 2. 字段 >。在这种表示法中，"字段"是"字段名称"属性，因为那是业务利益相关方所熟悉的。另外，"对象 2"是"对象 1"用来引用目标对象的字段名称。例如，假定订单有一个送货地址，而你想使用邮编来计算运费，那么可以使用 < 订单 . 送货地址 . 邮编 > 来引用该字段。整个解决方案可能存在其他许多邮编，但使用上述引用，可以清楚地知道所指的是哪个邮编。使用这种表示法，可以清楚地知道从文档的其他部分引用的是什么数据。记住，这种表示法与实际的底层数据库表结构无关，它纯粹用于引用业务利益相关方所熟悉的业务数据对象。

## 21.4.2 确保完整性

不仅分析师能从数据字典的使用获得好处，业务利益相关方、开发人员和测试人员也能从中获益。数据字典为他们提供了一种结构化的方法来审查和使用信息。如果没有这种结构，审查人员将很难确定信息是否完整，而其他人员可能会发现很难找到某种具体的信息。例如，使用数据字典，测试人员不需要去深挖需求陈述，就知道哪些字段是必须的。最后，开发团队能直接拿数据字典来创建数据库设计。

### 21.4.3 推导需求

一种结构化的格式，如数据字典，可以确保所有业务数据对象和数据字段都被考虑到，而且每个字段的细节都被采集到。如果系统在很大程度上由数据来驱动，通过对数据的全面分析，可以发现许多平时难以发现的需求。

和大多数对需求进行细化的模型不同，数据字典关联的是更高层级的需求。不要逐个查看数据字典的单元格，然后问："它有需求吗？"数据字典就是它的需求！所以，我们要做的是逐个检查数据字典中的属性，问："这个属性是否意味着预期的系统行为"。如果是，就核实是否存在对该行为的一个需求。例如，在数据字典中定义了数据校验规则，就意味着需要应用校验规则。然而，它不会说具体如何应用。含有无效数据的记录是被拒吗？还是系统接受任何数据，但会就数据中的错误提供一个列表？需求必须强调预期的系统行为。与数据字典关联的需求通常包括对数据字典的一个引用；例如，"系统禁止用户保存无效数据（校验规则请参考数据字典）"。

### 21.4.4 何时适用

任何时候只要业务数据对象的字段需要校验，就应该使用数据字典。如果系统有数据库后端，而不是某种实时处理系统，那么数据字典最有用。这种模型提供的是深度而不是广度，所以如果时间有限，就要适当地安排优先次序。一个好的策略是将数据字典限制在几个基本的业务数据对象上，并限制所定义的属性，而不是完全不用它。

### 21.4.5 何时不适用

如果解决方案用不到数据库、只有一组非常简单的数据模型或者数据集很容易理解，那么数据字典可能没什么必要。如果不存在用户输入，那么指定校验标准就没那么重要了。除此之外，许多商业现货（Commercial Off the Shelf，COTS）实现都要求配置一个系统来满足业务过程的需要。这种情况一般用不着数据字典，因为字段是 COTS 软件已经定义好的。不过，仍然可以使用 < 对象 . 字段 > 表示法来做一些测试。

另外，数据字典并不对数据的关系进行建模，那是 BDD 的事情。例如，一个公司可以有多名雇员。"雇员"不是"公司"业务数据对象的字段，而是与该对象相关的一个单独的业务数据对象。这种关系是由 BDD 而不是数据字典来显示的。另外，不要把数据字典作为项目词汇表（project glossary）来使用。数据字典只是定义了解决方案中用到的数据。相反，项目词汇表包含与解决方案相关的任何术语，其中包括首字母缩略词。不要把它们合二为一。

## 21.5 常见错误

数据字典采集了许多枯燥的数据需求，所以在创建和审查时要细心。关于数据字典，最常见的错误如下所示。

### 21.5.1 尾大不掉

一个极为常见的错误被过大的数据量所淹没。制作数据字典可能非常耗时，和利益相关方一起审查的过程也可能非常无聊。某些情况下，生成一个大致的数据字典就够了。随着新字段不断被发现，可以把它们逐渐添加到数据字典中。和 BDD 不同，对数据字典进行增补很少会对架构产生什么影响。可以很简单地添加字段，不会有什么影响。

### 21.5.2 没有阐明重要的校验规则

分析师经常觉得一些校验业务规则是显而易见的。但是，如果系统的其他部分依赖并期望某些值处于特定的范围，那么可能导致系统发生重大变化，不能再以常理以度之。

## 21.6 相关模型

下面简要描述了影响数据字典或者由数据字典增强的一些最重要的模型。第 26 章会对所有这些相关模型进行更深入的讨论。

- 业务数据图：用于显示数据字典中定义的业务数据对象之间的关系。

- 数据流图：它显示了应如何提供业务数据对象的字段值。在 DFD 中流入和流出过程的数据应该是数据字典中定义的业务数据对象以及 / 或者业务数据对象的字段。

- 显示 - 操作 - 响应模型：该模型与数据字典配合使用，以确定哪些字段应该显示，以及它们应如何向用户呈现（字段的行为）。线框图包含了可能应该在数据字典中描述的字段列表。

- 状态表和状态图：它们定义了一个业务数据对象可能获得的状态。通常要在数据字典中包含一个字段（例如 Status）来表示业务数据对象的状态。

- 报告表：报告中包含丰富的字段列表，我们可借此确定要包含到数据字典中的字段。

- 过程流程、系统流程和用例：它们显示了完成步骤所需的数据，我们可借此来确定所需的数据字段。

## 练习

　　以下练习帮助你更好地理解如何使用这种模型。练习是开放式的，因此你的答案可能与我们提供的答案大不相同。可能存在许多正确的解决方案。在答案中，我们对如何得出解决方案进行了解释。在看答案之前，可以先尝试自己做一下，这样练习的收获最大。练习答案可以在附录 C 中找到。

### 说明

　　为以下场景准备数据字典的一份初稿。对于没有明确提供的信息，请根据自己的经验来填充表格。

### 场景

　　当前项目是推出一个新网店（eStore）来销售火烈鸟和其他草坪摆件，包括雕像、小矮人、小精灵和鸟浴盆等。每个产品都有一个成本、标价（list price）、折扣价、SKU，数量以及表明是否有货的一个标志。每个产品的信息最初都是根据一个数据源（data feed）来填充的。折扣价始终为标价的 80%。

## 其他资源

- Wiegers（2013）的第 13 章对数据字典的各种元素进行了解释和举例。
- Davis（1993）将数据字典解释成 DFD 中所有数据项的一个存储库。他的数据字典的属性较少，但其他方面与本章的描述相似。

## 参考资料

- Davis, Alan M. 1993. *Software Requirement: Objects, Functions, and States*. Upper Saddle River, NJ: PTR Prentice Hall.
- Wiegers, Karl E. 2013, *Software Requirement, Third Edition*. Redmond, WA: Microsoft Press.

# 第 22 章 状态表

▶ **场景：大学申请文书**

我女儿申请大学的时候，申请过程虽然很简单，但我们肯定会为她申请的 10 所大学逐一走一遍申请程序。针对自己申请的每所大学，她都必须填完并提交申请表。然后，学校进行初步评估，确定所有信息都已提交。最后，返回接受或拒绝作为结果。如果由于某种原因，她提交的申请不完整，就会收到通知，并有机会重新提交。我们意识到，在任何时候，一份申请只能处于几种状态之一：不完整、已提交、已接受或已拒绝。另外，如果出错了，那么只能在这个过程中退回到上一个环节。我们利用这些信息建立了一个简单的系统来跟踪她所提交的每份入学申请的状态。■

状态表（state table）是一种 RML 数据模型，用于确定一个或多个特定业务数据对象的所有状态，以及状态之间所有可能的单步过渡（single-step transition）。状态（state）描述了对象生命周期的一个阶段。对象的不同状态必须是互斥的，而且对象在任何时候都只能处于其中一种状态。状态通常可由对象的一个字段或者一组字段的唯一组合来决定。状态对系统的行为有重大影响，这些行为包括程序执行流程、可用

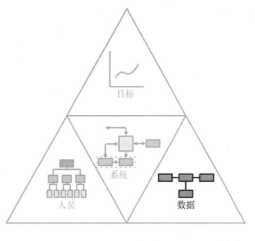

的用户操作以及屏幕上显示的信息等。过渡（transition）是指对象从一种状态转变成另一种状态。状态表可以捕获用于触发状态过渡的事件。这些事件可以是用户或系统事件，也可以是允许发生状态过渡的条件（condition），或者直接就是允许发

生状态过渡这一事实（Gottesdiener 2005）。

我们用状态表来确定已完成了对所有"过渡"的识别。表中显示了哪些状态过渡允许，哪些不允许，以及发生状态过渡需要什么触发器（trigger）或条件（condition）。如果一个业务数据对象存在多种状态，那么不使用一个状态表结构，就几乎不可能保证状态过渡集合的完整性。

## 22.1 状态表模板

状态表用一个网格来表示，如图 22-1 所示。其中，顶部一行列出了所有状态，而且这些状态会在第一列中重复。网格中的每个单元格都表示是否存在从当前行的状态到当前列的状态的一个有效过渡。第一列的状态集被标注为"初始状态"，顶部一行的状态集则被标注为"目标状态"，以表示过渡的顺序。看状态表的正确姿势是：从第一列的初始状态开始，找到想要的目标状态，然后确定相交单元格中的值。例如，在这个模板中，"状态 C"这一行有两个单元格的值是"是"，表明从状态 C 到状态 B 以及从状态 C 到状态 D 的过渡都是允许的。

| | 目标状态 | | | | | | |
|---|---|---|---|---|---|---|---|
| | | 状态 A | 状态 B | 状态 C | 状态 D | 状态 E | 状态 F | 状态 G |
| 初<br>始<br>状<br>态 | 状态 A | 否 | 是 | 否 | 是 | 否 | 否 | 否 |
| | 状态 B | 否 | 否 | 是 | 是 | 是 | 否 | 否 |
| | 状态 C | 否 | 是 | 否 | 是 | 否 | 否 | 否 |
| | 状态 D | 否 | 否 | 否 | 否 | 否 | 否 | 否 |
| | 状态 E | 否 | 否 | 否 | 否 | 否 | 是 | 是 |
| | 状态 F | 否 | 否 | 否 | 否 | 否 | 否 | 是 |
| | 状态 G | 否 | 否 | 否 | 否 | 否 | 否 | 否 |

图 22-1 状态表模板

如果状态有明显的顺序，就按照在解决方案中出现的顺序（从上到下，从左到右）在表格中列出。如果状态可以根据用户的操作以不同的顺序出现，就根据自己的判断来决定最容易理解的顺序。

每个单元格都可以包含一个简单的"是"（如果状态过渡有效）或"否"（过渡无效）。另外，也可以不写"是"，而是写导致过渡的事件或者发生过渡所需的条件，如图 22-2 所示。例如，"从 A 过渡到 B"是指导致从状态 A 过渡到状态 B 的事件。

| | 目标状态 | | | | | | |
|---|---|---|---|---|---|---|---|
| | | 状态 A | 状态 B | 状态 C | 状态 D | 状态 E | 状态 F | 状态 G |
| 初始状态 | 状态 A | 否 | 从 A 过渡到 B | 否 | 从 A 过渡到 D | 否 | 否 | 否 |
| | 状态 B | 否 | 否 | 从 B 过渡到 C | 从 B 过渡到 D | 从 B 过渡到 E | 否 | 否 |
| | 状态 C | 否 | 从 C 过渡到 B | 否 | 从 C 过渡到 D | 否 | 否 | 否 |
| | 状态 D | 否 | 否 | 否 | 否 | 否 | 否 | 否 |
| | 状态 E | 否 | 否 | 否 | 否 | 否 | 从 E 过渡到 F | 从 E 过渡到 G |
| | 状态 F | 否 | 否 | 否 | 否 | 否 | 否 | 从 F 过渡到 G |
| | 状态 G | 否 | 否 | 否 | 否 | 否 | 否 | 否 |

图 22-2 包含过渡的状态表模板

　　然而，如图 22-3 所示，如果需要关于过渡的额外需求信息、状态过渡事件的描述很复杂或者多个事件引起了相同的过渡，那么可以引用一个唯一 ID 来代替"是"，例如REQ001、REQ002等。这些需求会独立于表格来进一步描述过渡，以提供额外的、必要的信息。首选方法是直接将状态过渡事件放在单元格中（如果放得下的话），这样更容易阅读。

| | 目标状态 | | | | | | |
|---|---|---|---|---|---|---|---|
| | | 状态 A | 状态 B | 状态 C | 状态 D | 状态 E | 状态 F | 状态 G |
| 初始状态 | 状态 A | 否 | REQ001 | 否 | REQ002 | 否 | 否 | 否 |
| | 状态 B | 否 | 否 | REQ003 | REQ004 | REQ005 | 否 | 否 |
| | 状态 C | 否 | REQ006 | 否 | REQ007 | 否 | 否 | 否 |
| | 状态 D | 否 | 否 | 否 | 否 | 否 | 否 | 否 |
| | 状态 E | 否 | 否 | 否 | 否 | 否 | REQ008 | REQ009 |
| | 状态 F | 否 | 否 | 否 | 否 | 否 | 否 | REQ010 |
| | 状态 G | 否 | 否 | 否 | 否 | 否 | 否 | 否 |

图 22-3 带有需求 ID 的状态表模板

💡 __工具提示__ 状态表通常用 Microsoft Excel 这样的工具来创建，其工作表支持网格操作。

## 22.2 示例

图 22-4 的示意是一个贷款申请系统的状态表。抵押贷款经纪人会告诉申请人："你的贷款申请正在审批"或者"你的贷款申请已放款"。

根据这个示例状态表，我们可以考虑一个贷款申请所有可能的状态"过渡"。其中，所有贷款申请都从"预审"（prequalified）状态开始，如果输入房产地址，就进入"提交"（submitted）状态；或者，如果申请立即被拒，就进入"未结算"（non-close）状态 a。类似地，如果贷款申请在"正在审批"（underwriting）状态下被拒，它将进入"未结算"状态；否则，将进入"准备结算"（set to close）状态。在本例中，状态表可以推动大家围绕下面这样的问题展开讨论："是否有可能，一个未结算的贷款申请能重新开放，并过渡为其他任何状态？"另外，有时能从中发现一些有趣的状态过渡。例如，在申请人信用分足够高的前提下，一旦贷款申请被批准，就会立即进入一个"准备结算"状态，并在这个状态下执行一个简化的审批（underwriting）过程。除此之外，从这个表可以推断出，"放款"和"未结算"都属于一种结束状态（end states），它们不会再变成其他状态了。

---

① 在美国的房屋抵押贷款中，"closing"（结算）基本上算是最后一步，完成后银行就可以放款，贷款申请人就可以过户并入住了。在这个过程中，需要结清所有款项，包括各种税、评估费以及其他费用。

| 目标状态 | | | | | | | | |
|---|---|---|---|---|---|---|---|---|
| | | 预审 | 提交 | 正在处理 | 正在审批 | 准备结算 | 正在结算 | 放款 | 未结算 |
| 初始状态 | 预审 | 否 | 房产地址已输入 | 否 | 否 | 否 | 否 | 否 | 预审被拒 |
| | 提交 | 否 | 否 | 申请已提交 | 申请已发送给审批部门 | 否 | 否 | 否 | 申请被拒 |
| | 正在处理 | 否 | 否 | 否 | 申请已发送给审批部门 | 申请同时发送给审批和结算部门 | 否 | 否 | 申请被拒 |
| | 正在审批 | 否 | 否 | 否 | 否 | 审批通过 | 否 | 否 | 审批未通过 |
| | 准备结算 | 否 | 否 | 暂停审批 | 否 | 否 | 定好了结算日期 | 已分配放款编号 | 取消结算 |
| | 正在结算 | 否 | 否 | 贷款申请中的字段需要修改 | 否 | 否 | 否 | 已分配放款编号 | 取消结算 |
| | 放款 | 否 | 否 | 否 | 否 | 否 | 否 | 否 | 否 |
| | 未结算 | 否 | 否 | 否 | 否 | 否 | 否 | 否 | 否 |

图 22-4 示例状态表

## 22.3 创建状态表

可以按照如图 22-5 所示的过程来创建状态表。第一步是确定需要分析的业务数据对象，之后必须确定状态。最后，应该分析状态之间的过渡是否允许；如果允许，那么过渡需要什么条件和触发器。

图 22-5 状态表创建过程

### 22.3.1 确定业务数据对象

首先也是最重要的是确定哪些对象需要状态表。作为起点，可以检查业务数据图（BDD）中的每个业务数据对象（第 19 章），确定它是否存在多种状态。记住，如果业务数据对象的一个字段导致解决方案的行为（例如程序流程、可用的用户操作以及屏幕上显示的信息）发生重大变化，那么它就代表了一种状态。例如，如果业务数据对象在其数据字典（第 21 章）中定义了一个字段来捕获状态（可能写成 state 或 status），就表明该对象可能还需要一个状态表。

状态表中的"状态"通常代表单个业务数据对象的单个字段的不同值。但在某些情况下，状态实际是由同一甚至不同业务数据对象的多个字段组合表示的。每个状态都代表每个字段的一组独特的值。但是，从超过三或四个字段创建状态时要小心，因为任何有太多状态的系统测试起来会非常困难。

如果一个对象只能以两种状态存在，一般来说没必要创建状态表，因为总共只有四种可能的过渡，这远远低于一个人在同一时间能够分析的 7±2 种信息。以一个电灯开关对象为例，两个可能的状态是"开"和"关"，这时再弄一个状态表会非常无趣，因为有效的过渡明显只有从"开"到"关"以及从"关"到"开"。然而，在有三个状态时，总共就有九种可能的过渡。如果不使用状态表模型，这就是人力可以管理的上限。

### 22.3.2 确定状态

选择了一个业务数据对象后，就要确定该对象可能具有的所有状态。在前面的示意中，一个"贷款申请"可能处于八种不同的状态中的一种。在这种情况下，可以检查与这些业务数据对象交互的过程流程（第 9 章），或许能从中确定应跟踪的有用状态。在确定状态的时候，记住状态是互斥的：一个对象在同一时间只能有一种状态。

　　状态通常用一个形容词来描述，以表示一个物体的状况。状态之间的过渡是由行动（操作）发起的；然而，行动本身不是状态。我们来考虑晚餐时间一条狗的示意。主体是来福，一条友好的可卡犬。傍晚时分，它跑到自己的饭碗旁，急切地期待着一顿丰盛的晚餐。它的起始状态是"饿"。让来福感到高兴的是，主人已经在它的碗里倒了一堆松脆的狗粮，它高兴地吃着这些狗粮，直到达到"饱"的状态。现在，它已经吃饱了，在房间里跑动，直到它意识到进入了一种新的状态："累"。它跳到床上，没多久就过渡到了"睡"状态。

　　这个示意表明，来福在"饿"、"饱"、"累"和"睡"几个状态之间过渡。注意，动词"吃"、"跑"和"跳"并不是狗所处的状态，而是狗在不同状态之间过渡所采取的行动。

　　在确定了有哪些状态以及应该如何标注之后，就在状态表的顶行和左列中列出所有可能的状态。顶行和第一列的状态应该是一样的。如果使用一个以上的字段或业务数据对象创建状态表，那么需要在顶行和左列中列出对象及其状态的所有组合。例如，假设有两个业务数据对象：用户和购物车。每个对象都有两种状态，分别是已登录/匿名和有效/无效。你可以在每个行列中列出用户/购物车的状态组合：已登录/有效、已登录/无效、匿名/有效以及匿名/无效。

## 22.3.3 分析状态过渡

　　状态表有助于考虑每一个可能的过渡，无论这个过渡是多么微不足道或不可能。必须分析状态表中的每一个单元格，以确定该过程是否有效，造成过渡的事件是什么，过渡的必要条件是什么，以及需要满足哪些需求来实现过渡。

　　为了快速完成第一轮分析，直接标出每个过渡是否有效即可。在最终版本中，状态表的任何单元格都不应留空，因为空白单元格意味着过渡的有效性未知，必须予以确定。这个状态表的初稿实际可以作为一个独立的工件在项目中存在一段时间，直至能够分析出更多的细节。对状态表的下一步分析是确定所有有效过渡的过渡事件和条件，用过渡事件和/或条件替换"是"。在最后的分析中，需要采集详细需求，并通过单元格中的需求 ID 来引用。

　　在本章之前的示意中，"提交"和"正在审批"之间的过渡可能导致我们确定围绕提交过程的一整套需求。例如，确定贷款申请直接进入"正在审批"状态所需的数据，以及定义谁是处于"正在审批"状态中的贷款申请的负责人（所有者）。

表格中不可能容下所有这些信息，但可以在表格中引用为了完成过渡所需的额外需求信息。

# 22.4 使用状态表

对象的状态将制约解决方案中的行为。我们用状态表来直观地传达哪些过渡是允许的，并确保已识别了所有可能的状态过渡，这是因为状态表的每个单元格都会被评估是不是一个有效过渡。使用这种模型，业务利益相关方可以迅速而直观地判断团队对状态的理解是否存在偏差，而且可以立即跳转到需求，以了解过渡具体如何发生的细节。最后，它方便我们围绕状态模型的变化和这些变化的影响展开讨论。

## 22.4.1 增强可读性

状态表对开发和测试团队非常有用，因为它将所有需要的排列组合都集中在一个地方。状态表的可读性要优于文本清单，因为它从较高的层次对过渡进行了可视化，而且根据状态之间的过渡来组织需求和业务规则。

还是之前的示意，下面这个文本清单描述了与示例"状态表"前两行一样的信息。

1. 输入房产地址后，贷款申请从"预审"过渡为"提交"。
2. 预审被拒后，贷款申请从"预审"过渡为"未结算"。
3. 申请被实际提交后，贷款申请从"提交"过渡为"正在处理"。
4. 申请送到审批部门后，贷款申请从"提交"过渡为"正在审批"。
5. 申请被拒后，贷款申请从"提交"过渡为"未结算"。

要完成包含全部有效过渡的完整清单，还需要 12 条类似的陈述，而且这些陈述都没有指出哪些转换是无效的。这对阅读来说是更大的挑战。此外，几乎不可能通过阅读这份清单来确定是否存在任何遗漏的过渡。例如，仅看这个清单，不可能确定贷款申请是不允许从"未完结"状态回到另一种状态，还是文本清单只是遗漏了这种过渡。

## 22.4.2 确保完整性

状态表可以帮助我们确定许多最初以为不允许但实际上允许的过渡。这种过渡经常发生在一些被误认的结束状态（end state）上，例如一份被拒的贷款申请的状态。

在贷款申请被拒的情况下，如果申请人决定以后回来重新申请，那么应该允许经纪人重新开放、修改和重新提交原来的贷款申请，而不必重复输入数据，这样能节省好几个小时的劳动。

通过分析状态表，可以得出应该向业务利益相关方询问的一组关于状态和过渡的问题。可以展示状态表的初稿，并提出你准备好的问题，示例如下。

- 是不是特地没有安排一种称为"已批准"（Approved）的状态？对这个问题的回答有助于验证已事先确定好了全部状态。如果确实是遗漏了该状态，就必须调整状态表。如果不是，也能帮助我们核实申请审批过程的"过程流程"，确保状态表中各种状态之间的过渡是清晰而明确的。
- 一些贷款申请真的能跳过"正在处理"（Processing）状态？如果能，在什么情况下能？解决方案能确定这种情况吗？对这个问题的回答可以验证已正确捕捉了过渡，并定义了申请中必要的字段和条件。
- 贷款申请进入"放款"（Funding）状态后，是否有办法停止放款，并使其返回另一种状态？这将再次确认是否有遗漏的过渡或需求。此外，它可能会引起对一些业务过程的重新审查，思考在这种情况下会发生什么。

虽然状态表清楚地显示了所有有效的过渡及触发它们的过渡事件，但它并没有直观地显示状态的过渡流程。如果要想对一个序列进行可视化，状态图更有用。状态图将在第 23 章详细讨论，但表 22-1 展示了这两种模型主要的区别。

表 22-1　状态表和状态图之间的区别

| 模型 | 使用 |
| --- | --- |
| 状态表 | 如果不想放过任何一个可能的状态和过渡，就使用状态表。 |
| 状态图 | 如果想撇开不存在的过渡，只想对有效过渡的序列进行可视化，就使用状态图。 |

在对过渡进行研判时，状态表要好用得多，因为所有可能的过渡都是显而易见的（每个过渡都是表格中的一个单元格）。如果想用状态图做同样的事情，就不得不考虑从每个状态到其他每个状态的一个连线，这是很麻烦的。第 23 章对状态表和状态图进行了更多对比。但在实际工作中，这两种模型应该一起使用，从而充分发挥它们的优势。

### 22.4.3 完成其他模型

状态表中的状态可以帮助你完成其他模型。在完成显示 - 操作 - 响应（display-action-response，DAR）模型（第 15 章）时，可以使用状态作为可能的前置条件来触发 UI 中的显示或行为。例如，一个订单检查屏幕可能根据订单的状态以不同的方式显示，所以订单的不同状态是该屏幕的 DAR 模型的前置条件。另外，基于一个存在状态过渡的业务数据对象，我们也许能确定对报告表的需求（第 24 章）。例如，企业可能想运行一个报告来查看所有处于特定状态的订单。

## 22.4.4 推导需求

在确定了所有状态过渡后，可以分析状态表来定义详细的需求。主要围绕状态过渡提出下面四个问题：

- 过渡的发生需要什么条件？
- 什么行动（操作）引起了过渡？
- 过渡的输出是什么？
- 作为过渡的结果，会发生什么行动或数据转换？

如果在状态过渡期间发生了数据的使用或转换，那么这些行为应该作为需求被采集，甚至可能需要在其他模型中采集，例如过程流程。应评估用户或系统所采取的、触发了过渡的行动，以确定现有的过程流程（第 9 章）、系统流程（第 13 章）或者用例（第 10 章）是否涵盖了这些行动。这些行动可以直接转化为软件需求。针对表格中的一个过渡，如果没有一个和它关联的需求，那么在最终的解决方案中就没有办法从一种状态过渡到另一种状态。在之前的示例状态表中，贷款申请可以从"提交"或"正在处理"过渡到"正在审批"。所以，必须定义具体的需求，指定贷款申请为了进入"正在审批"状态而需要完成哪些数据字段，以及具体在什么条件下允许它跳过"正在处理"。

## 22.4.5 何时适用

所有要经历复杂状态变化的对象都应该使用"状态表"。要通过工作流的业务数据对象是状态表最常见的数据来源。这些对象包括电子商务订单、测试用例、在线注册以及本章的示意——贷款申请。

### 22.4.6 何时不适用

任何解决方案只要没有基于对象状态的行为，就不需要状态表。类似地，如果业务数据对象只有简单的状态——例如，只有两、三个状态——那么状态表的用处不大。

如果状态之间的过渡是线性的，没有明显的分支，那么状态表可能没有太大的价值。然而，除非创建了状态表，并考虑好了所有可能的过渡，否则往往无法确定解决方案是否简单。

## 22.5 常见错误

关于状态表，最常见的错误如下所示。

### 22.5.1 不是真正的状态

状态表的一个挑战是如何确定真正的状态。在由刚接触状态表和状态图的分析师创建的状态表中，经常会看到一些本质是行动或过渡的"状态"。但是，只要尝试用过渡事件来标注过渡，就会立即发现这些并不是状态。"状态"是业务数据对象中的一个字段，决策逻辑会根据该字段的值发生重大变化。

### 22.5.2 遗漏状态

如果创建了一个状态表，但未能正确识别所有状态，那么模型的价值会大打折扣。如果从一个状态到另一个状态的过渡似乎不正确，就要警惕是否存在遗漏的状态。

### 22.5.3 不正确的"否"过渡

有的时候，每个人都认定一个过渡是不允许的，却没有仔细思考它真的有可能发生的情况。将一个过渡标记为"否"，开发团队就会特意防范该过渡的发生。以抵押贷款申请为例，当申请达到"未完结"状态后，每个人都可能同意它永远不会离开这一状态。然而，经过进一步的探究，你可能发现，在很长一段时间后，客户会回来并希望重新启动贷款申请过程。在当前的系统中，经纪人实际上可以将状态设置成开放，并编辑原始申请，这违反了公司政策。经进一步的讨论，大家可能还是认定，像这样的过渡确实不允许，但可以引入一个需求，即允许将信息复制到一条新记录中。复制能节省大量时间，避免经纪人向系统重新输入已有的申请人信息。新的记录将包含所有原始数据和新的初始状态，但不包含历史信息。

## 22.6　相关模型

下面简要描述影响状态表或者被状态表加强的一些最重要的模型。第 26 章会对所有这些相关模型进行更深入的讨论。

- 业务数据图：用于确定在状态表中应考虑对哪些业务数据对象的状态进行分析。
- 状态图：这种图可视化了状态之间的过渡。用它更容易理解过渡的流程。
- 过程流程、系统流程和用例：用它们来帮助寻找触发状态过渡的事件。在反方向上，状态表过渡事件也可用来确保这些模型没有什么遗漏。
- 显示 - 操作 - 响应模型：该模型使用状态表中的状态作为 UI 显示和行为的前置条件。
- 数据字典：对于状态表所表示的业务数据对象，可在数据字典中查询代表对象状态的字段。
- 报告表：若需按状态查看对象的完整报告，状态表可能引出对报告表的需求。

**练习**

以下练习可以帮助你更好地理解如何使用这种模型。练习是开放式的，因此你的答案可能与我们提供的答案大不相同。可能存在许多正确的解决方案。在答案中，我们对如何得出解决方案进行了解释。在看答案之前，你可以先尝试自己做一下，这样练习的收获最大。练习答案可以在附录 C 中找到。

**说明**

为以下场景准备一个状态表。

**场景**

在这个项目中，你要帮助构建一个销售火烈鸟和其他草坪摆件的网店（eStore）。用户在浏览网站的商品后，将选择的商品添加到购物车。在检查购物车并完成了任何更新后，用户决定通过结账过程来购买购物车中的商品。系统完成计价，并从用户那里获取结账信息，例如配送和付款细节。最后，订单被提交给订单系统，然后组装并配送给用户。以下是创建状态表时的一些额外的建议。

- 用户购物期间可能随时更新购物车。然而，在与利益相关方讨论之后，我们确定除非购物车进入结账阶段，否则基本上处于同一个状态，即"挑选"（draft）状态。因此，可以去掉"更新"（updated）状态。

- 业务利益相关方希望用户只有在真正准备好下单后才能看所适用的税，因为利益相关方认为计税很复杂。另外，用户可以选择在他结账时应用折扣。这里可能有一些改进过程的机会，但是出于起草状态表的目的，建议采用一个"计价"（priced）状态。

- 用户输入配送和付款信息，然后最后有一次机会确认订单，所以建议使用"确认"（confirmed）状态，使用户仍有机会撤单。

产品在工厂组装完毕后，用户就不能撤单了。如果用户不满意，就不得不经历一个退货过程，因为订单不允许再更新。

## 其他资源

- Davis（1993）展示了 Davis 所称的"状态图"（注意，他用的是 state-charts 这个词）。它们在概念上与本章讲的状态表相似，但结构不同。

## 参考资料

- Davis, Alan M. 1993. *Software Requirement: Objects, Functions, & States*. Upper Saddle River, NJ: PTR Prentice Hall.
- Gottesdiener, Ellen. 2005. *The Software Requirement Memory Jogger*. Salem, NH: Goal/QPC.

# 第 23 章 状态图

▶ 场景：申请贷款状态跟进

我发现了一栋自己非常喜欢的房子，并且非常兴奋地买下了它。但由于手头没有足够多的现金，所以我不得不做了房产抵押。因为我非常想要这个房子，所以真的不想在财务过程中遇到任何麻烦。我每周都和抵押贷款经纪人联系，确定贷款申请处于哪个状态。

最开始的时候，我会这样打电话问："你拿到我所有的文件了吗？"隔周后，我再打电话问："评估做完了吗？"接下来会问："评估价和购买价相符吗？"最要紧的状态检查是"审批通过了吗？"之后是"银行资金结算了吗？"在每个阶段，我还会询问有关过程的问题，例如"下一步是什么？"和"如果房子的估价低于我的购买价怎么办？"

每次打电话给抵押贷款经纪人时，实际上都是在查看我的申请状态。一旦启动这个过程，最好就能看到贷款申请的整个生命周期，马上明白会经历哪些阶段以及在结算完成前可能发生哪些事情。■

状态图（state diagram）是一种 RML 数据模型，它显示了解决方案中对象状态之间的过渡。状态图显示对象涉及多种状态的一个生命周期，其中包括导致状态改变的任何事件。它们只显示有效的状态过渡、触发状态过渡的事件以及多个过渡的可视化流程。

状态图比状态表（第 22 章）更适合对状态间的过渡进行可视化，后者更

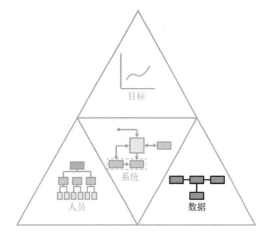

适合确保已完成了对每个可能的过渡的评估。然而，这两种模型可以一起使用来采集完整的需求。如果会发生许多状态过渡，特别是循环返回之前某个状态的过渡，那么状态图比状态表更容易看懂。

第 22 章在讨论状态表时已经介绍了状态模型，我们展示了如何使用这些模型来直接发现需求，以及如何利用它们在其他模型中查漏补缺。状态表和状态图之间存在很大的重叠，特别是在创建和使用方面；因此，本章将不再重复这些细节。详情请参考第 22 章。

## 23.1 状态图模板

状态图包含用圆圈表示的状态、状态之间的过渡箭头以及过渡线上的标签。表 23-1 总结了这些元素。

表 23-1 状态图的元素

| 元素 | 描述 |
| --- | --- |
| 状态 | 业务数据对象生命周期的一个阶段。圆圈中的标签是状态名称 |
| 开始状态 | 在任何过渡事件发生之前，业务数据对象所处的初始状态。该元素可选 |
| 结束状态 | 业务数据对象所处的最终状态。对象处于此状态后，将不受任何事件的影响该元素可选。 |
| 过渡事件 | 对象从一种状态向另一种状态的转变。标签指示导致发生状态过渡的事件或条件 |

我们使用将一个状态连接到另一个状态的单向箭头来显示过渡，它构成了从第一个状态到第二个状态的流程。图 23-1 展示了从一种状态到另一种状态的过渡。状态 1 和状态 2 是两个不同的状态，"过渡事件"（transition event）能触发从状态 1 到状态 2 的有效过渡，反之则不能。

图 23-1 状态过渡

注意，开始状态和结束状态有不同的符号来表示它们和标准状态符号的区别。
开始状态元素只是指出对象开始其生命周期的位置。不一定要添加开始状态，但它
们有助于提高可读性。开始状态是对象开始其生命周期时的状态，但如果对象在其
生命周期内返回开始状态，它也可以是一个过渡为的状态。根据定义，结束状态是
对象停下来，并且再也不会离开的状态。如果一个对象的生命周期有不止一次终点，
那么结束状态也可能不止一个。虽然不太常见，但如果对象永远不会达到结束状态，
那么也可以不在状态图中添加结束状态。图 23-2 展示的只是一个状态图模板，大家
可以根据需要添加任意数量的状态。

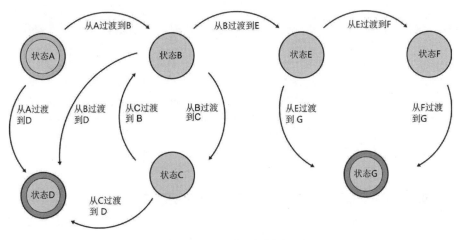

**图 23-2 状态图模板**

**工具提示** 状态图最好是用 Microsoft Visio 或 Microsoft PowerPoint 等工具来创建，
它们提供了基本的状态形状和箭头。

## 23.2 示例

本章使用与第 22 章相同的贷款申请示例。图 23-3 重复了第 22 章那个贷款申请
对象状态表。

| | | 目标状态 | | | | | | | |
|---|---|---|---|---|---|---|---|---|---|
| | | 预审 | 提交 | 正在处理 | 正在审批 | 准备结算 | 正在结算 | 放款 | 未结算 |
| 初始状态 | 预审 | 否 | 房产地址已输入 | 否 | 否 | 否 | 否 | 否 | 预审被拒 |
| | 提交 | 否 | 否 | 申请已提交 | 申请已发送给审批部门 | 否 | 否 | 否 | 申请被拒 |
| | 正在处理 | 否 | 否 | 否 | 申请已发送给审批部门 | 申请同时发送给审批和结算部门 | 否 | 否 | 申请被拒 |
| | 正在审批 | 否 | 否 | 否 | 否 | 审批通过 | 否 | 否 | 审批未通过 |
| | 准备结算 | 否 | 否 | 暂停审批 | 否 | 否 | 设定结算日期 | 已分配放款编号 | 取消结算 |
| | 正在结算 | 否 | 否 | 贷款申请中的字段需要修改 | 否 | 否 | 否 | 已分配放款编号 | 取消结算 |
| | 放款 | 否 | 否 | 否 | 否 | 否 | 否 | 否 | 否 |
| | 未结算 | 否 | 否 | 否 | 否 | 否 | 否 | 否 | 否 |

**图 23-3 第 22 章的示例状态表**

虽然贷款申请的"状态表"使我们能考虑到每一个可能的过渡，并判断它是否有效，但"状态图"使我们能查看贷款申请如何经历各种状态的一个流程。例如，从图 23-4 可知，每个申请都从"预审"状态开始，它只能过渡为"提交"或"未结算"状态（预审被拒，就会进入后面这个状态）。此外，很容易就能看出，"放款"和"未结算"是所有贷款申请最终流向且永不离开的结束状态。

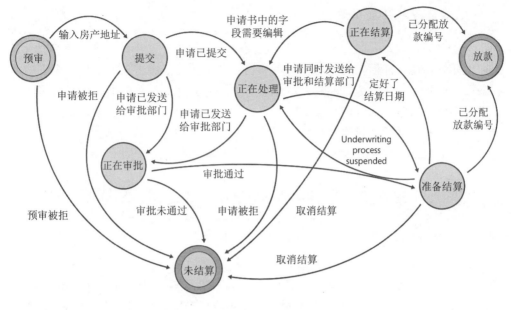

图 23-4 状态图

## 23.3 创建状态图

要为业务数据对象创建状态图，请首先确定业务数据对象，然后确定状态，最后确定有效的过渡。这个过程如图 23-5 所示。列出对象的所有状态后，添加箭头线以指示哪些过渡是允许的。如果手头已经有一个状态表，那么执行这些步骤非常简单。状态表和状态图之间的一个关键区别在于，不允许的状态过渡根本不会显示在状态图中。而在状态表中，它们被明确标注为"否"。

图 23-5 状态图的创建过程

### 23.3.1 确定业务数据对象

首先，需要确定哪些业务数据对象需要状态图。这个主题已在前面状态表一章进行了详细描述。任何具有状态表的对象也是状态图的候选对象。如果存在许多使状态表难以阅读的过渡或过渡形式，就应考虑同时创建这两种模型。如果想了解对象经历不同状态时的流程，那么状态图是必需的，因为这个流程很难从状态表中可视化。状态表非常适合查看从一种特定状态到另一种特定状态的单独转换。但是，它们不利于查看多个过渡步骤。在这个方面，状态图更佳。

提醒一下，可以同时为多个字段或业务数据对象创建一个状态图，因为多个对象可能作为一个整体改变状态并影响系统的行为。

### 23.3.2 确定状态

如果对象存在一个状态表，那么状态图就非常容易创建。即使不先创建状态表，也可以只为已确定的业务数据对象确定所有可能的状态，考虑使用"过程流程"之类的模型来查找状态变化。状态的命名可采用与状态表相同的步骤（参见第 22 章的狗狗来福示意图）。如果有状态表，那么网格中的所有状态都是要包含在状态图中的状态。确定状态后，应该把它们放到图上适当的圆圈中。重点是先记下来，暂时不用担心如何排列它们的顺序。记住，状态的标注始终如一；状态名称通常是描述对象的形容词。

如果在状态图中包含多个业务数据对象的状态，或者单个对象上有多个字段，那么需要显示每个对象或字段的每种状态的每个排列组合。图上的状态标签必须包含这些对象的状态组合。例如，假设有两个业务数据对象：用户和购物车。每个对象都有两种状态，分别是已登录/匿名和有效/无效。在这种情况下，可以用"用户/购物车"格式来标注状态：已登录/有效、已登录/无效、匿名/有效以及匿名/无效。

用适当的形状表示开始和结束状态。通常，状态表中的第一个状态是开始状态，列出的最后一个状态是结束状态。另外，状态表中不包含任何过渡的那些行都是结束状态。

在图中圈出状态后，尝试大致按照状态发生的顺序对状态进行排序，左边是开始状态，右边是结束状态。添加过渡后，可以根据情况移动这些圆圈。

### 23.3.3 分析过渡

通常，最好先用状态表确定好过渡，再直接把它们添加到状态图。在状态表中，针对包含了过渡事件的每个单元格，都画两个圆来分别圈出行标题和列标题所代表的状态，用一条箭头线来连接这两个圆，再用单元格中的过渡事件来标注这条线。图 23-6 展示了贷款申请对象的一个示意。在状态表中，"定好了结算日期"单元格位于"准备结算"状态行和"正在结算"列的交叉点。所以，我们在状态图中绘制一个从"准备结算"到"正在结算"的状态过渡箭头，并将过渡箭头标注为"定好了结算日期"，以指示是什么事件导致了这个过渡。

| | | | | | 目标状态 | | | |
|---|---|---|---|---|---|---|---|
| | | 预审 | 提交 | 正在处理 | 正在审批 | 准备结算 | 正在结算 |
| 初始状态 | 预审 | 否 | 房产地址已输入 | 否 | 否 | 否 | 否 |
| | 提交 | 否 | 否 | 申请已提交 | 申请已发送给审批部门 | 否 | 否 |
| | 正在处理 | 否 | 否 | 否 | 申请已发送给审批部门 | 申请同时发送给审批和结算（closing）部门 | 否 |
| | 正在审批 | 否 | 否 | 否 | 否 | 审批通过 | 否 |
| | 准备结算 | 否 | 否 | 暂停审批 | 否 | 否 | 定好结算日期 |

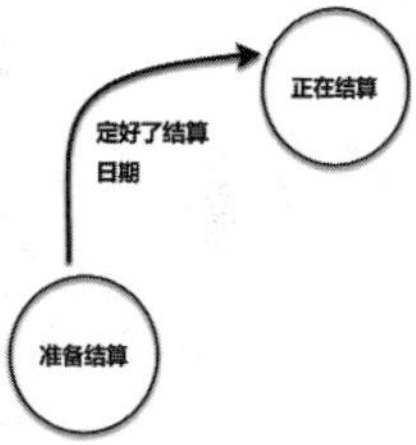

图 23-6 使用状态表中的信息在状态图中标注过渡

如果还没有确定有效的状态过渡，请按照状态表一章描述的过程来进行确定（第 22 章）。和状态表一样，对于每个状态，都必须分别考虑对象是否可以过渡为其他每个状态。如果可以，就画一条过渡箭头线。和状态表相比，用状态图来跟踪记录已经考虑过的过渡会麻烦一些。

创建状态图时，一个挑战是如何在一页中将所有形状和过渡线都显示齐全，以确保它们的可读性。如本章开头所示（图 23-4），如果在状态之间存在许多往返过渡，那么连线有时只能交叉。

## 23.4 使用状态图

状态图用于直观显示解决方案中复杂的状态过渡。状态图的价值在于，它显示了在状态表中很难看出的顺序过渡流程。但是，很难用它来确保已识别了全部状态过渡。状态表非常适合分析从一种特定状态或者到一种特定状态的所有过渡的集合。但是，它们不适合分析经历了多个状态的一个状态过渡序列。

### 23.4.1 可视化状态过渡流程

状态图特别适合查看对象如何经历多种状态变化。本章的示例状态图（图 23-4）直观显示了以下状态过渡：

1. 输入房产地址后，申请从"预审"变为"提交"
2. 预审被拒时，申请从"预审"变为"未结算"
3. 用户实际提交申请后，申请从"提交"变为"正在处理"

只看文本，并不好理解一个对象的状态变化。另外，几乎不可能根据上述列表理解对象如何在不同状态之间顺序流动。另外，如果想查看一种特定状态，并了解要经历其他哪些状态才能到达这个状态，那么用状态图会更方便一些。

虽然状态图包含的是与状态表基本一样的信息，但它更容易阅读，因为它直观显示了对象的完整生命周期，只显示了有效的状态过渡，而且过渡事件和条件都直接标记在过渡线上。由于状态图更直观，所以业务利益相关方可能发现它们比状态表更容易理解。开发和测试团队也能用到它们，尽管他们可能还希望有一个状态表来显示完整的过渡集合，并将每个过渡标识为有效或无效。

### 23.4.2 确保完整性

虽然状态图不能很好地保证已经考虑到了所有可能的过渡，但确实有助于确保业务数据对象的生命周期与业务利益相关方对于该对象的看法一致。分析状态图就像看到了整个森林，而分析状态表就像只看树木。

### 23.4.3 推导需求

从状态图推导需求的过程与状态表相同，在此不再赘述。

### 23.4.4 何时适用

如上一章所述，经常都有必要同时使用状态表和状态图。表 23-2 重复了第 22 章的表格，提醒你应该如何抉择。

表 23-2 状态表和状态图之间的区别

| 模型 | 使用 |
| --- | --- |
| 状态表 | 如果不想放过任何一个可能的状态和过渡，就使用状态表 |
| 状态图 | 如果想撇开不存在的过渡，只想对有效过渡的序列进行可视化，就使用状态图 |

如果只有几个状态（可能不超过三个），并且确信可以在没有状态表的情况下确保完整性，那么可以选择仅使用状态图。类似地，如果对象按顺序从一种状态转变成另一种（而且只有那种）状态，并且很少会循环回到之前的状态，那么可以放弃状态表，只使用一个状态图。例如，地铁可能从"静止"到"行驶"再到"减速"，并重复这个生命周期——这很容易在没有状态表的情况下用状态图来建模。但更常见的情况是，如果有的过渡会循环回到之前的状态，就使用状态图为状态表提供补充，这样可以比网格（表格）格式更容易看出这种循环往复。

### 23.4.5 何时不适用

不存在任何会经历状态过渡的业务数据对象，像这样的解决方案十分罕见。但是，如果使用状态表来确定了状态，并判断不需要向业务利益相关方可视化状态之间的过渡，那么可以放弃状态图的创建。

## 23.5 常见错误

关于状态图，最常见的错误如下所示。

### 23.5.1 不是真正的状态

和状态表一样，有时状态图中的"状态"实际不是真正的状态。这些"状态"本质上是行动（操作）、造成过渡的事件或者不同事物的混合，这会使状态图难以保证完整并被人理解。

### 23.5.2 遗漏状态和过渡

如果没有在状态图之前创建状态表，那么很难确定已经识别了所有可能的状态以及它们之间的过渡。

## 23.6 相关模型

状态图比状态表更常用。它们以不同的名称出现，其中包括"状态图"（Gottesdiener 2002）和"状态过渡图"（Wiegers 2013）。

下面简要描述影响状态图或者被状态图加强的一些最重要的模型。这些模型与状态图的关系类似于它们与状态表的关系，后者的详情可参考第 22 章。第 26 章会对所有这些相关模型进行更深入的讨论。

- 业务数据图：用于确定应该在状态图中分析状态的对象。
- 状态表：以网格形式显示状态过渡，适合在制作状态图之前，先确定好所有可能的过渡。
- 过程流程、系统流程和用例：用它们来帮助寻找触发状态过渡的事件。在反方向上，状态图上显示的过渡事件也可用来确保这些模型没有什么遗漏。
- 显示 - 操作 - 响应模型：该模型使用状态图中的状态作为 UI 显示和行为的前置条件。
- 数据字典：对于状态图所表示的业务数据对象，可在数据字典中查询代表对象状态的字段。
- 报告表：若需按状态查看对象的完整报告，状态图可能引出对报告表的需求。

**练习**

以下练习帮助你更好地理解如何使用这种模型。练习是开放式的，因此你的答案可能与我们提供的答案大不相同。可能存在许多正确的解决方案。在答案中，我们对如何得出解决方案进行了解释。在看答案之前，可以先尝试自己做一下，这样练习的收获最大。练习答案可以在附录 C 中找到。

**说明**

根据第 22 章的练习中创建的状态表来准备状态图的一个初稿。

**场景**

在这个项目中，你要帮助构建一个销售火烈鸟和其他草坪摆件的网店（eStore）。用户在浏览网站的商品后，将选择的商品添加到购物车。在检查购物车并完成了任何更新后，用户决定通过结账过程来购买购物车中的商品。系统完成计价，并从用户那里获取结账信息，例如配送和付款细节。最后，订单提交给订单系统，然后在工厂组装并配送给用户。

提示：如果已经为第 22 章的练习创建了状态表，就直接使用该状态表创建状态图。如果还没有完成上一章的练习，可以使用如图 23-7 所示的状态表。

| | 目标状态 | | | | | | | |
|---|---|---|---|---|---|---|---|---|
| | | 挑选 | 决定 | 计价 | 完成 | 确认 | 组装 | 发货 | 收货 |
| 初始状态 | 挑选 | 否 | 用户选择结账 | 否 | 否 | 否 | 否 | 否 | 否 |
| | 决定 | 否 | 否 | 计算好税和折扣 | 否 | 否 | 否 | 否 | 否 |
| | 计价 | 用户编辑订单 | 否 | 否 | 用户输入有效配送和支付信息 | 否 | 否 | 否 | 否 |
| | 完成 | 用户编辑订单 | 否 | 否 | 否 | 用户确认购买 | 否 | 否 | 否 |
| | 确认 | 工厂不能履行订单 | 否 | 否 | 否 | 否 | 工厂生产 | 否 | 否 |
| | 组装 | 否 | 否 | 否 | 否 | 否 | 否 | 工厂发货 | 否 |
| | 发货 | 否 | 否 | 否 | 否 | 否 | 否 | 否 | 订单送达 |
| | 收货 | 否 | 否 | 否 | 否 | 否 | 否 | 否 | 否 |

**图 23-7 供练习的状态表**

## 其他资源

- Gottesdiener（2005）的 4.10 节归纳了状态图。
- Gottesdiener（2002）的第 2 章概述了状态图，用的术语是 state chart。
- Wiegers（2006）的第 19 章谈到了如何使用状态图。
- Wiegers（2013）归纳了状态图并提供了两个示意。
- Larman（2004）介绍了状态图，用的术语是 statechart diagram。

## 参考资料

- Gottesdiener, Ellen. 2002. *Requirement by Collaboration: Workshops for Defining Needs.* Boston, MA: Addison-Wesley.
- Gottesdiener, Ellen. 2005. *The Software Requirement Memory Jogger.* Salem, NH: Goal/QPC.
- Larman, Craig. 2004. *Applying UML and Patterns: An Introduction to Object-Oriented Analysis and Design and the Unified Process.* Upper Saddle River, NJ: Prentice Hall.
- Wiegers, Karl E.，2006.*More About Software Requirement: Thorny Issues and Practical Advice.* Redmond, WA: Microsoft Press.
- Wiegers, Karl E. 2013, *Software Requirement, Third Edition.* Redmond, WA: Microsoft Press.

# 第 24 章 报告表

▶ **场景：节流从细节做起**

我们家每个月都会收到水电气账单。当得州的气温攀升到 37.8℃之后，我们不得不使用更多的水来维持院子里的植物景观，使用更多的电来维持室内舒适度。为了帮助节省成本，我每天都会抄电表和水表，记下消耗了多少水电。我创建了一个滚动更新的日志，并用图来帮助家人了解日常行为对水电开支的影响。日志中包括电的千瓦时数（度数）和水的加仑数，并根据水电价格换算成每天的支出。有了这些信息，我们就可以决定每天什么时候关灯和关掉电器以及减少给院子浇水的次数。■

在软件解决方案中，所有报告或报表（reports）的存在都是为了支持用户或其他利益相关方的决策。报告表（report table）是一种 RML 数据模型，它以一种结构化的方式来采集为了实现这样的一个报告所需的全部信息，其中包括要在报告中显示的数据、输出格式、下钻（drilldown）视图以及对报告中的数据进行操作和交互的需求①。在报告表中，我们要描述一些需求，它们规定了如何显示报告的主视图，

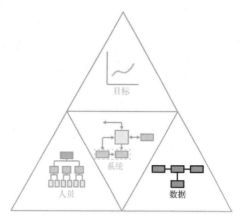

以及哪些层级需要显示额外的下钻视图。虽然报告表针对的主要是传统报告，但有一些结构化的信息显示包含了许多需要排序、分组、筛选和 / 或汇总的字段，报告

---

① 译注：注意报告（报表）和报告表的区别。我们习惯于将 report 翻译为"报告"或"报表"，而本章讲述的"报告表"（report table）是对"报告"或"报表"进行建模的一个模型，它规定了在最终的报告或报表中应该出现什么内容。

表在采集它们的需求时也是很有用的。

最重要的是，报告表采集了用户使用报告来做出的决策（决定），这首先有助于确定为什么实际需要该报告。我们可以根据这些信息来推导出报告的需求，其中包括为了方便做出决策而需要的最重要的字段集合、交互以及格式。报告表帮助利益相关方理解和可视化他们所要求的报告。这不仅有助于审查报告需求，还有助于确定报告的优先级。因为有可能发现一些规定的报告实际是现有的其他报告的一种轻微变化的形式。

报告的存在有很多原因，其中一些并不总是很明显。例如，有的报告日复一日地生成，似乎并不为任何决策提供支持。但是，在某个时候，报告中的一个特定的值可能超出范围，进而触发一个决策。类似地，有的报告只是为了监管合规而存在的——从组织的角度，没有任何决策需要根据这种报告来做出，但可能有外部实体需要根据这些报告做出决策。最后，在研究了某些报告后，可能发现它不是为任何决策而准备的。在这种情况下，在为它创建一个报告表之前，应评估该报告是否真的需要。

# 24.1 报告表模板

图 24-1 和图 24-2 共同组成了一个报告表模板。为方便阅读，我们将模板分为两张图，但模板本质上就是一张表格。该模板包含了对模型中每个元素的描述。在向利益相关方出示这个模型时，经常都有必要在需求文档中包括这个带有描述的模板，以便他们理解每个报告表元素的含义。除了报告表之外，还应包括一份示例报告，帮助利益相关方和开发人员直观地理解最终的报告。

注意整体模板是如何划分的：将报告作为一个整体来描述的元素位于顶部（图 24-1），而对报告中显示的字段进行描述的元素位于底部（图 24-2）。各列要么显示了报告的主视图，要么显示了通过对报告进行下钻而获得的附加层级。模板将报告表的不同元素显示为行，第二列是对当前元素的描述，这也是报告的主视图的值实际所在的位置。在真正的报告表中，可以用额外的列来处理不同的层级，如下一节所示。

| | 元素 | 描述 |
|---|---|---|
| **顶级元素** | 唯一 ID | 报告表的唯一标识符 |
| | 名称 | 报告的简单名称,应与其他报告的名称不同。如果是下钻层,就在这里填写那一层的名称 |
| | 描述 | 对报告进行简单归纳,以便了解上下文 |
| | 依据报告做出的决策 | 根据报告中的信息而做出的业务决策。链接到其他模型,以提供做出决策的上下文(过程流程) |
| | 目标 | 该报告所支持的业务目标模型或 KPI 模型 |
| | 优先级 | 这个报告的实现优先级。优先级应表达为一个顺序编号,以排定所有报告的优先级。优先级排序应基于报告对满足业务目标或 KPI 有多大的贡献 |
| | 功能区域 | 要用到该报告的业务过程或区域 |
| | 相关报告 | 具有相同数据的其他所有报告的一个列表 |
| | 报告所有者(负责人) | 负责批准报告需求的业务用户 |
| | 报告用户 | 运行或使用该报告来做出决策的业务用户 |
| | 触发器 | 触发运行报告的事件。如果是定时报告,就包括时间表 |
| | 频率 | 生成和访问报告的频率 |
| | 延迟 | 从请求报告到报告交付给用户有多快。运行报告时,数据需要有多新 |
| | 事务处理量 | 将多少事务处理推送给数据仓库以生成报告 |
| | 数据量 | 平均来说,每次访问该报告时,预期有多少数据会被读取。可以定义允许返回的最大数据量。用业务术语来表示数据量,例如订单数,不要用 KB 数或者其他一些技术指标 |
| | 安全性 | 报告或字段的安全性因数据字典中为字段指定的安全性而变 |
| | 持久性 | 在不同报告会话之间,预期报告设置有多长的持久性 |
| | 显示格式 | 指定报告如何显示,包括用什么类型的图以及坐标或行列信息类型 |
| | 交付格式 | 该报告如何交付给用户以供查看,以及任何相关的特性。这包括它是否在应用程序中显示;是否支持电子邮件形式;是否作为电子邮件发送给用户;是否支持打印;是否支持移动设备上的显示 |
| | 交互性 | 这是报告内置的特性,允许用户更改数据的视图或其他方面。这包括允许报告的展开和折叠,并允许通过超文本链接从报告跳转到数据输入屏幕。如果是非常复杂的交互,就链接到它的 DAR 模型 |
| | 下钻 | 链接到相关的其他报告,或者更常见的是链接到当前报告包含了扩展数据的那些层级。该元素解释了用户能下钻什么数据以及以什么视图查看 |

**图 24-1 报告表模板的顶级元素,用于对报告进行总体描述**

工具提示 Microsoft Excel 基本就是创建报告表的最佳工具，但也可以使用
Microsoft Word 或 Microsoft PowerPoint 来创建。

| | 元素 | 描述 |
|---|---|---|
| 字段元素 | 筛选依据 | 这种数据字段用于筛选报告中的特定数据集（使用＜对象.字段＞表示法）。如果筛选条件是预设的，就指定条件。如果筛选条件由系统决定，就指定决定条件的规则。如果筛选条件由用户输入，就指定可供用户选择的字段。要指定字段筛选器是必须的还是可选的。还要指定是否有一个默认值（对于可选的筛选器，则默认为不筛选） |
| | 分组依据 | 根据数据字段（使用＜对象.字段＞表示法）将数据逻辑分组为报告中的不同部分。可在这里指定分组的层次结构。如果分组条件是预设的，就指定作为分组依据的字段。如果分组条件由用户输入，就指定可供用户选择的字段。分组操作在筛选操作完成之后进行。可能需要定义分组与筛选的交互方式，包括在筛选的数据集没有分组的前提下期望的行为 |
| | 排序依据 | 这些数据字段（使用＜对象.字段＞表示法）用于对报告中的数据进行排序。指定是否允许用户选择排序顺序，还要指定一个默认顺序（如果有的话）。如果用户可以对显示的任何字段进行排序，就说明这一点。排序顺序需要指定是升序还是降序。可以指定要应用的一个排序层次结构。排序在筛选和分组之后进行。要指定是否允许用户对多个属性进行排序。可能需要定义排序与分组的交互方式 |
| | 用户输入参数 | 这些是可由用户定义的字段，所生成的报告有别于通过筛选、分组和排序而生成的报告。为字段使用＜对象.字段＞表示法 |
| | 分组计算 | 我们聚合一些数据字段，并基于该聚合来应用一个计算。计算的示意包括计数、平均数、最小值、最大值、均值和标准差等。要指定计算用于哪个或者哪些分组。分组运算被定义由某个聚合单位来应用的计算 |
| | 计算字段 | 一些字段的值是通过计算来显示的。指定计算时采用的格式是：＜计算字段＞＝[ 公式 ]。其中，[ 公式 ] 应该使用＜对象.字段＞表示法。要指定舍入（或者取整）方式或者显示格式 |
| | 显示字段 | 要在报告中显示的全部字段（使用＜对象.字段＞表示法）。要为显示的信息指定格式。另外，如果需要，可以为数字指定舍入方式（保留 2 位小数，大数用千分号分隔）。如果一个报告包含大量字段，可以引用数据字典，并在那个模型中指定要显示的字段 |
| | 模拟分析 | 如果报告包含了预测特性，就指定用哪些数据字段进行"模拟"（what-if）测试，并解释它们对于报告的影响。要说明做预测时的任何假设。这可能涉及计算，其中包括如何处理舍入或者分母为零的情况 |

图 24-2 报告表模板的字段元素

## 24.2 示例

图 24-3 的报告来自一个时间和费用（time and expense）应用程序[②]。该报告提供了基于实际和预测项目时间所获得和所预测的收入信息。这个示例报告只展示了实际报告中的部分行和列。

| Company Revenue | | | | | | | |
|---|---|---|---|---|---|---|---|
| | | 3/4/12 | 3/11/12 | 3/18/12 | 3/25/12 | 4/1/12 | Grand Total |
| Client Name ▼ | Project | Actual | Actual | Actual | Projected | Projected | |
| Adventure Works | AW Q1 2012 | | | | | | $24,156 |
| Adventure Works Total | | | | | | | $24,156 |
| Alpine Ski House | Ski House Training | $175 | | $25,825 | | | $26,000 |
| Alpine Ski House Total | | $175 | | $25,825 | | | $26,000 |
| Lucerne Publishing | Lucerne Marketing | $4,200 | $3,623 | $3,675 | $3,360 | $2,520 | $44,468 |
| Lucerne Publishing Total | | $4,200 | $3,623 | $3,675 | $3,360 | $2,520 | $44,468 |
| Southridge Video | Southridge Marketing | | | | | | $17,545 |
| | Southridge Advertising | $6,126 | $6,090 | $5,873 | $6,670 | $5,510 | $63,111 |
| Southridge Video Total | | $6,126 | $6,090 | $5,873 | $6,670 | $5,510 | $80,656 |
| Wingtip Toys | Wingtip Advertising | | | | | | $8,415 |
| | Wingtip Marketing | | | | | | $38,435 |
| | Forcasted Project | | | | $12,203 | | $120,000 |
| | Training Planning | $6,830 | $10,456 | | | | $17,286 |
| | Wingtip Training | | | $3,389 | $12,330 | $12,330 | $28,049 |
| | Wingtip Followup | | | | | | $102,600 |
| Wingtip Toys Total | | $6,830 | $10,456 | $3,389 | $12,330 | $24,533 | $314,784 |
| Woodgrove Bank | Woodgrove Advertising | | $95 | $95 | | | $189 |
| Woodgrove Bank Total | | | $95 | $95 | | | $189 |
| Grand Total | | $55,924 | $66,393 | $90,713 | $152,401 | $83,404 | $1,659,142 |

图 24-3 示例报告

针对这一报告，报告表的顶级元素如图 24-4 所示，图 24-5 展示了字段元素。

| | 元素 | 示例 | 示例层 |
|---|---|---|---|
| 顶级元素 | 唯一 ID | REP010 | REP010_1 |
| | 名称 | 预测收入 | 项目收入 |
| | 描述 | 报告显示了在给定期限内，每个时间单位（例如周）按客户和按项目的实际和预测收入。 | 报告显示了在给定期限内，每个时间单位（例如周）一个特定项目的实际和预测收入。需要更多地了解一个特定项目的实际和预测收入时，就使用该报告 |
| | 依据报告做出的决策 | 每个项目应该分配多少名顾问？公司需要招聘更多顾问吗？ | 需要为这个项目分配多少名顾问 |

图 24-4 示例报告表顶级元素

---

② 译注：咨询公司常用的一种报告。针对特定的项目，顾问按时间收费。

| | 元素 | 示例 | 示例层 |
|---|---|---|---|
| 顶级元素 | 目标 | 业务目标 2 – 提高收入 | 无 |
| | 优先级 | 3 / 20（增收战略）。参考目标链 010 | 14 / 20（和针对所有项目的总体报告相比，重要性要低得多，因为它较少查看）。参考目标链 010 |
| | 功能区域 | 专业服务 | 无 |
| | 相关报告 | 销售预测（Sales Forecast），员工使用情况（Employee Utilization） | 无 |
| | 报告所有者（负责人） | 服务主管 | 无 |
| | 报告 ( 的 ) 用户 | 服务主管，销售副总裁，HR 副总裁 | 服务主管 |
| | 触发器 | 服务主管准备每周的人员安排会议 | 服务主管做出实时的人员安排 |
| | 频率 | 每周 | 每周到每月 |
| | 延迟 | 按需交付（请求后 30 秒内）。数据应该是实时的 | 无 |
| | 事务处理量 | 每周存储和所花时间有关的 10 000 个事务处理。每周输入或更新 10 个销售预测事务处理 | 无 |
| | 数据量 | 报告平均返回 5 000 个事务处理 | 报告平均返回 100 个事务处理 |
| | 安全性 | 可由公司所有员工查看 | 无 |
| | 持久性 | 保存任何用户运行报告时的设置（每个用户都看到上个用户的设置） | 无 |
| | 显示格式 | 作为矩阵（表格）显示时，将客户和项目作为行，将时间单位作为列，单元格中是收入值。柱状图在 x 轴以不同颜色显示客户和项目，并按时间单位分组；y 轴显示收入 | 作为矩阵（表格）显示时，项目显示成一行，收入显示成一行，资源显示成一行，时间单位显示为列，单元格中是收入。资源数量（整数）放在资源单元格中 |
| | 交付格式 | 在应用程序中显示，并能以 Excel 文件的形式通过电子邮件发送。在应用程序中，一屏显示不全的数据可以滚动查看 | 无 |
| | 交互性 | 客户名称可以展开和折叠，从而按客户来显示或隐藏项目。默认为全部展开 | 无 |
| | 下钻 | 用户可以单击项目名称，跳转到"项目收入"层 | 无 |

图 24-4 示例报告表顶级元素（续）

| 元素 | | 示例 | 示例层 |
|---|---|---|---|
| 字段元素 | 筛选依据 | 1. 用户可以筛选时间范围（默认为过去 12 个月内的 <项目.结束日期>，到接下来的 3 个月）<br>2. 用户可以按客户名称筛选（从所有可能的 <客户.名称> 中选择）<br>3. 用户可以按 <项目.状态> 筛选。状态包括 Actual（实际），Forecasted（预测）或 Both（两者）。默认为 Both | 1. 系统按 <项目.名称> 筛选，以方便下钻<br>2. 用户可以筛选时间范围（默认为过去 12 个月内的 <项目.结束日期>，到接下来的 3 个月）<br>3. 用户可以按 <项目.状态> 筛选，包括 Actual，Forecasted 或 Both。默认为 Both |
| | 分组依据 | 收入先按 <客户.名称> 分组，再按 <项目.名称>，再按用户输入的时间单位（例如周） | 收入和资源按用户输入的时间单位（例如周）分组 |
| | 排序依据 | 先按 <客户.名称>，再按 <项目.名称> 以字母顺序排序。时间单位按时间顺序排序 | 时间单位按时间顺序排序 |
| | 用户输入参数 | 用户可以指定时间单位（年、季、月、周，默认为周） | 无 |
| | 分组计算 | 在按客户，按项目，而且无筛选器（计算所有收入）的前提下，针对所指定的日期范围，汇总每个时间单位内的 <项目.收入>。结果四舍五入为整数美元 | 针对所指定的日期范围，汇总每个时间单位内的 <项目.收入>。结果四舍五入为整数美元。针对所指定的日期范围，对每个时间单位内的 <项目.资源> 进行计数 |
| | 计算字段 | 无 | 无 |
| | 显示字段 | <客户.名称><br><项目.名称><br><项目.收入><br>"分组计算" 所定义的总收入<br>所有货币以美元为单位，无小数，大数使用千分位（逗号）分隔符 | <客户.名称><br><项目.名称><br><项目.收入><br>"分组计算" 所定义的总收入<br>"分组计算" 所定义的 <项目.资源> 计数<br>所有货币以美元为单位，无小数，大数使用千分位（逗号）分隔符 |
| | 模拟分析 | 1. 一个未来日期范围的预测收入：预测总收入 = 80% × <项目.剩余收入><br>2. <项目.剩余收入> = <项目.总收入> - <项目.已获得的收入>。将预测收入显示为总预测收入 / 时间单位 | 无 |

图 24-5 示例报告表字段元素

## 24.3 创建报告表

创建报告表的步骤如图 24-6 所示。

图 24-6 报告表的创建过程

### 24.3.1 确定报告

首先需要收集现有的所有报告，无论它们是人工还是自动生成的。可借助过程流程（第 9 章）来确定所需的报告，因为在需要做出人工决策的时候，往往需要用户在做出决策之前看一下报告。另外，业务数据图（BDD）（第 19 章）和数据字典（第 21 章）可用于确定需要在报告中使用的业务数据对象及其字段。还应采访利益相关方，确定他们在做哪些决策时需要先看报告。

### 24.3.2 确定报告优先级

为了确定各种报告的优先级，要根据利益相关方试图做出的决策的价值对它们进行排序。可以调研报告所支持的过程的价值，以及这些过程对于实现业务目标或关键绩效指标（KPI）的贡献，从而确定一个决策的具体价值。另外，在许多解决方案中，系统日志会跟踪用户请求或使用一个特定报告的频率；这可以作为报告真实重要性的一个参考。

### 24.3.3 完成报告表元素

报告表中的每个信息类型都是一个元素。例如，"标题"（Title）、"描述"（Description）和"显示字段"（Displayed Fields）都是报告表元素的示意。要为需要的每个报告创建一个报告表，并在其中包括一个示例报告或模型（mockup）。报告应按优先顺序创建。

如果有现成的报告，就以这些报告为起点，在新的解决方案中反向设计报告（对报告进行"逆向工程")。如果报告是全新的，没有现成的版本，就向利益相关方询问报告用户在做决定时所需的高级（high-level）信息类别（依据 BDD 或数据字典），然后下钻（drill down）到字段级需求。为了拟定报告的各种元素，可以使用报告表作为提示。最后，提供报告的一个样本，有助于利益相关方发现缺失的字段。

在完成报告表时，应填写表中的每个元素。如果一个元素不适用，记得写一个"N/A"（不适用），而不要留空。

### 24.3.3.1 报告表顶级元素

报告的名称和描述位于模板的顶部，用以快速提供当前报告的上下文。还应包括一个唯一 ID，以便从其他模型中引用这个报告。模板中解释了顶级元素，其中大多数是不言而喻的。下面详细解释了一些较有挑战性的元素。

- 依据报告做出的决策：报告表中最重要的元素之一是"依据报告做出的决策"。该元素指出报告存在的理由，在任何情况下都不应留空。利益相关方经常关注的是如何以各种可能的方式对数据进行切分（slice and dice），同时没有充分理解信息所支持的决策。这造成了大量的额外开发工作，同时没有产生相应的价值。可以在需求征询（elicitation）期间使用"依据报告做出的决策"元素来确定利益相关方对于报告的需求是否增加了业务价值。在征询过程中，可能会发现一个报告是不需要的，原因包括：不会依据它做出任何决策，同样的决策能从现有的其他报告中做出，或者只需要一个小得多的数据子集来做出决策。有的时候，一份报告能为多个决策提供支持。如果做出一个决策可能需要多份报告，那么可以考虑合并这些报告，使用户更容易确定自己的决策是正确的。如果只是问"你依据这份报告能做出什么决定？"，那么并不足以获得真正的答案。为了获得真正的答案，可能需要深入挖掘并尝试理解报告与决策过程的关系（此时"过程流程"很有用）。

可以通过以下示例问题来征询决策：

1. 这份报告如何帮助你做出决定？

2. 这份报告包含的许多信息似乎与一份现有的报告重复了，为何不用现有报告来做决定？

3. 没有这份报告，对你有什么影响？

4. 你在业务过程的什么位置使用这份报告？

- **交互性和下钻**：报告通常是交互性的。也就是说，可以操作报告中包含的一些控件，从而改变报告的显示方式。另外，通常可以对数据进行下钻。模板专门包含了一个元素来指定可在报告中下钻的内容，并指定下钻后会跳转到哪里。用户可能会从当前报告跳转到另一份报告，或者跳转到同一份报告的另外一层（layer）。如果用户跳转到另一层，该层可在同一个报告表中用新增的一列来描述。可以根据需要包含任意多层。

所谓"下钻"，是指额外的报告表，它们一般使用相同的数据集，但根据用户选择的下钻进行筛选。例如，顶级报告（top-level report）可能汇总了所有销售代表的历史完成交易，而每个销售代表的管线历史（pipeline history）是图上的一条线。作为主管，可以先从顶级报告中判断哪些销售代表还在为了业绩而苦苦挣扎。然后，可以从中选择一名特定的销售代表。在下一层，可能显示该销售代表的所有历史机会，并提供额外的信息，让主管更详细地了解交易没有完成的原因。最后，销售主管可以选择一个特定的机会，查看销售代表与客户的每一次交流，包括到实际通话录音的链接。

### 24.3.3.2 报告表字段元素

报告表中列出的所有数据字段都应使用 < 对象 . 字段 > 表示法，以明确引用的是哪个数据字段。

"用户输入参数"元素包括任何用于生成报告的用户输入，但不包括在筛选、分组和排序中使用的参数，因为这些参数在它们各自的元素中单独捕获。

在对数据进行约束的参数中，首先应用的是筛选器（filter），或者称为筛选依据。然后，根据"分组依据"参数对筛选后的数据进行分组。最后，在分组后的结果数据集中，数据根据"排序依据"进行排序。在每一个参数中，都要清楚地说明参数的默认值，参数是必须的还是可选的，以及任何分组层次结构。另外，要考虑并指定当筛选、分组和排序一起进行时的行为。例如，用户可能会应用一个筛选器，它移除了"分组依据"的默认参数值。所以，需要解释清楚如何处理这种情况。

"分组计算"描述了对数据分组执行的任何计算。例如，如果按国家，然后按地区，然后按地区经理对销售数据进行分组，那么分组计算将代表对数据分组执行的任何计算，其中包括计数、求和、标准差、平均数、佣金计算或者其他任何类型的计算。"显示字段"元素是要在报告输出中显示的所有字段的一个列表。每个字段都采用 < 对象 . 字段 > 表示法。

"计算字段"是不存在于数据库中的字段，它只是作为基于其他字段的计算结果而存在。例如，如果一个报告已经包含"收入"和"销售成本"字段，那么一个计算字段可以是"毛利"，它在报告生成时被实时计算，使用的公式是：毛利 = 收入 - 销售成本。

如果报告要显示的数据列超过 7±2 个，那么不要在"显示字段"中把它们全部列出。相反，引用数据字典的一个报告列中引用它们。在这种情况下，可能会发现在数据字典中指定一些元素反而更容易，例如格式或计算。

最后，"模拟分析"元素捕捉的是利益相关方想要显示的任何预测场景。可能需要指定用户能为这些场景输入的额外参数和值，以及解决方案应该如何计算和显示场景所描述的信息。

### 24.3.3.3 管理报告范围

为了防止范围蔓延（scope creep）[3]，在需要依据报告而做出的决策范围内收集报告表中每个元素的需求。如果一个利益相关方要求很多复杂的筛选和交互性，那么要确保它们是依据报告做出决策时真正需要的。

## 24.4 使用报告表

如果要为项目创建报告，就需要用到报告表。如果要在屏幕上创建结构化输出，它们也是有必要的——即使在这种情况下不称为"报告"。报告表的结构决定了我们可以全面地指定一份报告的内容。

### 24.4.1 定义报告

要开发的每种报告都需要一个对应的报告表。除此之外，可以创建报告表来捕获表格、网格或者在 UI 上显示的其他任何结构化数据视图的详细需求。报告表可以链接到其他模型，例如过程流程（第 9 章）或用例（第 10 章），以确定用户在

---

[3] 译注：范围蔓延（scope creep）是指项目范围不受控制地变化或持续增长。这通常是由于范围欠缺定义、记录或者控制，导致在项目进行期间，非预期的需求不断增加，最终失控。

过程的什么位置会用到报告。通常，报告表可以作为详细的需求来使用，所以没必要从报告表中进一步推导出单独的需求。实现报告的人应该能够看懂报告表，并相应地设计出报告，而无需进一步的书面需求。至少，他应该掌握了足够的信息来提出一些问题，能基于他 / 她当前使用的报告工具来了解报告应该如何设计。

### 24.4.2 对照其他模型检查完整性和一致性

报告表也可以用来为 BDD（业务数据图）确定新的业务数据对象。如果一个业务数据对象在报告中被引用以做出决策，那么应该检查现有的 BDD，确定其中已经包括了被引用的对象。此外，出现在报告表中的每个字段都应该在数据字典中定义。报告表使用 < 对象 . 字段 > 表示法来引用字段。如果对报告的访问由一个基于角色的安全模型来驱动，那么报告可以作为角色和权限矩阵（第 11 章）中的操作来使用。

有别于其他一些数据模型，我们很难或者根本不可能保证已经涵盖了全部所需的报告。然而，如果映射到过程流程中的每个人工决策的报告都有了，那么表明可能已经涵盖了最重要的报告。可以在需求映射矩阵中创建这种映射（第 7 章）。

### 24.4.3 推导需求

报告表通常是独立的，不需要写额外的需求。一个例外是存在与报告相关的非功能性需求，它们没有体现在报告的顶层元素中。

### 24.4.4 何时使用

所有报告都要用报告表来"提纲挈领"，交互式报告也不例外。其中包括任何显示了业务数据对象字段以用于决策的屏幕，或者以结构化、聚合、排序、筛选和 / 或分组格式来显示的屏幕。如果要显示大量业务数据对象字段，也可以考虑用报告表来组织它们的布局。

### 24.4.5 何时不适用

不要用报告表来采集信息显示背后的复杂业务逻辑。另外，如果报告包含复杂的交互，那么不要用报告表来定义这些交互。在上述两种情况下，都可以使用报告表来说明报告需求，并用过程流程、决策树（第 17 章）和显示 - 操作 - 响应（DAR）（第 15 章）等模型予以补充。

## 24.5 常见错误

关于报告表，最常见的错误如下所示。

### 24.5.1 不将报告与所做的决策联系起来

如果没有理解报告所做的决策，就不能确定利益相关方是否真的需要这个报告。即使他们真的需要该报告，也无法确定该报告是否有正确的数据来支持决策。

### 24.5.2 记录了不必要的报告

业务利益相关方经常以为他们需要数以百计的报告，因为他们在现有的系统中就有这么多的报告。但事实上，他们极有可能根本用不着所要求的全部报告。我们的重点是了解哪些报告是真正用来做决策的，并且只为这些报告开发需求。

## 24.6 相关模型

下面简要描述影响报告表或者被报告表增强的一些最重要的模型。第 26 章会对所有这些相关模型进行更深入的讨论。

- 过程流程：用于确定报告在一个过程中的什么位置被用来做决定。
- 用例：用于确定用户在与系统交互的过程中，何时需要一份报告。
- 决策树：用于确定报告在一个过程中的什么位置被用来做决定。针对报告所显示的信息中包含的复杂逻辑，决策树也被用来对这些逻辑进行建模。
- 业务数据图：根据 BDD 来拟定和所报告的字段或业务数据对象有关的问题。
- 数据字典：为报告中的元素提供字段定义。
- 角色和权限矩阵：如果模型是一个基于角色的安全模型，就用角色和权限矩阵来定义有权访问报告的角色。
- 显示 - 操作 - 响应：对于涉及高度交互的报告，DAT 模型可与报告表一起使用。
- 需求映射矩阵：用于将报告表映射到过程流程中的人工决策。

## 练习

以下练习可以帮助你更好地理解如何使用这种模型。练习是开放式的，因此你的答案可能与我们提供的答案大不相同。可能存在许多正确的解决方案。在答案中，我们对如何得出解决方案进行了解释。在看答案之前，你可以先尝试自己做一下，这样练习的收获最大。练习答案可以在附录 C 中找到。

**说明**

根据以下场景描述来创建一个报告表。

**场景**

当前项目是推出一个新的网店（eStore）来销售火烈鸟和其他草坪摆件，包括侏儒、小矮人、装饰性长颈鹿、鸟浴盆和雕像等。网店有助于提高公司的总销售额；然而，呼入的客服电话也增加了，导致更多员工不得不加班工作，变得筋疲力尽。因此，总经理责成呼叫中心运营总监提升员工的士气，并让你参与这项工作。

员工流失率一直很高，企业必须将保留率（retention rate）至少提高到 80%，否则就有可能在新人身上花费更多培训费用。主管决定制定一项新的留人政策，每季度晋升一名表现优异的客户销售代表（customer sales representative，CSR）。为了决定哪个员工应该晋升，主任需要了解呼叫中心每名 CSR 的平均电话处理时间（平均花在每个呼入的电话上的时间）。总监将利用"平均呼叫处理时间"报告来做出晋升决定。只有 CSR 主任或者她的助理才能接触到这份报告。主任要求助理设计这份报告，并在每个月的第三个周五给她结果。

呼叫中心每个客户的通话时间数据存储在总部的一个中央数据库中，并由公司的内部电话交换系统自动填写。主任的助手告诉你所有这些细节，并要求你设计一个报告表，交给 IT 部门实现。图 24-7 展示了该报告的一个模型（mockup）。

| CSR | Number of Calls per Day | Average Call-Handling Time |
|---|---|---|
| ⊟ CSR 1 | 21 | 8.62 |
| 3-1-2012 | 2 | 13.50 |
| 3-4-2012 | 1 | 16.00 |
| 3-5-2012 | 3 | 7.00 |
| 3-9-2012 | 2 | 4.50 |
| 3-11-2012 | 1 | 5.00 |
| 3-13-2012 | 1 | 13.00 |
| 3-19-2012 | 2 | 9.00 |
| 3-22-2012 | 3 | 8.33 |
| 3-24-2012 | 1 | 4.00 |
| 3-25-2012 | 1 | 3.00 |
| 3-28-2012 | 1 | 20.00 |
| 3-29-2012 | 1 | 7.00 |
| 3-30-2012 | 1 | 11.00 |
| 3-31-2012 | 1 | 2.00 |
| ⊞ CSR 2 | 54 | 9.37 |
| ⊞ CSR 3 | 24 | 11.46 |
| ⊞ CSR 4 | 15 | 9.60 |
| ⊞ CSR 5 | 39 | 9.95 |
| ⊞ CSR 6 | 21 | 8.71 |
| ⊞ CSR 7 | 21 | 11.95 |
| ⊞ CSR 8 | 30 | 11.03 |
| ⊞ CSR 9 | 24 | 9.79 |
| ⊞ CSR 10 | 18 | 10.56 |
| ⊞ CSR 11 | 18 | 9.94 |
| ⊞ CSR 12 | 27 | 11.04 |
| **Grand Total** | **312** | **10.13** |

图 24-7 呼叫处理报告模型

# 第VI部分 模型全局观

# 第 25 章 为项目选择模型

▷ **场景：家务活儿**

我在家里准备做项目时，首要任务是选好工具。为此，我首先考虑的是当前项目的类型，然后考虑当前处于整个项目的哪个步骤，这样就能有针对性地选择工具了。例如，如果我要做饭，那么可用的工具就有搅拌机、量勺、擀面杖、煎锅和铲子等。我可以根据烹饪类型进一步缩小工具选择范围。例如，如果是烘焙，那么更可能使用搅拌机而不是煎锅。最后，我根据当前烹饪类型的步骤来挑选工具。最开始要使用量勺和杯子，然后会使用搅拌机，接着可能要使用铲子或擀面杖，最后在接近尾声时可能使用烤盘和冷却架。

另一方面，如果我的任务是自己动手做书架，我会选择完全不同于烹饪用具的另一套工具，包括锤子、螺丝刀、锯子、钉子和螺丝。类似地，我根据当前所处的项目步骤，任何时候都可以进一步缩小工具选择范围。在项目的早期，我可能会用锯子来切割木材，后期则用锤子和钉子来组装书架。■

为我家的项目选择工具时，我会确定想要达到什么目标，然后确定哪些工具最能帮助我实现这些目标。类似地，有许多 RML 模型，我们需要从中选择正确的模型来指定一个解决方案。如果只有一个模型清单，但没有一个框架来帮助缩小这个清单，那么这个任务可能会让你不知所措。

本章将帮助你根据所执行的项目阶段以及项目的特征来选择模型。对于这些因素中的每一个，我都会叠加不同的模型类别，以确保全面考虑到了所有模型。

## 25.1 按项目阶段选择模型

模型是软件过程的每一阶段的关键组成部分。重要的是，不要丢失项目的大局观而陷入到创建模型的细枝末节中。相反，要理解模型是如何融入整个项目的，以确保在整个开发周期内有一套完整的需求。图 25-1 展示了一个通用的需求过程（requirement process）以及每个阶段的活动。这些阶段包括设想（envision）、计划（plan）、开发（develop）、启动（launch）①和度量（measure）。每个阶段都有基于需求的活动。这些过程阶段与几乎所有开发方法（包括瀑布、迭代、敏捷和自定义方法）的阶段相匹配。我们的重点是每个阶段内的活动，而不是具体如何执行这些阶段。关键在于，不管采用的开发方法是什么，在每个阶段都有一些活动能从需求模型的使用中受益。

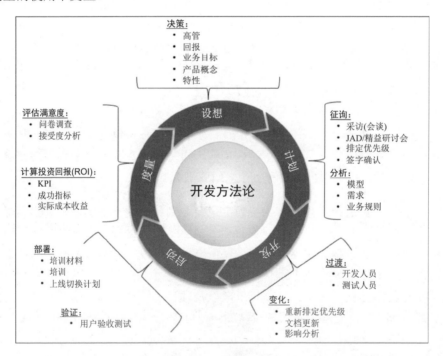

图 25-1 一个需求过程

---

① 译注：项目的测试和部署阶段称为"启动"阶段。

恰当的模型有助于所有利益相关方理解需求，以避免遗漏任何重要的东西，并且只有那些重要的需求才会被实现。本章后续各节将进一步讨论模型在需求过程的每一阶段的作用。虽然是以类似于瀑布式方法的顺序来描述的，但它们适用于任何开发方法。

附录 A 提供了一些"模型速查表"，它们对后续各节的内容进行了归纳。

## 25.1.1 设想阶段

设想（envision）阶段发生正式立项之前。负责企业战略规划和管理投资组合、项目或产品路线图的高管必须根据项目为组织带来的价值来决定向哪些项目注资。这一阶段决定了项目如何为一个公司或者计划提供战略支持，业务利益相关方能从项目中获得什么价值，以及利益相关方需要什么高级特性来实现这些价值。

在设想阶段，业务分析师帮助高管们探索业务问题，确定所有需求最终都会映射回来的业务目标，为项目开发业务用例，并为项目设定一个宽泛的范围。业务问题和目标被记录在一个业务目标模型中，而最高级别的特性被记录在一个特性树中。业务目标使业务分析师能确定项目的优先级。在整个项目期间，都会依据这个优先级来帮助团队决定如何削减范围或者首先开发哪些特性。

还应创建初始的高级模型，例如组织结构图和生态系统图。组织结构图是创建人员模型的一个很好的起点，因为它使我们有机会考虑可能影响或使用该系统的每一个人或角色。虽然生态系统图不会确定任何具体的需求，但它们确实确定了用于征询需求的接口以及可能受项目影响的系统。除了模型，还应创建一个问题清单，记录每一个与需求相关的未解决的问题。如果没有使用需求管理工具，那么在这一阶段生成的典型文档名称可能有：业务用例（business case）[②]、业务需求文档（business requirement document）、营销需求文档（marketing requirement document）、产品待办事项清单（product backlog）和愿景范围文档（vision scope document）等。

### 敏捷开发方法中的模型

许多组织试图将敏捷方法描述为一种小型瀑布。甚至图 25-1 的"需求过程"图也可以被解释为一个小型瀑布。但是，它不应该被这样解释。这幅图只是为了对业务分析师的活动进行分类。不管采用什么开发方法，他们都会有这些活动。在瀑布式方法中，

---

② 译注：也称为商业案例、商业论证或项目论证等。

每一个阶段都需要在项目进入下一个阶段之前进行签字确认。在敏捷项目中，所有阶段都可以在一次特定的冲刺（Sprint，也称迭代）中同时发生。然而，即便采用的是敏捷方法，在某些层面上（也许是在单独故事的层面上），也必须首先弄清楚故事的价值（设想）；然后是故事的细节，例如验收标准（计划）；然后由你的开发人员构建它（开发），而且在对项目有了更好的了解后，可能还需要更新故事；然后，你测试和部署刚刚构建的东西（启动）。在一次冲刺中，这些阶段可能每天都同时发生。

即便采用敏捷方法，在有许多团队必须同步工作的大型项目中，也需要在任何开发工作开始之前完成一些模型的开发。这是确保每个团队对总体业务目标和系统需求取得共识的最好方法。使用业务目标模型和目标链这样的模型，可以确保所有团队都真正理解了项目的价值。组织结构图、生态系统图、业务数据图和过程流程则确保所有团队对用户需要如何使用系统及其工作环境取得共识。产品待办事项清单（product backlog）对于项目的管理来说是挺好的，但它没有提供一个框架来确定最初应将哪些东西放到清单中。使用上述需求模型，我们可以填充待办事项清单，并在每次冲刺时确定详细的需求和业务规则。

## 25.1.2 计划阶段

在计划阶段，要尝试确定软件的工作方式，使其能实现企业所预期的价值。通过列出所有需求——包括软件需要的特性、影响特性的业务规则以及非功能性需求——来创建一个完整的需求清单，业务利益相关方、开发人员和测试人员可以根据这个清单来构建、配置或测试系统，以确保业务价值的实现。根据项目的特征来确定所需的模型，并定义一个需求架构（详情参见第 26 章）。最后，选择合适的工具来创建和存储为需求架构提供支持的模型，并创建一个需求计划来概括每个模型的创建时间。

应该在项目的特定部分测试自己的需求架构和过程，并在确定了什么对组织最有效后进行相应的调整。项目的优先级可能发生改变；分析师可能发现选择的模型不能充分捕获（采集）需求，或者其他各种原因会迫使团队改变需求架构。在这些情况下，很重要的一点就是审查已经创建的需求和模型，确保不需要创建额外的工件或者更改现有的工件；需求架构的改变往往会影响先前的工作。

在这一阶段，要完成大部分的需求征询和分析工作，使模型臻于完善，先从高级别（high-level）模型开始，逐渐下沉到更详细的模型（第 26 章会详述）。另外，还应从模型中推导出需求。除此之外，应继续更新需求问题清单，目的是搞定模型中还不能完成的那些部分。

在这一阶段，可能需要创建一个关键绩效指标模型（KPIM）来阐明项目将如何改善或者至少保持业务的吞吐量。还需要创建目标链来确定需求的范围（scope）。应该创建业务数据图（BDD）和过程流程来以定义并界定项目的范围。项目需要的其余模型通常都是在这一阶段创建的。

此外，可以使用业务目标模型为必须完成的分析工作确定优先级。如果没有使用需求管理工具，那么在这一阶段生成的典型文档名称可能有：业务需求文档、系统需求规范、软件需求规范、功能性需求规范、冲刺待办事项清单和用户故事（user story）。

## 25.1.3　开发阶段

在模型被创建（created）、确认（validated）和验证（verified）后，下一步是确保开发和测试团队理解他们需要构建什么。开发人员和测试人员将使用模型和相应的需求/业务规则来构建代码，配置现有系统，并开发测试用例。在模型创建期间，你应该已经为大多数模型推导出了需求。那个步骤影响最大的就是开发阶段，因为当开发和测试人员有一个功能性需求和业务规则的清单后（而非仅仅有一个供构建和测试的模型），就可以把它作为"核对清单"来使用，从而更容易地确定他们的工作已经完成。

在这一阶段，有必要向上述团队充分解释模型的用法；否则，对模型的解释以及模型的使用可能违背本意。例如，开发人员可能只使用用例，而不看需求——如果他们不理解这两者如何结合的话。另外，他们也可能只看需求而不看模型，从而错失了你用模型来设定的重要上下文。

这一阶段通常还包括对模型进行更新的步骤。模型在发生变化时，会处于"锁定"（locked）状态。这意味着所有对需求和模型的更改都必须被批准，并传达给业务分析师的下游团队，因为这些团队可能已经使用这些需求和模型创建了一些工件。

在这一阶段，应该对之前的问题清单进行维护，并根据需要更新所有文档和模型。应该参与开发人员构建解决方案的过程。在测试人员确保系统正确构建期间，也要参与其中。你的作用是澄清软件应该如何工作，更新优先级，并确保构建的东西以正确的方式工作。无论需求文档写得多好，总是需要口头澄清，特别是在涉及业务规则的细节、可用性以及系统的详细特性时。在解释特性时，经常需要使用模型来帮助其他团队成员理解上下文。例如，可以使用一个"过程流程"图帮助开发人员理解用户要完成的任务，然后使用 BDD 来解释业务对于数据元素的看法。在开发阶段，需要更新现有的文档，并可能创建像"用户验收测试"这样的文档，或者为特定开发团队定制旧文档的新版本。

### 25.1.4　启动阶段

在启动阶段，业务利益相关方确认解决方案符合他们的要求。他们可以使用过程流程和用例来创建用户验收测试，从而进行这方面的验证。在系统足够稳定，业务利益相关方完成了对解决方案的评估和验收后，就可以开始部署了。我们可以使用过程流程、用例、角色和权限矩阵以及显示 - 操作 - 响应（display-action-response，DAR）模型为新系统编制培训材料。启动阶段创建的典型文档包括培训手册、用户指南、帮助文件以及其他任何有助于高用户满意度和接受度的材料。

### 25.1.5　度量阶段

度量阶段发生在新系统上线，而且用户已经接受了系统之后。在这一阶段，分析师可以度量解决方案的业务目标的投资回报（ROI），并使用关键绩效指标（KPI）来真正确定项目为组织创造的价值。通过使用真实的数据以及实地测量，可以确认项目开始时在业务目标模型中设定的业务目标是否真正实现。此外，组织可以针对单独的业务过程进行度量，以确保它们达到了 KPIM 所描述的 KPI 目标。在这一阶段创建的文档可能包括向高管展示投资回报的演示文稿、经验教训文档或回顾（retrospective）报告 ③。

## 25.2　按项目特征选择模型

在选择要使用的模型时，除了要考虑项目的不同阶段，还要考虑项目的特征。一般来说，首先要问下面两个问题：

- 这个系统是从头开始自己构建的，还是从一个供应商那里采购的？

---

③ 译注：也可以用 Scrum 中的回顾活动来代替，相关参考书籍有《回顾活动引导》，译者万学凡与张慧。

- 这个系统是完全取代现有系统并导致一个新的实现，还是对现有的系统进行增强？

有几个常见的项目特征可以作为指导原则来帮助我们确定要使用的模型。以下各小节所描述的项目特征清单并不全面，它们只是提供了一个起点来帮助判断哪些模型可能适合当前项目。项目特征不是互斥的，所以可能会有多个适用的特征。例如，一个对现有系统进行替换的项目也可能是一个云实现。将存在于大型生态系统中的一个系统也可能是一个分析系统。

## 一个用于选择模型的模型

注意，这里实际是用一个模型来说明如何根据项目特征来选择模型。我们使用了一个网格，左边一列是各种项目特征，顶部一行是所有模型。然而，直接采用这种形式的网格，会造成特征清单最终包含 20 项，这远比 7±2 项多。为了使网格更容易使用，我们进一步将特征划分为目标（Objective）、人员（People）、系统（Systems）和数据（Data）这几大类。本章的每个项目特征小节都显示了网格中相应的那一行。完整网格（模型速查表）在附录 A 提供，供大家将来参考。

为了根据本节的描述来选择模型，首先要确定哪些项目特征适用于你的项目，然后考虑为这些特征建议的模型（在每一节中都显示为网格中的行），以确定哪些模型对当前项目有用。为每个项目特征显示的建议模型网格都使用了如表 25-1 所示的"键"（key），其中包括 L、M 和留空。

表 25-1 为每个项目特征所建议的模型的"键"

| 含义 | 单元格中的值 |
| --- | --- |
| 极可能需要该模型 | L |
| 可能需要该模型 | M |
| 单就此特征来说，不需要该模型 | 留空 |

注意，留空的单元格需要正确地理解。如果单元格留空，那么表明单就该特征（表行所指）来说，并不需要该特定的模型（表列所指）。然而，由于另一个相关的项目特征，项目可能仍然需要该模型。相反，如果单元格实际填充了内容（L 或 M），就意味着特征本身就足以表明这种类型的项目需要该模型。例如，你可能会注意到，大多数特征都没有指明对业务目标模型的需要。这是因为该模型的使用取决于一个

项目是否具有少数几个特征之一；然而，这些特征实际上是很常见的，而且至少有一个适用于几乎所有项目。另外，实现增强特性以取代现有系统特性的项目可能需要一个 KPIM，但它需要 KPIM 的原因是该项目取代了现有系统，而不是因为它是对现有系统的增强。

## 25.2.1 目标特征

以下"目标"特征有助于根据"项目实现"的类型来确定需要哪些目标模型。

### 25.2.1.1 绿地项目

所谓"绿地项目"，是指一个从头开始定制的全新系统。而之所以要从头定制，是因为目前没有一个现成的系统能提供所需的特性。对于这种项目，一个主要的考虑就是范围，因为新系统嘛，很容易因为失控而发生膨胀。这种系统的许多未来用户会就系统的特性和需求提出意见，我们需要在业务目标模型和目标链的上下文中对这些需求进行优先级排序。应该创建一个特性树来显示所有计划的特性。然后，将每个特性与业务目标联系起来，从而确保组织只会构建那些具有最大价值的特性。还要使用一个需求映射矩阵（RMM），确保需求最终通过其他模型映射回业务目标。

| 目标 | 业务目标模型 | 目标链 | 关键绩效指标模型 (KPIM) | 特性树 | 需求映射矩阵 (RMM) | 人员 | 组织结构图 | 过程流程 | 用例 | 角色和权限矩阵 | 系统 | 生态系统图 | 系统流程 | UI 流程 | 显示 - 操作 - 响应 (DAT) 模型 | 决策表 | 决策树 | 系统接口表 | 数据 | 业务数据图 (BDD) | 数据流程图 | 数据字典 | 状态表 | 状态图 | 报告表 |
|---|---|---|---|---|---|---|---|---|---|---|---|---|---|---|---|---|---|---|---|---|---|---|---|---|---|
| 绿地 | | | | | | | | | | | | | | | | | | | | | | | | | |

### 25.2.1.2 COTS 项目

COTS 项目的目标是评估并选择一个第三方解决方案来解决业务问题，然后实现它。我们将 COTS 项目的特征分成两个方面，即选择和实现。这是因为在许多组织中，它们作为完全独立的工作存在，对模型有不同的需求。经常发生的一种情况是，虽然选择阶段会进行，但后续的 COTS 实现并没有发生，因为团队决定构建一个新的系统或者改进现有系统。

- COTS 选择：选择阶段包括对供应商进行资格审查，确定主要的业务目标是什么，并最终选择一个能满足组织需求的系统。可能需要创建一个业务目标模型和目标链，以确保选择过程将重点放在具有业务目标所定义的最大投资回报（ROI）的统。

  在 COTS 系统的选择阶段，许多组织都会创建所需特性的一个清单。但样做的意义不大，因为它没有解决软件如何满足业务过程的问题。为了解决这个问题，应该使用过程流程图和 KPIM 来确定过程流程的优先级，并确定为最关键的业务过程提供支持的是哪些特性。应该使用一个组织结构图来确保与所有正确的人员讨论他们的过程流程。在与供应商的会谈中，可以使用最高优先级的过程流程，让供应商准确展示如何用他们的软件来满足这些过程和 KPI。可能还需要创建一个特性树，帮助自己快速总结被认为是最重要的特性。RMM 有助于保持特性按优先级排序。另外，要使用 BDD 来确保软件和业务需求的数据模型之间没有重大差异。数据字典可能用不上，因为既然是商业现货，那么一般并不需要对单独的字段进行大的改动。最后，应该使用一个生态系统图来确保对 COTS 系统需要支持的集成有一个很好的理解。供应商应该准备好解决模型和 COTS 系统之间的差异。

| | 目标 | 业务目标模型 | 目标链 | 关键绩效指标模型 (KPIM) | 特性树 | 需求映射矩阵 (RMM) | 人员 | 组织结构图 | 过程流程 | 用例 | 角色和权限矩阵 | 系统 | 生态系统图 | 系统流程 | UI 流程 | 显示-操作-响应 (DAT) 模型 | 决策表 | 决策树 | 系统接口表 | 数据 | 业务数据图 (BDD) | 数据流图 | 数据字典 | 状态表 | 状态图 | 报告表 |
|---|---|---|---|---|---|---|---|---|---|---|---|---|---|---|---|---|---|---|---|---|---|---|---|---|---|---|
| COTS 选择 | | M | M | L | L | L | | L | L | | | | L | | | | | | | | L | | M | | | |

- COTS 实现：在 COTS 项目的实现阶段，可能需要替换现有系统，但也可能需要安装一个全新的系统。如果用 COTS 系统来替换现有系统，同时不需要怎么定制，那么 KPIM 更好用，因为它有助于确保业务吞吐量保持在需要的水平。如果存在大量定制工作，那么有一些特性可以通过业务目标模型和目标链映射到业务目标。如果 COTS 系统不是用于取代现有系统，或者引入了大量新特性，就使用业务目标模型和目标链来定义业务目标及其与特性的关系，这对于特性优先级的确定非常关键。

组织结构图有助于确保兼顾现有的所有用户。过程流程确保这些用户的功能性需求得到理解。RMM 确保业务过程的所有需求都在新系统中得到实现。角色和权限矩阵也很有用，因为许多 COTS 系统允许配置开箱即用的角色，所以它有助于我们决定谁应该拥有这些角色，以及这些角色应该有什么权限。如果要将 COTS 系统部署在一个现有的生态系统中，那么生态系统图和系统流程也很重要，它们有助于我们确定各个集成点。BDD 和数据字典有助于确保现有系统或过程中使用的数据得到考虑，无论它是否会被转换为新的数据类型。大多数 COTS 软件都支持标准报告，因此报告表对于定义如何部署这些报告非常重要。可以通过用例来描述用户如何与 COTS 软件直接交互。DAR 模型也可能有用，可以用它为 UI 中每个可配置的元素创建表格，以帮助采集配置需求。

| | 目标 | 业务目标模型 | 目标链 | 关键绩效指标模型 (KPIM) | 特性树 | 需求映射矩阵 (RMM) | 人员 | 组织结构图 | 过程流程 | 用例 | 角色和权限矩阵 | 系统 | 生态系统图 | 系统流程 | UI 流程 | 显示-操作-响应 (DAT) 模型 | 决策表 | 决策树 | 系统接口表 | 数据 | 业务数据图 | 数据字典 | 状态表 | 状态图 | 报告表 |
|---|---|---|---|---|---|---|---|---|---|---|---|---|---|---|---|---|---|---|---|---|---|---|---|---|---|
| COTS 实现 | M | M | L | | L | | L | L | M | L | | L | L | | M | | | | | L | | L | | L | |

### 25.2.1.3 增强型项目

增强型项目通过为系统增加新特性，使现有系统发生重大变化。由于增强型项目的重点往往是新的特性，所以很重要的一点就是关注特性到业务目标的映射，以

减少镀金 ④。业务目标模型和目标链非常重要，因为这两种模型确保将解决方案的范围限制在适当的人、系统和数据上。RMM 将需求映射到其他用于控制范围的模型，从而延续可跟踪性。特性树则方便快速查看所有实现范围内的特性。

| | 目标 | 业务目标模型 | 目标链 | 关键绩效指标模型 (KPIM) | 特性树 | 需求映射矩阵 (RMM) | 人员 | 组织结构图 | 过程流程 | 用例 | 角色和权限矩阵 | 系统 | 生态系统图 | 系统流程 | UI 流程 | 显示 - 操作 - 响应 (DAT) 模型 | 决策表 | 决策树 | 系统接口图 | 数据 | 业务数据图 (BDD) | 数据流图 | 数据字典 | 状态表 | 状态图 | 报告表 |
|---|---|---|---|---|---|---|---|---|---|---|---|---|---|---|---|---|---|---|---|---|---|---|---|---|---|---|
| 增强型 | L | L | | | L | L | | | | | | | | | | | | | | | | | | | | |

由于是对一个现有的系统进行修改，所以数据模型一般不会发生变化。在这种情况下，BDD 是没有必要的。类似地，如果新特性不需要额外的集成，那么生态系统图也可能没有必要。

## 25.2.2 人员特征

以下项目特征与使用系统的用户有关。

### 25.2.2.1 具有广泛用户交互的系统

在具有广泛用户交互的系统中，会有大量用户进行多种类型的操作。首先要关注的是各种人员模型。通常，在严重由 UI 驱动的项目中，会用到过程流程。用例可能有助于进一步描述用户的交互。如果有数量有限的角色或用户类型，并且需要在 UI 上实现一个安全模型，就需要用到角色和权限矩阵。UI 流程和显示 - 操作 - 响应（DAR）模型是两种最重要的模型，因为它们描述了解决方案的可视化方面，而这个方面是过程流程和用例无法捕获的。过程流程中的每个步骤都可以链接到一个 DAR 模型，以所需的详细程度描述 UI 的样子。

---

④ 译注：镀金（gold plating）是一个项目管理术语，指项目团队主动增加额外的工作，但没有经过范围控制程序，造成时间不及和成本超支。

替换一个现有系统或者对一个过程进行自动化时，KPIM 或许能提供帮助，因为它加强了对最终用户的吞吐量和任务完成的关注。如果项目是对一个具有广泛用户界面的系统的增强，KPIM 是确保外观和感觉与当前软件保持一致的关键。

| | 目标 | 业务目标模型 | 目标链 | 关键绩效指标模型 (KPIM) | 特性树 | 需求映射矩阵 (RMM) | 人员 | 组织结构图 | 过程流程 | 用例 | 角色和权限矩阵 | 系统 | 生态系统图 | 系统流程 | UI 流程 | 显示 - 操作 - 响应 (DAT) 模型 | 决策表 | 决策树 | 系统接口一表 | 数据 | 业务数据图 (BDD) | 数据流图 | 数据字典 | 状态表 | 状态图 | 报告表 |
|---|---|---|---|---|---|---|---|---|---|---|---|---|---|---|---|---|---|---|---|---|---|---|---|---|---|---|
| 广泛的用户交互 | | | | | | | | | L | M | L | | | | L | L | | | | | | | | | | |

## 25.2.2.2 面向客户的系统

对于面向客户的系统（customer-facing system），其主要用户是位于实现该系统的那个组织外部的用户。通常也会有一些内部角色，例如管理角色，但大多数用户都来自组织外部。

| | 目标 | 业务目标模型 | 目标链 | 关键绩效指标模型 (KPIM) | 特性树 | 需求映射矩阵 (RMM) | 人员 | 组织结构图 | 过程流程 | 用例 | 角色和权限矩阵 | 系统 | 生态系统图 | 系统流程 | UI 流程 | 显示 - 操作 - 响应 (DAT) 模型 | 决策表 | 决策树 | 系统接口一表 | 数据 | 业务数据图 (BDD) | 数据流图 | 数据字典 | 状态表 | 状态图 | 报告表 |
|---|---|---|---|---|---|---|---|---|---|---|---|---|---|---|---|---|---|---|---|---|---|---|---|---|---|---|
| 面向客户 | | | | | | | | | M | M | M | | | | L | L | | | | | | | | | | |

由于用户在外部，所以组织结构图通常没什么帮助。角色和权限矩阵可以用来定义系统安全性所要求的权限类型。过程流程和用例对于描述客户如何使用该系统

可能很重要。UI 流程和 DAR 模型应该创建，以确保 UI 易于由外部用户导航和使用。即使没有非常多面向客户的屏幕，这一点也很重要。

### 25.2.2.3 业务过程自动化项目

这种项目在一个系统中完全或部分实现了业务的各种过程。要为这种项目使用 KPIM，因为它能度量现有手动过程的表现，以确保新系统保持或提高了 KPI。为了确保与所有执行过程的现有业务利益相关方进行交谈，手头有一张组织结构图是很重要的。过程流程可以用来记录现有的、要用新系统来执行的业务过程。用例有助于描述这些活动如何在系统中发生。另外，对未来状态进行描述的过程流程和用例可以说明系统应该如何运作，并为新的培训指南提供一个基础。

角色和权限矩阵对于建立一个安全模型可能很重要。为了描述过程中使用和操作的业务数据对象 / 字段，BDD 和数据字典是必须要有的。

| | 目标 | 业务目标模型 | 目标链 | 关键绩效指标模型 (KPIM) | 特性树 | 需求映射矩阵 (RMM) | 人员 | 组织结构图 | 过程流程 | 用例 | 角色和权限矩阵 | 系统 | 生态系统图 | 系统流程 | UI 流程 | 显示 - 操作 - 响应 (DAT) 模型 | 决策表 | 决策树 | 系统接口表 | 数据 | 业务数据图 (BDD) | 数据流图 | 数据字典 | 状态表 | 状态图 | 报告表 |
|---|---|---|---|---|---|---|---|---|---|---|---|---|---|---|---|---|---|---|---|---|---|---|---|---|---|---|
| 业务过程自动化 | | | | L | | | | L | L | M | M | | | | | | | | | | L | | L | | | |

### 25.2.2.4 工作流自动化项目

工作流（workflow）是一种特殊类型的业务过程，它非常强调信息在不同群组（group）之间的审批和路由。对工作流进行自动化的项目通常需要一个过程流程来描述工作流的上下文。这种项目通常要用一个 BDD 来显示在工作流中操作的业务数据对象。状态表和状态图有助于显示对象在工作流中的状态变化。通常，这种项目的安全需求涉及到谁能在工作流的不同步骤执行特定的特性，因此角色和权限矩阵很有帮助。

| | 目标 | 业务目标模型 | 目标链 | 关键绩效指标模型 (KPIM) | 特性树 | 需求映射矩阵 (RMM) | 人员 | 组织结构图 | 过程流程 | 用例 | 角色和权限矩阵 | 系统 | 生态系统图 | 系统流程 | UI流程 | 显示-操作-响应 (DAT) 模型 | 决策表 | 决策树 | 系统接口表 | 数据 | 业务数据图 (BDD) | 数据流图 | 数据字典 | 状态表 | 状态图 | 报告表 |
|---|---|---|---|---|---|---|---|---|---|---|---|---|---|---|---|---|---|---|---|---|---|---|---|---|---|---|
| 工作流自动化 | | | | | | | | | L | L | | | | | | | | | | | L | | | L | L | |

## 25.2.3 系统特征

以下项目特征与所开发系统的类型有关。

### 25.2.3.1 系统替换项目

系统替换项目（system replacement project）是用一个定制系统或 COTS（商业现货）系统来替换一个过时的解决方案。一个现有的系统被替换时，业务目标通常与改善吞吐量、提高性能、减少许可费或降低维护成本等目标（goals）有关。这些目标通常不是通过实现特定的新特性来实现的。即使有新特性，整体表现也只需与遗留系统持平。业务目标模型和目标链没有太大用处，因为它们的目的是将特性的价值（例如，投资回报）映射到业务目标。和将其价值向上追溯到业务目标的项目不同，对现有系统进行转换的项目应该为业务过程使用 KPIM 来确定需求和业务规则的优先级。至少，新的解决方案必须将 KPI 维持在当前水平。这很正常，因为转换到一个新的解决方案后，整体效率不应该下降。

KPIM 是最关键的模型之一，因为它能帮助分析师向业务利益相关方证明，即使新系统的行为不同，业务结果也会相同或更好。对现有系统进行转换时，一个常见的挑战在于，新软件可能会导致一个群组的 KPI 降低，而另一个群组的 KPI 得以提升。即使总体的吞吐量和业务价值是正面的，但受到负面影响的群组可能不会批准该系统，除非他们理解了自己受到的负面影响是在业务发生了总体改善的背景下产生的。应该使用 KPIM 向业务利益相关方保证，新系统虽然不一样，但仍然能让他们完成工作。

| 系统替换 | 目标 | 业务目标链 | 目标链 | 关键绩效指标模型 (KPIM) | 特性树 | 需求映射矩阵 (RMM) | 人员 | 组织结构图 | 过程流程 | 用例 | 角色和权限矩阵 | 系统 | 生态系统图 | 系统流程 | UI流程 | 显示 - 操作 - 响应 (DAT) 模型 | 决策表 | 决策树 | 系统接口表 | 数据 | 业务数据图 (BDD) | 数据流图 | 数据字典 | 状态表 | 状态图 | 报告表 |
|---|---|---|---|---|---|---|---|---|---|---|---|---|---|---|---|---|---|---|---|---|---|---|---|---|---|---|
| 系统替换 | | | L | L | L | | L | L | M | M | | L | M | M | M | | | | M | | L | M | L | | | L |

既然使用了 KPIM，过程流程自然少不了，需要将 KPIM 映射到它。组织结构图、生态系统图和 BDD 对系统替换项目也很有价值，因为它们有助于了解当前所有用户、可能需要替换的现有系统集成以及业务利益相关方所关心的全部数据。为了描述用户在现有系统中执行的活动，过程流程是必须的。报告表也有必要，因为现有系统几乎肯定有需要转换为新系统格式的报告。

### 25.2.3.2 实时和嵌入式系统

与大多数面向用户的系统相比，实时和嵌入式系统的用户界面明显更小或更原始。这种项目的目标可能是实现自动化或控制器系统。在实时和嵌入式系统中，系统流程是最主要的模型。如果实时系统与其他许多系统都有接口，那么生态系统图和系统接口表可能会有帮助。大多数人员模型都没有什么用，因为大部分工作都集中在系统内部的步骤上。实时系统和嵌入式系统一般有非常简单的数据模型，所以 BDD 和数据字典可能没有必要。虽然系统明显会处理数据，但它很可能是在一个技术层面上处理的，所以业务利益相关方并不关心数据本身的细节。状态表和状态图是常用的，因为这种类型的系统经常有复杂的状态变化来触发行为。

| | 目标 | 业务目标模型 | 目标链 | 关键绩效指标模型 (KPIM) | 特性树 | 需求映射矩阵 (RMM) | 人员 | 组织结构图 | 过程流程 | 用例 | 角色和权限矩阵 | 系统 | 生态系统图 | 系统流程 | UI 流程 | 显示 - 操作 - 响应 (DAT) 模型 | 决策表 | 决策树 | 系统接口表 | 数据 | 业务数据图 (BDD) | 数据流图 | 数据字典 | 状态表 | 状态图 | 报告表 |
|---|---|---|---|---|---|---|---|---|---|---|---|---|---|---|---|---|---|---|---|---|---|---|---|---|---|---|
| 实时和嵌入式系统 | | | | | | | | | | | | | M | L | | | | | M | | M | | | M | M | |

### 25.2.3.3 大型生态系统项目

在具有大型生态系统的项目中，存在许多现有的、需要相互之间交互的系统。先从生态系统图开始关注这些系统。可能需要系统接口表来描述系统之间的接口需求。确定业务数据对象以创建 BDD，然后使用数据流图（DFD）来显示系统间的数据流。数据字典是必须的，它用于描述数据的字段和规则。

| | 目标 | 业务目标模型 | 目标链 | 关键绩效指标模型 (KPIM) | 特性树 | 需求映射矩阵 (RMM) | 人员 | 组织结构图 | 过程流程 | 用例 | 角色和权限矩阵 | 系统 | 生态系统图 | 系统流程 | UI 流程 | 显示 - 操作 - 响应 (DAT) 模型 | 决策表 | 决策树 | 系统接口表 | 数据 | 业务数据图 (BDD) | 数据流图 | 数据字典 | 状态表 | 状态图 | 报告表 |
|---|---|---|---|---|---|---|---|---|---|---|---|---|---|---|---|---|---|---|---|---|---|---|---|---|---|---|
| 大型生态系统 | | | | | | | | | | | | | L | | | | | | M | | L | L | L | | | |

### 25.2.3.4 内部 IT 系统

内部 IT 系统是指所有（或大部分）用户都在组织内部的系统。这种系统被部署在一个组织的环境中。由于用户是内部的，所以肯定会用到组织结构图。过程流程也是必须的，因为它们定义了企业如何使用内部系统。角色和权限矩阵可用于描述用户的安全模型。生态系统图有助于显示系统如何与 IT 组织中的其他现有系统配合。如果接口的需求对业务利益相关方来说很重要，那么系统接口表也会有帮助。

| | 目标 | 业务目标模型 | 目标链 | 关键绩效指标模型 (KPIM) | 特性树 | 需求映射矩阵 (RMM) | 人员 | 组织结构图 | 过程流程 | 用例 | 角色和权限矩阵 | 系统 | 生态系统图 | 系统流程 | UI 流程 | 显示 - 操作 - 响应 (DAT) 模型 | 决策表 | 决策树 | 系统接口表 | 数据 | 业务数据图 (BDD) | 数据流图 | 数据字典 | 状态表 | 状态图 | 报告表 |
|---|---|---|---|---|---|---|---|---|---|---|---|---|---|---|---|---|---|---|---|---|---|---|---|---|---|---|
| 内部 IT | L | L | | | | | L | L | | | | L | | | | | | | | M | | | | | | |

### 25.2.3.5 硬件和软件

同时有硬件和软件组件需要实现的系统通常要考虑许多输入和输出。虽然人员和数据模型很重要，但系统模型对于具有这种特征的项目最关键。生态系统图显示了组件之间的关系，系统流程显示了硬件和软件之间的交互，系统接口表则描述了每个组件之间的输入和输出。记住，虽然这些模型与技术模型相似，但它们的目的是推导出需求——无论业务利益相关方需要的是什么。技术文档留给技术团队去做就可以了。

| | 目标 | 业务目标模型 | 目标链 | 关键绩效指标模型 (KPIM) | 特性树 | 需求映射矩阵 (RMM) | 人员 | 组织结构图 | 过程流程 | 用例 | 角色和权限矩阵 | 系统 | 生态系统图 | 系统流程 | UI 流程 | 显示 - 操作 - 响应 (DAT) 模型 | 决策表 | 决策树 | 系统接口表 | 数据 | 业务数据图 (BDD) | 数据流图 | 数据字典 | 状态表 | 状态图 | 报告表 |
|---|---|---|---|---|---|---|---|---|---|---|---|---|---|---|---|---|---|---|---|---|---|---|---|---|---|---|
| 硬件和软件 | | | | | | | | | | | | L | L | | | | | | | L | | | | | | |

### 25.2.3.6 通用软件

通用软件（packaged software）是包装好独立出售的软件。做这种软件的需求工作时，应大量使用人员和数据模型，几乎不怎么用到系统模型。过程流程和用例可以显示用户如何与软件交互。组织结构图没有什么用，因为每个环境的用户都不一样。特性树在做软件的"包装"时很有用。RMM 将需求映射到过程中的步骤，以帮助控制范围，排除那些预期不会为用户创造重大价值的附加特性。UI 流程和 DAR 模型对于用户界面的建模非常重要。

| | 目标 | 业务目标模型 | 目标链 | 关键绩效指标模型 (KPIM) | 特性树 | 需求映射矩阵 (RMM) | 人员 | 组织结构图 | 过程流程 | 用例 | 角色和权限矩阵 | 系统 | 生态系统图 | 系统流程 | UI 流程 | 显示 - 操作 - 响应 (DAT) 模型 | 决策表 | 决策树 | 系统接口表 | 数据 | 业务数据图 (BDD) | 数据数据流图 | 数据字典 | 状态表 | 状态图 | 报告表 |
|---|---|---|---|---|---|---|---|---|---|---|---|---|---|---|---|---|---|---|---|---|---|---|---|---|---|---|
| 通用软件 | | | | | L | L | | | L | M | | | | | L | L | | | | | | | | | | |

### 25.2.3.7 云实现项目

在云实现项目中，要实现一个云解决方案来解决一个业务问题。虽然项目是一个云实现，但这并不像其他特征那样影响需求模型的选择。例如，如果云实现是大型生态系统的一部分，那么生态系统图有助于显示解决方案的云部分如何与系统的其他部分交互，系统流程有助于描述系统步骤，而系统接口表可能是描述接口所必需的。组织结构图可能有助于确定用户，而角色和权限矩阵可以定义不同用户类型在云中的安全访问。过程流程可以描述用户如何与云交互。另外，状态模型通常是有用的，因为云实现经常要基于用户状态，例如登录、注销、在线或离线。

| | 目标 | | | | | 人员 | | | | 系统 | | | | | | | 数据 | | | | | |
| --- | --- | --- | --- | --- | --- | --- | --- | --- | --- | --- | --- | --- | --- | --- | --- | --- | --- | --- | --- | --- | --- | --- |
| | 业务目标模型 | 目标链 | 关键绩效指标模型 (KPIM) | 特性树 | 需求映射矩阵 (RMM) | 组织结构图 | 过程流程 | 用例 | 角色和权限矩阵 | 生态系统图 | 系统流程 | UI 流程 | 显示 - 操作 - 响应 (DAT) 模型 | 决策表 | 决策树 | 系统接口表 | 业务数据图 (BDD) | 数据流图 | 数据字典 | 状态表 | 状态图 | 报告表 |
| 云实现 | M | L | | | | L | L | | M | M | | | | | | | | | | | L | L |

## 25.2.3.8 Web 应用

Web 应用通过一个 Web 界面向用户公开特性并显示数据。由于 Web 应用要与一个后端服务器进行通信，所以虽然生态系统图有助于显示架构，但系统流程在描述这些交互时是最重要的。为了显示系统中存在的数据以及在服务器和客户端之间传递的数据，我们需要用到数据类型。因此，应该创建一个 BDD 和一个数据字典。UI 流程和 DAR 模型有助于构建 Web 界面，以确保它的可用性。

| | 目标 | | | | | 人员 | | | | 系统 | | | | | | | 数据 | | | | | |
| --- | --- | --- | --- | --- | --- | --- | --- | --- | --- | --- | --- | --- | --- | --- | --- | --- | --- | --- | --- | --- | --- | --- |
| | 业务目标模型 | 目标链 | 关键绩效指标模型 (KPIM) | 特性树 | 需求映射矩阵 (RMM) | 组织结构图 | 过程流程 | 用例 | 角色和权限矩阵 | 生态系统图 | 系统流程 | UI 流程 | 显示 - 操作 - 响应 (DAT) 模型 | 决策表 | 决策树 | 系统接口表 | 业务数据图 (BDD) | 数据流图 | 数据字典 | 状态表 | 状态图 | 报告表 |
| 网络应用 | | | | | | | | | | L | L | M | M | | | | L | | L | | | |

### 25.2.3.9 移动系统

具有移动能力的系统至少要部分部署在移动设备上。移动系统应该有准确描述用户如何与移动设备交互的用例，而且可以使用过程流程来描述用户想要用设备达到的目标。生态系统图和系统流程有助于显示移动系统和服务器之间的接口与交互。由于移动设备的屏幕尺寸有限，而且有时交互速度较慢，所以可用 UI 流程和 DAR 模型来确保移动设备上的屏幕可以设计得高效且易用性强。

| | 目标 | | | | | 人员 | | | | 系统 | | | | | | | 数据 | | | | | |
| --- | --- | --- | --- | --- | --- | --- | --- | --- | --- | --- | --- | --- | --- | --- | --- | --- | --- | --- | --- | --- | --- | --- |
| | 业务目标模型 | 目标链 | 关键绩效指标模型 (KPIM) | 特性树 | 需求映射矩阵 (RMM) | 组织结构图 | 过程流程 | 用例 | 角色和权限矩阵 | 生态系统图 | 系统流程 | UI流程 | 显示 - 操作 - 响应 (DAT) 模型 | 决策表 | 决策树 | 系统接口表 | 业务数据图 (BDD) | 数据流图 | 数据字典 | 状态表 | 状态图 | 报告表 |
| 移动应用 | | | | | | M | L | | | M | M | L | L | | | | | | | | | |

### 25.2.3.10 具有复杂决策逻辑的项目

具有复杂决策逻辑的项目会将决策过程自动化。这些项目通常有其他的特征来驱动模型的选择。应该使用决策表和决策树来模拟复杂逻辑。可能需要使用到状态表和状态图，因为许多决策都要基于系统的状态。

| | 目标 | | | | | 人员 | | | | 系统 | | | | | | | 数据 | | | | | |
| --- | --- | --- | --- | --- | --- | --- | --- | --- | --- | --- | --- | --- | --- | --- | --- | --- | --- | --- | --- | --- | --- | --- |
| | 业务目标模型 | 目标链 | 关键绩效指标模型 (KPIM) | 特性树 | 需求映射矩阵 (RMM) | 组织结构图 | 过程流程 | 用例 | 角色和权限矩阵 | 生态系统图 | 系统流程 | UI流程 | 显示 - 操作 - 响应 (DAT) 模型 | 决策表 | 决策树 | 系统接口表 | 业务数据图 (BDD) | 数据流图 | 数据字典 | 状态表 | 状态图 | 报告表 |
| 复杂决策逻辑 | | | | | | | | | | | | | | L | L | | | | | M | M | |

### 25.2.4 数据特征

以下项目特征与系统的数据需求有关。

#### 25.2.4.1 分析和报告组件

具有分析和报告组件的系统通常在商业智能（BI）中使用，以帮助人们根据大型数据集做出决策。事实上，这些项目可以通过其业务策略来进行识别——任何涉及获取信息以做出决策的项目都有大量的数据需求。

要用到大量数据的项目需要几个数据模型来准确记录需求。可以使用 BDD 来确定项目中涉及哪些类型的数据，使用 DFD 来描述数据流，使用数据字典来进一步描述数据。如果需要创建报告需求，那么报告表是必须的。

通常，对于一个纯粹的分析项目来说，过程流程和其他人员模型是完全不需要的。但要记住，报告表包含需要做出的决策。对于一个非常大的商业智能项目，为了确定报告的优先级，可能需要用过程流程来判断哪些报告为最重要的过程提供支持，并阐明需要做出的决策。另外，决策模型可能对分析项目有帮助。

| | 目标 | 业务目标模型 | 目标链 | 关键绩效指标模型 (KPIM) | 特性树 | 需求映射矩阵 (RMM) | 人员 | 组织结构图 | 过程流程 | 用例 | 角色和权限矩阵 | 系统 | 生态系统图 | 系统流程 | UI 流程 | 显示 - 操作 - 响应 (DAT) 模型 | 决策表 | 决策树 | 系统接口表 | 数据 | 业务数据图 (BDD) | 数据流图 | 数据字典 | 状态表 | 状态图 | 报告表 |
|---|---|---|---|---|---|---|---|---|---|---|---|---|---|---|---|---|---|---|---|---|---|---|---|---|---|---|
| 分析和报告 | | | | | | | | | M | | | | | | | | M | M | | | L | L | L | | | L |

#### 25.2.4.2 数据库后端组件

许多项目都有一个数据库后端组件，系统使用的数据直接存储在系统中。对于这种项目，需要在 BDD 中确定所有业务数据对象，并在 DFD 中定义它们在过程、系统和存储组件之间的流动。还应该在数据字典中定义实际的字段级细节。记住，不需要记录数据库模式（database schema）或者数据库服务器的物理架构。相反，重点是记录业务利益相关方对数据的看法。

| | 目标 | 业务目标模型 | 目标链 | 关键绩效指标模型 (KPIM) | 特性树 | 需求映射矩阵 (RMM) | 人员 | 组织结构图 | 过程流程 | 用例 | 角色和权限矩阵 | 系统 | 生态系统图 | 系统流程 | UI 流程 | 显示 - 操作 - 响应 (DAT) 模型 | 决策表 | 决策树 | 系统接口表 | 数据 | 业务数据图 (BDD) | 数据流图 | 数据字典 | 状态表 | 状态图 | 报告表 |
|---|---|---|---|---|---|---|---|---|---|---|---|---|---|---|---|---|---|---|---|---|---|---|---|---|---|---|
| 数据库后端组件 | | | | | | | | | | | | | | | | | | | | | L | L | L | | | |

## 25.2.4.3 数据仓库组件

涉及大量数据的系统包含许多业务数据对象，并在系统之间传递大量数据。可能会用到许多非数据模型，但首先关注的应该是数据。通过识别业务数据对象来创建 BDD，再完成 DFD。可以创建数据字典提供更多关于数据需求的细节。

| | 目标 | 业务目标模型 | 目标链 | 关键绩效指标模型 (KPIM) | 特性树 | 需求映射矩阵 (RMM) | 人员 | 组织结构图 | 过程流程 | 用例 | 角色和权限矩阵 | 系统 | 生态系统图 | 系统流程 | UI 流程 | 显示 - 操作 - 响应 (DAT) 模型 | 决策表 | 决策树 | 系统接口表 | 数据 | 业务数据图 (BDD) | 数据流图 | 数据字典 | 状态表 | 状态图 | 报告表 |
|---|---|---|---|---|---|---|---|---|---|---|---|---|---|---|---|---|---|---|---|---|---|---|---|---|---|---|
| 数据仓库 | | | | | | | | | | | | | | | | | | | | | L | L | L | | | |

### 25.2.5 示例项目

一个现有的金融服务系统将被一个高度定制的 COTS 产品所取代，该产品将与其他几个现有系统集成。系统每天将由数十万客户使用。团队与几个部门合作，帮助几个地区过渡到新系统。大部分特性都会保留。图 25-2 展示了这个项目的特征以及最有用的模型。

| | 目标 | 业务目标模型 | 目标链 | 关键绩效指标模型 (KPIM) | 特性树 | 需求映射矩阵 (RMM) | 人员 | 组织结构图 | 过程流程 | 用例 | 角色和权限矩阵 | 系统 | 生态系统图 | 系统流程 | UI 流程 | 显示 - 操作 - 响应 (DAT) 模型 | 决策表 | 决策树 | 系统接口表 | 数据 | 业务数据图 (BDD) | 数据流图 | 数据字典 | 状态表 | 状态图 | 报告表 |
|---|---|---|---|---|---|---|---|---|---|---|---|---|---|---|---|---|---|---|---|---|---|---|---|---|---|---|
| COTS 实现 | | M | M | L | | L | | L | L | M | | | L | L | | M | | | | | L | | L | | | L |
| 广泛的用户交互 | | | | | | | | L | M | L | | | | | L | L | | | | | | | | | | |
| 面向客户 | | | | | | | | | M | M | M | | | | L | L | | | | | | | | | | |
| 系统替换 | | L | L | L | | | | L | L | M | M | | L | M | M | | | | M | | L | M | L | | | L |
| 大型生态系统 | | | | | | | | | | | | | L | | | | | | M | | L | L | L | | | |
| 数据库后端组件 | | | | | | | | | | | | | | | | | | | | | L | L | L | | | |
| 为此场景选择的模型 | | x | x | x | x | x | | x | x | x | | | x | x | x | x | | | | | x | x | x | | | x |

**图 25-2 金融服务项目的模型**

另一个项目是为移动设备开发单人游戏。图 25-3 展示了这个项目的特征以及最有用的模型。

最后一个项目是选择和实现 COTS 软件来管理贷款审批过程。图 25-4 展示了这个项目的特征以及最有用的模型。

| | 目标 | 业务目标模型 | 目标链 | 关键绩效指标模型 (KPIM) | 特性树 | 需求映射矩阵 (RMM) | 人员 | 组织结构图 | 过程流程 | 用例 | 角色和权限矩阵 | 系统 | 生态系统图 | 系统流程 | UI 流程 | 显示 - 操作 - 响应 (DAT) 模型 | 决策表 | 决策树 | 系统接口表 | 数据 | 业务数据图 (BDD) | 数据流图 | 数据字典 | 状态表 | 状态图 | 报告表 |
|---|---|---|---|---|---|---|---|---|---|---|---|---|---|---|---|---|---|---|---|---|---|---|---|---|---|---|
| 面向客户 | | | | | | | | M | M | M | | | | | L | L | | | | | | | | | | |
| 移动应用 | | | | | | | | M | L | | | | M | M | L | L | | | | | | | | | | |
| 复杂决策逻辑 | | | | | | | | | | | | | | | | | L | L | | | | | | M | M | |
| 为此场景选择的模型 | | | | | | | | x | x | | | | x | x | x | x | | | | | | | | | x | |

图 25-3　手机游戏项目的模型

| | 目标 | 业务目标模型 | 目标链 | 关键绩效指标模型 (KPIM) | 特性树 | 需求映射矩阵 (RMM) | 人员 | 组织结构图 | 过程流程 | 用例 | 角色和权限矩阵 | 系统 | 生态系统图 | 系统流程 | UI 流程 | 显示 - 操作 - 响应 (DAT) 模型 | 决策表 | 决策树 | 系统接口表 | 数据 | 业务数据图 (BDD) | 数据流图 | 数据字典 | 状态表 | 状态图 | 报告表 |
|---|---|---|---|---|---|---|---|---|---|---|---|---|---|---|---|---|---|---|---|---|---|---|---|---|---|---|
| COTS 选择 | | M | M | L | L | L | | L | L | | | | L | | | | | | | | L | M | | | | |
| COTS 实现 | | M | M | L | | L | | L | L | M | L | | L | L | | M | | | | | L | L | | | | L |
| 工作流自动化 | | | | | | | | L | | | L | | | | | | | | | | L | | | L | L | |
| 复杂决策逻辑 | | | | | | | | | | | | | | | | | L | L | | | | | | M | M | |
| 为此场景选择的模型 | | x | x | x | x | x | | x | x | | x | | x | x | | | x | x | | | x | x | x | x | x | |

图 25-4　贷款审批项目的模型

## 25.3 考虑受众

选择模型时，要考虑到它们的受众。所有 RML 模型都被设计成可由所有受众理解和使用。然而，在要求某人审查或使用模型时，仍然应该选择最适合他们的模型。

如果要求一名副总（VP）审查非常详尽的模型，那么很有可能会占用对方宝贵的时间。反之，如果为开发人员和测试人员创建的只有非常高级的模型，那么无法为他们提供足够的信息来完成其工作。

你可能发现，业务利益相关方很难告诉你所有需要的系统及其集成，而架构师可能不熟悉业务过程或者产品经理具体是如何引导用户如何使用系统的。

无论是谁创建、审查和使用这些模型，都应该确保开发团队了解你所创建的整套模型和需求。链接到需求的模型能提供许多额外的信息，而不仅仅是为要开发的需求提供一个核对清单。虽然模型代表了一种信息组织和呈现方式，但仍有必要与所有利益相关方进行口头交流，以确保他们理解这些材料。在不与技术团队讨论的情况下就把模型交给他们，这只能导致失败，你将永远无法用模型来捕获到哪怕是一丝丝的信息。

表 25-2 描述了最常见的利益相关方受众。能为模型的创建直接提供帮助的利益相关方类型用 C 标记（C 代表 Create），那些更有可能只是审查你给他们的东西的利益相关方用 R 标记（R 代表 Review），而那些可能根本不会用到它的利益相关方留空。分析师没有在这张表格中列出，因为我们假定他将帮助创建和审查所有模型。

表 25-2 按受众类型划分的模型使用情况

| 模型 | 业务 | 技术 | 高管 |
| --- | --- | --- | --- |
| 目标模型 | | | |
| 业务目标模型 | C | R | C |
| 目标链 | C | R | R |
| 关键绩效指标模型（KPIM） | C | R | R |
| 特性树 | C | R | R |
| 需求映射矩阵（RMM） | R | R | |

（续表）

| 模型 | 业务 | 技术 | 高管 |
|---|---|---|---|
| 人员模型 | | | |
| 组织结构图 | C | C | R |
| 过程流程 | C | C | R |
| 用例 | C | R | |
| 角色和权限矩阵 | C | R | |
| 系统模型 | | | |
| 生态系统图 | R | C | R |
| 系统流程 | R | C | |
| UI 流程 | C | C | |
| 显示 - 操作 - 响应（DAR）模型 | C | R | |
| 决策表 | C | R | |
| 决策树 | C | R | |
| 系统接口表 | C | C | |
| 数据模型 | | | |
| 业务数据图（BDD） | C | R | |
| 数据流图（DFD） | R | C | |
| 数据字典 | C | C | |
| 状态表 | C | C | |
| 状态图 | C | C | |
| 报告表 | C | C | |

## 25.4 定制模型

选择需求模型时，有时因为结构不适合，所以无法容纳你想表示的信息。在这种情况下，可能需要根据项目的具体需要，对一些模型的结构做小的调整。每个需求模型其实都有足够的灵活性，其组成部分可以根据项目的具体需要进行定制。

　　经常要做的定制是对特定类型的元素进行彩色标注，或者添加新元素，例如在数据字典中新增字段，或者在一个过程流程中添加来自"业务过程模型和符号"（business process model and notation，BPMN）的一种特殊形状。

　　平时应该避免修改模型，除非不得不传达模型通常不会包含的额外信息。如果确实需要修改，请确保未受过训练的用户仍然可以轻松地看懂和使用它。如果必须修改一个模型，那么定制工作应该在项目开始前进行，而不要在需求过程期间进行，这样能减少返工量，并避免需求文档出现不一致。经常发生的一种情况是，刚开始可能没有意识到一个模型需要修改——直到已经完成了大量的工作。在这种情况下，必须自行判断并决定是否有必要回去修改之前的工作。

---

**练习**

　　以下练习是为了帮助你更好地理解如何使用本章提供的信息。练习是开放式的，因此你的答案可能与我们提供的答案大不相同。可能存在许多正确的解决方案。在答案中，我们对如何得出解决方案进行了解释。在看答案之前，可以先尝试自己做一下，这样练习的收获最大。练习答案可以在附录 C 中找到。

**说明**

　　确定项目的特征，为下面描述的场景选择合适的模型。

**场景**

　　项目要推出一个全新的网店（eStore）来销售火烈鸟和其他草坪摆件，你必须记录所有需求。目前只能通过电话接单，并由销售代表手动输入到订单系统。你预计每天会有成千上万的客户访问网站。你知道会有服务器将产品目录数据推送到网站，并将订单发送给订单履行部门。

　　随着对高级特性的探索，你还了解到网店的订单会有各种状态，包括"新订单"（New）、"已收货"（Received）、"已打包"（Packaged）、"已出账单"（Billed）、"已发货"（Shipped）和"已退货"（Returned）。Wide World Importers 总裁希望查看报告，以了解销量、库存量和按月库存成本等指标。另外，培训团队希望确保从客户到达网站一直到结账后收到订单确认，整个过程都有完善的文档来加以说明。

# 第 26 章 模型的综合运用

▶ 场景：跨科学融合与助攻

上高中的时候，我们通过不同的课程来学习科学、数学、语言、音乐和社会学。每门课针对一个特定的学科领域，我们将该领域的知识与其他领域分开学习。然而，随着学习的进步，我们了解到许多领域是跨学科的。例如，数学会在很大程度上影响着物理化和等学科，而每门学科又相互影响。物理帮助我们更好地理解化学，而化学帮助我们更好地理解生物。我们在每个领域掌握的技术和信息，都有助于增强我们对其他许多学科领域的理解。■

为一个项目选择并创建了模型之后，下一步就是利用这些模型来实现相互促进——对于我们这种基于模型的方法来说，这是从中挖掘出最大潜力的真正关键。本章旨在帮助你理解将模型综合起来运用的基础知识。可能需要经年的实践，才能轻松地综合运用不同的模型。但是，这个过程是值得的，因为它能帮助你创建一个更有价值、更有针对性、更有用的解决方案。

## 26.1 多个不同的视图

不存在一种万能的需求模型包含了充分描述业务需求所需的全部信息。在任何一个单独的模型中，只可以表示信息的一个子集。因此，为了充分建模需求，多个需求模型是必要的。

作为一个示意，下面来考虑得州地图的几种类型。一个显示了到整个州的酒庄的驾驶路线，另一个显示了年均降水量。事实上，如果考虑到显示县、地质信息、天气趋势、投票区和学区等内容的地图，得州还有其他许多类型的地图。没有一个单独的地图能够显示关于该州全部可能的信息。事实上，如果一个地图试图显示所有这些信息，那么根本不具可用性。每种可视化表示都有不同的目的，用户根据需要选择用不同的视图来查看得州。如果想去科霍葡萄园，那么降雨量地图就没有用，但是去酒庄的一个行车路线图就很完美了！

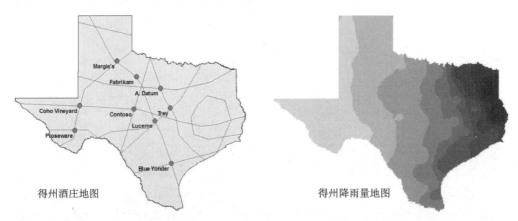

得州酒庄地图　　　　　　　　　　　　　　得州降雨量地图

　　和地图一样，没有一个单独的需求模型可以一直使用或单独使用。了解全套RML模型并根据需要选择适当的模型是很重要的。

## 26.2　使用多个模型

　　要记住的一个关键概念是，所有模型都设计成相互配合使用。每个模型都展示了一种特定类型的信息，需要配合使用多个模型，向业务和技术团队传送理解解决方案所需的全部信息。

　　考虑下面这个场景：某公司引进了一个培训组织，负责对公司的分析师进行用例培训。培训组织将用例作为分析软件解决方案的银弹①。分析师们试图创建用例作为唯一的模型来代替传统的文本形式的需求陈述。由于这些用例是需求的唯一记录，所以每个用例最终都达到了30~40页的长度，几乎不可能使用。这造成了灾难性的后果。现在，用例被禁止在该组织中使用，因为它们的独家使用导致了糟糕的结果。相反，RML用例模型的目的是描述用户试图用系统完成什么，而不是对解决方案的每个业

---

① 译注："银弹"的说法来自人狼传说。"人狼"用一般的枪弹不起作用，普通子弹伤不到，也打不死它，只有一种用银子做成的特殊子弹才能把它杀死。但在软件工程中，并不存在一种万能的终极杀伤性武器，只有综合运用各种方法，才是王道。

务规则和每个方面进行建模。除了用例，团队还应该使用其他许多模型来采集需求。

我们的所有 RML 模型都使用了最简单的术语，并且是专门为需求信息的建模而设计的。由于所有模型在显示的信息方面都有局限性，所以在任何项目中都必须综合运用多个模型来描绘全景。使用多个互补的模型，可以使团队对解决方案有更深入的了解，因为一个模型可能提供另一个模型所缺少的信息。另外，每个模型也可以用来寻找其他模型中缺失的信息。

考虑另一个示例：某个项目需要替换一个现有的保险审核（insurance underwriting，也称为核保）系统。老系统需要很长的时间来配置，而企业想尽快推出新的保险产品。企业已经采购了一个新系统，并发现了新系统在特性上的不足。在这个对特性进行增强的项目中，他们想要确定不同需求的优先级，对新采购的系统进行查漏补缺。

团队与新系统的供应商合作，帮助开发需求模型，以确保新系统满足所有业务利益相关方的需求。团队从过程流程开始，记录现有的业务过程。过程流程中的每个步骤都有相应的功能性需求和业务规则。这些进而形成了一个全面的数据字典，记录了系统的数据需求。然后，这些模型和需求被结合起来创建线框图和 DAR 模型，以直观地表示新系统中的增强特性最终会是什么样子。综合运用这些模型，确保了对增强特性的正确记录，使业务利益相关方理解新系统的样子，也使开发团队能正确构建它。

## 26.3 需求架构

建筑师使用多种表现形式来传达关于一个项目的不同类型的信息。每个视图都能帮助规划者和建设者对其他视图做出更好的决定。其中，场地规划或方案设计可能列出建筑物之间的相对位置和景观特征。对于建筑物的内部设计，有电气图、门窗图、管道图、平面图和其他许多类型的图纸。最后，建筑师可能会做一个 3D 模型，帮助客户直观地体验效果。每种图都有一个特定的目的；取决于项目的类型，有些图可能以不同的方式使用，有些则根本不会用到。

需求架构（requirement architecture）是指需求信息的一种组织方式，包括需求的结构是什么、模型与模型的关系以及模型与需求的关系。本章重点关注的是需求模型之间的关系。有了一个完善的需求架构后，分析师团队对他们如何创建需求就有了一个共同的理解，从而使所有需求工件具有一致性和完整性。好的需求架构有助于确保以下几点。

- 所有需要的模型在项目期间中都被考虑和创建。
- 根据项目的复杂性来使用适当数量的模型。
- 以一致的方式跨越不同的模型来进行工作。
- 对需求进行映射，以确定它们是完整和必要的。
- 需求工件相互补充，且具有小的冗余度。
- 分析师可以及早计划他们的方法，而不必在项目中花时间决定如何组织信息。
- 可以正确估计需求工作量。

一个糟糕的（或不存在的）需求架构会导致以下问题：

- 可跟踪性（traceability）很差或者未使用，导致缺乏对特性进行优先排序的能力。
- 需求不能被重复使用。
- 对需求的评审基于错误的信息。
- 多名分析师采用的方法不一致，导致业务和技术利益相关方对期望的东西感到困惑。
- 团队无法预测、计划和估计完成需求所需的工作量。
- 需求背后的原因没有被很好地理解，或者不容易找到。

## 26.3.1 模型之间的关系

我们应该创建一个需求架构，显示所有认为将在项目中使用的模型及其相互关系。以后随时都可以在这个架构中增加东西，甚至改变其中的关系。但是，在已经创建了很多工件之后，再这样做只会越来越麻烦。图 26-1 展示了需求架构的一个示意，其中包括所有 RML 模型。

除了这里指定的关系，可能还存在其他关系。但是，我们选择包括最常见的关系。你的需求架构可以更简单，因为那些不打算创建的模型可以去掉。在需求架构中包括的这些关系以后将用来相互引用模型和确保模型的完整性。例如，如果想从报告表中引用业务目标，那么应该在需求架构中包含一个从业务目标模型到报告表的链接。另外，如果想确保数据字典涵盖了所有业务数据对象，那么在需求架构中，应该把它链接到业务数据图。

需求架构并非只能包含模型。例如，还可以考虑在其中包含功能性需求、业务规则、测试用例、屏幕或模型元素（例如过程流程中的步骤）。

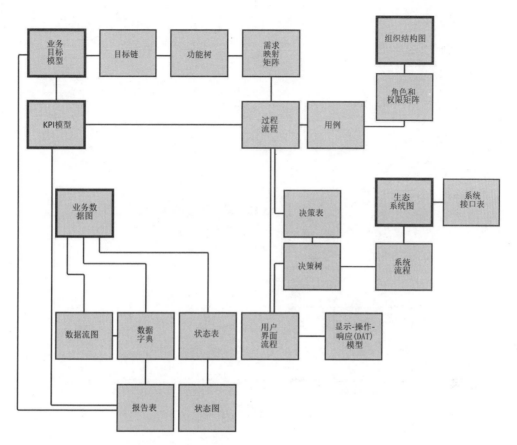

**图 26-1 包含所有 RML 模型的需求架构**

　　为项目创建一个需求架构时，建议把它绘制成图并与业务和技术团队共享，这样他们就能理解所有模型以及它们是如何结合在一起的。可以考虑只向一个特定团队展示完整架构的一部分，使其将注意力集中和他们相关的内容上。例如，图 26-2 为企业采购的一个可配置系统绘制了项目的需求架构。

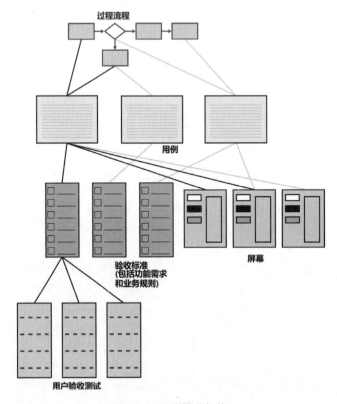

图 26-2 示例需求架构

## 26.3.2 工件的创建和存储位置

最后，需要考虑在哪里创建和存储需求架构的所有组件。例如，你可能决定在需求管理工具中创建过程流程以及显示 - 操作 - 响应（DAR）模型的示例屏幕，在 Microsoft Visio 中创建决策树和生态系统图，在 Microsoft Excel 中创建状态表和决策表。此外，你可能决定，如果模型不能直接用工具来创建，那么所有工件都以图像形式存储在需求管理工具中，模型的源文件存储在 Microsoft SharePoint 源代码控制系统中，并提供一个从工具到文件位置的链接。

## 26.4 模型计划

一旦确定了项目需要哪些模型，需要开始充实细节的时候（参见第 25 章，了解具体如何为项目选择模型），就拟定一个计划来展示后续工作将如何通过一个又一个的模型来开展。这有助于业务利益相关方理解他们在每一步的参与如何为需求的最终完善做出贡献。图 26-3 展示了一个示例计划。

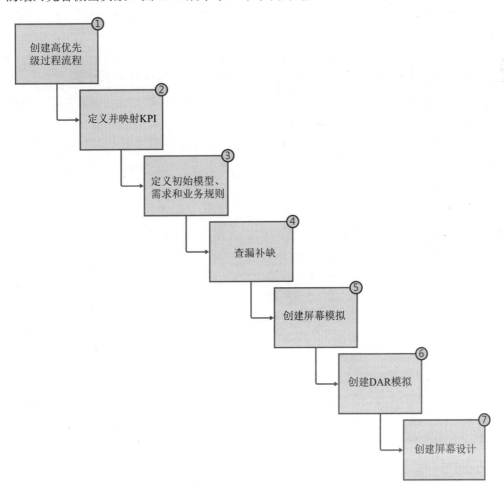

图 26-3 示例模型计划

## 26.5 关联不同模型

开始将模型相互关联起来时，就会意识到模型的真正潜力。只要将不同模型相互关联起来，才有可能确保模型是完整的。许多模型互为借鉴，将一组信息带到下一个细节等级。有的模型提供了一个清单，可以从中选择信息来填充另一个模型。例如，需求映射矩阵、报告表和业务数据图可以提供要由角色和权限矩阵来限制的特性或数据的一个清单，而组织结构图可供确定有权访问信息的角色。

如图 26-4 所示，我们在数百个项目中使用本书描述的模型，发现了它们之间最有用的关系。为了使这个表格更有用，我们省去了许多只是理论上存在，但在实际项目中几乎不会出现的关系。相反，我们将重点放在项目中似乎最常出现的关系上。看这张表时，注意每一行的模型，看看它会影响哪些模型。或者，在需要创建一个模型的时候，请在某一列中找到该模型，然后向下看哪些模型会影响它，从而帮助自己完成这个模型。注意，这个表格只显示了一层关系，而你的项目可能存在多层关系。换言之，其中一个模型与另一个模型相关，而后者又与另一个模型相关。

表 26-1 到表 26-22 总结了如何借助一个模型的信息来改进另一个模型。这个列表并不详尽；随着你越来越熟练地综合运用各种模型，会发现一些可能不经常出现但仍然有用的关系。

图 26-4 中行表示"造成影响的模型"，列表示"受到影响的模型"。对角线为灰色（模型自身）。

| 造成影响的模型 ＼ 受到影响的模型 | 业务目标模型 | 目标链 | 关键绩效指标模型 | 特性树 | 需求映射矩阵 | 组织结构图 | 过程流程 | 用例 | 角色和权限矩阵 | 生态系统图 | 系统流程 | UI流程 | 显示-操作-响应（DAR）模型 | 决策表 | 决策树 | 系统接口表 | 业务数据图 | 数据流图 | 数据字典 | 状态表 | 状态图 | 报告表 |
|---|---|---|---|---|---|---|---|---|---|---|---|---|---|---|---|---|---|---|---|---|---|---|
| 业务目标模型 |  | X | X | X | X | X | X |  |  |  |  |  |  |  |  |  |  |  |  |  |  | X |
| 目标链 | X |  | X | X | X | X |  |  |  |  |  |  |  |  |  |  |  |  |  |  |  | X |
| 关键绩效指标模型 |  | X |  |  | X |  |  |  |  |  |  |  |  | X |  |  |  |  |  |  |  | X |
| 特性树 | X | X |  |  |  | X | X | X |  |  | X |  |  |  |  |  | X |  |  | X |  |  |
| 需求映射矩阵 |  |  |  | X |  | X | X | X |  |  | X |  |  |  |  |  | X |  |  | X |  |  |
| 组织结构图 | X |  |  |  |  |  | X | X | X |  |  |  |  |  |  |  |  | X |  |  |  |  |
| 过程流程 |  | X |  | X |  | X |  | X | X | X | X | X | X | X | X |  | X |  |  | X | X | X |
| 用例 |  |  |  | X |  | X |  |  | X | X | X | X | X |  |  |  |  |  |  | X | X | X |
| 角色和权限矩阵 |  |  |  |  |  |  |  |  |  |  |  |  |  |  |  |  |  |  |  |  |  |  |
| 生态系统图 |  |  |  | X |  | X | X |  |  |  | X |  |  |  |  |  | X | X |  |  |  |  |
| 系统流程 |  |  |  |  |  | X | X |  |  | X |  |  | X | X | X |  |  |  |  | X | X |  |
| UI流程 |  |  |  |  |  | X | X | X |  | X | X |  | X | X |  |  |  |  |  | X | X |  |
| 显示-操作-响应（DAR）模型 |  |  |  |  |  | X | X | X |  | X | X |  |  |  |  |  |  |  |  | X | X |  |
| 决策表 |  |  |  |  |  |  | X |  |  | X |  |  |  |  | X |  |  |  |  |  |  |  |
| 决策树 |  |  |  |  |  | X | X |  |  | X |  |  |  |  |  |  |  |  |  |  |  |  |
| 系统接口表 |  |  |  |  |  | X |  |  |  |  |  |  |  |  |  |  |  |  |  |  |  |  |
| 业务数据图 |  |  |  |  |  |  | X | X | X |  | X |  |  |  |  |  |  | X | X | X |  | X |
| 数据流图 |  |  |  |  |  |  | X | X |  | X | X |  |  |  |  |  |  |  |  |  |  |  |
| 数据字典 |  |  |  | X |  |  | X | X | X |  |  |  |  |  |  |  | X |  |  | X | X | X |
| 状态表 |  |  |  |  |  |  | X |  |  |  |  |  |  | X |  |  |  |  |  |  | X | X |
| 状态图 |  |  |  |  |  |  | X |  |  |  | X |  |  |  |  |  |  |  |  | X |  | X |
| 报告表 |  | X |  | X |  |  | X | X |  |  | X |  |  |  |  |  |  |  |  |  |  |  |

图 26-4　模型之间的关系

表 26-1　业务目标模型

| 模型 | 如何改进业务目标模型 |
|---|---|
| 目标链 | 如果发现没有映射到任何目标的特性，就表明可能发现了要在业务目标模型中增加的新目标 |
| 特性树 | 使用特性树将最高级别的特性映射到业务目标模型，以确保没有目标被遗漏 |
| 组织结构图 | 使用组织结构图来确保业务目标模型中的所有目标各自都有一名对应的执行高管。使用组织结构图来确定已理解了所有高管的业务目标 |

表 26-2 目标链

| 模型 | 如何改进目标链 |
|---|---|
| 业务目标模型 | 根据业务目标模型中的目标为目标链创建目标 |
| 关键绩效指标模型（KPIM） | 根据 KPIM 中的 KPI 来确定目标因素和目标方程 |
| 特性树 | 根据特性树中的特性来确保所有高级特性在目标链中都得到了考虑，并根据没有映射到目标的特性来发现任何缺失的目标。另外，特性树中没有映射到目标的特性也可能意味着需要删除 |
| 报告表 | 有的报告用于度量业务目标，检查报告表来确定这种报告的需求 |

表 26-3 关键绩效指标模型（KPIM）

| 模型 | 如何改进 KPIM |
|---|---|
| 业务目标模型 | 使用业务目标模型来确定哪些 KPI 具有最高的优先级。将相应的过程流程映射到业务目标模型，以确定与 KPIM 关联的过程流程的优先级 |
| 目标链 | 使用目标因素和目标方程在 KPIM 中确定 KPI |
| 过程流程 | KPIM 基于一个过程流程，所以要使用恰当的过程流程作为 KPIM 的基础 |

表 26-4 特性树

| 模型 | 如何改进特性树 |
|---|---|
| 业务目标模型 | 刚开始创建特性树的时候，很可能从业务目标模型中的高级特性开始。此外，如果特性树中的特性没有映射到业务目标，表明它们可能需要从范围中删除 |
| 目标链 | 目标链中的特性将被用来填充特性树 |
| 需求映射矩阵（RMM） | 一般会先创建 RMM，再用 RMM 中的特性来填充特性树。特性树在沟通特性方面非常有效，但不一定能用它发现缺失的特性 |
| 报告表 | 报告经常会成为特性树中的一个特定分支 |
| 生态系统图 | 使用生态系统图来确保有特性为系统间的数据交换提供支持，这种交换基于在生态系统图中确定的系统接口 |

表 26-5 需求映射矩阵（RMM）

| 模型 | 如何改进 RMM |
|---|---|
| 业务目标模型 | 使用业务目标模型对 RMM 中的特性进行优先级排序，为价值最高的特性分配最高的优先级 |

（续表）

| 模型 | 如何改进 RMM |
|---|---|
| 目标链 | 使用目标链对 RMM 中的特性进行优先级排序，为价值最高的特性分配最高的优先级 |
| KPIM | 使用 KPIM 对 RMM 中的特性进行优先级排序，为价值最高的特性分配最高的优先级 |
| 特性树 | 可以使用特性树来确保 RMM 已包含了所有特性。这通常发生在其他大部分工作尚未完成，但需要提前拟定一个特性清单来启动项目的时候 |
| 过程流程 | 过程流程是对 RMM 中的需求进行组织的主要模型。我们要将需求分配给过程流程中的每个步骤 |
| 用例 | 可以使用用例步骤作为 RMM 的组织者。每个需求都映射到一个用例步骤 |
| 系统流程 | 可以使用系统流程来组织需求。警惕那些没有业务规则或需求的系统流程步骤，它们可能意味着缺失的需求 |
| UI 流程 | UI 流程帮助识别一些需求，这些需求随后要放到 RMM 中。观察用户如何在屏幕之间过渡，或许就能发现对于"实现这些过渡"的需求 |
| 显示 - 操作 - 响应（DAR）模型 | DAR 是为 RMM 征询需求和业务规则的主要的模型之一。观察每个可视化元素，确定屏幕上的特性以及与每个字段关联的业务规则，从而确定要在 RMM 中反映的需求和业务规则 |
| 决策表 | 决策表提供了要在 RMM 中填充的业务规则 |
| 决策树 | 决策树提供了要在 RMM 中填充的业务规则 |
| 数据字典 | 来自数据字典的字段可以在 RMM 的业务规则中使用 |

表 26-6 组织结构图

| 模式 | 如何改进组织结构图 |
|---|---|
| 业务目标模型 | 使用业务目标模型，确保已确定并为每个业务目标分配了应负责的高管。如果一个目标的负责人（所有者，即 owner）不在组织结构图中，那么应将其加入其中 |
| 目标链 | 如果发现目标链中的一些步骤缺少负责人，就意味着组织结构图可能缺少关键的利益相关方 |
| RMM | 使用 RMM 来确保过程流程的每个步骤都有一名能在组织结构图中找到的负责人 |
| 角色和权限矩阵 | 在角色和权限矩阵中用于定义权限的每个角色都应出现在组织结构图中 |
| 过程流程 | 执行过程流程步骤的用户应该是组织结构图中的某个人 |

（续表）

| 模式 | 如何改进组织结构图 |
|------|------------------|
| 生态系统图 | 通过确定为每个系统负责的利益相关方，可以在组织结构图中确定额外的技术利益相关方 |
| 系统流程 | 通过确定为每个系统流程负责的利益相关方，可以在组织结构图中确定额外的利益相关方 |
| 决策表 | 通过确定做出每个决策的用户，可以在组织结构图中确定额外的个人 |
| 决策树 | 通过确定做出每个决策的用户，可以在组织结构图中确定额外的个人 |
| 系统接口表 | 通过确定每个系统接口表的负责人，可以确定新的利益相关方，尤其是技术利益相关方。 |
| 数据字典 | 通过确定创建、更新、使用、删除、复制和移动数据的用户，可以在组织结构图中确定额外的个人 |
| 报告表 | 将报告和报告要求映射到负责人，可以确保已经和所有负责人都交谈过 |

表 26-7 过程流程

| 模型 | 如何改进过程流程 |
|------|------------------|
| 业务目标模型 | 项目的问题、目标和产品概念有助于确定应在范围中包含哪些 L1 过程流程和步骤 |
| 特性树 | 在过程流程的步骤中，应该使用了特性树中的特性。如若不然，表明过程流程可能缺失了步骤 |
| RMM | 如果在 RMM 中发现没有映射到过程流程的需求，就表明可能缺失了过程流程或者过程步骤 |
| 组织结构图 | 确保每个过程流程都分配了一名能在组织结构图中找到的负责人。这有助于保证与每个群组的代表都进行了交谈。创建用户到过程流程的映射，确保为每个过程步骤都分配了一名负责人 |
| 用例 | 用例描述了用户与系统之间如何交互来执行他们的任务，我们根据这些信息来进一步定义 L2 或 L3 过程流程步骤 |
| 角色和权限矩阵 | 角色和权限矩阵中的操作应在过程流程中找到对应之处 |
| 生态系统图 | 在和利益相关方会谈时，要拿出生态系统图，询问他们如何使用各种不同的系统来执行其业务过程。生态系统图能唤起利益相关方的记忆，提醒他们注意跨越了多个系统的过程 |
| 系统流程 | 系统流程标识了要由系统自动执行的过程。通过确定系统流程如何设置、启动和触发来自用户的响应，有助于我们发现遗漏的过程 |

（续表）

| 模型 | 如何改进过程流程 |
|---|---|
| 用户界面（UI）流程 | UI 流程可以帮助用户思考他们在现有或未来的应用程序中遇到各种屏幕时所经历的过程。陪同他们浏览 UI，以确定他们使用的业务过程 |
| DAR | 可以带领业务利益相关方依次浏览屏幕中的实际字段，以确定非常详细的过程流程。注意不要在过程流程中包括与 UI 元素的交互 |
| 决策表 | 可以用决策表来清理一个过程流程，将复杂的决策移出过程流程 |
| 决策树 | 可以用决策树来清理一个过程流程，将复杂的决策移出过程流程 |
| 业务数据图（BDD） | 所有数据只能创建、更新、使用、删除、移动或复制。基于这些动词，可以使用 BDD 来确保过程流程已经为最重要的业务数据对象涵盖了这些操作 |
| 数据流图（DFD） | DFD 中的过程由过程流程或者过程流程的一部分进行描述 |
| 数据字典 | 用数据字典来提供在过程流程中引用的字段 |
| 状态表 | 将状态表与过程流程进行匹配，以确保过程处理了状态表中的每一种状态 |
| 状态图 | 将状态图与过程流程进行匹配，以确保过程处理了状态图中的每一种状态 |
| 报告表 | 找到那些尚未映射到任何过程流程的报告，帮助自己发现缺失的过程流程 |

表 26-8 用例

| 模型 | 如何改进用例 |
|---|---|
| 业务目标模型 | 使用业务目标模型来完成用例的组织收益（organizational benefit）部分。业务目标模型也有助于用例的优先级排序 |
| 特性树 | 特性树有助于确定所需的用例，因为特性可能要通过用例来描述它们在解决方案中如何发挥作用 |
| RMM | 在 RMM 中寻找没有映射到过程流程或用例步骤的需求，以发现可能遗漏的用例或用例步骤 |
| 组织结构图 | 在组织结构图中核对利益相关方，确保在用例中为用户了使用正确的命名 |
| 过程流程 | 可用过程流程来确定在用例中需要描述额外交互细节的步骤。过程流程不包括系统响应，而用例包括 |
| BDD | 所有数据只能创建、更新、使用、删除、移动或复制。基于这些动词，可以使用 BDD 来确保用例已经为最重要的业务数据对象涵盖了这些操作 |
| DFD | DFD 中的过程可由用例描述 |

表 26-9 角色和权限矩阵

| 模型 | 如何改进角色和权限矩阵 |
| --- | --- |
| 特性树 | 需要为特性树中的特性分配角色和权限 |
| RMM | 使用 RMM 来确定需要限制访问的特性。通常有一些基于角色的安全性需求，它们应该转移到角色和权限矩阵中 |
| 组织结构图 | 使用组织结构图来确定角色和权限矩阵中的角色 |
| 过程流程 | 需要为过程流程分配角色和权限 |
| 用例 | 需要为用例分配角色和权限 |
| UI 流程 | 使用 UI 流程来确定需要在角色和权限矩阵中定义访问权限的屏幕 |
| DAR | 需要为单独的屏幕或者屏幕中的特定区域分配角色和权限 |
| BDD | 使用 BDD 来确定需要限制访问的业务数据对象 |
| 数据字典 | 使用数据字典来确定需要限制访问的属性（attribute） |
| 报告表 | 需要为报告分配相应的角色和权限 |

表 26-10 生态系统图

| 模型 | 如何改进生态系统图 |
| --- | --- |
| 过程流程 | 逐步检查过程流程，确定用户使用哪个系统来执行过程。这是在生态系统图中发现缺失系统的最佳方法之一 |
| BDD | 确定哪些系统包含了特定的数据，这有助于在生态系统图中发现缺失的系统 |
| 数据流图（DFD） | 检查每个需要处理数据的系统，确保所有系统都在生态系统图中列出 |

表 26-11 系统流程

| 模型 | 如何改进系统流程 |
| --- | --- |
| 特性树 | 特性树中的特性可能在系统流程的步骤中使用；如果没有，表明步骤系统流程可能缺失了步骤 |
| RMM | 如果发现某个系统自动数据处理需求没有映射到系统流程，那么表明可能存在缺失的系统流程或系统流步骤 |
| 过程流程 | 如果发现一个过程流程由系统而不是用户执行，那么通常意味着需要创建一个系统流程 |
| 用例 | 如果用例中存在许多连续的系统响应步骤，就表明可能需要创建一个系统流程 |

（续表）

| 模型 | 如何改进系统流程 |
|------|------------------|
| 生态系统图 | 生态系统图中系统之间的接口可能需要用系统流程来描述 |
| UI 流程 | 在 UI 流程中，经常会指定系统基于什么逻辑让用户从一个屏幕过渡到另一个屏幕。这通常会导致一个系统流程图 |
| DAR | DAR 模型经常会引用用户采取了某个行动后发生的复杂的系统流程 |
| 决策表 | 可以用决策表来清理一个系统流程，将复杂的决策移出系统流程 |
| 决策树 | 可以用决策树来清理一个系统流程，将复杂的决策移出系统流程 |
| 系统接口表 | 使用系统接口表来确定用于错误处理的系统流程 |
| DFD | DFD 中包含了操作数据的过程，这些过程可以表示为系统流程，或者表示成系统流程的一部分 |
| 状态表 | 将状态表与系统流程匹配，确保过程处理了状态表中列出的每一个状态 |
| 状态图 | 将状态图与系统流程匹配，确保过程处理了状态图中列出的每一个状态 |

表 26-12 UI 流程

| 模型 | 如何改进 UI 流程 |
|------|------------------|
| 用例 | 逐个检查用例，看看它们如何在 UI 流程中执行，这有助于发现 UI 流程中缺失的过渡或者在不同屏幕之间过渡时的可用性问题 |
| DAR | DAR 模型作为在 UI 流程中引用的屏幕使用。如果为一个屏幕准备了 DAR 模型，但这个屏幕不在 UI 流程中，那么可能应该添加它 |
| 过程流程 | 逐个检查过程流程，看看它们如何在 UI 流程中执行，这有助于发现 UI 流程中缺失的过渡或者在不同屏幕之间过渡时的可用性问题 |

表 26-13 DAR 模型

| 模型 | 如何改进 DAR 模型 |
|------|-------------------|
| 过程流程 | 过程流程可用于确保 DAR 模型包含正确执行过程流程所需的全部特性和业务规则 |
| 用例 | 用例可用于确保 DAR 模型包含正确执行过程流程所需的全部特性和业务规则 |
| UI 流程 | UI 流程显示了所有屏幕。可根据这张图来确保已经有了一套完整的 DAR 模型。在 UI 流程中，屏幕之间的过渡可能会在 DAR 中记录 |
| 状态表 | 将状态表与 DAR 匹配，有助于确定会影响系统显示和行为的所有前置条件 |

（续表）

| 模型 | 如何改进 DAR 模型 |
|------|------|
| 状态图 | 将状态图与 DAR 匹配，有助于确定会影响系统显示和行为的所有前置条件 |
| 报告表 | 如果报告表定义了存在高度交互的报告，那么可能需要创建相应的 DAR 模型 |

表 26-14 决策表

| 模型 | 如何改进决策表 |
|------|------|
| 过程流程 | 过程流程中的决策逻辑变得过于复杂时，通常需要创建决策表 |
| 用例 | 用例中的决策逻辑变得过于复杂时，通常需要创建决策表 |
| 系统流程 | 系统流程中的决策逻辑变得过于复杂时，通常需要创建决策表 |
| UI 流程 | UI 流程中的决策逻辑变得过于复杂时，通常需要创建决策表 |
| 决策树 | 决策树可以用来直接创建决策表 |

表 26-15 决策树

| 模型 | 如何改进决策树 |
|------|------|
| 过程流程 | 过程流程中的决策逻辑变得过于复杂时，通常需要创建决策树 |
| 用例 | 用例中的决策逻辑变得过于复杂时，通常需要创建决策树 |
| 系统流程 | 系统流程中的决策逻辑变得过于复杂时，通常需要创建决策树 |
| UI 流程 | UI 流程中的决策逻辑变得过于复杂时，通常需要创建决策树 |
| 决策表 | 决策表可以用来直接创建决策树 |

表 26-16 系统接口表

| 模型 | 如何改进系统接口表 |
|------|------|
| KPIM | 使用 KPIM 来了解活动的发生频率以及有多少人执行活动，这有助于推断系统接口表的数据量需求 |
| 生态系统图 | 我们主要用生态系统图来确定系统接口表中的接口清单 |
| 系统流程 | 系统接口表中的错误处理过程要用系统流程来描述 |
| BDD | 使用 BDD 来确定哪些业务数据对象可能需要通过系统接口来传输 |
| 数据字典 | 针对系统接口表中的目标和来源系统，数据字典提供了所有字段和业务数据对象的一个清单。数据字典还提供了业务规则和系统之间传输的数据量 |

表 26-17 业务数据图（BDD）

| 模型 | 如何改进 BDD |
| --- | --- |
| 特性树 | 在特性中经常会提到业务数据对象。特性树所提到的所有业务数据对象都应该在 BDD 中定义 |
| RMM | 在需求中经常会提到业务数据对象。RMM 所提到的所有业务数据对象都应该在 BDD 中定义 |
| 过程流 | 过程流程经常会引用业务数据对象。在这种情况下，可以核对 BDD，确定其中包含了这些业务数据对象 |
| 用例 | 用例经常会引用业务数据对象。在这种情况下，可以核对 BDD，确定其中包含了这些业务数据对象 |
| 生态系统图 | 在生态系统图中，系统之间的接口描述了跨越系统边界的业务数据对象。这些应该在 BDD 中 |
| 系统流程 | 系统流程经常会引用业务数据对象。在这种情况下，可以核对 BDD，确定其中包含了这些业务数据对象 |
| DAR | DAR 中的业务数据对象经常直接在 BDD 中使用 |
| 数据字典 | 如果发现没有和 BDD 中的一个对象关联的数据字典字段，可能意味着 BDD 中有缺失的对象 |

表 26-18 数据流图（DFD）

| 模型 | 如何改进 DFD |
| --- | --- |
| 组织结构图 | 使用组织结构图来帮助发现 DFD 中缺少的外部实体 |
| 生态系统图 | 观察业务数据对象如何在生态系统图所描述的系统之间流动，这将构成 DFD 的基础 |
| BDD | BDD 中的业务数据对象要在 DFD 中使用 |
| 数据字典 | 通常，单独的字段会发生转换，所以数据字典中的字段就是 DFD 中发生转换的数据 |

表 26-19 数据字典

| 模型 | 如何改进数据字典 |
| --- | --- |
| 特性树 | 特性经常会提及字段。特性树中的所有字段都应该在数据字典中 |
| RMM | 需求经常会提到字段。RMM 中的所有字段都应该在数据字典中 |
| 用例 | 用例步骤可以帮助我们确定执行步骤所需的数据字段 |

（续表）

| 模型 | 如何改进数据字典 |
|------|-----------------|
| DAR | DAR 中的几乎所有字段都需要在数据字典中列出。DAR 能很好地帮助我们发现缺失的字段 |
| 决策表 | 决策表使用了来自一个数据字典的数据。这可以帮助我们发现数据字典中缺失的关键数据 |
| 决策树 | 决策树使用了来自一个数据字典的数据。这可以帮助我们发现数据字典中缺失的关键数据 |
| BDD | 数据字典中的所有字段都应该与 BDD 中的一个对象相关 |
| 状态表 | 一个对象的状态通常会映射到一个特定的字段。该字段经常在数据字典中被忽视了 |
| 状态图 | 一个对象的状态通常会映射到一个特定的字段。该字段经常在数据字典中被忽视了 |
| 报告表 | 为了发现数据字典中缺失的数据元素，检查现有的报告是最好的方法之一 |

表 26-20 状态表

| 模型 | 如何改进状态表 |
|------|---------------|
| 过程流程 | 如果过程流程中的一个决策要基于对象的状态，那么可以据此确定对状态表的需求 |
| 用例 | 如果用例中的一个决策要基于对象的状态，那么可以据此确定对状态表的需求 |
| 系统流程 | 如果系统流程中的一个决策要基于对象的状态，那么可以据此确定对状态表的需求 |
| UI 流程 | 如果 UI 流程中的一个分支要基于对象的状态，那么可以据此确定对象的额外状态 |
| DAR | 如果 DAR 前置条件要基于对象的状态，那么可以据此确定对象的额外状态 |
| 决策表 | 如果一个决策要基于对象的状态，那么可以据此确定对象的额外状态 |
| 决策树 | 如果一个决策要基于对象的状态，那么可以据此确定对象的额外状态 |
| BDD | 状态表显示了 BDD 中的业务数据对象的状态过渡。可以使用 BDD 来确定可能需要一个状态模型的业务数据对象 |
| 状态图 | 状态表可以直接从一个状态图来生成 |

表 26-21  状态图

| 模型 | 如何改进状态图 |
| --- | --- |
| 过程流程 | 如果过程流程中的一个决策要基于对象的状态,那么可以据此确定对状态图的需求 |
| 用例 | 如果用例中的一个决策要基于对象的状态,那么可以据此确定对状态图的需求 |
| 系统流程 | 如果系统流程中的一个决策要基于对象的状态,那么可以据此确定对状态图的需求 |
| UI 流程 | 如果 UI 流程中的一个分支要基于对象的状态,那么可以据此确定对象的额外状态 |
| DAR | 如果 DAR 前置条件要基于对象的状态,那么可以据此确定对象的额外状态 |
| 决策表 | 如果一个决策要基于对象的状态,那么可以据此确定对象的额外状态 |
| 决策树 | 如果一个决策要基于对象的状态,那么可以据此确定对象的额外状态 |
| BDD | 状态图显示了 BDD 中的业务数据对象的状态过渡。可以使用 BDD 来确定可能需要一个状态模型的业务数据对象 |
| 状态表 | 状态图可以直接从一个状态表来生成 |

表 26-22  报告表

| 模型 | 如何改进报告表 |
| --- | --- |
| 业务目标模型 | 业务目标或成功指标应该由一份报告来度量。如果目标不能被直接度量,那么可能应该使用一个来自目标链的度量代理 |
| 目标链 | 所有目标因素都应该在报告中进行监控,使业务利益相关方能确定解决方案实际实现的价值。如果一个目标因素不能被直接度量,那么应该使用一个代理 |
| KPIM | 所有 KPI 都应该在报告中进行监控,使业务利益相关方能确定 KPI 得到了满足。如果一个 KPI 不能被直接度量,那么应该使用一个代理 |
| RMM | 许多需求最终要么是报告本身,要么需要一份报告。RMM 描述了一系列完整的需求,可以用它来确定具体需要哪些报告 |
| 过程流程 | 过程流程中的每个决策通常都是依据一份报告来做出的。所以,用它有助于发现缺失的报告 |
| 决策表 | 每个决策都可能需要依据一份报告来做出。所以,检视这些决策来发现缺失的报告 |

（续表）

| 模型 | 如何改进报告表 |
|------|----------------|
| 决策树 | 每个决策都可能需要依据一份报告来做出。所以，检视这些决策来发现缺失的报告 |
| BDD | 每个报告都应该引用来自 BDD 的业务数据对象 |
| 数据字典 | 每份报告都应该使用 < 对象 . 字段 > 表示法引用来自数据字典的一个数据元素 |
| 状态表 | 参考状态表，确定在什么时候需要一份完整的、按状态查看对象的报告 |
| 状态图 | 根据状态图，确定哪些业务数据对象需要一份报告来按状态显示 |

**练习**

以下练习可以帮助你更好地理解本章的内容。练习是开放式的，因此你的答案可能与我们提供的答案大不相同。可能存在许多正确的解决方案。在答案中，我们对如何得出解决方案进行了解释。在看答案之前，可以先尝试自己做一下，这样练习的收获最大。练习答案可以在附录 C 中找到。

**说明**

基于以下场景描述，描述你将如何综合运用不同的模型。

**场景**

当前项目是推出一个新网店（eStore）来销售火烈鸟和其他草坪摆件，而你必须记录所有需求。

你已经为愿望单（wish list）创建了过程流程，为购物车和愿望单创建了状态图，为关键业务数据对象创建了 BDD，为购物车创建了数据字典，为屏幕创建了多个 DAR 模型，还创建了 RMM。

# 附录 A 模型速查表

为具体项目选择合适的模型时，本附录可以作为一个快速参考。它以简单的网格格式总结了对于模型的选择（详情参见第 25 章）。可以下载这些网格的一个拷贝，以便在手边没有书的时候使用。事实上，我们喜欢在桌子上放一份压膜的拷贝，这样在做项目的时候就可以把它作为一个能够快速参考的工具。

图 A-1 是一个完整的网格，展示了按项目特征划分的模型。使用它的时候，请自行确定哪些行所代表的特征符合自己的项目。注意，特征应选尽选。然后，向右阅读，看看为当前项目类型和那些特征推荐了哪些模型。记住，我们并没有创建一个巨细无遗的项目特征集。所以，在遇见这里没有列出的项目特征时，你几乎肯定需要创建新的特征行。

如果一个单元格留空，表明单就当前行的特征来说，并不需要当前列的模型。可能仍然需要为自己的项目使用该模型，但这是仅仅是因为项目符合一个不同的特征，而且该特征建议使用该模型。反之，如果单元格中填写了实际的内容，就意味着该特征本身就足以表明该类型的项目需要该模型。表 A-1 解释了速查表的单元格中的值的含义。

表 A-1 基于项目特征的模型速查表：单元格中的值的含义

| 含义 | 单元格中的值 |
| --- | --- |
| 极有可能需要该模型（Likely） | L |
| 可能需要该模型（Might） | M |
| 单就此特征来说，不需要该模型 | 留空 |

| 项目特征（单选或多选） | 目标 | | | | | 人员 | | | | 系统 | | | | | | | 数据 | | | | | |
|---|---|---|---|---|---|---|---|---|---|---|---|---|---|---|---|---|---|---|---|---|---|---|
| 模型 | 业务目标模型 | 目标链 | 关键绩效指标模型(KPIM) | 特性树 | 需求映射矩阵(RMM) | 组织结构图 | 过程流程 | 用例 | 角色和权限矩阵 | 生态系统图 | 系统流程 | UI流程 | 显示-操作-响应(DAT)模型 | 决策表 | 决策树 | 系统接口表 | 业务数据图(BDD) | 数据流图 | 数据字典 | 状态表 | 状态图 | 报告表 |
| **目标特征** | | | | | | | | | | | | | | | | | | | | | | |
| 绿地 | L | L | | L | L | | | | | | | | | | | | | | | | | |
| COTS 选择 | M | M | L | L | L | L | L | | | L | | | | | | | L | | M | | | |
| COTS 实现 | M | M | L | | L | L | L | M | L | L | L | | M | | | | L | L | | | | L |
| 增强型 | L | L | | L | L | | | | | | | | | | | | | | | | | |
| **人员特征** | | | | | | | | | | | | | | | | | | | | | | |
| 广泛用户交互 | | | | | | L | M | L | | L | L | | | | | | | | | | | |
| 面向客户 | | | | | | M | M | M | | L | L | | | | | | | | | | | |
| 业务过程自动化 | | | | L | | L | L | M | M | | | | | | | | L | L | | | | |
| 工作流自动化 | | | | | | L | | L | | | | | | | | | L | | | | L | L |
| **系统特征** | | | | | | | | | | | | | | | | | | | | | | |
| 系统替换 | | L | L | L | | L | L | M | M | L | M | M | | | | M | L | M | L | | | L |
| 实时和嵌入式系统 | | | | | | | | | | M | L | | | | | M | | M | | M | M | |
| 大型生态系统 | | | | | | | | | | L | | | | | | M | L | L | L | | | |
| 内部 IT | | | | | | L | L | | L | L | | | | | | M | | | | | | |
| 硬件和软件 | | | | | | | | | | L | L | | | | | L | | | | | | |
| 通用软件 | | | L | L | | L | | M | | | | | L | L | | | | | | | | |
| 云实现 | | | | | | M | L | | | L | M | | | | | M | | | | | L | L |
| Web 应用 | | | | | | L | L | M | | L | L | M | | | | | L | | L | | | |
| 移动应用 | | | | | | M | L | | | M | M | L | L | | | | | | | | | |
| 复杂决策逻辑 | | | | | | | | | | | | | | L | L | | | | | | M | M |
| **数据特征** | | | | | | | | | | | | | | | | | | | | | | |
| 分析和报告 | | | | | | | M | | | | | | | M | M | | L | L | L | | | L |
| 后端数据库 | | | | | | | | | | | | | | | | | L | L | L | | | |
| 数据仓库 | | | | | | | | | | | | | | | | | L | L | L | | | |

图 A-1 基于项目特征的模型速查表

附录 A 模型速查表 ■ 413

图 A-2 归纳了不同项目阶段需要用到的模型，详情请参见第 25 章。这个速查表是为了帮助确定在项目的什么阶段创建和使用模型。记住，不是所有项目都会完全照着这些阶段进行。例如，如果一个项目已经开始了，那么可能会在"计划"阶段创建一个业务目标模型，因为已经没有"设想"阶段。表 A-2 解释了单元格中的值的含义。

| 项目阶段 \ 模型 | **目标** 业务目标模型 | 目标链 | 关键绩效指标模型 (KPIM) | 特性树 | 需求映射矩阵 (RMM) | **人员** 组织结构图 | 过程流程 | 用例 | 角色和权限矩阵 | **系统** 生态系统图 | 系统流程 | UI 流程 | 显示-操作-响应 (DAT) 模型 | 决策表 | 决策树 | 系统接口表 | **数据** 业务数据图 (BDD) | 数据流图 | 数据字典 | 状态表 | 状态图 | 报告表 |
|---|---|---|---|---|---|---|---|---|---|---|---|---|---|---|---|---|---|---|---|---|---|---|
| 设想 | C |  | C |  |  | C |  |  |  | C |  |  |  |  |  |  |  |  |  |  |  |  |
| 计划 | U | C | C | U | C | U | C | C | C | U | C | C | C | C | C | C | C | C | C | C | C | C |
| 开发 | U | U | U | U | U | U | U | U | U | U | U | U | U | U | U | U | U | U | U | U | U | U |
| 启动 |  |  |  |  |  |  | U | U | U |  |  |  | U |  |  |  |  |  |  |  |  |  |
| 度量 | U |  | U |  |  |  |  |  |  |  |  |  |  |  |  |  |  |  |  |  |  |  |

图 A-2 基于项目阶段的模型速查表

表 A-2 基于项目阶段的模型速查表：单元格中的值的含义

| 含义 | 单元格中的值 |
|---|---|
| 创建（Create） | C |
| 使用（Use） | U |

## 其他资源

- 英文版模型速查表的下载地址为 http://go.microsoft.com/FWLink/?Linkid=253518。

# 附录 B 可视化模型一般准则

所有模型在某些方面都是一样的，这些共性有助于利益相关方更好地理解模型。本附录描述的一般准则适用于大多数模型，但具体使用时机取决于各自的判断。

## B.1 包含到模型中的元数据

虽然模型模板的大部分内容都因模型而异，但如下表所示，有一些信息可能应该包括到你创建的每个模型中。如果使用的是某个需求管理工具，那么其中一些信息会自动保存。

| 元数据 | 定义 |
| --- | --- |
| 标题 | 模型名称 |
| 作者 | 模型创建人 |
| 项目 | 模型用于哪个项目 |
| 版本 | 模型用于项目的哪个版本 |
| 描述 | 对模型所描述内容的简短总结 |
| 唯一标识符 | 从其他模型引用该模型时使用的唯一标识符 |
| 相关文件 | 与该模型有关的其他文件的一个清单 |
| 版本历史 | 随着时间的推移，对模型所作更改的历史 |
| 创建日期 | 模型的创建日期 |
| 修改日期 | 模型的最后一次修改日期 |
| 批准人 | 已经阅读并将批准或已批准该模型的利益相关方 |
| 位置 | 模型的存储位置，方便拿硬拷贝的人能够找到源文件，也方便拥有本地拷贝的人找到最新版本 |

## B.2 一般准则和提示

建议遵循如下一般准则来确保模型的可读性。

- 确保所有类似的形状都一样大小。例如，所有流程步骤的大小应该一致，决策菱形的大小也应该一致。该准则的一种例外情况是，如果需要更多的空间在一个形状内填写文本，那么可以让这个形状的一个实例比其他大，前提是若它们都放大为一致大小的话会浪费很多空间。

- 确保所有类似形状中的文本都一样大小。例如，如果更改了一个方框中的字号，以便为流程步骤腾出空间，那么所有方框中的字号都可能需要更改，以保持一致。至少应该尝试在类似的形状（例如流程步骤）中使文本的字号一致。但最理想的情况是，一个模型中的所有形状（流程步骤和决策菱形）中的文本都一样大小。

- 对于具有层次结构的模型，对不同层级进行统一编号。例如，从左到右对 L1 过程流程步骤进行数字标注，然后通过引用具体 的 L1 步骤对 L2 过程流程进行命名和编号。为同一个项目的类似模型（例如过程流程和系统流程）使用相同的编号方案。

- 使用颜色来区分模型内的元素时，用一些技术来确保在模型以灰度打印时也能明显区分。例如，可以使用图案，或者更改形状的轮廓线类型。

- 模型中的对象之间要适当留白以保持美观。例如，几个对象不要挤在一堆，要善于利用空白。

- 当信息有一个基本的顺序时，通过从左上角到右下角的流动来强化这个顺序。

- 模型中的所有文本都使用主动语态。

- 在一个项目的类似模型中使用一致的大写形式（第一个单词首字母大写，或者每个单词首字母大写）。例如，对于项目的所有过程流程，所有步骤都只有第一个单词首字母大写。

- 在所有模型一致的位置呈现元数据。例如，如果为一组过程流程创建 Microsoft Visio 文件，并且它们共享元数据，那么为 Visio 文件创建一个背景页来包含元数据。然后，在包含模型的所有 Visio 文件中，都在同一位置创建一个同名的相似页面。

# 附录 C 练习答案

第 1 章和第 2 章无练习。

## 第 3 章

取决于所问的问题和为这些问题编造的答案，这个练习的结果可能会有很大的不同。下面这个清单提供了一些合理的问题和可能得到的答案。

- 你想通过建立一个网店来解决什么问题？我们认为，多一个销售渠道将增加我们现有的收入。
- 收入没有增加会怎样？管理团队希望在五年内出售公司。为此，我们必须达到 2 000 万美元的收入。
- 你认为网店将如何帮助增加收入？这样一来，许多非本地区的人也会购买我们的产品。
- 当前是什么阻碍了向这些人销售？主要是他们不在我们的地区，我们没有符合成本效益的方法向他们推销。
- 希望明年增加多少收入？到明年年底，希望达到 1 250 万美元。到 5 年结束时，希望年收入达到 2 000 万美元。
- 是否计划将电话订单转换为网上订单？我们也许会将一些现有客户转化为网购。然而，我们期望吸引新客户。他们现在不喜欢打电话下单，但如果整个订单都在网上完成，他们也许就会向我们购买了。
- 你认为增加新客户是增加收入的唯一方式吗？不是，我们也希望现有客户在转化后能在网上比在电话上购买更多的东西，因为他们能看到更多可能感兴趣的产品。
- 如何吸引新客户？通过推广网店，我们希望能吸引那些以前不会通过电话来购物的新客户。

- 如何提高现有客户的购买量？我们的销售代表可以在与现有客户通话时告诉他们有新的网店了。我们还会发送推广电子邮件，让他们知道网店的推出。利用上述问题和答案，可以开发如图 C-1 所示的业务目标模型。

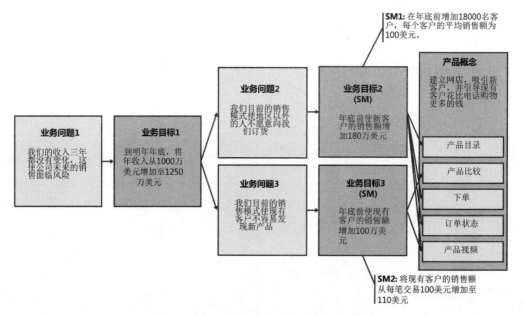

图 C-1 网店（eStore）的业务目标模型

## 第 4 章

业务目标和特性已在"场景"中提出，所以我们的工作是创建目标因素和目标方程来链接它们。为了确定目标因素，要提出这个问题："这个特性是如何增加收入的？"对于这个问题，一些可能的回答如下所示。

- 产品目录使顾客能注意到比电话订购时更多的产品，导致每笔订单购买的产品数量增加。

- 交叉销售可以推荐与当前购买的产品相匹配的其他产品。产品打分和评价为客户提供了更多关于产品的信息，让他们知道其他消费者已经认可了产品的质量。

- 增加一个网购途径，会吸引新的访问者来到网站，其中一些人将成为客户。

为了完成目标方程并计算每个特性的价值，团队可以做如下这些假设。

- 新客户预计将花费与现有客户网购时一样多的钱。

- 在线客户的消费额与电话客户的消费额差不多。

- 交叉销售使平均订单金额增加 3%。

- 打分和评价使平均订单金额增加 10%。

- 由于看到了额外的产品，会导致每个客户多购买一件产品。

- 现有客户额外购买一件 10 美元的产品。

- 网店每年将吸引 2 万名新的访客。

- 90% 的网店访客会下单。

由此得出的目标方程和特性价值计算如下。

- 在网站上增加产品目录，将使现有客户的每笔订单增加一件产品，每件产品增加 10 美元。目前有 1 万笔订单，这就是 100 万美元的额外收入。

- 交叉销售以及打分和评价特性分别增长 3% 和 10% 的平均订单金额。如果通过交叉销售，每笔订单多了 3 美元，10 万笔订单，那么收入会增加 30 万美元。如果通过打分和和评价，每笔订单多了 10 美元，10 万笔订单，那么收入会增加 100 万美元。

- 如果有 2 万名新的潜在客户访问网站，其中 90% 的人在一年内购买了产品，那么会产生 1.8 万笔新订单。按每笔订单 100 美元计算，这相当于 180 万美元的新增收入。

最终的目标链如图 C-2 所示。基于目标链，团队现在可与开发团队和利益相关方合作以确定实现每个特性的成本，然后就能直接确定优先级。

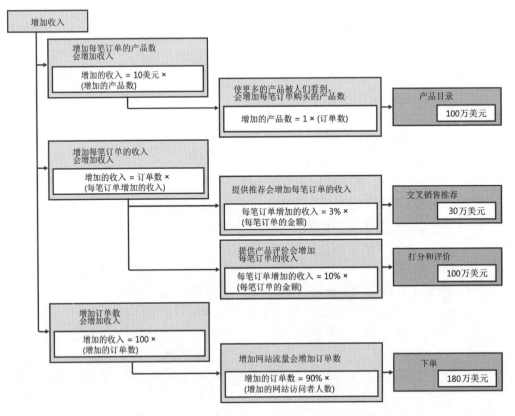

**图 C-2 网店（eStore）针对 4 个特性的目标链**

## 第 5 章

销售经理目前衡量的 KPI 有三个，并希望能继续保留在新的系统中。这些 KPI 叠加到流程上，形成图 C-3 所示的 KPIM。

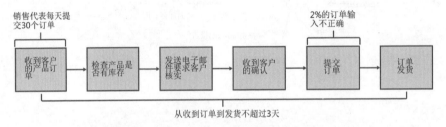

**图 C-3 从准备订单到发货这一过程的关键绩效指标模型（KPIM）**

## 第 6 章

为了创建特性树，首先将示例场景给出的特性写在便签上。应该确定诸如"监控负载""相关产品""查看系统日志""查看网站使用数据""链接交叉销售产品""创建账户""查看网站订单数据""更新火烈鸟目录""产品打分""浏览产品""产品愿望清单""产品评价"和"购买产品"等特性。

然后组织这些特性，形成第一轮的特性分组，并根据这些分组添加到特性列表中。例如，我们确定了"购买产品""产品愿望清单""管理账户""管理产品"和"系统监控"等组别。在此基础上查漏补缺，我们发现缺少"购物车"和"将产品加入目录"特性。

有了一个好的特性列表初稿后，将特性转移到特性树中，并继续添加特性，直到最终完成，如图 C-4 所示。注意，在这个时候，为了保持一致性，特性要重新进行命名，统一为使用名词短语。最后，寻找特性树上那些单薄的分支，并重点调查。例如，管理员是否有需要做其他类型的账户维护工作？

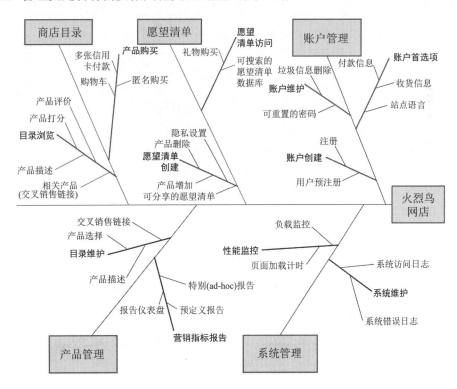

图 C-4  网店（eStore）的特性树

## 第7章

L1、L2 和 L3 过程流程步骤相互映射。在图 C-5 中，本练习的几个示例需求被映射到了 L3 过程流程中的相应步骤。注意，在本练习中，业务规则与需求放在同一行。

| L1 过程步骤 | L2 过程步骤 | L3 过程步骤 | 特性 | 需求 ID | 需求 | 业务规则 |
|---|---|---|---|---|---|---|
| 确定要补货的产品 | 确定每种商品的补货量 | 产品卖得快吗？ | 补货 | REQ001 | 自动和事先定义的一个阀值比较历史销售率 | BR1：默认期限为上三个月 |
| 确定要补货的产品 | 确定每种商品的补货量 | 产品卖得快吗？ | 补货 | REQ002 | 销售率阀值可以基于利润（margin）、销量（units）或收入（revenue） | BR1：默认阈值基于利润 BR2：默认利润阈值比上三个月的利润低5% |
| 确定要补货的产品 | 确定每种商品的补货量 | 产品卖得快吗？ | 补货 | REQ003 | 可以比较任意期限的销售率阀值 | |
| 确定要补货的产品 | 确定每种商品的补货量 | 确定补货量 | 补货 | REQ004 | 系统自动补货低于阀值的商品 | BR1：所有产品的默认阈值是20(件) |
| 确定要补货的产品 | 确定每种商品的补货量 | 确定补货量 | 补货 | REQ005 | 若计算的自动补货超出阀值，系统请求手动补货 | BR1：系统每天午夜检查库存 |
| 确定要补货的产品 | 确定每种商品的补货量 | 还有商品要检查吗？ | 补货 | REQ006 | 系统自动决定哪些商品需进行补货检查 | |

图 C-5 网店补货过程的"需求映射矩阵"（RMM）

## 第8章

为了创建部门组织结构图，先在总裁之下创建第二级，其中包括场景描述中提到的所有部门。然后，咨询利益相关方以确定是否遗漏了任何部门。例如，可能发现在"财务"下还有一个"税务"，必须咨询该部门，了解如何正确计算网上订单的销售税。一定要包括所有部门，这样就可以在确定其中一些部门不在范围内时，自信地将其进行删除。在这个过程中，可能发现一个被忽视的部门，而你需要了解它的具体需求。例如，在这个练习中，公司的"IT"部门肯定需要更详细地了解。图 C-6 展示了这个练习的组织结构图。

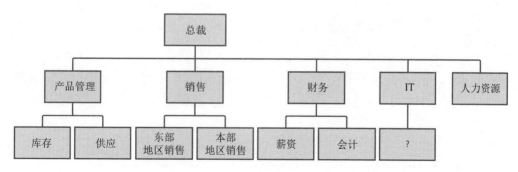

图 C-6 网店（eStore）团队的部门组织结构图

在图 C-7 的角色组织结构图中，要写上每个部门中存在的实际角色。理想情况是，保留部门组织结构图中对项目重要的部门，并删去其他部门。记住，IT 部门此时尚未确定，这是一个危险信号，提醒你要开始与利益相关方交谈，了解该部门谁需要参与进来。

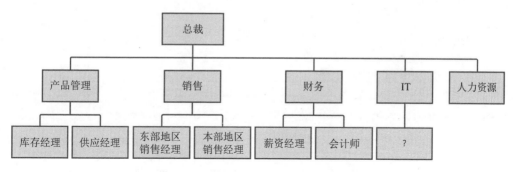

图 C-7 网店（eStore）团队的角色组织结构图

为了创建如图 C-8 所示的个人组织结构图，可以在纸上写下包含姓名和角色的方框，然后按工作关系把他们连接起来。

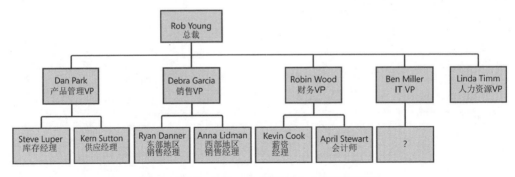

图 C-8 网店（eStore）团队的个人组织结构图

最后，在个人组织结构图的"IT"部门下仍然可以看到一个问号。因此，要与 Ben Miller 合作，了解他的部门，从而确保没有人被排除在需求征询会议之外。这一点非常重要。

## 第9章

L1 过程流程从很高的级别显示了整个端到端的过程，如图 C-9 所示。

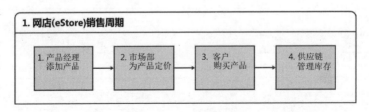

图 C-9 "网店（eStore）销售周期"L1 过程流程

然后，可以为"客户购买产品"L1 步骤创建一个 L2 过程流程。图 C-10 展示了一个示意。

最后，可以创建一个 L3 过程流程，针对"验证是否有足够的信息来处理订单"过程来完善细节。图 C-11 展示了一个示意。

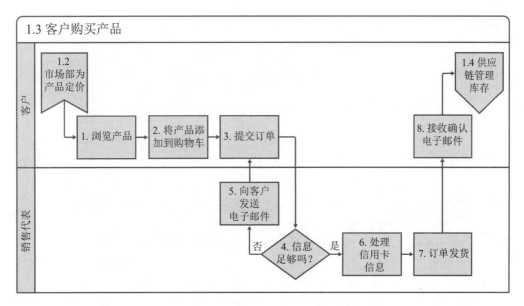

图 C-10 "客户购买产品" L2 过程流程

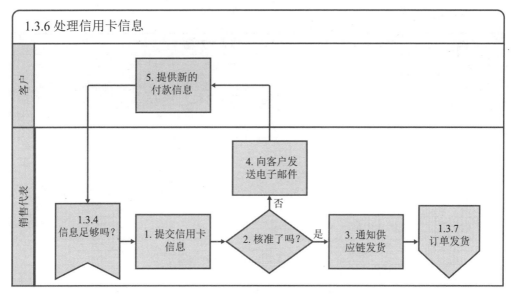

图 C-11 "处理信用卡信息" L3 过程流程

## 第 10 章

图 C-12 展示了针对该场景的一个示例用例。这是一个简单的用例，其中不包括搜索字段或产品显示字段。那些是从用例推导出的需求。

来自这个用例的示例需求如下。

- 来自步骤 1：产品可以按照 <product.SKU> 或 <product.name> 进行搜索。
- 来自步骤 3：搜索结果中包含 <product.name>，<product.description>，<product.image> 和 <product.date>。
- 来自步骤 5：产品在显示时使用了产品数据系统中的以下字段：<product.name>，<product.description>，<product.image>，<product.datecreated>，<product.supplier> 和 <product.colors>。
- 来自步骤 5：用户可以选择发布从搜索结果中选择的一个产品。

还要注意，如果产品已存在于网店中，那么会发生一个异常情况。这可能会提示我们与产品经理对话，确定他们是否真的想让这些产品出现在搜索结果中。又或者，他们是真的想让这些产品出现在搜索结果中，但要用一个标志指出它们已存在于网店中。要点在于，在这个示意中，用例促使读者思考用户进行的交互，以帮助发现额外的需求。

| 名称 | 向网店添加产品 |
|---|---|
| ID | UC002 |
| 描述 | 一名管理员从主产品数据库将一种产品添加到网店（上架），使顾客能看到并购买 |
| 参与者 | 网店产品经理 |
| 组织收益 | 让网购顾客看到并购买产品，以增加销售 |
| 使用频率 | 每月更新两次网店产品和库存，每次大约上架 28 种新产品 |
| 触发器 | 用户选择"添加新产品"选项 |
| 前置条件 | 用户用管理员身份凭据登录。有关该产品的所有必要的信息已经存储在产品数据系统中 |
| 后置条件 | 产品在网店中显示 |

图 C-12 向网店（eStore）添加产品的用例

| 名称 | 向网店添加产品 |
|---|---|
| 主路径 | 1. 系统显示 SKU 搜索参数。<br>2. 用户输入产品的全部或者部分 SKU（例如一种手机的颜色、容量等），选择搜索（参见 AC1）。<br>3. 系统显示从产品数据系统查到的匹配产品。<br>4. 用户选择将产品添加到网店（参见 AC2）<br>5. 系统显示网店产品数据系统中该 SKU 的信息，提供一个将产品发布到目录（上架）的选项<br>6. 用户选择将产品发布到目（参见 EX1）<br>7. 系统显示产品在网店中的预览供审核。<br>8. 用户选择最终发布产品（参见 AC3）。<br>9. 系统将用户跳转到网店中的新产品页面（参见 EX2） |
| 替代路径 | AC1 用户选择按名称添加产品。<br>1. 系统显示名称搜索参数。<br>2. 用户输入完整或者部分名称，选择搜索。<br>3. 回到主路径的步骤 3。<br><br>AC2 产品不在搜索结果列表中，或者没有返回任何结果。<br>1. 回到主路径的步骤 1。<br><br>AC3 用户不喜欢产品的预览效果，希望取消。<br>1. 回到主路径的步骤 3。 |
| 异常情况 | EX1：产品已经存在于网店目录中<br>1. 系统显示报错消息。<br>2. 回到主路径的步骤 1。<br><br>EX2：系统添加产品到网店失败。<br>1. 系统显示报错消息。<br>2. 回到主路径的步骤 9。 |

图 C-12  向网店（eStore）添加产品的用例（续）

# 第 11 章

图 C-13 展示了一个角色和权限矩阵，其中覆盖了一些角色以及目录、购物车和账户特性 显然，完整的系统会有更多的角色和权限，这里只列举了一部分。

在对场景进行建模后，可以向业务团队提出更多的问题，示例如下。

- 是否有定制的销售报告？如果有，谁有权创建？
- 谁有权从目录中删除商品？
- 谁能向目录中添加商品？某个产品经理和某个经理都可以吗？这一点在场景描述中没有明确。

| 角色和权限矩阵 | 外部用户 | 客户 | 内部用户 | 产品经理 | 账户代表 | 经理 |
|---|---|---|---|---|---|---|
| 目录和购物车 | | | | | | |
| 设置产品目录 | | | | x | | |
| 查看产品 | | x | | x | x | x |
| 购买产品 | | x | | | | |
| 向目录添加商品 | | | | x | | x |
| 查看销售报告 | | | | | | x |
| 查看购物车 | | x | | | x | |
| 用户资料 | | | | | | |
| 查看自己的订单历史 | | x | | | | |
| 查看任意客户的订单历史 | | | | | x | |
| 编辑用户个人资料 | | x | | | x | |

图 C-13 网店（eStore）目录、购物车和账户特性的角色和权限矩阵

## 第 12 章

图 C-14 展示了网店（eStore）的生态系统图。注意，场景所描述的基本系统在这个生态系统图中一目了然。另外，图中还标注了业务数据对象及其在系统之间的流动方向。

下面列出基于生态系统图的这份初稿可以提出的一些问题。

- 库存系统似乎没有与产品目录系统集成，只在 eStore 和客服中心进行了集成，这是正确的吗？
- 订单的运费和税是如何计算的？例如，可能需要发现一个计算税或运费的系统。
- 还有没有什么遗漏的？问一问总是没有坏处的！你可能会发现原本一无所知的系统。

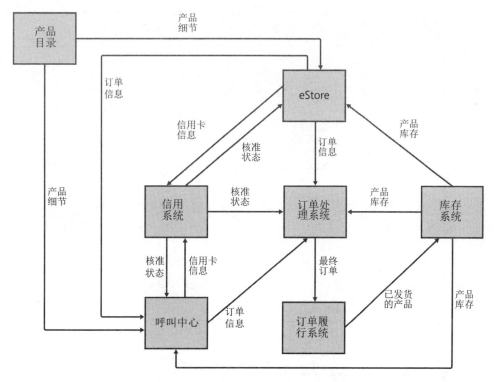

图 C-14 网店（eStore）的生态系统图

## 第 13 章

图 C-15 的 L2 系统流程展示了从处理订单到发货的系统步骤。

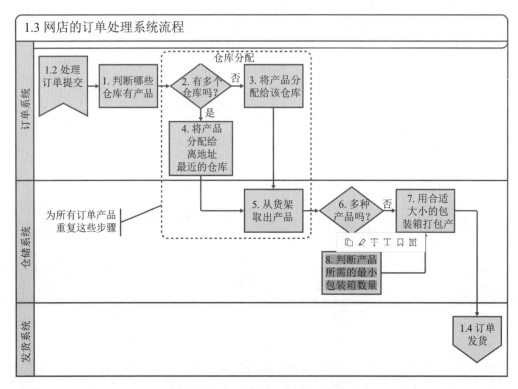

图 C-15 处理网店（eStore）订单并完成发货的 L2 系统流程

## 第 14 章

图 C-16 的 UI 流程包含从场景描述中确定的所有主要屏幕，并创建了其中最重要的一些（屏幕）过渡线。某些些过渡线上标注了 UI 触发器，因为这些触发器不是特别显眼。例如，从购物车到检查购物车是否存在商品的决定框，两者之间的过渡线加上了标注，因为不好一眼看出这是结账导航路径。

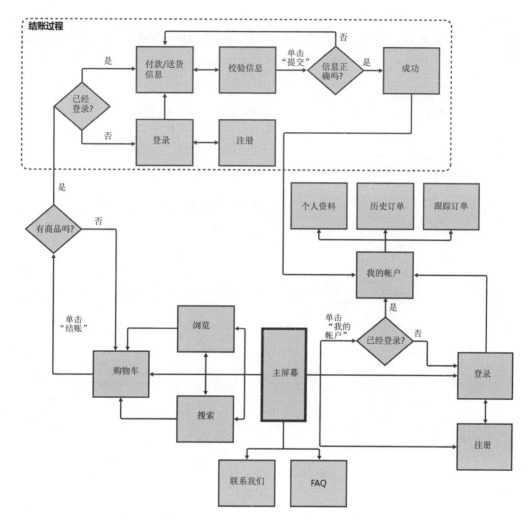

图 C-16 整个网店（eStore）的 UI 流程

# 第 15 章

图 C-17 显示了颜色选择器的 UI 元素表。

| UI 元素：颜色筛选器 |||
|---|---|---|
| **UI 元素描述** |||
| ID | ELMT_0048 ||
| 描述 | 按颜色筛选产品的颜色选择器 ||
| **UI 元素显示** |||
| 前置条件 | 显示 ||
| 始终 | 针对可用的产品，由 \<product.color\> 所有可能的值构成的一个网格，默认选择粉色。 <br><br>Color<br><br>View all ||
| **UI 元素行为** |||
| 前置条件 | 操作 | 响应 |
| 始终 | 选择一个颜色 | 系统突出显示所选颜色。系统筛选搜索结果，只显示 \<product.color\> 和当前所选颜色匹配的产品。 |
| 始终 | 选择一个额外的颜色 | 系统突出显示所选颜色。系统筛选搜索结果，只显示 \<product.color\> 和当前所选颜色匹配的产品。同时应用其他所有选定的筛选器。 |
| 始终 | 选择已经突出显示的颜色 | 系统从当前选定的所有颜色中移除这种颜色。系统移除这种颜色的筛选器。 |
| 始终 | 选择"View all"（查看全部） | 系统移除所有颜色的突出显示，显示 \<product.color\> 为任意颜色的产品。 |

图 C-17 网店（eStore）产品搜索颜色过滤器的显示 - 操作 - 响应表

## 第 16 章

因篇幅有限，完整的决策表在书中放不下。所以，图 C-18 显示的是一个简化的决策表。注意，如果选择没有足够资金的礼品卡进行支付，那么会有两种有效的结果，而且它们的应用顺序是固定的。

| 决策表 | 规则 1 | 规则 2 | 规则 3 | 规则 4 | 规则 5 | 规则 6 | 规则 7 |
|---|---|---|---|---|---|---|---|
| **条件** | | | | | | | |
| 客户选择使用已保存的支付方式 | Y | Y | N | N | N | N | N |
| 支付方式有效 | Y | N | - | - | - | - | - |
| 新的支付方式 | - | - | 信用卡 | 信用卡 | 支票 | 礼品卡 | 礼品卡 |
| 信用卡类型 | - | - | Contoso | A. Datum | - | - | - |
| 有足够资金 | - | - | - | - | - | Y | N |
| **结果** | | | | | | | |
| OC001 使用已保存的支付方式 | X | - | - | - | - | - | - |
| OC002 提供对已保存的支付方式进行编辑的选项 | - | X | - | - | - | - | - |
| OC003 获取信用卡号和 3 位安全码 | - | - | X | - | - | - | - |
| OC004 获取信用卡号和 4 位安全码 | - | - | - | X | - | - | - |
| OC005 获取账户信息、驾照号码和地址 | - | - | - | - | X | - | - |
| OC006 使用礼品卡 | - | - | - | - | - | X | 1 |
| OC007 为剩余待支付金额选择支付方式 | - | - | - | - | - | - | 2 |

图 C-18 该决策表描述了网店（eStore）在应用支付方式时的规则

# 第 17 章

为场景创建决策树时，要考虑决策的顺序。必须做出的第一个决策是客户是否在其个人资料中保存了一种支付方式。可能的选择是，客户要么保存了一种支付方式，要么没有。在确定了这些选择之后，接着要确定这些选择可能带来哪些新的决策或结果。例如，如果客户确实有一种支付方式，新的决策就是判断该支付方式是否有效。如此不断地确定决策、选择和结果，最终应该得到一个类似于图 C-19 的有序决策树。

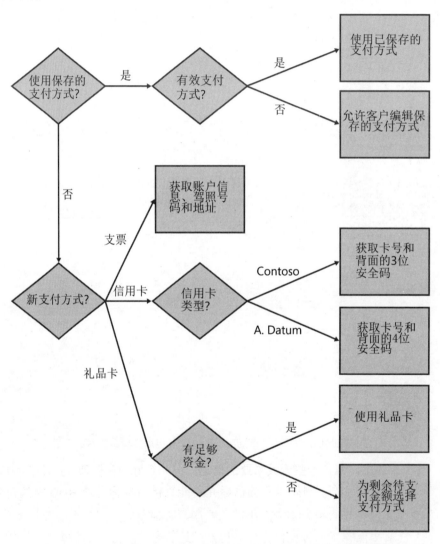

图 C-19 该决策树描述了网店（eStore）在应用支付方式时的规则

# 第 18 章

图 C-20 为库存系统和网店（eStore）之间的接口显示了系统接口表。存在多个接口，但只需描述产品库存数据传输的细节。注意，图中引用了用于错误处理的系统流程；在真实的项目中，你需要找出确切的流程编号，并在这里引用该编号。在本例中，产品对象只有两个字段需要传输：作为标识符的 SKU，以及可用的产品数量。对于这些字段，没有特别的规则需要覆盖它们。

| 系统接口 | | | |
|---|---|---|---|
| **来源** | **库存系统** | | |
| 目标 | 网店（eStore） | | |
| ID | SI0012 | | |
| 描述 | 库存系统用产品库存信息更新网店，以显示可用性 | | |
| 频率 | 每天午夜更新一次 | | |
| 数据量 | 所有产品（约 500 种） | | |
| 安全限制 | 无 | | |
| 错误处理 | 参考用于错误处理的系统流程 1.1 | | |
| **接口对象** | | | |
| 对象 | 字段 | 数据字典 ID | 校验规则 |
| 产品 | SKU | DD001 | |
| 产品 | 可用数量 | DD001 | |

**图 C-20 对库存系统和网店（eStore）之间的接口进行描述的系统接口表**

# 第 19 章

在场景描述中，包含一些无关紧要的信息，但一个好的分析师应过滤这些信息，以判断哪些与模型相关。例如，业务目标并不能直接引导你发现 BDD 中的对象，地址中的字段也不能。然而，特性列表应该能帮助你确定一些对象，例如客户、订单和商品。用户列表清楚地表明，其中的一些用户是公司，它们有自己的客户；还有一些个人客户，它们不属于任何公司。图 C-21 展示了最终的 BDD。注意，地址是和商品连接的，而不是和订单连接，因为客户可能选择将一个订单中的不同商品发到不同的地址。

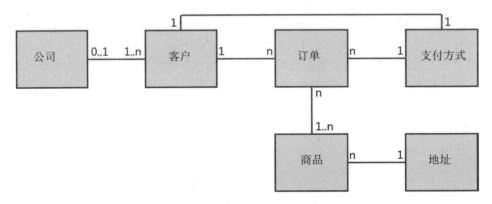

图 C-21 网店（eStore）业务数据对象的 BDD

## 第 20 章

在这个场景中，明显的业务数据对象有购物车、订单和产品。要考虑的第一组过程是创建购物车、确认订单和维护产品。明显的实体有购物者、产品经理和订单履行。将这些放到图中，更多的过程就变得明晰了。图 C-22 是 DFD 的初稿。

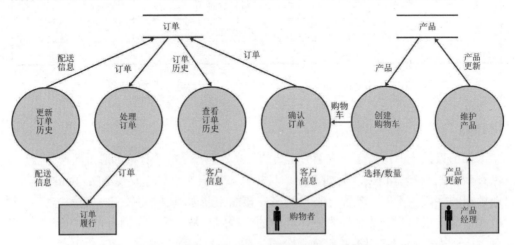

图 C-22 网店（eStore）的数据流图（DFD）

## 第 21 章

使用场景所提供的信息，并根据经验推断出其他信息，就可以创建一个如图 C-23 所示的数据字典。其中，"折扣价"和"是否有货"字段都是计算字段。

信息尽可能靠推断，这是一种很好的技术，能节省时间。当然，务必确认推断出的信息是正确的。在这个示例答案中，我们根据以往的经验来推断数据类型、有效值和所有字段的长度。另外，还推断了如何计算"是否有货"字段值，并建议将"折扣价"四舍五入到"分"。

可能需要为其他属性获取信息。一般来说，应获取所有必要和推荐属性的信息。但是，如果时间紧张，或者信息存在于其他地方，那么可以暂且将数据字典限制在一组核心属性上。

| ID | 业务数据对象 | 字段名称 | 描述 | 数据类型 | 有效值 | 长度 | 值需要唯一吗？ | 必须吗？ | 默认值 | 计算 |
|---|---|---|---|---|---|---|---|---|---|---|
| DD 01 | 产品 | 成本 | 网店采购或生产该产品的成本价 | 美元格式：($999,999.99) | 0.00...999,999.99 | 10 | 否 | 是 | $100.00 | N/A |
| DD 02 | 产品 | 标价 | 在网店目录中显示的产品售价 | 美元格式：($999,999.99) | 0.00...999,999.99 | 10 | 否 | 是 | $120.00 | N/A |
| DD 03 | 产品 | 折扣价 | 高级客户的折扣价 | 美元格式：($999,999.99) | 0.00...999,999.99 | 10 | 否 | 否 | 无 | 0.80 * 标价，四舍五入到分 |
| DD 04 | 产品 | SKU | 对产品进行唯一标识的代码 | Alphanumeric | 10 个字母和数字的唯一组合 | 10 | 是 | 是 | 99999 99999 | N/A |
| DD 05 | 产品 | 数量 | 该 SKU 目前的存货数 | Integer | 0...999,999 | 6 | 否 | 是 | 0 | N/A |
| DD 06 | 产品 | 是否有货 | 指出产品是否有货 | Boolean | True，False | 无 | 否 | 是 | False | 数量 > 0 |

图 C-23 网店（eStore）的"产品"业务数据对象的数据字典

## 第 22 章

需要状态表的对象是"订单"。该对象的第一组状态可能包括"挑选"（drafted）、"决定"（finalized）、"计价"（priced）、"完成"（completed，这个状态要求收集好配送和支付信息）、"确认"（confirmed）、"组装"（assembled）、"发货"（shipped）和"收货"（received）。状态表的初稿如图 C-24 所示。随着项目的进行，了解的情况增多，它可能会有进一步的变化，但现在已接近于完成。

| | | 目标状态 | | | | | | | |
|---|---|---|---|---|---|---|---|---|---|
| | | 挑选 | 决定 | 计价 | 完成 | 确认 | 组装 | 发货 | 收货 |
| 初始状态 | 挑选 | 否 | 用户选择结账 | 否 | 否 | 否 | 否 | 否 | 否 |
| | 决定 | 否 | 否 | 计算好税和折扣 | 否 | 否 | 否 | 否 | 否 |
| | 计价 | 用户编辑订单 | 否 | 否 | 用户输入有效配送和支付信息 | 否 | 否 | 否 | 否 |
| | 完成 | 用户编辑订单 | 否 | 否 | 否 | 用户确认购买 | 否 | 否 | 否 |
| | 确认 | 工厂不能履行订单 | 否 | 否 | 否 | 否 | 工厂生产 | 否 | 否 |
| | 组装 | 否 | 否 | 否 | 否 | 否 | 否 | 工厂发货 | 否 |
| | 发货 | 否 | 否 | 否 | 否 | 否 | 否 | 否 | 订单送达 |
| | 收货 | 否 | 否 | 否 | 否 | 否 | 否 | 否 | 否 |

图 C-24 网店（eStore）的"订单"业务数据对象的状态表

## 第 23 章

需要状态图的一个显而易见的对象就是"订单"。图 C-25 是和所提供的状态表对应的状态图。

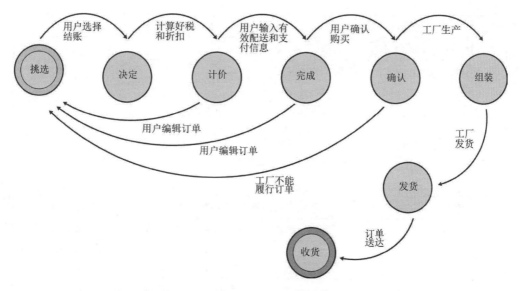

图 C-25 网店（eStore）的"订单"业务数据对象的状态图

## 第 24 章

图 C-26 针对书中给定的模型报告给出了一个"报告表"。

| | 元素 | 客诉处理报告 |
|---|---|---|
| 顶级元素 | 唯一 ID | REP003 |
| | 名称 | CSR 客诉处理时间 |
| | 描述 | 该报告显示了每名 CSR 应答的支持电话数量，以及每名 CSR 解决客户问题的平均时间 |
| | 依据报告做出的决策 | 每季度哪名 CSR 应得到晋升 |
| | 目标 | 业务目标 3 – 将员工保留率提升至 80% |
| | 优先级 | 3 of 5。参考目标链 003 |
| | 功能区域 | 销售 |
| | 相关报告 | 无 |
| | | |

图 C-26 为网店（eStore）呼叫处理报告设计的一个"报告表"

| 元素 | 客诉处理报告 |
|------|-------------|
| 报告所有者（负责人） | 客服中心总监 |
| 报告（的）用户 | 呼叫中心总监及其助理 |
| 触发器 | 用户请求报告 |
| 频率 | 按需生成。每月第三个周五访问 |
| 延迟 | 数据应该是实时的 |
| 事务处理量 | 每天在报告上添加约 30 个呼叫 |
| 数据量 | 报告平均返回 300 个呼叫 |
| 安全性 | 仅供呼叫中心总监及其助理查看 |
| 持久性 | 保存报告执行之间的所有设置（下次看到上次的设置） |
| 显示格式 | 矩阵显示，CSR 姓名作为行，日期作为行，"每天呼叫数"和"平均呼叫处理时间"作为列 |
| 交付格式 | 在应用程序中显示，可作为 Excel 文件通过电子邮件发送。在应用程序中，一屏显示不全的数据可以滚动查看。 |
| 交互性 | CSR 姓名可以展开或折叠，以显示或隐藏每名 CSR 的呼叫日期。默认为展开。 |
| 下钻 | 无 |
| 字段元素 / 筛选依据 | 系统预设筛选器是 < 呼叫 . 日期 > = 当月。用户可从 12 个月中选择不同的一个月。 |
| 分组依据 | 系统预设分组，先按 <CSR. 姓名 >，再按 < 呼叫 . 日期 >，再按所有呼叫 |
| 排序依据 | 系统预设排序，先按 <CSR. 姓名 > 以字母顺序排序，再按 < 呼叫 . 日期 > 以时间顺序排序 |
| 用户输入参数 | 无 |
| 分组计算 | 按日期和按 CSR，显示指定月份的呼叫总数<br>按日期和按 CSR 的平均呼叫处理时间 = sum( 当天所有单独呼叫的处理时间 ) / 当天呼叫总数<br>按月和按 CSR 的平均呼叫处理时间 = sum( 当月所有单独呼叫的处理时间 ) / 当月呼叫总数 |
| 计算字段 | 无 |

图 C-26 为网店（eStore）呼叫处理报告设计的一个"报告表"

| | 元素 | 客诉处理报告 |
|---|---|---|
| 字段元素 | 显示字段 | <CSR. 姓名 ><br>< 呼叫 . 日期 ><br>呼叫计数<br>平均呼叫处理时间<br>平均呼叫处理时间应四舍五入为两位小数 |
| | 模拟（what-if）分析 | 无 |

图 C-26 为网店（eStore）呼叫处理报告设计的一个"报告表"（续）

## 第 25 章

场景所描述的是一个"绿地"项目（一个从头开始定制的全新系统），其特征包括广泛的用户交互、面向客户、包含分析和报告组件、工作流自动化、业务过程自动化以及 Web 应用。

肯定需要创建一个业务目标模型和一个目标链，以确定需求的优先级。KPIM 也许有帮助，因为当前过程是手动的（依靠人工电话）。可以使用 KPIM 来确保企业在使用新系统接单时不会损失任何总体运营效率。特性树有助于向高管传达完整的特性集合。RMM 对于将需求映射回过程流程和业务目标非常关键，目的是尽可能防止范围蔓延（scope creep），这是实现新系统时最害怕的。

可能需要创建一个组织结构图来确定系统的内部用户。肯定需要创建过程流程来显示用户如何在新系统中完成订单。生态系统图对于展示网店与其他现有系统（例如订单履行）的交互是必要的。系统流程可以显示订单提交后发生的自动交互。UI 流程和 DAR 模型对于确保用户轻松使用新网站至关重要。BDD 和数据字典有助于记录业务数据的主要部分，例如客户和订单对象及其字段。

除此之外，角色和权限矩阵、状态表、状态图、报告表、DFD 和用例也可能有帮助。如果要为内部用户建立一个安全模型，那么需要用到角色和权限矩阵。如果主要是外部用户在访问 UI，而且他们都有相同的权限，那么这个模型就没什么帮助了。状态表和状态图可以用来表示订单在经过一个定义的工作流时的不同状态。报告表可以用来记录负责人对于报告的要求。用例可以进一步描述用户在系统中发生的交互。可能需要一个 DFD 来描述报告所显示的数据流。

图 C-27 展示了项目特征、为这些特征推荐的模型以及最终选定的模型。

| | 目标 | 业务目标模型 | 目标链 | 关键绩效指标模型(KPIM) | 特性树 | 需求映射矩阵(RMM) | 人员 | 组织结构图 | 过程流程 | 用例 | 角色和权限矩阵 | 系统 | 生态系统图 | 系统流程 | UI流程 | 显示-操作-响应(DAR)模型 | 决策表 | 决策树 | 系统接口表 | 数据 | 业务数据图(BDD) | 数据流图 | 数据字典 | 状态表 | 状态图 | 报告表 |
|---|---|---|---|---|---|---|---|---|---|---|---|---|---|---|---|---|---|---|---|---|---|---|---|---|---|---|
| 绿地 | | L | L | | L | L | | | | | | | | | | | | | | | | | | | | |
| 广泛用户交互 | | | | | | | | | L | M | L | | | | L | L | | | | | | | | | | |
| 面向客户 | | | | | | | | | M | M | M | | | | L | L | | | | | | | | | | |
| 业务过程自动化 | | | | L | | | | L | L | M | M | | | | | | | | | | L | | L | | | |
| 工作流自动化 | | | | | | | | | L | | L | | | | | | | | | | L | | | | L | L |
| Web应用 | | | | | | | | | | | | | L | L | M | M | | | | | L | | L | | | |
| 分析和报告 | | | | | | | | | M | | | | | | | | M | M | | | L | L | L | | | L |
| 为此场景选择的模型 | | x | x | x | x | x | | x | x | x | x | | x | x | x | x | | | | | x | x | x | x | x | x |

图 C-27 网店（eStore）项目的特征和推荐模型

## 第 26 章

可以采取如下方式综合运用场景所描述的各种模型。

- 过程流程记录网店所支持的主要行动（操作）。
- 过程流程中的每个步骤都可与一个或多个 DAR 模型联系起来，以确保用户界面易于导航和使用。
- BDD 定义了业务数据对象。每个对象都包含在一个数据字典中定义的字段。
- DAR 模型还要配合数据字典使用，使所有数据需求都能在屏幕和底层存储系统中得以体现。
- 可以使用数据字典来确定哪些业务数据对象包含的状态会影响网店并需要状态图。
- RMM 可以将过程流程映射到 DAR 模型，再映射到需求。

# 词汇表

001 7±2：参见"米勒魔数"。

002 活动图（activity diagram）：用于可视化呈现复杂流程的一种模型，通常用于为用例提供补充。使用类似于过程流程的符号，但在同一幅图中显示用户操作和系统响应。参见"过程流程"和"用例"。

003 参与者（actor）：参见"用户"。注意，系统不是参与者。

004 亲和图（affinity diagram）：一种简单地将信息项组织成相关分组的图。在需求征询期间时，是将大量信息快速组织成较小分组的一种好方法。经常在头脑风暴会议上使用。如果向其应用米勒魔数，那么效果更佳。

005 方法（approach）：实现一个项目所遵循的过程的类型。

006 界定模型（bounding model）：创建这种模型后，有很高的概率来捕捉（采集）该模型所针对的全部信息。RML 界定模型包括业务目标模型、组织结构图、生态系统图和业务数据图。参见"模型"。

007 业务数据图（business data diagram，BDD）：从业务利益相关方或客户的角度显示业务数据对象之间关系的一种 RML 数据模型。显示对象之间的包含（has a）关系，以及集合的基数或 cardinality（多对多、多对一、一对一等）。

008 业务数据对象（business data object）：任何对业务利益相关方有意义的概念性数据。由字段以及 / 或者其他业务数据对象构成。

009 业务对象（business object）：参见"业务数据对象"。

010 业务目标（business objective）：一种可度量的目标，规定了如何判断业务问题已得到解决。

011 业务目标模型（Business Objectives Model）：一种 RML 目标模型，它定义并关联了业务问题、业务目标、产品概念和成功指标。用于确定一个项目的价值。

012 业务问题（business problem）：阻碍业务利益相关方实现其目标的一个问题。

013 业务过程（business process）：由业务用户执行的一组活动。可以用一个过程流程来描述。

014 业务规则（business rule）：一种需求（requirement），代表对功能性需求（functional requirement）进行修饰的条件陈述（conditional statement），其中包括但不限于特性何时可用以及谁被允许执行该特性。业务规则包含了像"如果"（if）、"当"（when）和"那么"（then）这样的词。参见"需求"和"功能性需求"。

015 业务利益相关方（business stakeholder）：要使用软件或者与软件利益攸关的人（或团体），他们通常为生产软件的公司或组织工作。业务利益相关方是利益相关方的一种类型。参见"利益相关方"。

016 业务用户（business user）：要使用软件的人，通常为生产软件的公司或组织工作。

017 基数（cardinality）：一个业务数据对象有多少个实例与另一个业务数据对象相关。

018 类图（class diagram）：通过系统类（system classes）来描述系统结构的一种 UML 图（Eriksson, Hans-Erik, and Magnus Penker. 2000. *Business Modeling with UML*. New York, NY: Wiley）。参见"统一建模语言"（UML）。

019 协作图（collaboration diagram）：对一组软件对象之间的交互进行描述的一种 UML 图（Eriksson and Penker 2000）。参见"统一建模语言"（UML）。

020 组件图（component diagram）：对一个系统的技术组件之间的关系进行描述的一种 UML 图（Eriksson and Penker 2000）。参见"统一建模语言"（UML）。

021 跨特性过程流程（cross-functional process flow）：参见"过程流程"。

022 客户（customer）：在实现软件的那个公司或组织外部的人员，他们获得并使用由公司或组织提供的产品或服务。

023 数据（data）：参见"业务数据对象"。

024 数据字典（data dictionary）：一种 RML 数据模型，描述了系统中的任何业务数据对象的字段。

025 数据流图（data flow diagram，DFD）：一种 RML 数据模型，显示了信息在解决方案中的流动以及业务数据对象的转换过程。

026 数据对象（data object）：参见"业务数据对象"。

027 决策表（decision table）：一种 RML 系统模型，描述一组条件的所有可能组合以及相应的结果，用网格表示。

028 决策树（decision tree）：一种 RML 系统模型，描述相关的条件组合以及相应的结果，用树状结构表示。

029 设计（design）：需求将如何在解决方案（包括 UI）中实现。

030 图（diagram）：有组织的信息的一种可视化表示。

031 显示 - 操作 - 响应（display-action-response，DAR）模型：一种 RML 系统模型，记录了系统显示屏幕的方式，以及如何响应用户采取的行动。

032 生态系统（ecosystem）：组织中的一整套解决方案组件，可以包括硬件、软件、人员和数据等。

033 生态系统图（ecosystem map）：一种 RML 系统模型，显示了解决方案生态系统中所有系统之间的关系。参见"生态系统"。

034 元素（element）：一个模型的任何组件（例如一个方框）都可以称为一个元素。

035 实体关系图（entity relationship diagram，ERD）：一种数据库设计模型，用于显示存储在数据库中的概念或物理数据之间的关系。

036 特性（feature）：对解决方案最终包括进来以满足业务目标的功能区域（area of functionality）的一个简短描述。特性是需求的集合，用于阐述（articulate）和组织（organize）需求。

037 特性树（feature tree）：一种 RML 目标模型，用一种树状结构来显示进行了逻辑分组的所有系统特性。

038 功能性需求（functional requirement）：解决方案在不考虑任何限定条件下可以提供的行为或能力。

039 目标（goal）：关于业务利益相关方想要实现什么的定性陈述。虽然和业务目标（business objective）相似，都包含"目标"一词，但前者是定性陈述，而不是可度量的陈述（定量陈述）。

040 信息技术（information technology，IT）：本书特指"IT 部门"或"IT 团队"，即负责具体实现软件项目的群体，旨在为公司内部用户提供服务。

041 关键绩效指标（key performance indicator，KPI）：度量业务活动成功与否或者目标进展情况的一种量化指标。

042 关键绩效指标模型（key performance indicator model，KPIM）：一种 RML 目标模型，将 KPI 与业务过程联系起来，以评估过程的表现（绩效）。参见 KPI。

043 图（map）：map 是一种特殊的 diagram，中文将两者都翻译为"图"，少数地方会把 map 翻译为"地图"，例如"用户故事地图"。事实上，map 专门用于呈现元素之间关系的一个全景。做动词用的时候（map to），是"映射到"或者"链接到"的意思。

044 矩阵（matrix）：一种网格结构，以行列交叉点来捕捉（采集）模型细节。矩阵是"表"或"表格"的一种更广义的称呼。

045 方法论（methodology）：某些活动或学科所遵循的、由方法、原则和规则构成的一个系统。

046 米勒魔数（Miller's Magic Number）：认知心理

学家乔治·米勒（George A. Miller）发现，人类只能同时记忆和处理 7 正负 2（记为 7±2）个数据项（Miller, George A 1956, "The Magical Number Seven, Plus or Minus Two: Some Limits on Our Capacity for Processing Information", *Psychological Review* 63, 81-97）。

047 思维导图（mind map）：一种对信息进行结构化的方式，支持信息的快速组织。进行头脑风暴时，要求信息被快速激发出来，而不是按照特定的顺序，这时思维导图很有用。

048 模型（model）：对于正在开发的解决方案，其内部和周围会存在一些和过程、数据和交互有关的信息，对这种信息的可视化表示（图片）就是模型。

049 非功能性需求（non-functional requirement）：除功能需求（包括业务规则）之外的其他所有需求。参见"需求"和"功能性需求"。

050 对象（object）：参见"业务数据对象"。

051 对象图（object diagram）：经常与类图一起使用的 UML 图，用于描述类图中对象的实例（Eriksson and Penker 2000）。参见"类图"。

052 <对象.字段>表示法：本书中用来精确引用数据字段的一种标准表示法。其中，"对象"是业务数据图中的业务数据对象，"字段"是数据字典中的数据字段。

053 目标链（objective chain）：一种 RML 目标模型，使用目标因素和目标方程，以可度量的方式将特性与业务目标联系起来。

054 洋葱模型（onion model）：一种环状模板，用来显示利益相关方、他们相互之间的关系以及正在开发的产品（Alexander, Ian. 2005. "A Taxonomy of Stakeholders: Human Roles in System Development", International Journal of Technology and Human Interaction, https://tinyurl.com/4x6bfbfv）。

055 操作（operation）：系统所支持的一个单独的特性。可以是概念性的，也可以是 UI 中的一个实际物理元素。

056 OPSD：RML 模型分类为目标模型（objectives model）、人员模型（people model）、系统模型（systems model）和数据模型（data model），统称为 OPSD。

057 有序决策树（ordered Decision Tree）：最常见的决策树类型，在有隐含的决策顺序时使用。使用方向箭头来表示决策顺序和结果。参见"决策树"和"无序决策树"。

058 组织结构图（org chart）：一种 RML 人员模型，显示一个组织内所有人员的结构。用它来帮助我们确定需要从其收集需求的所有可能的用户、利益相关方和主题专家（SME）。

059 人员（people）：由利益相关方构成的任何群体/群组。

060 画像（persona）：一个典型的用户，包含用户的背景信息和使用系统的动机。

061 过程（process）：为了特定目的或者为了实现特定结果而执行的一系列活动。

062 过程流程（process flow）：一种 RML 人员模型，描述了一个将由人来执行的业务过程（business process）。过程流程显示了要执行的活动、活动的执行顺序以及用户为实现预期结果而做出的不同决定（决策）。过程流程可以使用泳道（swim lane）来显示在过程流程中执行活动的各种人员。参见"泳道"。

063 产品概念（product concept）：业务利益相关方为了达成其业务目标而选择实现的实际解决方案的愿景。它通常由包含高层级特性的一个清单来描述。

064 项目（project）：为了创造一个独特的产品、服务或结果而做出的临时性努力。Project Management Institute (PMI). 2008. *A Guide to the Project Management Body of Knowledge (PMBOK Guide)* – Fourth Edition. Newtown Square, PA: Project Management Institute, Inc.

065 原型（prototype）：本书特指 UI 的一种可工作的模型（working mockup），用于征询和澄清需求。可以是低保真线框图（wireframe），也可以是高保真模型（支持用户的交互式体验）。

066 报告表（report table）：一种 RML 数据模型，以结构化的方式描述报告需求。包括数据应该如何显示，输出应该如何格式化，还可以包括下钻（drilldown）视图以及操作和交互方面的需求。注意不要将"report table"理解为"报表"，后者是 report 的一种中文翻译。本书的"report"都是"报告"。

067 需求（requirement）：业务利益相关方需要在解决方案中实现的任何东西。可以包括功能性需求、非功能性需求、业务规则和设计。参见"功能性需求"、"非功能性需求"和"业务规则"。

068 需求架构（requirement architecture）：需求信息的一种组织方式，包括需求的结构是什么、模型与模型的关系以及模型与需求的关系。

069 需求映射矩阵（requirement mapping matrix，RMM）：一种 RML 目标模型，将需求和业务规则映射到一个模型，使需求以一种更容易使用的方式进行分组。最常见的是将过程流程或系统流程步骤映射到需求和业务规则。

070 需求建模语言（requirement modeling language，RML）：一种可视化需求建模语言；由目标、人员、系统和数据（OPSD）模型组成。专为需求建模而设计和使用。参见"OPSD"。

071 RML：参见"需求建模语言"。

072 角色（role）：参见"用户角色"。

073 角色和权限矩阵（roles and permissions matrix）：一种 RML 人员模型，定义了角色的类型及其在系统中执行操作所需的权限。参见"用户角色"。

074 序列图、时序图或顺序图（sequence diagram）：一种 UML 图，描述了对象之间发送的消息的顺序（Eriksson and Penker 2000）。

075 解决方案（solution）：用于解决一个业务问题的完整实现。可以包括硬件、软件、业务过程、用户手册和培训。参见"业务问题"。

076 利益相关方（stakeholder）：与项目利益攸关的个人或团体。IT 部门、业务部门和客户都是利益相关方的示意。他们可能参与、受影响以及/或者影响结果（Wiegers, Karl E. 2013, *Software Requirement, Third Edition*. Redmond, WA: Microsoft Press）。参见"业务利益相关方"、"技术利益相关方"和"客户"。注意，中文版没有采用"干系人"的译法？这是因为有时一个 stakeholder 并不是"人"，而可能是一个部门、一个团队等。

077 状态（state）：在业务数据对象的生命周期中，不同的阶段可能会对系统的行为有不同的影响。状态是对这些阶段的简短描述。

078 状态图（state diagram）：一种 RML 数据模型，显示了业务数据对象所有可能的状态，还显示了状态之间的过渡。参见"状态"。

079 状态表（state table）：一种 RML 数据模型，显示了业务数据对象所有可能的状态，还显示了状态之间的过渡，以网格形式表示。参见"状态"。

080 状态图（statechart diagram）：显示系统状态的一种 UML 图（Eriksson and Penker 2000）。类似于 RML"状态图"。

081 主题专家（SME）：也称为"行业专家"，是与解决方案的某个主题相关的专家。SME 可以是 IT、业务或客户利益相关方。

082 成功指标（success metric）：为确定项目是否成功而实际度量的业务目标；也可以是与解决方案相关的其他指标。参见"业务目标"。

083 泳道（swim lane）：过程流程、系统流程或 UI 流程中的一个分组，它们将流程划分为多个部分，以直观传达是什么实体在执行步骤。

084 泳道图（swim lane diagram）：参见"过程流程"。

085 系统（system）：一个具体的实现，包括用于解决一个业务问题的硬件、软件和业务过程。

086 系统流程（system flow）：一种 RML 系统模型，用于描述系统自动执行的活动。它们显示了所执行的活动、执行的顺序以及为了达成一个结果所做出的不同决定（决策）。系统流程可以使用泳道来显示在系统流程中执行活动的各种系统。

087 系统接口表（system interface table）：一种 RML 系统模型，从业务利益相关方的角度描述了两个系统之间的通信，包括必须传输什么信息、传输多少以及传输频率。

088 表或表格（table）：参见"矩阵"。

089 团队（team）：参与执行一个项目的全部人员，包括分析师、业务利益相关方和技术利益相关方。

090 技术利益相关方（technical stakeholder）：负责实际制作软件或者对系统进行配置的实现团队。通常指数据库设计师、架构师、软件开发人员和测试人员。

091 技术团队（technical team）：参见"技术利益相关方"。

092 可跟踪性（traceability）：两种类型的对象的所有实例之间的映射。我们比较各种关系，以确保一种对象完全被另一种对象所覆盖（被跟踪到，可追溯到）。

093 可跟踪性矩阵（traceability matrix）：参见"需求映射矩阵"。

094 过渡（transition）：一个业务数据对象从一种状态变成化为另一种状态。

095 UI 元素（UI element）：用户界面中的任何实体，具有依赖于数据的显示或行为属性。UI 元素的示意包括按钮、显示表格、图像或者复选框等。参见"用户界面"。

096 UI 流程或用户界面流程（UI flow）：一种 RML 系统模型，显示用户如何在用户界面的屏幕之间导航。参见"用户界面"。

097 统一建模语言（unified modeling language, UML）：一种用于可视化语言，用于描述面向对象软件系统的设计（*Object Management Group*. 2007. "OMG Unified Modeling Language Specification." http://www.uml.org/#UML2.0）。

098 无序决策树（unordered Decision Tree）：没有方向箭头的决策树；当没有隐含的顺序时，用于简化一组决策。参见"决策树"和"有序决策树"。

099 用例（use case）：一种 RML 人员模型，描述用户和系统之间的交互。用例描述了用户需要做什么，他想完成什么，以及他在使用软件时系统如何响应。

100 用例图（use case diagram）：描述用例之间关系的一种 UML 图（Eriksson and Penker 2000）。

101 用户（user）：直接使用一个系统来达成目标的人。

102 用户界面（user interface，UI）：软件系统中的屏幕，用户通过它与系统进行交互。

103 用户界面设计需求（user interface design requirement）：表示系统外观和特定 UI 元素行为方式的一种需求。

104 用户角色（user role）：共享相同的特性并访问同一个系统的用户集合。

105 用户故事（user story）：敏捷方法中用于捕捉需求的一种方式，包含一个名称，对用户想要做什么的描述，以及用于确定用户故事在什么时候被软件正确实现的验收标准。

106 确认（validation）：检查需求，确保这些需求是实现项目的业务目标所需要的。

107 验证（verification）：检查需求，确保它们最终将得到一个奏效的解决方案。

108 线框或线框图（wireframe）：用来显示系统的用户界面的屏幕模拟。可以是低保真的（草图或方块线框图），以鼓励受众思考组件和特性，而不是思考外观和感觉；也可以是高保真的（屏幕截图），向受众展示解决方案开发完成后屏幕的实际样子。